"十三五"国家重点出版物出版规划项目

名校名家基础学科系列
Textbooks of Base Disciplines from Top Universities and Experts

大 学 物 理 学

下 册

第 2 版

王晓鸥 严导淦 万 伟 等编

机械工业出版社

本书在严导淦、王晓鸥、万伟编写的《大学物理学 下册》（第1版）的基础上，参照教育部现行《理工科类大学物理课程教学基本要求》，结合当前大学物理课程的教学需要修订而成.

本书在内容的深度、广度上保持了原书"浅一点、宽一点、新一点、活一点、用一点"的风格. 本书共9章，内容为振动波动、光学热学、量子力学等，并设置了联系当前工程学科需求的4个专题选讲内容. 每章的章前增加了章前问题，用以激发学生的学习兴趣. 在章节中增加了问题拓展、思维拓展、应用拓展部分，旨在培养和提升学生的创新能力，以适应新工科建设对高素质复合型人才的需求.

与本书同步出版的还有《大学物理学教·学指导》，并配有课堂教学电子教案.

本书既可作为全日制普通高等学校理工科大学物理课程的教材（80~120学时），也可作为函授、成人教育、网络教育、高等教育自学考试的教材或参考书.

图书在版编目（CIP）数据

大学物理学. 下册/王晓鸥等编. —2版. —北京：机械工业出版社，2019.10（2023.12重印）
"十三五"国家重点出版物出版规划项目 名校名家基础学科系列
ISBN 978-7-111-64033-2

Ⅰ.①大… Ⅱ.①王… Ⅲ.①物理学-高等学校-教材 Ⅳ.①O4

中国版本图书馆CIP数据核字（2019）第230406号

机械工业出版社（北京市百万庄大街22号 邮政编码100037）
策划编辑：李永联 责任编辑：李永联 陈崇昱 任正一
责任校对：张 薇 封面设计：鞠 杨
责任印制：邓 敏
中煤（北京）印务有限公司印刷
2023年12月第2版第7次印刷
184mm×260mm · 18.5印张 · 452千字
标准书号：ISBN 978-7-111-64033-2
定价：49.00元

电话服务	网络服务
客服电话：010-88361066	机 工 官 网：www.cmpbook.com
010-88379833	机 工 官 博：weibo.com/cmp1952
010-68326294	金 书 网：www.golden-book.com
封底无防伪标均为盗版	机工教育服务网：www.cmpedu.com

前 言

本书为"十三五"国家重点出版物出版规划项目，在严导淦、王晓鸥、万伟编写的《大学物理学 下册》（第 1 版）教材基础上，根据我国高校物理课程教学的实际需要修订而成．

当前，物理学与工程技术的融合越来越密切．物理学的最新科研成果直接引导了一系列高新技术的产生和发展，从而出现了目前高新技术蓬勃发展的局面．在"新工科"建设中，物理学的理念、思路、方法和手段是特别重要和必需的方面．例如，热门的"物联网工程"主要涉及物品的特征识别与传入物联网，人与物、物与物之间的信息沟通和对话等，这些都需要通过射频识别、全球定位、视频、音频、红外、激光扫描等各种传感器技术来实现，而这些内容依赖物理学中物理概念和原理的运用，如机械振动、机械波、电磁波、激光和量子物理等基本知识．

为此本书在保持第 1 版体系和内容的同时，在每章的章前增加了章前问题，以激发学生的学习兴趣；在章节中增加了问题拓展——引导学生举一反三、思维拓展——引导学生主动思考、应用拓展——引导学生学以致用，以培养和提升学生的创新能力，适应"新工科"建设对高素质复合型人才的需求；在每章结尾增加了小结部分，将一章的主要内容归纳整理，以便学生对每一章节所学的内容有一个综合考量．

本书力求以较小的篇幅涵盖教育部现行《理工科类大学物理课程教学基本要求》（以下简称《基本要求》）A 类的核心内容，并结合新工科专业需要和当前物理学的前沿课题，对第 1 版中"专题选讲"的内容做了适当调整，增加了物理学的新发现和新技术，重点简介了一些 B 类扩展性的机动内容，期求在学时允许或学生学有余力的情况下，选读其中某些内容，以开拓学生的科学视野．另外，借鉴国外同类教材的做法，在每章开头，借方寸之地，结合该章内容，提出一些问题，期以引发读者学习本章内容的兴趣．这仅仅是一种探索性的尝试，也许东施效颦，事与愿违，只能今后不断改进，以臻完善．

本书在叙述上力求开门见山，直击主题，尽可能避免繁文缛节，与此同时，行文力求简明易懂，通顺流畅．定理的推证在不违背严谨性的前提下做了一些简化，例如，刚体定轴转动定律、有电介质时的高斯定理和有磁介质时的安培环路定理等的推证．

与第 1 版一样，本书在确保《基本要求》的前提下，在内容的深度和广度上以"浅一点、宽一点、新一点、活一点、用一点"为主臬，冀图在突显新工科大学物理的特色上做些探索，旨在引导学生能初步学会从物理学的视角去洞察现实世界中形形色色的生活和工程实际现象，并用相应的物理和专业知识及有关理论去解释，甚至有所创新．常言道："授人以鱼，仅供一饭之需；教人以渔，则终身受用无穷"．后者正是编者所希望的．

为了教师易教、学生易学，本书对重点内容做了重墨缕述，但力求要言不烦；对非重点内容但估计学生阅读时会有困惑之处，并不轻易回避，而是尽可能加以缕析．

与本书配套的《大学物理学教·学指导》将与教材同步出版．本书同时还配有电子教案.

  本书内容包括振动波动、光学、热学和量子力学，主要由王晓鸥、严导淦、万伟修订. 参加修订工作的还有张伶莉、李伟奇、应涛、裴延波、王先杰、宋杰.

  本书的修订参考了国内外许多同类教材，深受启迪，获益良多，在此谨向这些著作的作者深表谢忱.

  对书中错漏和不当之处，祈望读者不吝赐正，是所至盼.

编　者

目 录

前 言

振动波动篇

第 9 章 机械振动 ······ 2
- 章前问题 ······ 2
- 9.1 简谐运动 ······ 2
- 9.2 描述简谐运动的基本物理量 ······ 5
- 9.3 简谐运动的旋转矢量图示法 ······ 12
- 9.4 简谐运动的能量 ······ 14
- 9.5 同方向简谐运动的合成 拍 ······ 15
- 9.6 两个相互垂直的简谐运动的合成 李萨如图形 ······ 20
- 9.7 阻尼振动 ······ 22
- 9.8 受迫振动 共振 ······ 24
- 本章小结 ······ 27
- 习题 9 ······ 28
- 本章"问题"选解 ······ 30

第 10 章 机械波 ······ 32
- 章前问题 ······ 32
- 10.1 机械波的产生 横波与纵波 ······ 32
- 10.2 波动过程的几何描述和基本物理量 ······ 35
- 10.3 平面简谐波 ······ 38
- 10.4 波的能量 能流密度 ······ 44
- 10.5 波的衍射、反射和折射 ······ 47
- 10.6 波的干涉 ······ 50
- 10.7 驻波 ······ 53
- *10.8 声波 超声波 次声波 ······ 57
- 10.9 多普勒效应 ······ 59
- 本章小结 ······ 61
- 习题 10 ······ 62
- 本章"问题"选解 ······ 64
- 专题选讲Ⅵ 引力波 ······ 67

第 11 章 电磁振荡 电磁波 ······ 70
- 章前问题 ······ 70
- 11.1 电磁振荡 ······ 70
- 11.2 电磁波 ······ 73

本章小结	80
习题 11	81
本章"问题"选解	82
专题选讲Ⅶ 光纤通信	83

光 学 篇

第 12 章 几何光学 … 88
章前问题 … 88
12.1 几何光学的基本定律 … 88
12.2 费马原理 … 93
12.3 光在单球面上的傍轴成像 … 96
12.4 薄透镜成像 … 102
12.5 光学仪器简介 … 106
本章小结 … 109
习题 12 … 110
本章"问题"选解 … 111

第 13 章 波动光学 … 112
章前问题 … 112
13.1 光的干涉 … 112
13.2 光的衍射 … 129
13.3 光的偏振 … 142
本章小结 … 155
习题 13 … 157
本章"问题"选解 … 159
专题选讲Ⅷ 三维激光扫描 … 161

热 学 篇

第 14 章 热力学基础 … 166
章前问题 … 166
14.1 热力学基本概念 … 166
14.2 气体的物态方程 … 169
14.3 热力学第一定律 … 172
14.4 热力学第一定律的应用 … 177
14.5 循环与热机 … 185
14.6 热力学第二定律 卡诺定理 … 192
14.7 熵 … 196
本章小结 … 201
习题 14 … 202
本章"问题"选解 … 204

第 15 章 统计物理简介 … 207
章前问题 … 207
15.1 气体分子的热运动及其统计规律性 … 207
15.2 气体分子的速率分布 … 210

15.3　气体分子平均碰撞频率和平均自由程 ··· 214
　15.4　理想气体的压强公式和温度的统计意义 ··· 216
　15.5　能量按自由度均分原理　理想气体的内能 ··· 221
　15.6　气体内的输运现象 ·· 225
　15.7　热力学第二定律的统计诠释 ·· 228
　*15.8　熵与环境保护 ··· 231
　本章小结 ·· 232
　习题 15 ·· 233
　本章"问题"选解 ·· 234
　专题选讲 Ⅸ　物理与能源、环境 ·· 235

量子力学篇

第 16 章　早期量子论 ··· 240
　章前问题 ·· 240
　16.1　热辐射　普朗克量子假说 ·· 240
　16.2　光电效应 ·· 244
　16.3　康普顿效应　电磁辐射的波粒二象性 ·· 248
　16.4　氢原子光谱　玻尔的氢原子理论 ·· 251
　本章小结 ·· 255
　习题 16 ·· 256
　本章"问题"选解 ·· 257

第 17 章　量子力学简介 ··· 259
　章前问题 ·· 259
　17.1　德布罗意假设　海森伯的不确定关系 ·· 259
　17.2　波函数及其统计解释 ·· 263
　17.3　薛定谔方程 ·· 265
　17.4　定态薛定谔方程的应用 ·· 267
　17.5　氢原子　电子的自旋 ·· 272
　17.6　多电子原子　原子中的电子壳层模型　元素周期表的结构 ·················· 276
　本章小结 ·· 279
　习题 17 ·· 280
　本章"问题"选解 ·· 280

附录 ·· 282
　附录 A　一些物理常量 ·· 282
　附录 B　数学公式 ·· 283

参考文献 ·· 285

振动波动篇

无论宏观世界还是微观世界，无论高速运动还是低速运动，振动与波动都是普遍存在的运动形式．它们的主要特点是在时间和空间上具有周期性．振动和波动这两种运动形式密切相关，如机械波是机械振动在弹性介质中的传播；电磁波是电磁振荡产生的变化的电场和磁场在空间的传播．

振动和波动的原理广泛应用于音乐、建筑、医疗、制造、建材、探测、军事等行业．有关振动和波动有许多细小的分支，对任何分支的深入研究都能够促进科学的向前发展，推动社会进步．

本篇主要讨论机械振动、机械波、电磁振动和电磁波．

第9章 机械振动

章前问题？

《天中记》里曾记载"蜀人有铜盘，早、晚鸣如人扣．问张华．张华曰：此盘与宫中钟相谐，故声相应，可改变其薄厚．"这是什么意思呢？

还有，1940年，美国华盛顿州建成了当时位居世界第三的塔科马（Tacoma）大桥．当时，设计上这座悬索桥能抵抗60m/s的风速，然而，非常不幸，建好刚刚4个月，它就在19m/s的小风吹拂下倒塌了．而这19m/s的风速本应对大桥够不成威胁，那么究竟是什么原因导致大桥坍塌了呢？你能解释吗？

若要弄清上述问题，必须先了解物质振动所遵从的规律，即机械振动．

物体在一定位置附近做来回往复的运动，称为**机械振动**．机械振动在生产和生活实际中屡见不鲜．例如，微风中树枝的摇曳、地震、钟摆的来回摆动，内燃机气缸内活塞的往复运动，一切发声物体（声源）内部的运动以及人的心脏跳动等，都是机械振动．通过仪器检测还可发现，耸立的高层建筑如电视塔等也都在振动着．

除了机械振动以外，自然界中还存在着各种各样的振动．广义地说，**凡是描述物质运动状态的物理量在某一量值附近往复变动**，都可叫作**振动**．例如，在交流电路中，电流和电压的量值随时间做周期性的变化；在电磁波通过的空间内，任意一点的电场强度与磁场强度的周期性变化；固体中晶格上原子的振动……这些振动在本质上虽然和机械振动不同，但是在数学描述方法上却有很多相似之处．

9.1 简谐运动

实际碰到的振动都是比较复杂的．但是，任何复杂的振动都可以看作几个或多个不同频率的简谐运动的合成．因此，**简谐运动是一种最简单、最基本的振动**．

在忽略空气阻力和摩擦力等的情况下，弹簧振子的振动、单摆的微小摆动等都是简谐运动．

9.1.1 简谐运动的基本特征

如图9-1所示，将水平轻弹簧的一端固定，在另一端系一个质量为 m 的物体，放置在水平面上，不计一切摩擦．这样，作用在物体上的重力 **W** 和水平面的支承力 F_N 相互平衡，它们对物体运动的影响可不考虑．设物体在位置 O 时，弹簧为原长（即自然长度），弹簧作用于物体上的力等于零，位置 O 称为**平衡位置**．假如将物体向右移动一微小距离到达 B 点，于是弹簧被伸长，便出现方向向左（指向平衡位置）的弹性力 **F**，这个力作用在物体上，驱使物体做返回平衡位置 O 的运动．当物体回到平衡位置 O 时，弹簧的作用力虽变为零，但因为物体在返回 O 点的过程中是被加速的，它在到达平衡位置时已具有一定的速度，由于惯性，物体并不停止运动，而是继续向左移动．在物体通过平衡位置向左运动时，弹簧逐渐被压缩，出现作用于物体上的方向向右的弹性力 **F**，即 **F** 仍指向平衡

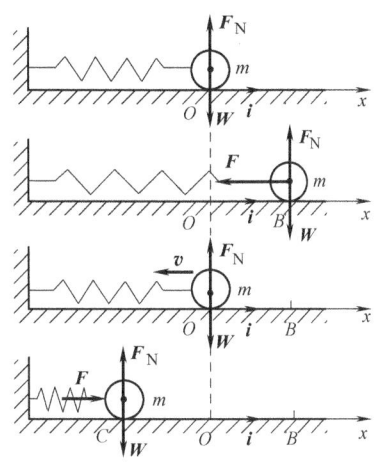

图 9-1 弹簧振子的运动

位置，这时力 **F** 的作用是力图阻止物体向左运动，因此，物体的运动是减速的，其速度越来越小，在抵达位置 C 时，速度减小到零，但此时弹簧作用在物体上的力，其大小达到最大值．于是，物体在弹性力的作用下回头向右运动，移向平衡位置 O；在向右运动的过程中，可仿照上述向左运动的过程进行讨论，情况是相类似的．这样，在弹簧的弹性力（它是恒指向平衡位置的回复力）和物体的惯性支配下，物体就在平衡位置左右重复地运动，从而形成振动．

我们把上述**由轻弹簧与物体（视为质点）组成的振动系统**，称为**弹簧振子**．

现在，我们来研究弹簧振子在忽略摩擦力的理想情况下的运动规律．取平衡位置 O 为 Ox 轴的原点，Ox 轴正方向向右，用单位矢量 **i** 标示，如图 9-1 所示．在弹簧的弹性限度内，物体沿 Ox 轴所受的弹簧弹性力 **F** 与弹簧的伸长量（或压缩量）——物体相对于平衡位置的位移 x，满足如下的关系，即

$$F = -kx\boldsymbol{i} \tag{9-1}$$

式中，k 是弹簧的劲度系数，负号表示力与物体位移的方向相反．根据牛顿第二定律，物体运动方程沿 Ox 轴的分量式为 $F_x = ma_x$，这里，$F_x = F = -kx$，$a_x = \dfrac{\mathrm{d}^2 x}{\mathrm{d}t^2}$，代入上式后，得物体的加速度为

$$\frac{\mathrm{d}^2 x}{\mathrm{d}t^2} = -\frac{k}{m}x \tag{9-2}$$

式中，k 和 m 都是正的恒量，其比值 k/m 也是一个正的恒量，可表示为另一恒量 ω 的平方，即 $\omega^2 = k/m$，则上式可写作 $\dfrac{\mathrm{d}^2 x}{\mathrm{d}t^2} = -\omega^2 x$．可见，弹簧振子的加速度 $\mathrm{d}^2 x/\mathrm{d}t^2$ 与位置坐标 x 成正比，但正负号相反．于是，进一步又可将式（9-2）写成

$$\frac{\mathrm{d}^2 x}{\mathrm{d}t^2} + \omega^2 x = 0 \tag{9-3}$$

> 式（9-3）是一个二阶常系数线性微分方程．它的求解方法可参考高等数学教材．

总之，凡是运动规律满足上述微分方程的振动，都称为**简谐运动**. 做简谐运动的振动系统，有时亦称为**简谐振子**.

值得指出，实际的振动系统通常是很复杂的. 像弹簧振子等这种简谐振子只是研究振动问题的一个理想模型. 在机械振动中，如果我们对一个实际的振动系统，从动力学角度抓住形成振动的本质因素——惯性和弹性，便可将实际的振动系统抽象、简化成弹簧振子.

9.1.2 简谐运动的表达式

求简谐运动的微分方程式（9-3）的解，可得**简谐运动的运动函数**（即**振动表达式**）为

$$x = A\cos(\omega t + \varphi) \tag{9-4}$$

式中，A 和 φ 是积分恒量.

式（9-4）表明，物体做简谐运动时，位移是时间 t 的余弦函数. 因为余弦函数的绝对值不能大于 1，所以，式（9-4）中的位移 x 的绝对值不能大于 A. 这说明，A **是物体离开平衡位置的最大位移值**，称为**振幅**. 显然，A 恒为正值. 式（9-4）中的 ω 称为**角频率**（或**圆频率**），φ 称为**初相**. 它们的物理意义将在 9.2 节中再做详述.

9.1.3 简谐运动曲线

将式（9-4）对时间求导，即得简谐运动的速度和加速度分别为

$$v = \frac{dx}{dt} = -\omega A\sin(\omega t + \varphi) \tag{9-5}$$

$$a = \frac{dv}{dt} = -\omega^2 A\cos(\omega t + \varphi) \tag{9-6}$$

其中，速度的最大值 $v_{max} = \omega A$ 称为**速度振幅**；加速度的最大值 $a_{max} = \omega^2 A$ 称为**加速度振幅**. 从上两式可见，速度 v 和加速度 a 都随时间而改变，即简谐运动是一种非匀变速运动.

综上所述，当物体做简谐运动时，它的位移、速度和加速度都是时间 t 的余弦或正弦函数. 由于正弦或余弦函数都是有界的周期函数，因此，三者都在相应的数值范围内随时间做周期性的变化.

以时间 t 为横坐标，位移 x、速度 v 及加速度 a 为纵坐标，可以分别绘出 x-t 曲线、v-t 曲线和 a-t 曲线. 这里，为便于比较，我们把它们画在一起，如图 9-2 所示（曲线是假定 $\varphi = 0$ 而绘出的，并且为了方便起见，把 ωt 作为横坐标）.

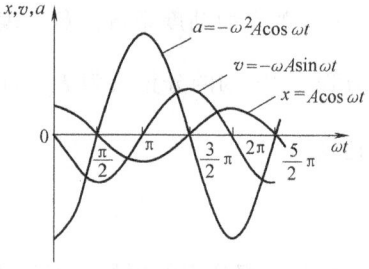

图 9-2 简谐运动的 x、v、a 与 t 的关系曲线

从这三条曲线上可以看出，位移、速度和加速度都是在每隔一定的时间后，各自重复一次原来的数值，从而完成一次完全振动. 既然如此，我们在研究简谐运动时，只需弄清楚一次完全振动（简称"全振动"）中的运动情况，也就掌握了简谐运动的全过程.

问题 9-1 （1）弹簧振子做简谐振动时，它的运动有哪些特征？分别从受力情况和运动规律（位移、速度、加速度等）进行分析.

(2) 一个质点在使它返回平衡位置的力的作用下,是否一定做简谐振动?拍皮球时,皮球的运动是不是简谐运动(设皮球与地面的碰撞是完全弹性的)?

(3) 振幅 A 能否是负值?当我们说 $x=-A$ 时,指的是什么意思?

问题 9-2   在下列运动中,哪个是简谐运动?

(1) 单摆的大角度摆动;

(2) 一个小球在半径很大的下凹球面底部的小幅度摆动(不计一切摩擦).

9.2 描述简谐运动的基本物理量

9.2.1 周期　频率

前面说过,由于余弦函数 $x=A\cos(\omega t+\varphi)$ 是周期性的,因此,做简谐运动的物体在平衡位置附近的 $x=-A$ 到 $x=+A$ 范围内,它的运动是周期性的,围绕平衡位置每来回一次,物体就完成一次完全的振动.

振动物体完成一次全振动所需的时间称为周期,用 T 表示. 说明物体在任意时刻 t 的运动状态(位置和速度)应与物体在时刻 $(t+T)$ 的运动状态(位置和速度)完全相同. 由式 (9-4) 有

$$x=A\cos(\omega t+\varphi)=A\cos[\omega(t+T)+\varphi]=A\cos(\omega t+\varphi+\omega T)$$

由于余弦函数的周期都是 2π,则物体做一次完全振动后应有 $\omega T=2\pi$,于是可得振动周期

$$T=\frac{2\pi}{\omega} \tag{9-7}$$

周期的倒数叫作频率,用 ν 表示,它表示单位时间内物体所做的完全振动的次数,我们以**每秒钟振动一次**作为频率的单位,称为**赫兹**,简称赫,符号是 Hz,即 $1\text{Hz}=1\text{s}^{-1}$. 例如,在电动机运转时,其底座基础的振动频率为 50Hz,就是说,在 1s 内它振动 50 次. 频率与周期的关系为

$$\nu=\frac{1}{T}=\frac{\omega}{2\pi} \tag{9-8}$$

由此还可知

$$\omega=2\pi\nu=\frac{2\pi}{T} \tag{9-9}$$

即 ω 表示 $2\pi\text{s}$ 内完成振动的次数,称为**角频率**(或**圆频率**),其单位也是 s^{-1}.

周期、频率和角频率这三个物理量之间有确定的相互关系. 这组物理量都是用来描述振动快慢. 对弹簧振子而言,$\omega^2=k/m$,而 k 和 m 是表述弹簧振子自身性质的物理量,故而周期、频率和角频率皆取决于简谐振动系统的固有性质,因而我们把它们分别称为**固有周期**和**固有频率**,并可分别求出如下:

$$T=\frac{2\pi}{\omega}=2\pi\sqrt{\frac{m}{k}} \tag{9-10}$$

$$\nu = \frac{1}{T} = \frac{1}{2\pi}\sqrt{\frac{k}{m}} \tag{9-11}$$

简谐振子皆是以其本身的固有频率或固有周期做简谐运动的.

9.2.2 相位　初相

物体做简谐运动时，它的运动状态可用位置和速度来描述．在任意时刻，位移和速度分别为

$$x = A\cos(\omega t + \varphi)$$
$$v = -\omega A \sin(\omega t + \varphi)$$

因此，对于给定的振动系统，当振幅 A 和角频率 ω 一定时，振动物体在任意时刻的运动状态（即振动物体的位移 x 和速度 v）取决于 $(\omega t+\varphi)$，$(\omega t+\varphi)$ 称为振动在时刻 t 的**相位**．在一次全振动的过程中，即在一个周期内，振动系统的运动状态是完全不同的，这就反映在相位的不同上，因而**相位是表征简谐振动系统振动状态的物理量**．如图 9-1 所示的弹簧振子，当相位 $(\omega t_1+\varphi)=\dfrac{\pi}{2}$ 时，$x=0$，$v=-\omega A$，即在 t_1 时刻物体在平衡位置，并以速度的最大值 ωA 向 Ox 轴的负向运动；但当相位 $(\omega t_2+\varphi)=\dfrac{3\pi}{2}$ 时，$x=0$，$v=\omega A$，即在 t_2 时刻物体仍在平衡位置，但以速度的最大值 ωA 向 Ox 轴的正向运动．可见，在 t_1 和 t_2 时刻，由于振动相位的不同，物体的运动状态也不相同．

用相位描述运动状态的好处在于它突出了**周期性**，相位每改变 2π，系统就回复到原来的运动状态，而在 $0\sim 2\pi$ 之间，不同的相位对应不同的运动状态．相位可以描述时间上的周期性（即时间每增加一个周期，相位改变 2π），在下一章（机械波）中我们将看到，相位还可以描述空间上的周期性，当平面波在介质中传播时，波线上每相隔一个波长的两质元振动的相位相同，这就是空间周期性．所以在一切周期现象中，相位这个概念扮演了重要的角色．

若令 $t=0$，则 $\omega t+\varphi=\varphi$，称 φ 为**初相位**，简称**初相**．因此，初相就是开始计时时刻的相位，它表征振动系统在计时零点时的运动状态．根据问题的需要，我们可以任意选取计时零点，显然，计时零点选得不同，初相也就不同．例如，图 9-1 所示的弹簧振子，选物体到达正向最大位移的时刻为计时零点，此时 $t=0$，则式 (9-4) 中的 $\varphi=0$；若选物体到达负向最大位移的时刻为计时零点，则式 (9-4) 中的 $\varphi=\pi$．

9.2.3 相位差

相位还可以用来描述频率相同的两个振动系统的振动步调．设有两个质点沿同一直线以相同的频率、不同的振幅和初相做简谐运动，其振动表达式分别为

$$x_1 = A_1 \cos(\omega t + \varphi_1)$$
$$x_2 = A_2 \cos(\omega t + \varphi_2)$$

则这两个振动的相位差为

$$\varphi_{12} = (\omega t + \varphi_1) - (\omega t + \varphi_2) = \varphi_1 - \varphi_2 \tag{9-12}$$

相位差是不随时间 t 改变的恒量．即它们在任意时刻的相位差都等于其初相差．由这个相位

差的值就可以知道它们振动的步调是否相同．如图 9-3 所示，当 $\varphi_{12}=0$（或者 2π 的整数倍）时，我们说这两个振动的相位相同，即**同相**（见图 9-3a）．它们振动的步调完全一致，因而同时通过平衡点，同时到达最大位置处．当 $\varphi_{12}=\pi$（或者 π 的奇数倍）时，两个振动的相位相反，即**反相**（见图 9-3b）．它们的振动步调完全不一致，例如，一个到达负向最大位移时，另一个到达正向最大位移处．当 φ_{12} 为其他值时，两个振动的步调不相一致，一个超前，另一个落后（见图 9-3c）．当 $\varphi_{12}=\varphi_1-\varphi_2>0$ 时，第一个振动将先于第二个振动到达各自的同方向极大值，我们说第一个振动比第二个振动超前 φ_{12}，或者说第二个振动比第一个振动落后 φ_{12}．当 $\varphi_{12}<0$ 时，我们说第二个振动比第一个振动超前 $|\varphi_{12}|$．由于相位差

> 振动步调不相一致，总是一个比另一个落后（或超前），这种现象被称为异步．

的周期是 2π，所以我们把 $|\varphi_{12}|$ 的变动限制在 π 以内．例如，当 $\varphi_{12}=(3/2)\pi$ 时，我们通常不说第一个振动比第二个振动超前 $(3/2)\pi$，而改写成 $\varphi_{12}=(3/2)\pi-2\pi=-\pi/2$，也就是说第二个振动比第一个振动落后 $\pi/2$．

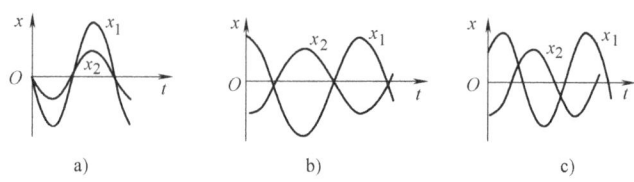

图 9-3 两个振动的相位差
a) $\varphi_{12}=0$，同相 b) $\varphi_{12}=\pi$，反相 c) φ_{12} 为其他值（例如，x_1 超前，x_2 落后）

相位差不但可用来表示两个简谐运动的物理量的步调，还可以用来表示不同的物理量变动的步调．例如在图 9-2 中，加速度 a 和位移 x 反相，速度 v 超前位移 $\pi/2$，而落后于加速度 $\pi/2$．

振动步调问题在研究振动和波动时是极为重要的，读者务必领会和掌握．例如，在一个系统同时参加两个同方向、同频率的振动的情况下，很明显，当两个振动的步调一致时，振动得到加强，当步调完全不一致时（位相差等于 π）振动将被削弱．又如，对于两个同方向、频率不同的振动，纵然步调不一致，但若频率相差甚小，则还能表现出周期性的短暂一致性，这就是"拍"的现象（见 9.5 节）．

9.2.4 振幅、初相与初始条件的关系

设振动系统在计时零点（$t=0$）时的位置和速度分别为 x_0 和 v_0，即 $x|_{t=0}=x_0$，$v|_{t=0}=v_0$，称为**振动系统的初始条件**．根据初始条件，可以确定振动系统的振幅和初相．由式（9-4）和式（9-5）可知，在 $t=0$ 时，有

$$\begin{cases} x_0 = A\cos\varphi \\ v_0 = -\omega A\sin\varphi \end{cases}$$

联立上两式求解，可得

$$A = \sqrt{x_0^2 + \left(\frac{v_0}{\omega}\right)^2} \tag{9-13}$$

$$\varphi = \arctan\left(-\frac{v_0}{\omega x_0}\right) \tag{9-14}$$

即振幅和初相皆可由初始条件 x_0、v_0 决定.

由简谐振动系统本身性质确定 ω, 由初始条件给出 A 和 φ, 这样, 简谐振动的运动规律 $x = A\cos(\omega t + \varphi)$ 也就完全确定了.

通常, 为了简便和明确起见, 我们也可以不利用式 (9-14) 求初相, 而是直接根据初始条件来确定初相. 例如, 设图 9-1 所示的弹簧振子, 其振幅 $A = 2\text{cm}$, 角频率 $\omega = 10\text{s}^{-1}$, 当振子在平衡位置右方 1cm 处向正方向运动时作为起始时刻, 设向右作为 Ox 轴的正向, 则当 $t = 0$ 时, $x_0 = +1\text{cm}$, $v_0 > 0$. 于是, 由式 (9-4), 有

$$x_0 = A\cos\varphi$$

代入已知数据, 即

$$1\text{cm} = (2\text{cm})\cos\varphi$$

由此解得 $\varphi = \pi/3$ 或 $5\pi/3$. 至于这两个答案究竟选取哪一个呢? 我们可从 $v_0 = -\omega A\sin\varphi$ 来判断. 由于 $t = 0$ 时, 运动方向（即速度方向）与 Ox 轴的正向一致, 于是, 我们再考虑速度 $v_0 > 0$ 的条件, 即同时应满足

$$v_0 = -(10\text{s}^{-1})(2\text{cm})\sin\varphi > 0$$

故 $\sin\varphi$ 必为负值, 因此应取 $\varphi = \dfrac{5\pi}{3}$, 从而, 所求的振动表达式为

$$x = (2\text{cm})\cos\left(10t + \frac{5\pi}{3}\right) \tag{a}$$

值得指出, 对给定振幅和频率的同一个简谐运动, 它的初相将因起始时刻的选择不同而异. 例如, 上述的弹簧振子, 如果选择在平衡位置右方极端时开始计时, 即当 $t = 0$ 时, $x_0 = +2\text{cm}$, 同样有 $x_0 = A\cos\varphi$, 并代入已知数据, 成为

$$2\text{cm} = (2\text{cm})\cos\varphi$$

由此得 $\varphi = 0$ 或 2π, 于是振动表达式为

$$x = (2\text{cm})\cos(10t) \tag{b}$$

式 (a) 和式 (b) 代表同一个弹簧振子的简谐运动表达式, 所不同的只是它们的初相. 我们知道, 初相是 $t = 0$ 时的相位, 对给定振幅和频率的同一个振子来说, 初相不同, 意味着它们开始计时的时刻（或计时零点）的选择不同. 为此, 对给定振幅和频率的一个简谐运动而言, 在初始条件未给定的情况下, 我们也可以任意选择振动过程中处于某一运动状态（位置和速度）时, 作为开始计时的时刻 $t = 0$. 并且, 从上例可见, 如果选择适当的起始时刻, 并尽可能选择这样的计时零点: 使得初相 $\varphi = 0$, 从而就可将简谐运动表达式简化成如式 (b) 所示的简单形式.

应用拓展

在研究一个实际系统的机械振动问题时, 从动力学角度抓住形成振动的最本质的因素, 即惯性和弹性, 便可将实际的振动系统抽象简化成理想模型——弹簧振子, 如应用拓展 9-1

图所示. 在精密机床下面, 一般都筑有混凝土基础, 并在混凝土基础下铺设弹性垫层 (见应用拓展9-1图a). 为了研究这一系统的振动情况, 不妨将它做如下的简化: 由于机床和混凝土基础的质量比弹性垫层的质量大得多, 而振动时它们的形变又比弹性垫层小得多, 因此, 可以将弹性垫层简化为一根轻弹簧, 而将机床和混凝土基础简化为压在弹簧上面的一个物体 (可视为一个质点), 这样便构成了如应用拓展9-1图b所示的弹簧振子. 分析这一弹簧振子的运动规律, 也就能掌握所述振动系统振动的基本特征.

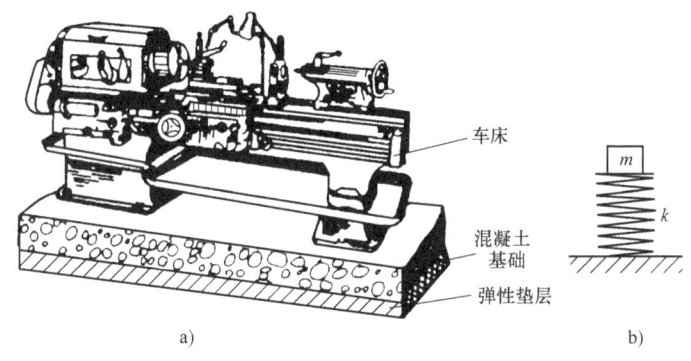

应用拓展9-1图

问题9-3 (1) 试述相位和初相的意义. 如何确定初相?

(2) 在简谐运动表达式 $x = A\cos(\omega t + \varphi)$ 中, $t = 0$ 是质点开始运动的时刻, 还是开始观察的时刻? 初相 $\varphi = 0$、$\pi/2$ 各表示从什么位置开始振动?

问题9-4 一个质点沿 Ox 轴按 $x = A\cos(\omega t + \varphi)$ 做简谐运动, 其振幅为 A, 角频率为 ω, 今在下述情况下开始计时, 试分别求振动的初相.

(1) 质点在平衡位置处, 且向负方向运动.

(2) 质点在 $x = \dfrac{A}{2}$ 处, 且向正方向运动.

(3) 质点的速度为零, 而加速度为正值.

例题9-1 一水平轻弹簧, 一端固定, 另一端连接一定质量的物体. 整个系统位于同一水平面内, 系统的角频率为 6.0s^{-1}. 今将物体沿水平面向右拉长到 $x_0 = 0.04\text{m}$ 处释放, 不计一切摩擦. 试求: (1) 简谐运动表达式; (2) 物体从初始位置运动到第一次经过 $A/2$ 处时的速度.

解 (1) 按题意 $x_0 = 0.04\text{m}$, $v_0 = 0$, $\omega = 6.0\text{s}^{-1}$, 有

$$A = \sqrt{x_0^2 + \dfrac{v_0^2}{\omega^2}} = x_0 = 0.04\text{m}$$

$$\varphi = \arctan\dfrac{-v_0}{\omega x_0} = \arctan 0 = 0 \qquad (\text{为什么 } \varphi \neq \pi?)$$

于是, 得简谐运动表达式为

$$x = (0.04\text{m})\cos 6.0t$$

（2）如上所述，由

$$x = A\cos\omega t$$

按题意，可得

$$\omega t = \arccos\frac{A/2}{A} = \arccos\frac{1}{2} = \frac{\pi}{3}\left(\text{或}\frac{5\pi}{3}\right)$$

且因从初始位置，第一次经过 $A/2$，故 $\omega t < \pi/2$，应取 $\omega t = \pi/3$。便得这时的速度为

$$v = -A\omega\sin\omega t = -0.04\times 6.0\times(\sin\pi/3)\text{ m}\cdot\text{s}^{-1} = -0.208\text{ m}\cdot\text{s}^{-1}$$

例题 9-2 一个质点的振动曲线如例题 9-2 图所示，试求质点的振动表达式。

解 由例题 9-2 图可知

$A = 0.5\text{cm}$，$T = 2\text{s}$，$\omega = \dfrac{2\pi}{T} = \dfrac{2\pi}{2}\text{s}^{-1} = \pi\text{ s}^{-1}$；取 $t=0$，

便得到如下的初始条件，由 $x_0 = A\cos\varphi$，有

$$(0.5\text{cm})\cos\varphi = 0.25\text{cm}$$

得

$$\cos\varphi = 0.5$$

则

$$\varphi = \pm\frac{\pi}{3}$$

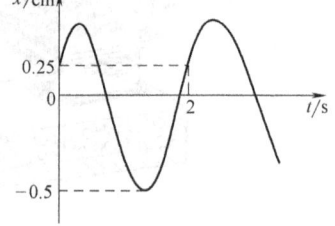

例题 9-2 图

又从振动曲线，不难看出，初始条件 $v_0 > 0$，因而有

$$-\omega A\sin\varphi > 0$$

即

$$\sin\varphi < 0$$

所以，取 $\varphi = -\dfrac{\pi}{3}$，则质点的振动表达式为

$$x = (0.5\text{cm})\cos\left(\pi t - \frac{\pi}{3}\right)$$

例题 9-3 如例题 9-3 图所示，长为 l 的细线的一端固定在点 A，另一端悬挂一个体积很小、质量为 m 的重物，细线的质量和伸长以及空气阻力等皆忽略不计。细线静止地处于竖直位置时，重物在位置 O。此时，作用在重物上的合外力为零，位置 O 即为平衡位置。若把重物从平衡位置略微移开后，放手，重物就在平衡位置附近沿弧形路径做往复运动。这一振动系统叫作**单摆**。通常把重物叫作**摆锤**，细线叫作**摆线**。求证：单摆做简谐振动，并求其振动表达式。

设在某一时刻，摆锤偏离平衡位置 O 的角位移为 θ，并规定摆锤在平衡位置的右方时，θ 为正；在左方时，θ 为负。

摆锤受重力 $W = mg$ 和细线的拉力 F_T 作用。其中，细线的拉力 F_T 和重力的法向分力 $F_n = mg\cos\theta$ 之合力，乃是使摆锤沿圆弧形路径运动的向心力；而重力的切向分力 $F_t = mg\sin\theta$ 则是作用于摆锤相对于平衡位置的回复力，它类同于弹簧振子中的弹性力。

例题 9-3 图

按牛顿第二定律的切向分量式 $F_t = ma_t = m\dfrac{dv}{dt}$，并考虑到 $\dfrac{dv}{dt} = \dfrac{d(l\omega)}{dt} = l\dfrac{d^2\theta}{dt^2}$，经简化便可

给出摆锤运动方程

$$\frac{d^2\theta}{dt^2}+\frac{g}{l}\sin\theta=0 \quad\quad (a)$$

当摆角 $\theta<5°$ 时，$\sin\theta\approx\theta$，则由上式可得摆锤的运动方程为

$$\frac{d^2\theta}{dt^2}+\frac{g}{l}\theta=0 \quad\quad (9\text{-}15)$$

可见，式（9-15）满足简谐运动方程式（9-2）. 所以，单摆在摆角很小时做简谐运动. 这里 $\omega^2=g/l$，由此可得熟知的单摆周期公式为

$$T=\frac{2\pi}{\omega}=2\pi\sqrt{\frac{l}{g}} \quad\quad (9\text{-}16)$$

我们看到，单摆周期 T 与 m 无关，只决定于摆长 l 和摆锤所在处的重力加速度 g. 利用上式，我们便可通过测量单摆的周期来确定该处的重力加速度.

至于微分方程式（9-15）的解，显然与弹簧振子的简谐运动表达式（9-4）相类似，故单摆的简谐运动表达式可写为

$$\theta=A\cos(\omega t+\varphi) \quad\quad (b)$$

其角速度

$$\frac{d\theta}{dt}=-\omega A\sin(\omega t+\varphi) \quad\quad (c)$$

设 $t=0$ 时，$\theta=\theta_0$，$d\theta/dt=0$，分别代入式（b）和式（c），得

$$A\cos\varphi=\theta_0,\ \omega A\sin\varphi=0 \quad\quad (d)$$

由式（c）和式（d）可解出单摆的角振幅 A 和初相 φ，即

$$A=\sqrt{\theta_0^2+0}=\theta_0,\ \varphi=\arctan\left(-\frac{0}{\omega\theta_0}\right)=0$$

于是，单摆的简谐运动表达式为

$$\theta=\theta_0\cos\left(\sqrt{\frac{g}{l}}\,t\right) \quad\quad (9\text{-}17)$$

说明：（1）如前所述，在弹簧振子的情况中，振动物体所受的力是弹性力，即力的大小与位移的大小成正比，而方向相反；而在单摆做小角度摆动的情况中，由于 $\sin\theta\approx\theta$，则摆锤所受到的切向分力 $F_t=-mg\theta$ 的大小与角位移的大小成正比，而方向与角位移的方向相反. 即 F_t 与 θ 的关系，恰似弹性力 F 与位移 x 的关系. 我们将这种**本质上是非弹性的，但就其对振动所起的作用来说，又与弹性力特征相类同的力**，称为**准弹性力**. 物体在准弹性力的作用下也做简谐运动.

（2）在工程上所遇到的振动大多是小振幅的，其受力特征均可近似地用弹性力或准弹性力（或力矩）描述，因而系统的振动总是符合常系数线性微分方程的，这种振动称为**线性振动**；但在工程实际中，有些振动系统不能模拟为简谐振子，例如在本例中，若 $\theta\geqslant 5°$，式（9-15）就不成立，这时单摆的运动规律由式（a）描述，这就是一个**非线性方程**.

非线性方程很难求得精确的解析解. 但研究表明，可以应用迭代法求得其一次迭代的近

似解. 但若 θ>20°, 这种迭代近似解也会显著地偏离实测结果. 实际上, 大多数非线性系统都会显示出所谓的"混沌"现象. 这是在确定性动力学系统中存在的一种随机性运动, 它会因初始条件的微小差异而导致很不相同的结果. 真可说是"差之毫厘, 失之千里". 对于多数显示出混沌的非线性系统, 不可能由初始条件给出精确解, 因而这种系统的运动就具有显著的随机性. 例如, 地球表面附近的大气层就是个相当复杂的非线性系统, 由于大气环流、海洋潮汐、太阳活动等因素的某些偶然变化, 若仅仅乞助于求解方程来精确预报天气, 显然是不可能的.

问题 9-5 (1) 将问题 9-5 图所示的单摆拉到与竖直方向成一很小的偏角 φ 后, 放手任其摆动, 角 φ 是否就是初相? 单摆角速度是振动的角频率吗?

(2) 摆长和摆锤都相同的两个单摆, 在同一地点以不同的摆角 (都小于 5°) 摆动时, 它们的周期是否相同?

(3) 一根细线挂在很深的煤矿竖井中, 我们在井底看不到细线的上端而只能看见其下端, 问如何测量此线的长度?

(4) 为了测量某地的重力加速度, 今用 91.7cm 长的细金属丝和直径为 2cm 的金属球做成的单摆, 测得这个摆振动 100 次所需的时间为 3min13.2s, 求重力加速度.

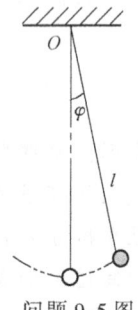

问题 9-5 图

9.3 简谐运动的旋转矢量图示法

为了直观地领会简谐运动表达式中 A、ω 和 φ 三个物理量的意义, 并为后面讨论振动叠加提供简明而直观的方法, 我们介绍简谐运动的旋转矢量图示法.

对于一个给定的简谐运动 $x = A\cos(\omega t + \varphi)$, 根据几何知识, 可以将它看作一矢量 A 在 Ox 轴上的投影. 如图 9-4 所示, 在取定的 Ox 轴上以原点 O 作为简谐运动的平衡位置, 自 O 点起作一个矢量 A, 使其长度等于振动的振幅 A, 并使矢量 A 绕 O 点沿逆时针方向做匀角速转动, 其角速度与振动的角频率 ω 相等, 矢量 A 称为**旋转矢量**. 当 $t=0$ 时, 旋转矢量 A 与 Ox 轴的夹角 φ 为简谐运动的初相, 这时 A 在 Ox 轴上的投影为 $x_0 = A\cos\varphi$; 在 t 时刻, 旋转矢量 A 与 Ox 轴的夹角 $(\omega t + \varphi)$ 等于该时刻简谐运动的相位, 此时, A 在 Ox 轴上的投

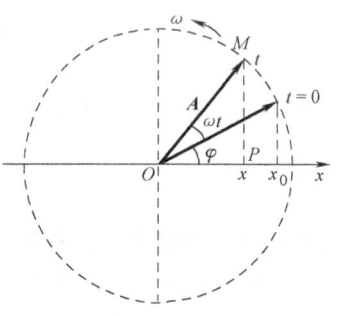

图 9-4 旋转矢量图

影为 $A\cos(\omega t + \varphi)$, 此投影代表给定的简谐运动. 也可以说, **旋转矢量 A 的末端 M 在 Ox 轴上的投影 P 沿 Ox 轴做简谐运动**. 这种几何表示法称为**简谐运动的旋转矢量图示法**.

在这种表示法中, 相位 $(\omega t + \varphi)$ 随时间 t 按匀角速 ω 而均匀增大, 经过一个周期 T, 振幅矢量 A 转过一圈, $(\omega t + \varphi)$ 增大 2π, 相应地, A 的端点在 Ox 轴上的投影做简谐运动, 完成一次全振动.

总而言之, 由简谐运动的旋转矢量图示法可以看出, 旋转矢量 A 以角速度 ω 转动一周, 相当于简谐振子在 Ox 轴上做一次完全振动. 在相位 $(\omega t + \varphi)$ 从 0 到 2π 的变动过程中, 显

示出一个周期中简谐振子的各个不同位置.

通常我们只画 A 在 $t=0$ 时的位置，给出初相 φ 和振幅 A，并注明 ω，想象 A 在旋转，这样，也就把简谐运动形象地表示清楚了.

问题 9-6　什么是旋转矢量？为什么可以用它来表述简谐运动？

例题 9-4　（1）一个弹簧振子，沿 Ox 轴做振幅为 A 的简谐运动，其表达式用余弦函数表示. 若 $t=0$ 时，振子的运动状态分别为：ⓐ $x_0 = -A$；ⓑ 过平衡位置向 Ox 轴正方向运动；ⓒ 过 $x_0 = -A/2$ 处向 Ox 轴负方向运动；ⓓ 过 $x_0 = A/\sqrt{2}$ 处向 Ox 轴正方向运动. 试用旋转矢量图示法确定相应的初相.

（2）设两个同频率简谐运动分别为 $x_1 = A_1\cos(\omega t + \varphi_1)$，$x_2 = A_2\cos(\omega t + \varphi_2)$，相应的旋转矢量分别为 A_1 和 A_2. 试用旋转矢量图示法比较这两个简谐运动的振动步调：ⓐ 步调相同；ⓑ 步调相反；ⓒ A_2 比 A_1 超前，即 $\varphi_2 > \varphi_1$；ⓓ A_2 比 A_1 落后 $\pi/2$ 相位.

解　（1）根据起始时刻的位置 x_0 和初速 v_0 的方向，确定旋转矢量 A 在 $t=0$ 时的方位，则旋转矢量 A 与 Ox 轴正方向所成的角即为初相 φ. 按题设，作出相应的旋转矢量图，如例题 9-4（1）图 a~d 所示，其初相分别为 $\varphi = \pi$、$\varphi = 3\pi/2$ 或 $-\pi/2$、$\varphi = \pi/3$ 和 $\varphi = 7\pi/4$（也可表示为 $-\pi/4$）.

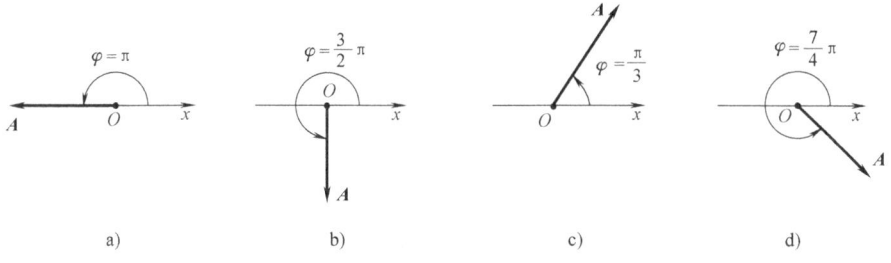

例题 9-4（1）图

（2）利用旋转矢量可以方便地比较两个同频率简谐运动的步调. 由题设，下列两个简谐运动为

$$x_1 = A_1\cos(\omega t + \varphi_1)$$

$$x_2 = A_2\cos(\omega t + \varphi_2)$$

由式（9-12）可知，**两个同频率的简谐运动在任意时刻的相位差都等于其初相差**. 那么旋转矢量 A_1、A_2 的步调如例题 9-4（2）图所示. 图 a' 表示 A_1、A_2 同步调，即 $\varphi_{12} = 0$（$\varphi_2 = \varphi_1$）；图 b' 表示 A_1、A_2 的步调相反，即 $\varphi_{21} = \varphi_2 - \varphi_1 = \pi$；图 c' 表示 A_2 超前 A_1，$\varphi_{12} < 0$；至于图 d'，我们常说成 A_2 比 A_1 落后 $\pi/2$ 相位.

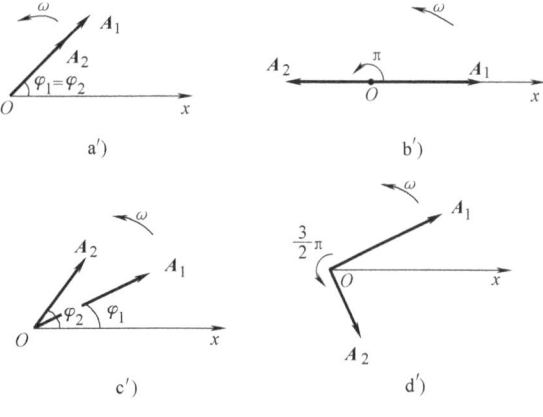

例题 9-4（2）图

9.4 简谐运动的能量

现在我们以弹簧振子为例来讨论简谐振动的能量。设振动物体的质量为 m，在某一时刻的速度为 v，则根据式（9-5），此物体的动能为

$$E_k = \frac{1}{2}mv^2 = \frac{1}{2}m\omega^2 A^2 \sin^2(\omega t + \varphi) \tag{9-18}$$

又设在此时刻物体相对于平衡位置的位移为 x，x 也就是弹簧相对于平衡位置的伸长（或缩短）量。若弹簧的劲度系数是 k，那么弹簧还拥有弹性势能。通常取弹簧为原长时物体所在位置处的弹性势能为零，则弹簧的弹性势能为 $E_p = \frac{1}{2}kx^2$，且按式（9-4），则可得

$$E_p = \frac{1}{2}kx^2 = \frac{1}{2}kA^2 \cos^2(\omega t + \varphi) \tag{9-19}$$

可见，在简谐振动的过程中，由于 v 和 x 都随时间做周期性变化，因此**简谐振动系统的动能和势能也都随时间做周期性的变化**。而弹簧振子的总能量为

$$E = E_k + E_p = \frac{1}{2}m\omega^2 A^2 \sin^2(\omega t + \varphi) + \frac{1}{2}kA^2 \cos^2(\omega t + \varphi)$$

因 $\omega^2 = k/m$，或 $k = m\omega^2$，代入上式并化简后，得

$$E = \frac{1}{2}kA^2 \tag{9-20}$$

当给定的弹簧振子做简谐振动时，m、k 和 A 都是恒量。因此上式说明，**简谐振动的总能量在振动过程中是一个恒量**。这就是说，尽管动能和势能都随时间而变化，但它们的总和 E 却不随时间 t 而改变，即 $dE/dt = 0$。这一结论是与机械能守恒定律完全符合的。这种能量或振幅保持不变的振动亦称为**无阻尼振动**。

图 9-5 表示简谐振子的势能 E_p 与坐标 x 的关系曲线。由图可知，简谐振子的势能曲线为抛物线。在一次振动中总能量 E 保持不变。在位移为 x 时，总能量 E 等于势能 E_p 与动能 E_k 之和。当位移到达 $+A$ 和 $-A$ 时，振子动能为零，分别开始从右端和左端向原点 O 运动。振子不可能超越其势能曲线到达势能更大的区域。

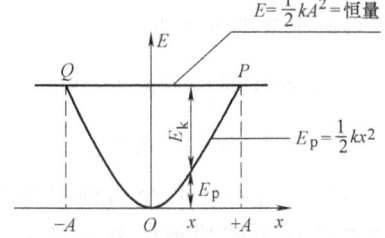

图 9-5　简谐振子的势能曲线

从式（9-20）还可看出，对于一定的振动系统，简谐振动的总能量与振幅之平方成正比。因此，振幅越大，振动越强烈，振动能量也就越大。所以，**振幅的平方可用来表征简谐振动的强度**。这一结论对于其他形式的简谐振动系统（例如单摆等）也是正确的。

例题 9-5　质量为 0.10kg 的物体，以振幅 1.0×10^{-2} m 做简谐运动，其最大加速度为 $4.0 \text{m} \cdot \text{s}^{-2}$，求：(1) 振动的周期；(2) 通过平衡位置的动能；(3) 总能量；(4) 物体在何处时，其动能和势能相等？

解 （1）根据最大加速度 $a_{\max}=A\omega^2$，得角频率 $\omega=\sqrt{\dfrac{a_{\max}}{A}}=\sqrt{\dfrac{4.0\,\text{m}\cdot\text{s}^{-2}}{1.0\times10^{-2}\,\text{m}}}=20\,\text{s}^{-1}$

故振动的周期为
$$T=\dfrac{2\pi}{\omega}=\dfrac{2\times3.14}{20\,\text{s}^{-1}}=0.314\,\text{s}$$

（2）通过平衡位置的动能
$$E_{k\max}=\dfrac{1}{2}mv_{\max}^2=\dfrac{1}{2}m\omega^2A^2=\dfrac{1}{2}\times0.10\times(20)^2\times(1.0\times10^{-2})^2\,\text{J}=2.0\times10^{-3}\,\text{J}$$

（3）总能量
$$E=E_{k\max}=2.0\times10^{-3}\,\text{J}$$

（4）按题意
$$E_k=E_p=\dfrac{1}{2}E=\dfrac{1}{2}\times2.0\times10^{-3}\,\text{J}=1.0\times10^{-3}\,\text{J}$$

又由于
$$E_p=\dfrac{1}{2}kx^2=\dfrac{1}{2}m\omega^2x^2$$

则得
$$x^2=\dfrac{2E_p}{m\omega^2}=\dfrac{2\times1.0\times10^{-3}}{0.10\times(20)^2}\,\text{m}^2=0.5\times10^{-4}\,\text{m}^2$$

从而解得
$$x=\pm 0.707\,\text{cm}$$

问题 9-7 求证：在一个周期 T 内，简谐运动的动能和势能对时间的平均值 $\overline{E}_k$ 和 $\overline{E}_p$ 相等，即 $\dfrac{1}{T}\int_0^T E_k\,\text{d}t=\dfrac{1}{T}\int_0^T E_p\,\text{d}t$，且 $\overline{E}_p=\overline{E}_k=kA^2/4$.

9.5　同方向简谐运动的合成　拍

在实际问题中，所遇到的振动往往是由几个振动合成的．例如，在剧烈振动的机房内，为了防止精密仪器振坏，可以将仪器用软弹簧悬挂起来，如图 9-6 所示．这相当于一个弹簧振子悬挂在机房顶上，一方面这个振子相对于机房有一振动，同时机房相对于地面也在振动．这样，弹簧振子相对于地面的振动就是上述两个振动的合成．又如，当两个声波同时传播到空间某一点时，该点处的空气质元就被迫同时参与两个振动，这时质元的运动就是这两个振动的合成．下面我们只讨论几种简单情形下的简谐运动的合成．

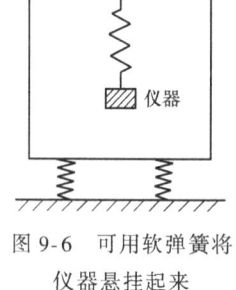

图 9-6　可用软弹簧将仪器悬挂起来

9.5.1　两个同方向、同频率简谐运动的合成

设一个质点在同一直线上（沿 Ox 轴）同时参与两个独立的同频率（角频率都是 ω）的简谐运动，这两个简谐运动在任意时刻 t 的位移分别为

$$x_1=A_1\cos(\omega t+\varphi_1)$$

$$x_2=A_2\cos(\omega t+\varphi_2)$$

式中，A_1、A_2 和 φ_1、φ_2 分别为两个简谐运动的振幅和初相．由于 x_1 和 x_2 为沿同一直线、相对于同一平衡位置的位移，则任意时刻合振动的位移 x 仍在该直线上，且等于上述两个位

移之代数和,即

$$x = x_1+x_2 = A_1\cos(\omega t+\varphi_1)+A_2\cos(\omega t+\varphi_2) \tag{9-21}$$

对这种情况,可以利用三角公式求得合成结果,但是用旋转矢量法可以更简捷、更直观地得出有关结论.

如图 9-7 所示,Ox 轴代表振动方向,原点 O 代表平衡位置. 从 O 点作两个长度分别为 A_1、A_2 的旋转矢量 $\boldsymbol{A}_1$、$\boldsymbol{A}_2$,用来表示这两个振动. 设在开始时,旋转矢量 $\boldsymbol{A}_1$、$\boldsymbol{A}_2$ 与 Ox 轴的夹角分别为 φ_1 和 φ_2. 当两个旋转矢量以相同的匀角速度 ω 绕 O 点做逆时针旋转时,它们的端点 L、M 在 Ox 轴上的投影 P_1、P_2 的运动就分别代表上述两个简谐运动;而两矢量在 Ox 轴上的投影则分别代表两个振动的位移 x_1 和 x_2.

因为长度不变的振幅矢量 $\boldsymbol{A}_1$ 和 $\boldsymbol{A}_2$ 以同一匀角速度 ω 绕 O 点旋转,所以它们之间的夹角(即两个分振动的相位差)$\varphi_{21}=\varphi_2-\varphi_1$ 保持不变,因而,由 $\boldsymbol{A}_1$ 和 $\boldsymbol{A}_2$ 构成的平行四边形的形状始终保持不变,并以角速度 ω 整体地做逆时针旋转. 这样,它们的合矢量 $\boldsymbol{A}$ 的长度(即平行四边形的对角线)也不变,并且也以匀角速度 ω 绕 O 点做逆时针旋转. 说明合矢量 $\boldsymbol{A}$ 的端点 R 在 Ox 轴上的投影 P 也在做简谐运动,而且其频率与原来两个振动的频率一样. 从图

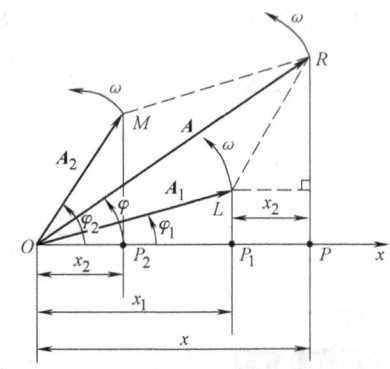

图 9-7 两个同方向、同频率简谐运动合成的矢量图

上还可以看出,合矢量 $\boldsymbol{A}$ 在 Ox 轴上的投影 x 等于 x_1 和 x_2 的代数和,所以合矢量 $\boldsymbol{A}$ 在 Ox 轴上的投影可以代表这两个简谐运动的合成,即合矢量 $\boldsymbol{A}$ 代表了合成振动的旋转矢量.

由此可以断定,**两个同频率、同方向简谐运动合成后仍为简谐运动**. 其合振动的振动表达式为

$$x = A\cos(\omega t+\varphi) \tag{9-22}$$

式中,振幅 A 即为合矢量 $\boldsymbol{A}$ 的长度,初相 φ 是合矢量 $\boldsymbol{A}$ 与 Ox 轴所成的夹角. 在图 9-7 中,对 $\triangle OLR$ 运用余弦定理,有

$$A^2 = A_1^2+A_2^2-2A_1A_2\cos[\pi-(\varphi_2-\varphi_1)]$$

得

$$A = \sqrt{A_1^2+A_2^2+2A_1A_2\cos(\varphi_2-\varphi_1)} \tag{9-23}$$

且在直角三角形 OPR 中,有

$$\tan\varphi = \frac{A_1\sin\varphi_1+A_2\sin\varphi_2}{A_1\cos\varphi_1+A_2\cos\varphi_2} \tag{9-24}$$

即合振动的振幅和初相分别由式(9-23)和式(9-24)确定;它们的值均取决于原来两个振动的振幅和初相.

式(9-23)表明合振动的振幅不仅与两个分振动的振幅有关,还与它们的相位差($\varphi_2-\varphi_1$)有关. 下面讨论振动合成的两个重要特例. 这两个特例将来在讨论声波(机械波)、光波的干涉和衍射现象时常要用到.

(1)两分振动同相或相位差 $\varphi_2-\varphi_1 = \pm 2k\pi$,($k=0,1,2,\cdots$). 这时,$\cos(\varphi_2-\varphi_1)=1$,按式(9-23),得

$$A = \sqrt{A_1^2+A_2^2+2A_1A_2} = A_1+A_2 \qquad (9\text{-}25)$$

即当两分振动的相位相同或相位差为 π 的偶数倍时，合振幅等于两分振动的振幅之和，合成结果为相互加强，合振幅可能达到最大值.

（2）两分振动反相或相位差 $\varphi_2-\varphi_1 = \pm(2k+1)\pi$，$(k=0,1,2,\cdots)$. 这时，$\cos(\varphi_2-\varphi_1) = -1$，按式 (9-23)，得

$$A = \sqrt{A_1^2+A_2^2-2A_1A_2} = |A_1-A_2| \qquad (9\text{-}26)$$

即当两分振动的相位相反或相位差为 π 的奇数倍时，合振幅等于两分振动的振幅之差的绝对值，合成结果为相互减弱，合振幅可能达到最小值. 如果在这种情形下，$A_1=A_2$，则 $A=0$，就是说，振动合成的结果，使质点处于静止状态. 例如，在图 9-6 所示的情况中，只要弹簧振子和机房两者的振动相位相反、振幅相近，仪器的合成振动的振幅就很小，即振动很微弱，从而可以防止仪器振坏.

对式 (9-25)、式 (9-26) 所给出的结果，读者不难理解：前者，两个分振动由于位移方向始终相同，始终互相加强，因此合振动的振幅最大；而后者，两个分振动由于位移方向始终相反，始终互相削弱，因此合振动的振幅最小.

上面所讲的是两种极端情况，在一般情形下，相位差 $(\varphi_2-\varphi_1)$ 可以取任意值，而合振幅在 A_1+A_2 和 $|A_1-A_2|$ 之间，即 $A_1+A_2 \geq A \geq |A_1-A_2|$.

例题 9-6 两个同方向、同频率简谐运动的表达式分别为 $x_1 = (0.05\text{cm})\cos(10t+3\pi/4)$ 及 $x_2 = (0.06\text{cm})\cos(10t+\pi/4)$，求合振动的表达式.

解 由题给条件知：$A_1=0.05\text{cm}$，$A_2=0.06\text{cm}$，$\varphi_1=3\pi/4$，$\varphi_2=\pi/4$，根据式 (9-23) 和式 (9-24)，可得合振动的振幅

$$\begin{aligned}A &= \sqrt{A_1^2+A_2^2+2A_1A_2\cos(\varphi_2-\varphi_1)} \\ &= \sqrt{(0.05\text{cm})^2+(0.06\text{cm})^2+2\times(0.05\text{cm})\times(0.06\text{cm})\cos\left(\frac{\pi}{4}-\frac{3\pi}{4}\right)} \\ &= 7.81\times 10^{-2}\text{cm}\end{aligned}$$

合振动的初相

$$\varphi = \arctan\frac{A_1\sin\varphi_1+A_2\sin\varphi_2}{A_1\cos\varphi_1+A_2\cos\varphi_2} = \arctan\frac{(0.05\text{cm})\sin\frac{3\pi}{4}+(0.06\text{cm})\sin\frac{\pi}{4}}{(0.05\text{cm})\cos\frac{3\pi}{4}+(0.06\text{cm})\cos\frac{\pi}{4}}$$

$$= 1.48\text{rad} = 0.48\pi$$

则由式 (9-22)，得合振动的表达式为

$$x = (7.81\times 10^{-2}\text{cm})\cos(10t+0.48\pi)$$

例题 9-7 一个质点同时参与三个简谐运动，它们的运动函数分别为 $x_1=A\cos(\omega t+\pi/3)$，$x_2=A\cos(\omega t+5\pi/3)$，$x_3=A\cos(\omega t+\pi)$，求其合振动的表达式.

解 由题给条件可知，各分振动的振幅相同，各分振动的初相分别为 $\pi/3$、$5\pi/3$ 和 π. 将各分振动分别标示于旋转矢量图中（见例题 9-7 图），由此图的几何关系不难看出，

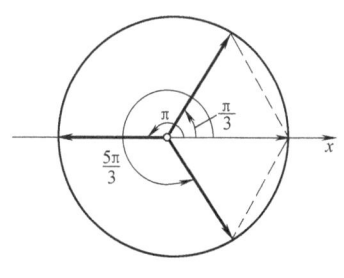

例题 9-7 图

合振动的表达式为

$$x = x_1 + x_2 + x_3 = 0$$

问题 9-8 设两个简谐运动分别为：$x_1 = 1.6\cos(6\pi t + 0.25\pi)$，$x_2 = 1.9\cos(6\pi t + \beta)$ (SI)，问 β 为何值时，合振动的振幅最小？

9.5.2 两个同方向、不同频率简谐运动的合成　拍

两个同方向、不同频率的简谐运动合成时，情况比较复杂．从旋转矢量图可见，由于这时 A_1 和 A_2 的角频率不同，因而它们的相位差 $\Delta\varphi$ 将随时间而改变，它们的合矢量也将随时间而改变．这个合矢量在 Ox 轴上的投影所表示的合运动将不再是简谐运动．

设两个分振动的角频率分别为 ω_1 和 ω_2 （并设 $\omega_2 > \omega_1$），由于二者频率不同，因此需要经历一段时间才能使二者达到相同的相位（表现在旋转矢量图上是两个振幅矢量在某一时刻重合，如图 9-8a 所示）．我们就从此时刻开始计时，则二者的初相相同．这样，两个振动表达式分别为

$$x_1 = A_1\cos(\omega_1 t + \varphi)$$
$$x_2 = A_2\cos(\omega_2 t + \varphi)$$

则合振动的振动表达式为

$$x = x_1 + x_2 = A_1\cos(\omega_1 t + \varphi) + A_2\cos(\omega_2 t + \varphi) \tag{9-27}$$

虽然合振动仍与原来振动的方向相同，但由于上述两个简谐运动的角频率 ω_1 和 ω_2 不同，故合成后不再是简谐运动，而是比较复杂的周期运动了．为此，我们可利用旋转矢量图示法来说明上述两个振动的合成．

如图 9-8 所示，设在某时刻（作为 $t=0$ 的起始时刻），A_1 与 A_2 的相位差为零，即 A_1 与 A_2 之间的夹角 $\varphi_{21} = (\omega_2 - \omega_1)t = 0$，因而合振动的振幅最大，$A = A_1 + A_2$，合振动最强（见图 9-8a）．此后，由于 $\omega_2 > \omega_1$，A_2 将领先于 A_1，使二者间的夹角 φ_{21} 随时间增长而逐渐增大．设经过时间 t_1，φ_{21} 从 0 增加到 π，则由 $(\omega_2 - \omega_1)t_1 = \pi$ 可知，经历时间 $t_1 = \dfrac{\pi}{\omega_2 - \omega_1}$ 后，A_2 与 A_1 指向相反，此时合振动的振幅最小，$A = |A_1 - A_2|$，合振动最弱（见图 9-8b）．接着，又经过时间 $t_2 = \dfrac{\pi}{\omega_2 - \omega_1}$，$\varphi_{12}$ 从 π 增大到 2π，A_2 与 A_1 再度重叠而指向相同，此时，合成振动的振幅又达到了最大，即 $A = A_1 + A_2$，合振动又最强（见图 9-8c）．往后，上述过程将

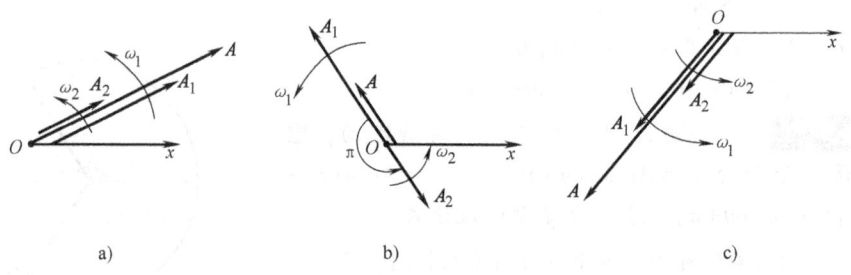

a)　　　　b)　　　　c)

图 9-8　两个同方向、不同频率的简谐振动的合成
a) $t=0$　b) $t=t_1$　c) $t=t_1+t_2$

重复出现,所以,**合振动的振幅时大时小(或者说合振动的强度时强时弱)地在做周期性的变化**,这种现象称为拍.

若合振动强弱变化一次所需的时间是 $t_1+t_2=\dfrac{2\pi}{\omega_2-\omega_1}$,则**合振动在单位时间内强弱变化的次数为**

$$\nu=\frac{1}{t_1+t_2}=\frac{\omega_2-\omega_1}{2\pi}=\frac{\omega_2}{2\pi}-\frac{\omega_1}{2\pi}=\nu_2-\nu_1 \tag{9-28}$$

叫作**拍频**. 即**拍频等于两个简谐运动的频率 ν_2 与 ν_1 之差**.

如上所说,两个同方向的简谐运动由于频率不同,其合振动会产生周期性的加强和减弱,出现拍的现象. 但是,在一般情况下,我们察觉不到合振动的这种周期性变化. 但当两个分振动的频率都较大而其差值很小(即 $\omega_2-\omega_1\ll\omega_2+\omega_1$)时,我们才能觉察出明显的周期性. 在这种情形下,由于 ω_1 和 ω_2 相差甚微,两个振动的旋转矢量的夹角 $\varphi_{21}=(\omega_2-\omega_1)t$ 的变化很缓慢,拍频较小,合振动经历一次强弱变化所需的时间就很长,因而能明显地觉察到合振动时强时弱的周期性变化. 例如,同时敲击两个并列的、频率相差很小的音叉,我们就会听到时强时弱、周期性变化的"嗡、嗡"的声音,而察觉到拍的现象.

我们还可利用三角学中的和差化积公式求解合振动表达式,为便于计算,设 $A_1=A_2$,则式(9-27)可写为

$$x=A\cos(\omega_1 t+\varphi)+A\cos(\omega_2 t+\varphi)=2A\cos\left(\frac{\omega_2-\omega_1}{2}t\right)\cos\left(\frac{\omega_2+\omega_1}{2}t+\varphi\right) \tag{9-29}$$

从式(9-29)也可以看出,两个同方向不同频率简谐运动的合成将不再是简谐运动,而是周期运动. 这个周期运动取决于两个周期性变化的量 $\cos\dfrac{\omega_2-\omega_1}{2}t$ 和 $\cos\left(\dfrac{\omega_2+\omega_1}{2}t+\varphi\right)$. 显然,第一个量的频率小于第二个量的频率,因而,第一个量的周期大于第二个量的周期. 在两个分振动的频率都较大而其差值很小(即 $\omega_2-\omega_1\ll\omega_2+\omega_1$)的情况下,第一个量的周期比第二个量的周期大得多,也就是说,第一个量的变化比第二个量的变化慢得多,以致在某一段较短时间内第二个量反复变化多次时,第一个量几乎没有变化. 因此,由这两个因子的乘积决定的运动可近似地看成振幅为 $\left|2A\cos\dfrac{\omega_2-\omega_1}{2}t\right|$(因为振幅总是正的,所以取绝对值)、角频率为 $\dfrac{\omega_2+\omega_1}{2}$ 的"准简谐振动". 由于振幅是周期性变化的,所以就出现振动时强时弱的拍这一现象,可用位移-时间曲线来说明. 如图 9-9 所示,其中,图 9-9a 和图 9-9b 分别代表分振动(图中设其振幅 $A_1=A_2$),图 9-9c 代表合振动. 在任意时刻,合振动的位移在图上直接由分振动的位移相加而得到. 从图中可以清楚地看出,合振动的振幅是随时间而变化的,并且这种变化时强时弱地显示出一定的周期性. 因此,**拍是一种周期性的准简谐运动**.

式(9-28)常用来测量频率. 如果已知一个高频振动的频率,使它和另一频率相近但未知其频率的振动相叠加,测量出合成振动的拍频,就可以求出后者的频率.

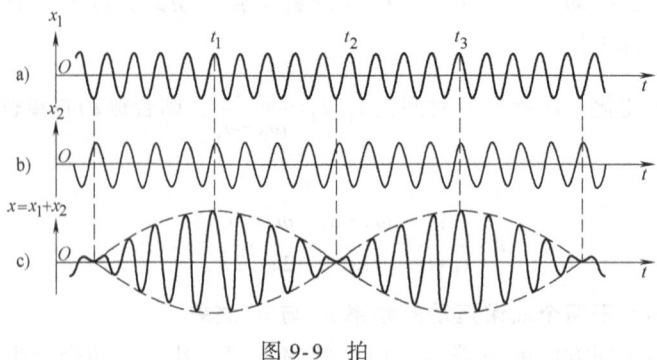

图 9-9 拍

9.6 两个相互垂直的简谐运动的合成 李萨如图形

9.6.1 两个相互垂直、同频率简谐运动的合成

在有些实际问题中，常会遇到一个质点同时参与两个不同方向的振动。这时质点的合位移是两个分振动位移的矢量和。在一般情况下，这时质点将在平面上做曲线运动，它的轨道形状取决于两个分振动的周期、振幅和相位差。

为简单起见，我们只讨论两个相互垂直的同频率简谐运动的合成。设两个振动分别在 Ox 轴和 Oy 轴上进行，其振动表达式分别为

$$\left.\begin{array}{l} x = A_1 \cos(\omega t + \varphi_1) \\ y = A_2 \cos(\omega t + \varphi_2) \end{array}\right\} \tag{9-30}$$

在任意时刻 t，质点在 xOy 平面上的位置坐标是 (x, y)，当时刻 t 改变时，其位置坐标 (x, y) 也随之改变。所以，在上两式中，我们消去参数 t，就可得到合成振动的轨道方程（推导从略）为

$$\frac{x^2}{A_1^2} + \frac{y^2}{A_2^2} - \frac{2xy}{A_1 A_2}\cos(\varphi_2 - \varphi_1) = \sin^2(\varphi_2 - \varphi_1) \tag{9-31}$$

这是椭圆方程。它的形状可由两个分振动的振幅和相位差 $\varphi_2 - \varphi_1$ 决定。下面讨论几种特殊情形。

（1）$\varphi_2 - \varphi_1 = 0$，即两个振动同相，这时，由式（9-31），得

$$\frac{x}{A_1} = \frac{y}{A_2}$$

此时合振动的轨道是通过坐标原点的一条直线，斜率为两个振幅之比 A_2/A_1（见图 9-10a）。若令 $\varphi_2 = \varphi_1 = \varphi$，则在任意时刻质点离开原点的位移为

$$r = \sqrt{x^2 + y^2} = \sqrt{A_1^2 + A_2^2} \cos(\omega t + \varphi)$$

所以，合振动也是简谐运动，频率等于原来的频率，振幅等于 $\sqrt{A_1^2 + A_2^2}$，沿直线 $y = \dfrac{A_2}{A_1} x$

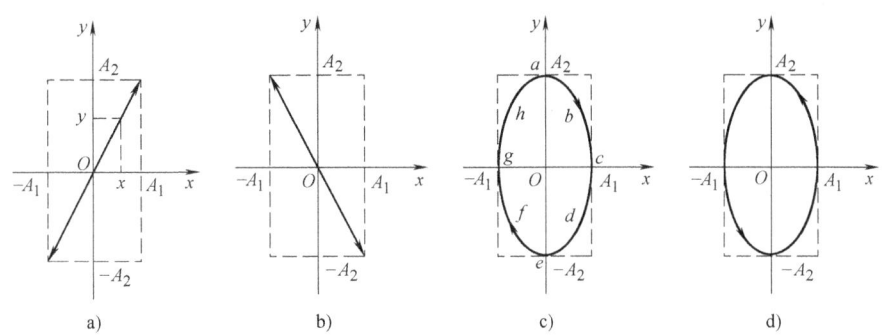

图 9-10 相互垂直振动的合成

a) $\varphi_2-\varphi_1=0$ b) $\varphi_2-\varphi_1=\pi$ c) $\varphi_2-\varphi_1=\pi/2$ d) $\varphi_2-\varphi_1=-\pi/2$

振动.

若两个振动反相,即 $\varphi_2-\varphi_1=\pi$ 时,合振动则沿直线 $y=-\dfrac{A_2}{A_1}x$ 做简谐运动(见图 9-10b).其振幅和频率与上述结果相同.

(2) $\varphi_2-\varphi_1=\pi/2$,即 x 落后于 y 为 $\pi/2$.由式(9-31)得

$$\frac{x^2}{A_1^2}+\frac{y^2}{A_2^2}=1$$

即质点运动的轨道是以坐标轴为主轴的正椭圆(见图 9-10c).由于 y 超前,例如在 $x=0$ 时开始计时,此时 y 为极大值,质点位于椭圆上的 a 点,当时间增加时,x 值渐增而 y 值渐减,当 $t=T/4$ 时,$y=0$ 而 x 达到极大值.在这一段时间内质点从 a 点经 b 而到达 c 点.此后,y 值在负方向增大,而 x 值减小,质点由 c 经 d 而到达 e,继而依次经过 f、g、h 再回到 a.质点就这样按顺时针方向(即右旋)做椭圆运动,这个运动的周期就等于分振动的周期.

若 $\varphi_2-\varphi_1=-\pi/2$,即 y 落后于 x 为 $\pi/2$.这时,质点运动的轨道与 $\varphi_2-\varphi_1=\pi/2$ 时相同,同样是正椭圆(见图 9-10d).但由于 y 的相位落后于 x 的相位,质点按逆时针方向(即左旋)做椭圆运动.

在上述两种情形中,如果两个分振动的振幅相等,即 $A_1=A_2$,则椭圆将变为圆.

(3) $\varphi_2-\varphi_1$ 等于其他值时,合成振动的轨道是一些方位不同的斜椭圆,这些椭圆被局限在平行于 Ox、Oy 轴的边长分别为 $2A_1$、$2A_2$ 的矩形范围内,它们的长、短轴与原来两个振动方向不重合,其方位及质点的运动方向完全取决于相位差的数值,如图 9-11 所示.

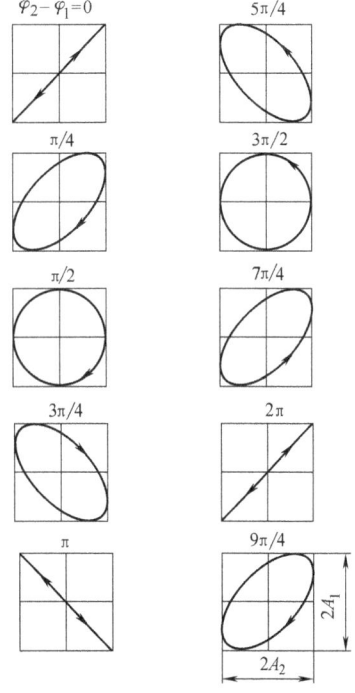

图 9-11 在各种相位差时,两个频率相同的、相互垂直振动的合成

从上述各种合成的例子,反过来,可以断定:**任何一种直线简谐运动、匀速圆周运动或椭圆运动都可分解成两个互相垂直的简谐运动**.

问题 9-9 试按式(9-31)分析相位差分别为 $\varphi_2-\varphi_1=0$、$\dfrac{\pi}{4}$、$\dfrac{\pi}{2}$、$\dfrac{3\pi}{4}$、π 时,两个同频率相互垂直振动的合成,并大致勾画出其轨道曲线.

9.6.2 两个相互垂直、不同频率的简谐运动的合成 李萨如图形

两个相互垂直的简谐运动,若具有不同频率,则其相位差将随时间而改变,因而其合成振动的轨道一般不能形成稳定的图形.但在两个振动的角频率成简单的整数比时,合成振动的轨道就呈现稳定的封闭曲线,曲线的样式与分振动的频率以及相位差有关,这种曲线叫作**李萨如**(J. A. Lissajous,1822—1880,法国科学家)**图形**.图 9-12 表示两个分振动的频率比分别为 1∶2、1∶3、2∶3 时几种不同相位差的李萨如图形.利用电子示波器,调整输入信号的频率比,可以在荧光屏上观察到不同样式的李萨如图形.因此,可由一个振动的已知频率,测求另一个振动的未知频率.工程上常用这种方法来测定未知频率.

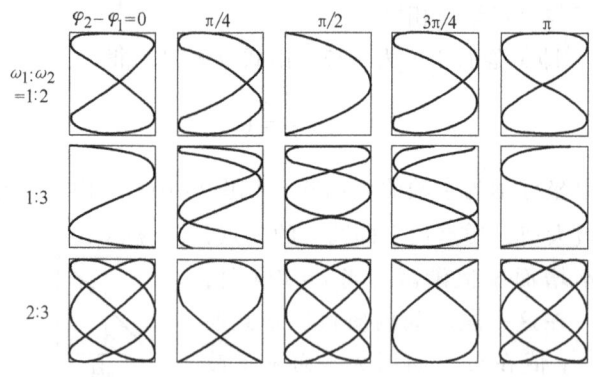

图 9-12 李萨如图形

9.7 阻尼振动

前面所讨论的简谐振动,只是理想的情况.在实际振动中,由于存在摩擦力和周围介质(如空气、液体等)的阻力,所以振动系统开始时所获得的能量,在振动过程中会因不断克服这些阻力做功而逐渐减少.随着能量的不断减少,振幅也就逐渐趋小,最后振动停止.**这种振幅(或能量)随时间而不断减小的振动称为阻尼振动,或称为减幅振动**.

通常的振动系统都处在空气或液体等周围介质中,它们受到的阻力来自它们周围的这些介质.实验指出,在物体运动速度不太大的情况下,运动物体受到的阻力 F_r 与其运动的速度大小成正比,阻力方向与速度方向相反,即

$$F_r = -\gamma v \qquad (9-32)$$

γ 称为阻力系数,它由振动物体的形状和介质的性质决定.式中的负号表示阻力与速度的方向相反.

质量为 m 的振动物体（如弹簧振子），在弹性力（或准弹性力）和上述阻力作用下沿 Ox 轴方向运动时，运动方程应为

$$-kx-\gamma\frac{\mathrm{d}x}{\mathrm{d}t}=m\frac{\mathrm{d}^2x}{\mathrm{d}t^2}$$

式中，$\frac{\mathrm{d}x}{\mathrm{d}t}=v$；$k$、$\gamma$ 都是恒量. 因此，为了便于数学处理，令 $\omega_0^2=\frac{k}{m}$，$2\beta=\frac{\gamma}{m}$，则上式可写成

$$\frac{\mathrm{d}^2x}{\mathrm{d}t^2}+2\beta\frac{\mathrm{d}x}{\mathrm{d}t}+\omega_0^2 x=0 \tag{9-33}$$

式中，β 表征阻尼的强弱，称为**阻尼恒量**，它与系统本身的质量和介质的阻力系数有关；ω_0 是振动系统不受阻尼作用时的**固有角频率**，对应于此固有角频率，系统本身存在一个**固有周期**，由系统本身的性质决定. 阻尼振动不是简谐运动，而且严格地讲，它也不是周期运动. 但在阻尼不大时，阻尼振动可以近似看作周期性振动.

（1）当阻尼较小，即 $\beta^2<\omega_0^2$ 时，微分方程式（9-33）的解为

$$x(t)=A\mathrm{e}^{-\beta t}\cos(\omega t+\varphi) \tag{9-34}$$

这就是阻尼振动的表达式. 式中，A、φ 为积分恒量，由初始条件决定；而角频率为

$$\omega=\sqrt{\omega_0^2-\beta^2} \tag{9-35}$$

这时，阻尼振动的周期为

$$T_{阻}=\frac{2\pi}{\omega}=\frac{2\pi}{\sqrt{\omega_0^2-\beta^2}} \tag{9-36}$$

这个周期由系统本身的性质和阻尼的强弱共同决定. 实验和理论都可以证明，对于一定的振动系统，有阻尼时的周期要比无阻尼时的周期大些，即 $T_{阻}>2\pi/\omega_0$，这意味着完成一次振动的时间要长些. 这种阻尼振动也常称为**欠阻尼**，如图 9-13 中的曲线 a 所示. 欠阻尼振动的振幅 $A\mathrm{e}^{-\beta t}$ 随时间按指数规律衰减. β 越大，说明阻尼越大，振幅衰减越快. 在 $t=0$ 时，振幅为 A；在 $t=\infty$ 时，振幅为零，即振动停止. 阻尼振动的振幅按指数规律衰减的快慢，完全由阻尼强弱所决定.

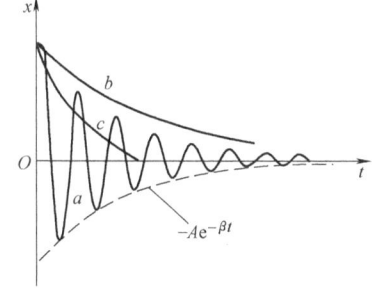

图 9-13 三种阻尼振动曲线及其比较

（2）当阻尼很大，以致 $\beta^2>\omega_0^2$，则式（9-33）的解为

$$x(t)=c_1\mathrm{e}^{-(\beta-\sqrt{\beta^2-\omega_0^2})t}+c_2\mathrm{e}^{-(\beta+\sqrt{\beta^2-\omega_0^2})t}$$

此时，振动系统甚至在未完成第一次振动以前，能量就消耗殆尽，物体以非周期性运动的方式慢慢回到平衡位置，如图 9-13 中的曲线 b 所示. 这种情况称为**过阻尼**.

（3）当 $\beta=\omega_0$ 时，物体刚刚能做非周期运动，最后也回到平衡位置. 这种情况称为**临界阻尼**，如图 9-13 中的曲线 c 所示. 和过阻尼相比，这种非周期运动回到平衡位置所用时

间最短，因此当物体偏离平衡位置时，如果要求它在不发生振动的情况下最快地回到平衡位置，常采用施加临界阻尼的措施．例如，在灵敏电流计内，表头中的指针是和通电线圈相连的，当它在磁场中运动时，会受到电磁阻尼的作用；若电磁阻尼过小或过大，会使指针摆动不停或到达平衡点的时间过长，而不便于测量读数，所以必须调整电路电阻，使电表在 $\beta = \omega_0$ 的临界阻尼状态下工作．

问题 9-10 （1）试按式（9-34）计算阻尼振动的机械能 $E = mv^2/2 + kx^2/2$．

（2）证明此机械能的时间变化率 $dE/dt < 0$．问 $dE/dt < 0$ 的意义是什么？并问 $dE/dt = 0$ 时，是什么振动？

9.8 受迫振动 共振

对前面所研究的振动系统来说，一旦受外界扰动而离开平衡位置，就能自行振动，在振动过程中，除所受的弹性力和阻尼力以外，并没有再施加用来维持振动的其他外力，即所谓**驱动力**．这种不受驱动力作用的振动称为**自由振动**．

振动系统在周期性驱动力的持续作用下发生的振动称为**受迫振动**．日常所见的受迫振动大多受到一种周期性变化的外力的作用．例如，在发动机工作时，它的基座就受到发动机旋转时所产生的周期性驱动力的作用，使其做受迫振动．

设质量为 m 的弹簧振子在弹性力 $F = -kx$、黏滞阻力 $R = -\gamma dx/dt$ 和周期性外力（驱动力）$F_p = H\cos pt$ 的作用下沿 Ox 轴方向做受迫振动．F_p 的最大值是 H，称为驱动力的**力幅**，p 是驱动力的角频率．按牛顿第二定律，振子的运动方程为

$$-kx - \gamma \frac{dx}{dt} + H\cos pt = m\frac{d^2 x}{dt^2}$$

令 $\omega_0^2 = \dfrac{k}{m}$，$2\beta = \dfrac{\gamma}{m}$ 及 $h = \dfrac{H}{m}$，则上式可写成

$$\frac{d^2 x}{dt^2} + 2\beta \frac{dx}{dt} + \omega_0^2 x = h\cos pt \tag{9-37}$$

在 $\beta^2 < \omega_0^2$ 的情况下，上述二阶非齐次线性微分方程的解为

$$x = Ae^{-\beta t}\cos(\omega t + \varphi) + B\cos(pt + \varphi_p) \tag{9-38}$$

式中，A、φ 都是积分恒量，即受迫振动是由含有阻尼恒量的衰减振动 $Ae^{-\beta t}\cos(\omega t + \varphi)$ 和等幅的余弦振动 $B\cos(pt + \varphi_p)$ 所合成的；在特定的初始条件下，其位移 x 与时间 t 的关系曲线如图 9-14 的实线所示．

受迫振动开始时的情况很复杂，但经过较短时间后，式（9-38）右端第一项的阻尼振动实际上已衰减到可以忽略不计的程度，此后振动便过渡到一种稳定的状态（见图 9-14）．

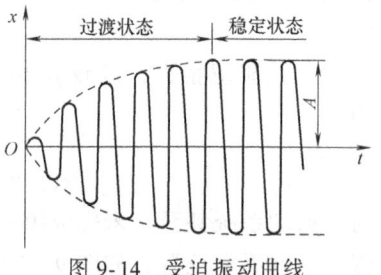

图 9-14 受迫振动曲线

在稳定状态下，受迫振动将做周期性的等幅余弦振动，其振动表达式为

$$x = B\cos(pt+\varphi_p) \tag{9-39}$$

式中，振动的角频率就是驱动力的角频率 p，而振幅 B 和初相 φ_p 不仅决定于周期性驱动力的最大值及驱动力的角频率 p，还决定于振动系统的固有角频率 ω_0 和阻尼恒量. 它们和开始时的运动状态无关（这和简谐运动的情形不同，在简谐运动中，振幅和初相决定于初始条件）. B 和 φ_p 则由如下两式决定，即

$$B = \frac{h}{\sqrt{(\omega_0^2 - p^2)^2 + 4\beta^2 p^2}} \tag{9-40}$$

$$\varphi_p = \arctan\frac{-2\beta p}{\omega_0^2 - p^2} \tag{9-41}$$

从能量的角度看，当受迫振动达到稳定后，周期性外力在一个周期内对振动系统做功所提供的能量，恰好用来补偿系统在一个周期内克服阻力做功所消耗的能量，因而使受迫振动的振幅保持稳定不变.

由式（9-40）可知，稳定状态下受迫振动的振幅 B 与驱动力的角频率 p 有很大关系，图 9-15 给出了在不同阻尼 β 情况下受迫振动的振幅 B 与驱动力的角频率 p 的关系. 图中 ω_0 为振动系统的固有频率. 从图中可以看出，当驱动力的角频率 $p \gg \omega_0$ 或 $p \ll \omega_0$ 时，受迫振动的振幅减小；而当驱动力的角频率 p 与振动系统的固有角频率 ω_0 接近时，受迫振动的振幅 B 急剧增大. 在 p 为某一定值时，振幅 B 将达到极大值. 将式（9-40）对 p 求导，并令 $\mathrm{d}B/\mathrm{d}t = 0$，可求得 $p = \sqrt{\omega_0^2 - 2\beta^2}$ 时，受迫振动的振幅 B 将有极大值. 我们把**受迫振动的振幅出现极大值的现象**叫作**共振**. 共振时驱动力的角频率叫作**共振角频率**，以 ω_r 表示，即

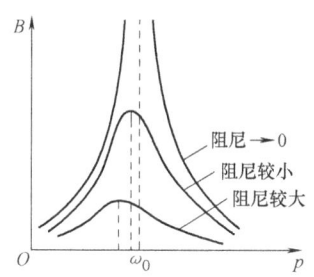

图 9-15　在不同阻尼情况下，受迫振动的振幅 B 与驱动力角频率 p 的关系

$$\omega_r = \sqrt{\omega_0^2 - 2\beta^2} \tag{9-42}$$

可见，共振角频率 ω_r 由固有角频率 ω_0 和阻尼恒量 β 决定. 将式（9-42）代入式（9-40）可得共振时受迫振动的振幅

$$B_r = \frac{h}{2\beta\sqrt{\omega_0^2 - \beta^2}} \tag{9-43}$$

由式（9-42）、式（9-43）可知，阻尼恒量 β 越小，共振角频率 ω_r 越接近系统的固有角频率 ω_0，同时共振的振幅 B_r 也越大. 若阻尼恒量 β 趋近于零，则 ω_r 趋近于 ω_0，振幅将趋近于无限大（见图 9-15）. 但在实际的振动系统中，β 不可能为零，所以总是存在能量的损耗，而且振动越强烈，损耗也越大. 因此，振幅增大到一定程度时，外界输给系统的能量全部都损耗掉，这时振幅就不再增大. 也就是说，β 越小，共振时所达到的振幅极大值也越大，但不会变为无限大.

受迫振动和共振现象在科学和技术领域内有广泛的应用. 由式（9-40）可知，受迫振动的振幅 B 决定于振动系统的固有角频率 ω_0、阻尼常量 β，以及驱动力的力幅 h 和角频率 p. 因此，我们可以通过调整这些物理量的大小去控制驱动力对振动系统的作用.

为了加强驱动力的作用而使受迫振动有较大的振幅，应该使驱动力的频率接近于共振频

率．例如，混凝土振捣器、选矿用的共振筛和收音机的调频等，就是根据这一原理设计制造的．如果要削弱驱动力的作用而使受迫振动的振幅较小时，就得改变驱动力的频率，使它与共振频率相差很大．例如，火车过桥要开慢些，部队过桥时不能齐步走，就是这个道理．

章前问题解答

"此盘与宫中钟相谐"是指：蜀人的铜盘与宫中钟的振动频率相同，故声相应，即发生了共振．解决的办法是：改变铜盘的厚度．

塔科马大桥本身固有的频率和 19m/s 的风速产生的卡门涡街的振动频率刚好一致，引起大桥剧烈共振而崩塌．

问题拓展

什么是卡门涡街呢？

卡门涡街是流体力学中重要的现象，在自然界中常会遇到．在一定条件下，流体绕过某些物体（如水流过桥墩，风吹过高塔、烟囱、电线杆等）时，物体两侧会周期性地脱落出旋转方向相反、排列规则的双列线涡，经过非线性作用后，形成卡门涡街．如问题拓展 9-1 图所示，其中 a 表示两个旋转方向相反的涡层的初始状态；b 表示这两个涡层各自做不稳定运动；c 表示这两个涡层的不稳定运动相互干扰；d 表示卡门涡街形成．

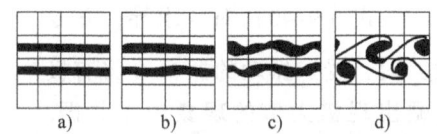

问题拓展 9-1 图　卡门涡街形成过程示意图

涡街的每个单涡的频率与绕流速度、物体线度有关．当涡街出现时，流体对物体会产生一个周期性的交变横向作用力．如果力的频率与物体的固有频率相接近，就会引起共振，甚至会使物体损坏．

改变振动系统的固有角频率大小，也可以控制驱动力的作用．例如，各种机器的转动部分不可能都制造得完全均衡，因此机器运转时要产生和转动同频率的周期性力，当机器（汽轮机、柴油机、发电机等）的转动频率和基座的固有角频率接近时，将发生共振而损坏机器，为此需要加厚基座（即改变其固有角频率），以避免共振．

此外，在驱动力的频率接近共振频率的情形下，增大或减小阻尼恒量，可以显著地削弱或增大振动系统的振幅．例如，在建造地震区的建筑物时，除要考虑建筑物的固有频率外，还常常用加大阻尼的方法来减轻地震的危害．

问题 9-11　稳定状态受迫振动的频率由什么决定？这个频率与振动系统本身的性质有何关系？

问题 9-12　弹簧振子的无阻尼自由振动是简谐运动，同一弹簧在周期性驱动力作用下的稳态受迫振动也是简谐运动吗？产生共振的条件是什么？举例说明共振现象在工程和生活实际中的利与弊．

本章小结

本章重点研究了简谐运动的基本规律及其特征,给出描述简谐运动的表达式,并且讨论了描述简谐运动的各物理量的意义及其关系,在此基础上研究了简谐振动的合成问题. 具体思路如下:

首先,建立了弹簧振子模型,由此给出简谐运动满足的微分方程,在此基础上得到简谐运动的表达式. 由此研究简谐运动的规律:具有周期性,相位决定振动状态,相位差决定步调,机械能守恒;利用旋转矢量图示法简洁、直观地理解简谐运动.

然后,研究了简谐运动的合成,给出了相同频率、不同频率简谐运动的合成规律.

最后,简单介绍了阻尼振动、受迫振动的特点及应用.

本章主要内容框图:

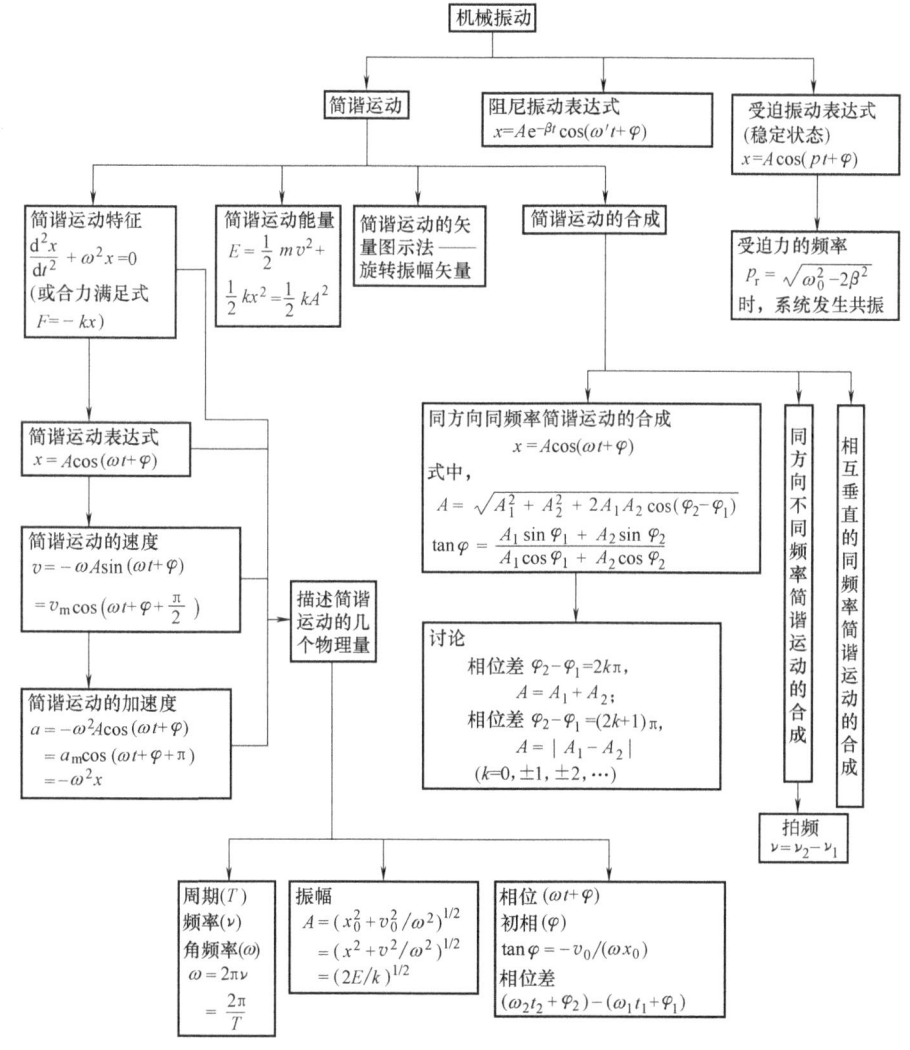

习 题 9

9-1 质点沿 Ox 轴做简谐运动,其表达式为 $x=6\cos(\pi t-\pi/3)$ (cm). 求 $t=0.5$ s 时它的位移、速度和加速度,并求振幅、速度振幅、加速度振幅. (答:5.2cm,-9.43cm·s^{-1},-51.3cm·s^{-2},6cm,18.9cm·s^{-1},59.2cm·s^{-2})

9-2 一轻弹簧上端固定,下端竖直地悬挂一质量为 m 的物体,设该物体以周期 $T=2.0$s 振动;今在该物体上再附加 2.0kg 的一个小铁块,这时周期变为 3.0s. 求物体的质量 m. (答:1.6kg)

9-3 为了测得一物体的质量 m,将其悬挂在一弹簧上,并让其自由振动,测得振动频率 $\nu_1=1.0$Hz;而将另一质量 $m'=0.5$kg 的物体单独挂在该弹簧上时,测得振动频率 $\nu_2=2.0$Hz. 设振动均在弹簧的弹性限度内进行,求被测物体的质量. (答:2.0kg)

9-4 质量为 50g 的物体做简谐运动,振幅为 2cm,周期为 0.4s,开始振动时物体在 Ox 轴正方向位移最大处,求 0.05s 和 0.1s 时物体的动能和振动系统的弹性势能. (答:$E_k=1.25\times10^{-4}$J,$E_p=1.23\times10^{-3}$J;$E_k=2.46\times10^{-3}$J,$E_p=0$)

9-5 由质量为 0.25kg 的物体和劲度系数 $k=25$N·m^{-1} 的轻弹簧构成一个弹簧振子,在沿水平的 Ox 轴振动过程中,设某一时刻具有弹性势能 0.6J 和动能 0.2J. 求:(1)振幅;(2)在什么位置时,动能恰等于弹性势能?(3)经过平衡位置时,速度为多大?[答:(1) $A=0.253$m;(2) $x=\pm0.179$m;(3) $v=\pm2.53$m·s^{-1}]

9-6 一放置在水平桌面上的弹簧振子沿 Ox 轴运动,振幅 $A=2.0\times10^{-2}$m,周期 $T=0.50$s. $t=0$ 时,(1)物体在正方向端点;(2)物体在平衡位置,向负方向运动;(3)物体在 $x=1.0\times10^{-2}$m 处,向负方向运动;(4)物体在 $x=-1.0\times10^{-2}$m 处,向正方向运动. 求以上各种情况的运动函数. [答:(1) $x=2.0\times10^{-2}\cos(4\pi t)$ (SI);(2) $x=2.0\times10^{-2}\cos\left(4\pi t+\dfrac{\pi}{2}\right)$ (SI);(3) $x=2.0\times10^{-2}\cos\left(4\pi t+\dfrac{\pi}{3}\right)$ (SI);(4) $x=2.0\times10^{-2}\cos\left(4\pi t+\dfrac{4\pi}{3}\right)$ (SI)]

9-7 处于原长状态、劲度系数分别为 k_1 和 k_2 的两条水平轻弹簧与质量为 m 的物体相连,如习题 9-7 图 a 所示,不计一切摩擦力,(1)试证此振动系统沿水平面振动的周期为 $T=2\pi\sqrt{\dfrac{m}{k_1+k_2}}$;(2)若这两个弹簧串联后,再与质量为 m 的物体相连,如习题 9-7 图 b 所示,不计一切摩擦力,试证此振动系统沿水平面振动的频率为 $\nu=\dfrac{1}{2\pi}\sqrt{\dfrac{k_1 k_2}{m(k_1+k_2)}}$.

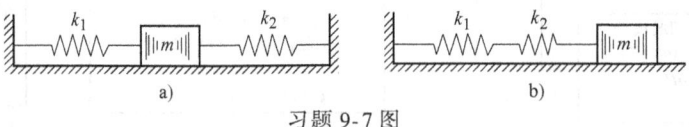

习题 9-7 图

9-8 某振动质点的 x-t 曲线如习题 9-8 图所示,乃是一条正弦曲线. 试求:(1)运动函数;(2)点 P 对应的相位;(3)与点 P 相应位置所需时间. [答:(1) $x=0.1\cos\left(\dfrac{5\pi}{24}t-\dfrac{\pi}{3}\right)$ (SI);(2) 0;(3) 1.6s]

9-9 一平台的台面上放有质量为 m 的物件 B,平台以频率为 3Hz 沿竖直方向做简谐运动. 试求平台振动的振幅多大时,

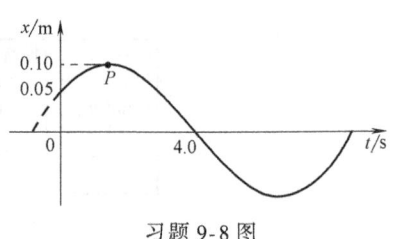

习题 9-8 图

物体 B 将跳离平台？（提示：物体跳离平台时，它对平台的压力为零）．（答：0.03m）

9-10 做简谐运动的物体，由平衡位置向 Ox 轴正方向运动，试问经过下列路程所需的最短时间各为周期的几分之几？（1）由平衡位置到正方向最大位移处；（2）由平衡位置到 $x=A/2$ 处；（3）由 $x=A/2$ 处到正方向最大位移处．（答：$T/4$；$T/12$；$T/6$）

9-11 设简谐运动函数为 $x=A\cos(3t+\varphi)$，已知初始位置为 $x_0=0.04\text{m}$、初速度为 $v_0=0.24\text{m}\cdot\text{s}^{-1}$．求振幅 A 和初相 φ．（答：$8.94\times10^{-2}\text{m}$；$-63.43°$）

9-12 在一块平板下装有弹簧，平板上放一质量为 0.3kg 的重物．现使平板沿竖直方向做上下简谐运动，周期为 0.6s，振幅为 $3.0\times10^{-2}\text{m}$，不计平板质量．求：

（1）平板到最低点时，重物对平板的作用力；

（2）若频率不变，则平板以多大的振幅振动时，重物会跳离平板？

（3）若振幅不变，则平板以多大的频率振动时，重物会跳离平板？〔答：（1）3.93N；（2）$8.9\times10^{-2}\text{m}$；（3）2.75Hz〕

9-13 一质量为 10g 的物体沿 Ox 轴做简谐运动，其振幅为 $2.0\times10^{-2}\text{m}$，周期为 4.0s，当 $t=0$ 时，位移为 $+2.0\times10^{-2}\text{m}$．求：（1）振动表达式；（2）$t=0.5\text{s}$ 时，物体所在的位置及所受的力．〔答：（1）$x=0.02\cos\dfrac{\pi t}{2}$（m）；（2）0.014m，$-0.349\times10^{-3}\text{N}$〕

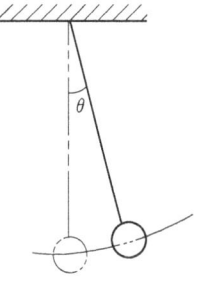

9-14 有一单摆，长为 1.0m，最大摆角为 5°，如习题 9-14 图所示．（1）求单摆的角频率和周期；（2）设开始时摆角最大，试写出此单摆的运动函数；（3）当摆角为 3°时的角速度和摆球的线速度各为多少？〔答：（1）3.13s^{-1}，2.01s；（2）$\theta=\dfrac{\pi}{36}\cos 3.13t$；（3）$-0.218\text{rad}\cdot\text{s}^{-1}$，$0.218\text{m}\cdot\text{s}^{-1}$〕

习题 9-14 图

9-15 为了测量月球表面的重力加速度，宇航员将地球上的"秒摆"（周期为 2.00s）拿到月球上去，如测得周期为 4.90s，地球表面的重力加速度为 $g_\text{E}=9.80\text{m}\cdot\text{s}^{-2}$，则月球表面的重力加速度是多少？（答：$1.63\text{m}\cdot\text{s}^{-2}$）

9-16 在如习题 9-16 图所示的旋转矢量图中，旋转矢量 A 的长度为 5cm．试写出相应振动的初相、相位和简谐振动函数．$\left[\text{答：}\dfrac{5\pi}{4};\dfrac{\pi t+5\pi}{4};x=5\cos\left(\pi t+\dfrac{5\pi}{4}\right)\text{（cm）}\right]$

9-17 如习题 9-17 图所示，一劲度系数 $k=312\text{N}\cdot\text{m}^{-1}$ 的轻弹簧，一端固定，另一端连接质量 $m'=0.3\text{kg}$ 的物体，放在水平面上（不计物体与水平面之间的摩擦），上面放一质量 $m=0.2\text{kg}$ 的物体，两物体间的最大静摩擦系数 $\mu=0.5$，当两物体间无相对滑动时，求系统振动的最大能量．（答：$9.62\times10^{-3}\text{J}$）

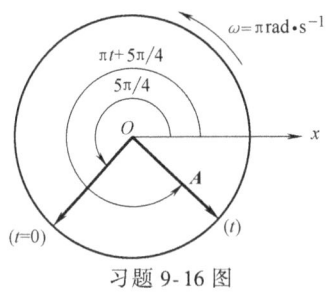

习题 9-16 图

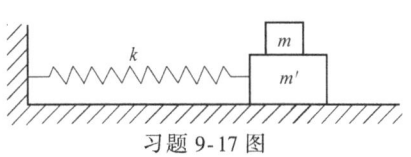

习题 9-17 图

9-18 有两个振动方向相同的简谐运动，其振动表达式分别为 $x_1=4\cos(2\pi t+\pi)$（cm）和 $x_2=3\cos\left(2\pi t+\dfrac{\pi}{2}\right)$（cm）．

（1）求它们的合振动表达式；

（2）另有一同方向的简谐振动 $x_3=2\cos(2\pi t+\varphi_3)$（cm），问当 φ_3 为何值时 x_1+x_3 的振幅为最大值？当

φ_3 为何值时 x_1+x_3 的振幅为最小值？

[答：(1) $x=5\cos\left(2\pi t+\dfrac{4}{5}\pi\right)$ (cm)；(2) $\varphi_3=\pm(2k+1)\pi$ ($k=0,1,2,\cdots$) 时 x_1+x_3 的振幅为最大值；$\varphi_3=\pm(2k+1.5)\pi$ ($k=0,1,2,\cdots$) 时 x_1+x_3 的振幅为最小值]

9-19 有两个同方向、同频率的简谐运动，其合振动的振幅为 0.20m，合振动与第一个振动的相位差为 $\pi/6$，若第一个振动的振幅为 0.173m. 求第二个振动的振幅及两振动的相位差. （答：0.10m；$\pi/2$）

9-20 同时敲击两支音叉，在 10s 内听到声音强弱变化的次数为 20 次. 已知其中一支音叉的频率为 256Hz，求另一支音叉的频率. （答：254Hz 或 258Hz）

9-21 质量为 0.4kg 的质点同时参与相互垂直的两个振动：$x=0.08\cos\left(\dfrac{\pi}{3}t+\dfrac{\pi}{6}\right)$ (SI) 和 $y=0.06\cos\left(\dfrac{\pi}{3}t-\dfrac{\pi}{3}\right)$ (SI). (1) 求质点在 Oxy 坐标系内的轨道方程；(2) 求质点在任一位置所受的力. [答：(1) $\dfrac{x^2}{(0.08)^2}+\dfrac{y^2}{(0.06)^2}=1$；(2) $(-0.44\text{N})\,\boldsymbol{r}$，$\boldsymbol{r}$ 为质点相对于坐标系原点 O 的位矢]

本章"问题"选解

问题 9-1

答 (2) 质点所受的合外力可归结为弹性力或准弹性力时才能做简谐运动. 拍皮球时恒受竖直向下的重力作用，它不是弹性力，所以不是简谐运动.

(3) 振幅表示振动的幅度，故恒取正值，至于 $x=-A$，则是指某一时刻振动系统的位置在所规定的 Ox 轴上处于负方向的最大位置.

问题 9-4

解 (1) 按题设 $x=A\cos(\omega t+\varphi)$

且当 $t=0$ 时，$x=0$，则 $0=A\cos\varphi$，即 $\varphi=\pi/2$ 或 $\dfrac{3\pi}{2}$. 又由

$$v=-A\omega\sin(\omega t+\varphi)$$

在 $t=0$ 时 $\qquad\qquad v_0=-A\omega\sin\varphi<0$

因 $A>0$，$\omega>0$，因而 $\sin\varphi>0$，所以取 $\varphi=\dfrac{\pi}{2}$.

(2) 当 $t=0$ 时，有 $\dfrac{A}{2}=A\cos\varphi$，即 $\cos\varphi=\dfrac{1}{2}$，亦即 $\varphi=\pi/3$ 或 $\dfrac{5\pi}{3}$. 又因 $t=0$ 时，$v_0=-A\omega\sin\varphi>0$，即 $\sin\varphi<0$，应取 $\varphi=5\pi/3$.

(3) 当 $t=0$ 时，有 $0=-A\omega\sin\varphi$，得 $\sin\varphi=0$，即 $\varphi=0$ 或 π.

因 $t=0$ 时，$-A\omega^2\cos\varphi>0$，即 $\cos\varphi<0$，应取 $\varphi=\pi$.

问题 9-5

答 (2) 由 $T=2\pi\sqrt{l/g}$，因在同一地点，因 l、g 皆相同，所以它们的周期相同.

(3) 在线下端悬挂一重物，构成一单摆，数出单摆在一定时间 t 内的摆动次数 n，求出周期为 $T=t/n$，由 $T=2\pi\sqrt{l/g}$，可测得此线的长度为

$$l = \frac{gT^2}{4\pi^2} = \frac{gt^2}{(4\pi n)^2}$$

(4) 摆长　　　　　　$l = 91.7\text{cm} + 2\text{cm}/2 = 92.7\text{cm} = 0.927\text{m}$

周期　　　　　　　$T = \dfrac{3 \times 60\text{s} + 13.2\text{s}}{100} = 1.93\text{s}$

按单摆公式 $T = 2\pi\sqrt{l/g}$，可求得重力加速度

$$g = \frac{4\pi^2 l}{T^2} = \frac{4 \times \pi^2 \times 0.927\text{m}}{(1.93\text{s})^2} = 9.825\text{m} \cdot \text{s}^{-2}$$

问题 9-8

解　当 $\Delta\varphi = (2k+1)\pi$ 时，合振动的振幅为最小，即
$$\beta - 0.25\pi = (2k+1)\pi$$

亦即　　　$\beta = 0.25\pi + (2k+1)\pi = (2k+1.25)\pi, \ (k = 0, \pm 1, \pm 2, \cdots)$

问题 9-10

解　(1) 阻尼振动的能量为

$$E = E_k + E_p = \frac{1}{2}mv^2 + \frac{1}{2}kx^2 = \frac{1}{2}m\left(\frac{\mathrm{d}x}{\mathrm{d}t}\right)^2 + \frac{1}{2}kx^2$$

$$\frac{\mathrm{d}E}{\mathrm{d}t} = \frac{\mathrm{d}x}{\mathrm{d}t}\left(m\frac{\mathrm{d}^2 x}{\mathrm{d}t^2} + kx\right) = v(ma + kx) \qquad \text{ⓐ}$$

(2) 由阻尼振动的运动方程有
$$-kx - \gamma v = ma \qquad \text{ⓑ}$$

将式ⓑ代入式ⓐ，得

$$\frac{\mathrm{d}E}{\mathrm{d}t} = v(-\gamma v) = -\gamma v^2 < 0 \qquad \text{ⓒ}$$

此即反抗阻力所做功的功率．而 $\dfrac{\mathrm{d}E}{\mathrm{d}t} < 0$，表明阻尼振动的机械能随时间而减少．

如式ⓒ中，$\mathrm{d}E/\mathrm{d}t = 0$，则只有在 $\alpha = \beta = 0$ 的条件下才能发生，即振动是无阻尼的自由振动．

第10章 机械波

章前问题?

人类接收到的大部分信息都是通过波动的形式传播的. 例如, 声波传到我们的耳朵, 光波传到我们的眼睛, 电磁波传到我们的手机等. 图示为湖里荡起的水波波纹. 那么什么是波? 它们是如何传播的?

还有, 音乐听起来让人心情舒畅愉快, 给人美的享受. 而噪声听起来则会让人感到烦躁、厌恶. 这又是为什么呢? 你能解释吗?

若要弄清上述问题, 必须先了解机械波所遵从的规律.

振动的传播过程称为波动. 机械振动在弹性介质 (气体、液体、固体) 中的传播过程, 称为**机械波**. 例如, 水波、声波、超声波、地震波等, 都是机械振动在弹性介质中的传播过程. 波动并不限于机械波, 无线电波、光波等也是一种波动, 这类波是**电磁振荡在空间的传播过程**, 称为**电磁波**. 近代物理学的研究表明, 电子、质子等**微观粒子也具有波动性**, 这种波称为**物质波**. 以上各种波在本质上是不同的, 但它们都具有波动的共同特点和规律. 本章以机械波为具体内容, 讨论波动过程的基本概念和基本理论.

10.1 机械波的产生 横波与纵波

10.1.1 机械波的产生

当机械振动在弹性介质中发生时, 由于介质中各质元之间有弹性力相联系, 一个质元的振动将带动邻近质元的振动, 而邻近质元的振动又会相继地带动较远质元的振动. 这样, 振动就由近及远地向各个方向传播出去, 形成了波动. 例如, 将小石子投入静水中, 石子击水处被扰动, 而把这种扰动向周围水面传播出去, 形成水面波; 水平地将一根绳子拉紧, 使一端沿垂直于绳子的方向振动, 这振动就沿着绳子向另一端传播, 形成绳子上的波 (见图10-1). 铃铛振动时, 引起周围空气分子的振动, 这个振动在空气中传播出去, 就形成声波. 由此可知, 机械波的产生需具备两个条件: 首先是要有做机械振动的物体, 称为机械波的**波源**; 其次是要有能够传播这种机械振动的**弹性介质**. 例如, 铃铛振动产生声波时, 铃铛就是波源,而空气就是传播声波的弹性介质. 所谓**弹性介质**, 就是在组成这种介质的质元之间彼此有弹性力相互联系着, 因而每个质元都可以产生形变. 一般固体、液体和气体都可视为由无数个质元连续组成的弹性介质.

需要指出, 在波动过程中所传播的只是振动状态. 由于我们用相位来描述质元的振动状态, 所以, 波的传播也是相位的传播. 在波动过程中, 介质中各质元仅在它们各自的平衡位置附近振动, 并不随波迁移. 例如, 把一颗石子投入平静的水池中, 就会激起一圈一圈的水面波, 以投入点为中心向外扩展. 但漂浮在水面上的一些小树叶却不会向前运动, 始终在原来的平衡位置附近振动. 这就表明在波动过程中, 质元本身并不迁移, 只是振动状态在传播, 也就是振动相位依次向前传递. 亦即, **波动过程就是振动相位的传播过程**.

> 我们只讨论波在各向同性均匀的连续弹性介质中的传播.
>
> 所谓各向同性的均匀介质是指介质中各个方向上的物理性质 (如速度、弹性等) 都相同.

如上所述, 介质中的每一质元总是在前一质元的弹性力的策动下做受迫振动, 其振动能量来自前一质元振动的能量, 所以, 波动的传播也就是质元振动能量的传播. 要使波动过程维持下去, 必须有周期性外力不断向波源提供能量, 使波源做持续的受迫振动.

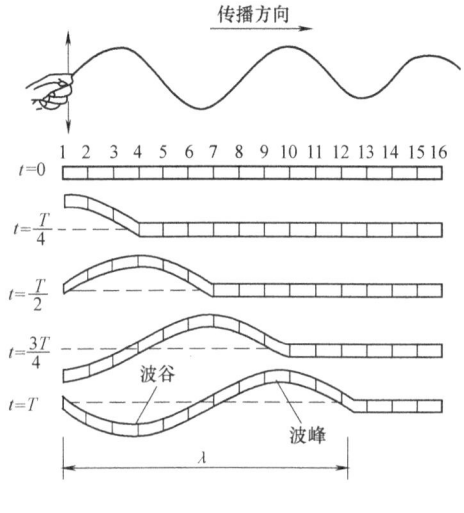

图 10-1 横波的传播

问题 10-1 什么是波动, 振动与波动有什么区别和联系?

问题 10-2 试述机械波产生的条件和在连续弹性介质中机械波形成的过程. 如果连续介质的质元相互间没有弹性力的联系, 能否形成机械波? 为什么?

10.1.2 横波与纵波

按质元振动方向和波传播方向的不同, 机械波可分为横波和纵波两大类. **质元振动方向与传播方向相垂直的波称为横波**. 横波传播时, 介质要发生切向形变, 而液体和气体不能承受切变, 因此, 只有固体才能传播横波. 在图 10-1 中, 以绳波为例, 显示出横波的传播过程. **质元振动方向与波的传播方向相一致的波, 称为纵波**. 在图 10-2 中, 以铃铛的振动为例, 铃铛的振动使周围的空气形成周期性的疏密相间的分布状态, 随着疏密相间的状态在空气中向四周传播, 就形成了空气中的声波. 这时, **各质元的振动方向与波的传播方向平行**, 因而这种波称为**纵波**. 图 10-2 显示出纵波在传播过程中, 介质内要发生压缩或拉伸的形变, 并且纵波在弹性体中传播时由于介质的伸缩而导致其发生体变. 固体、液体、气体都能发生体变, 因此它们都能传播纵波.

尽管横波与纵波这两种波具有不同的特点, 但它们波动过程的本质是一致的. 自然界中存在各种形式的机械波, 如水面波、地震波等, 它们都比较复杂, 既含有横波的成分, 又含有纵波的成分.

设想把绳子看成由无数个质元所组成，图 10-1 中画有 1~16 个质元. 设在 $t=0$ 时，质元都在各自的平衡位置上，但质元 1 在手的作用下，正要离开平衡位置向上运动. 此后，当质元 1 离开平衡位置时，由于质元间有弹性力的作用，质元 1 就带动质元 2 向上运动. 继而，质元 2 又带动质元 3. 这样，每个质元的运动都将带动它右面的质元，于是，随着时间的推移，2，3，4，…各质元相继上下振动起来，振动就沿着绳子向右传播出去. 在图中，我们画出了绳端质元 1 经历一个周期而完成一次全振动的过程中，在 $t=0$，$T/4$，$T/2$，$3T/4$，T 各时刻，质元 1 到质元 13 的振动位移. 在 $t=T$ 时刻，质元 1 经历了一次完全振动后回到平衡位置，并将开始做第二次振动，这时振动传到第 13 个质元. 质元 13 与质元 1 的振动状态完全相同，只是在时间上落后一个周期，在相位上落后了 2π. 在质元 13 与质元 1 之间的其他质元，由于相位各不相同，**它们形成了由一个波峰和一个波谷组成的完整波形**.

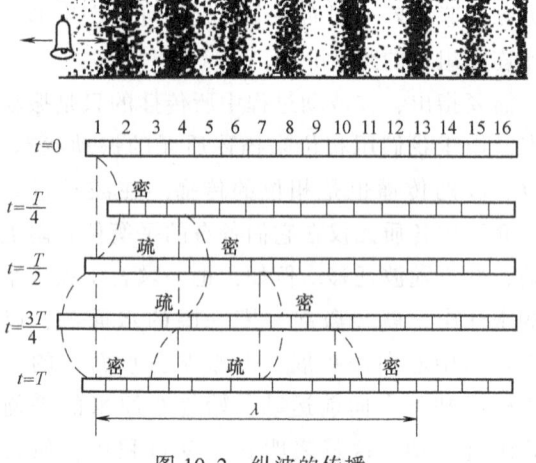

图 10-2　纵波的传播

以后，通过介质质元间弹性力的相互作用，将继续连绵不断地使更远的质元投入振动，波继续向右传播；而且，**质元 1 每振动一次都要向右传播出一个完整的波形**. 以上就是绳子中横波的传播过程.

对纵波也可做类似的分析. 设波源（例如铃铛）的振动周期为 T，如图 10-2 所示，在 $t=0$ 时，每个质元都在各自的平衡位置上，但质元 1 正要离开平衡位置向右运动，在 $t=T/4$ 时，振动已传到了质元 4，此时，质元 4 正要离开平衡位置向右运动，如同质元 1 在 $t=0$ 时的运动状态一样；此时，质元 1 已向右运动到最大位移并将要向左运动. 因此，在质元 1 与质元 4 之间形成稠密区域. 在 $t=T/2$ 时，振动传到了质元 7，此时，质元 1 与质元 4 之间形成了稀疏区域，质元 4 与质元 7 之间形成稠密区域. 依次类推，经过一个周期 T，质元 1 完成了一次全振动后，回到平衡位置，并将向右运动；此时，质元 13 也将向右运动，质元 1 到质元 13 之间形成了一个具有稠密和稀疏区域的纵波波形. 此后，这种疏、密相间的纵波波形将继续连绵不断地向前传播.

思维拓展

水波是横波还是纵波？

我们还看到，当纵波在介质中传播时，介质中的质元沿波的传播方向振动，导致了质元分布时而密集，时而稀疏，使介质产生压缩和膨胀（或伸长）的形变. 对固体、液体和气体这三种介质来说，都能依靠质元之间相互作用的弹性力，承受一定的压缩和膨胀（或伸长）的形变，并借这种弹性力的联系，使振动传播出去，因此，纵波能够在固体、液体和气体中传播.

至于横波，则只能在固体中传播。这是因为横波的特点是振动方向与传播方向垂直，使介质产生切向的形变（即切变），而固体能够承受一定的切变，故在固体中引起切变的切力（弹性力）带动邻近质元运动。如图 10-1 所示，当横波沿绳传播时，在绳上取出一个质元，其两端横截面相互平行地错开，发生切变，与此同时，引起切变的相互作用的剪切力，带动绳子中相邻部分的质元相继投入振动。由于液体和气体不能承受剪切力，所以在液体和气体中不存在这种剪切弹性力的联系，故不能传播横波.

问题 10-3 （1）横波与纵波有何区别？为什么说，波的传播过程就是振动状态（或者说相位）的传播？（2）为什么在空气中只能传播纵波而不能传播横波？

10.2 波动过程的几何描述和基本物理量

10.2.1 波线和波面

为了形象地描述波在介质中的传播情况，我们引入波线和波面的概念。弹性介质的作用是将波源振动沿各个方向传播出去，如图 10-3 所示，我们把波的传播方向用**波射线**表示，简称**波线**。某一时刻，介质中振动相位相同的各点所连成的曲面称为**波面**，而把沿传播方向最前面的波面称为**波阵面**，简称**波前**。在任意时刻，只能有一个确定的波前；而波面的数目则有无穷多个.

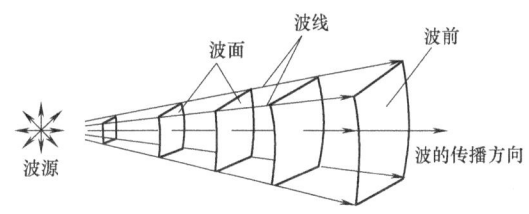

图 10-3 各向同性介质中的波

按波前的形状，波可分成球面波、平面波等，如图 10-4 所示。**波前形状为平面的波称为平面波**，**波前形状为球面的波称为球面波**。在各向同性均匀介质中，波线与波面相垂直.

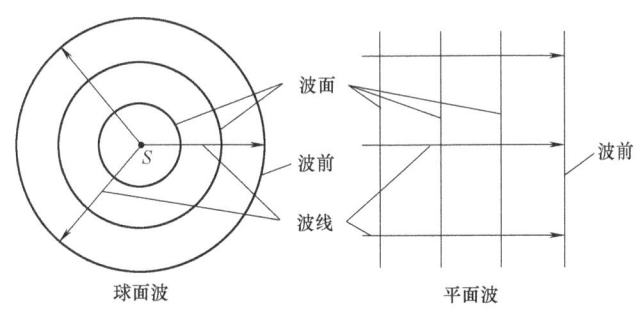

图 10-4 球面波和平面波

问题 10-4 试绘图说明波面和波前有何区别。你如何理解平面波的波源在无穷远处？

10.2.2 波形曲线

设想沿一条波线作为 Ox 轴, 与波线相垂直的方向作为 Oy 轴, 以 x 表示各质元的平衡位置, y 表示各质元振动的位移, 则当波在介质中以一定速度 u 传播时, 某一时刻波线上各质元的位移和坐标的关系便可用 y-x 曲线来表示, 称为该时刻**波形曲线**. 波形曲线反映了该时刻波线上各质元位移的分布情况. 图 10-5 是横波的波形曲线, 它直观地

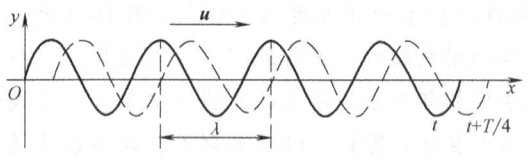

图 10-5 横波的波形曲线

给出了该时刻波峰和波谷的位置. 波形曲线中波峰和波谷的位置将伴随波形沿波的传播方向移动.

问题 10-5 波形曲线与振动曲线有什么不同? 试说明之.

10.2.3 波的特征量

在机械波的传播过程中, 波源和介质中各质元都在做周期性的机械振动, 每隔一定时间各质元的振动状态都将复原. **介质质元每完成一次完全振动的时间称为波的周期**, 用 T 表示, 单位为 s.

周期的倒数称为波的频率或**波频**, 用 ν 表示, 即

$$\nu = \frac{1}{T}$$

它表示单位时间内, 波源做完全振动的次数或单位时间内通过传播方向上某质元所在处的完整波形的数目, 单位为 s^{-1} 或 Hz (赫兹).

振动状态在一个周期中传播的距离称为**波长**, 用 λ 表示, 单位为 m (米). 因为相隔一周期后振动状态复原, 相位差为 2π, 所以相隔一个波长的两点之间的振动状态是相同的, 即振动的相位是相同的. 所以, **波长也就是两个相邻的振动相位相同或相位差为 2π 的质元之间的距离** (见图 10-5).

单位时间内振动状态传播的距离称为波速, 用 u 表示. 由于波传播的只是振动状态, 故波速是一定的振动状态的传播速度. 波速与质点的振动速度完全不同, 它是一定的振动相位的传播速度 (又称**相速**), 并不是质点真实运动的速度.

波长、波的频率及波速是描述波动的重要物理量. 由于波长 λ 是波在一个周期 T 中传播的距离, 故波速为 $u = \frac{\lambda}{T}$, 而波频为 $\nu = \frac{1}{T}$, 于是得波长、波频和波速三者在量值上的基本关系式为

$$u = \nu \lambda \tag{10-1}$$

波速 u 取决于介质的性质; 波频则由波源的振动情况来决定, 与介质无关. 由这两个量, 便可决定在给定介质中, 从给定波源所发出的波的波长.

理论证明 (从略), 横波和纵波在固态介质中的波速 u 可分别用下列两式计算:

$$u = \sqrt{\frac{G}{\rho}} \quad (\text{横波}) \tag{10-2}$$

$$u = \sqrt{\frac{E}{\rho}} \quad (\text{纵波}) \tag{10-3}$$

式中,G 和 E 分别为介质的切变模量和弹性模量;ρ 是介质的密度. 纵波在无限大的固态介质中传播时,式(10-3)是近似的,但在固态细棒中沿着棒的长度传播时是准确的.

由上述讨论可知,在同一固态介质中,横波和纵波的传播速度是不相同的,当波源同时发出这两种波动时,如果在某处的观察者测定两种波动到达该处前、后相隔的时间,就可求出波源与观察者之间的距离,这一方法在研究地震、地层构造等方面有广泛应用.

此外,在拉紧的细绳(如弦线)中,横波的速度为

$$u = \sqrt{\frac{T}{\mu}} \tag{10-4}$$

式中,T 为细绳中张力;μ 为质量线密度(即绳子单位长度的质量).

如前所述,在液体和气体中只能传播纵波,波速可用下式计算:

$$u = \sqrt{\frac{B}{\rho}} \tag{10-5}$$

式中,B 是体积模量;ρ 是密度.

应用拓展

2008年5月12日,我国四川省汶川县发生了8级大地震,震中(即在震源上方的地面)位于映秀镇. 地震引起的地面振动是一种复杂的运动,是纵波和横波共同作用的结果. 由于纵波传播速度较快,横波传播速度较慢,因此两者之间有一个时间间隔,可根据间隔的长短判断震中的远近.

假设某地区发生地震,纵波和横波在地表附近的波速分别为 $9.1\,\text{km}\cdot\text{s}^{-1}$ 和 $3.7\,\text{km}\cdot\text{s}^{-1}$. 一个观测站记录的纵波和横波到达时刻相差5s,请读者计算出震源到观测站的距离.

问题 10-6 机械波在给定的介质中传播时,试说明波速、波长和波的周期与频率的意义及其相互关系.

问题 10-7 (1)波速与介质的哪些性质有关,在同一固态介质中,横波和纵波的波速是否相同?

(2)问题10-7图所示的曲线表示一列向右传播的横波在某一时刻的波形. 试分别用箭头标出质元 A、B、C、D、E、F、G、H、I、J 在该时刻的运动方向;并指出质元 A 与 E、C 与 G、A 与 I 之间的相位差.

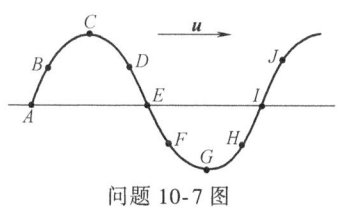

问题 10-7 图

问题 10-8 机械波的波长、频率、周期和速度这四个量中,(1)在同一介质中,哪些量是不变的?(2)当波从一种介质进入另一种介质中时,哪些量是不变的?

10.3 平面简谐波

10.3.1 平面简谐波的波函数

当波源在均匀、无吸收的介质中做简谐运动时，介质中的各质元也在做简谐运动，振动的频率和波源的频率相同，振幅也和波源有关。这种**由简谐运动的传播所构成的波**，称为**简谐波**，若简谐波的波面是平面，就称为**平面简谐波**，它是最简单、最基本的一种波。事实上，其他复杂的波都可看作由若干个不同频率的平面简谐波所合成。因此，在这里只限于讨论平面简谐波的规律。

下面我们讨论平面简谐横波在均匀、无吸收介质中传播时的波动表达式，所得结论也同样适用于纵波。

设来自无穷远处的一列平面简谐横波，取 O 点作为波源，在均匀介质中沿 Ox 轴的正向传播（Ox 轴为该波的一条波线），波速为 u。若用 Oy 轴上的坐标 y 表示该波线上各质元振动的位移，Ox 轴上的坐标表示波线上各质元的平衡位置，如图 10-6 所示。设坐标原点 O 处的质元做简谐运动的表达式为

$$y_0 = A\cos(\omega t + \varphi) \tag{10-6}$$

式中，A、ω、φ 分别为点 O 处质元振动的振幅、角频率和初相；y_0 则表示点 O 处质元的振动在时刻 t 相对于平衡位置的位移。设 P 为波线上任一点，与坐标原点 O 相距为 x。当振动从 O 点传播到点 P 时，P 点处的质元将

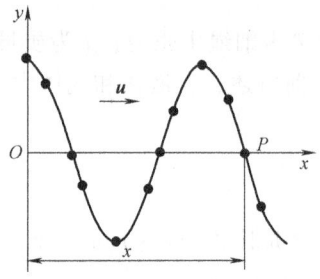

图 10-6 平面简谐波的波函数推导用图

重复 O 点处质元的振动，即点 P 处的质元也随之做简谐运动，其振幅、频率决定于点 O 处质元振动的振幅和频率，只是振动的相位落后于点 O 处质元振动的相位。由于波从点 O 处质元传播到点 P 需要的时间为 x/u，所以点 P 处质元在 t 时刻的相位等于点 O 处质元在 $(t-x/u)$ 时刻的相位；也就是说，点 P 处质元在 t 时刻的位移就等于点 O 处质元在 $(t-x/u)$ 时刻的位移。由式 (10-6) 可得点 O 处质元在 $(t-x/u)$ 时刻的位移为

$$y = A\cos\left[\omega\left(t - \frac{x}{u}\right) + \varphi\right] \tag{10-7}$$

这就是点 P 处质元在 t 时刻的位移。由于点 P 是波线上的任意一点，因此式 (10-7) 给出了**波线上任一点处质元在任一时刻的位移**，换言之，它表达了波线上所有各点上质元的振动情况。所以，式 (10-7) 就称为**平面简谐波的波函数**，亦称**波动表达式**。

因为 $\omega = \dfrac{2\pi}{T} = 2\pi\nu$，$uT = \lambda$，所以波动表达式 (10-7) 还可写成下列两种常用的形式：

$$y = A\cos\left[2\pi\left(\frac{t}{T} - \frac{x}{\lambda}\right) + \varphi\right] \tag{10-8}$$

或

$$y = A\cos\left[2\pi\left(\nu t - \frac{x}{\lambda}\right) + \varphi\right] \tag{10-9}$$

10.3.2 波函数的物理意义

在波动表达式中含有 x 和 t 两个自变量，即各质元振动时的位移 y 是相应质元在介质中

处于平衡位置时的坐标 x 和振动时间 t 的二元函数. 为了进一步了解波动表达式（10-7）的意义，下面分三种情况来讨论.

（1）若给定坐标 $x=x_0$，则式（10-7）便可写成

$$y = A\cos\left[\omega\left(t-\frac{x_0}{u}\right)+\varphi\right] = A\cos\left[\omega t+\left(-\frac{x_0}{u}\omega+\varphi\right)\right] = A\cos(\omega t+\varphi_1)$$

式中，$\varphi_1 = -\frac{x_0}{u}\omega+\varphi$ 为恒量. 这时，位移 y 只是时间 t 的函数，它表示平衡位置在 $x=x_0$ 处质元的位移随时间 t 变化的规律，即该质元的振动表达式. 由此也可以描绘出 $x=x_0$ 处质元的振动曲线（见图 10-7）. 由于 $\omega = 2\pi/T$，上式还可写为

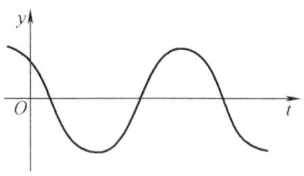

图 10-7　在 x_0 处质元的振动曲线

$$y = A\cos\left(\frac{2\pi}{T}t+\varphi_1\right)$$

由此可见，时间 t 每增加 T，y 不变，即 $y(x,t)=y(x,t+T)$，反映了**波具有时间的周期性**.

（2）若给定时刻 $t=t_0$，则式（10-7）便可写成

$$y = A\cos\left[\omega\left(t_0-\frac{x}{u}\right)+\varphi\right] = A\cos\left[-\frac{\omega}{u}x+(\omega t_0+\varphi)\right] = A\cos\left(-\frac{\omega}{u}x+\varphi_1\right)$$

式中，$\varphi_1 = \omega t_0+\varphi$ 为恒量. 这时，位移 y 只是坐标 x 的函数，它表示该时刻波线上各质元的位移随 x 变化的规律，乃是该时刻波形曲线的表达式. 由此也可以描绘出 $t=t_0$ 时刻的波形曲线（见图 10-8）. 由于 $\omega = 2\pi/T$，$uT = \lambda$，上式可写为

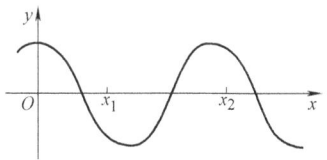

图 10-8　在 t_0 时刻的波形曲线

$$y = A\cos\left(\varphi_1-\frac{2\pi}{\lambda}x\right)$$

由此可见，x 每增加 λ，y 不变，即 $y(x,t)=y(x+\lambda,t)$，反映了**波具有空间的周期性**.

由上式可以求得，在同一时刻波线上坐标分别为 x_1 和 x_2 的两质元间振动的相位差，即

$$\varphi_{12} = \left(\varphi_1-\frac{2\pi}{\lambda}x_1\right)-\left(\varphi_1-\frac{2\pi}{\lambda}x_2\right) = -\frac{2\pi}{\lambda}(x_1-x_2)$$

其中，x_1-x_2 称为**波程差**. 上式中的"-"号说明 x_2 点的相位落后 x_1 点的相位，所以 x_1 和 x_2 的两质元间振动的相位差可写为

$$\varphi_{12} = \frac{2\pi}{\lambda}(x_1-x_2) \tag{10-10}$$

（3）如果 x 和 t 都在变化，则 y 是 x 和 t 的二元函数，波函数表示不同时刻波线上各质元的位移. 设某一时刻 t 的波形曲线如图 10-9 中的实线所示，波线上某点质元 P（坐标为 x）的位移为

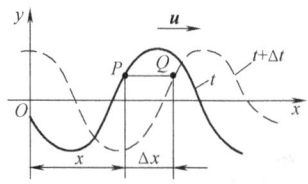

图 10-9　波的传播

$$y_P = A\cos\left[\omega\left(t-\frac{x}{u}\right)+\varphi\right]$$

则经过一段时间 Δt 后，波传播的距离为 $\Delta x = u\Delta t$，此时波线上位于 $x+\Delta x = x+u\Delta t$ 处的质元 Q 的位移为

$$y_Q = A\cos\left[\omega\left(t+\Delta t - \frac{x+u\Delta t}{u}\right) + \varphi\right] = A\cos\left[\omega\left(t-\frac{x}{u}\right) + \varphi\right] = y_P$$

这说明 t 时刻的波形曲线，在 Δt 时间内整体往前推进了一段距离 $\Delta x = u\Delta t$，到达图中虚线所示的位置．因此我们看到波形在前进，这种波称为**行波**．也就是说，平面简谐波的波函数定量地表达了行波的传播情况．

以上我们讨论的行波，是沿波线（即 Ox 轴方向）传播的．如果波沿 Ox 轴负方向传播，则在图 10-6 中，点 P 处元振动的相位将超前于点 O 处质元振动的相位．由于波从点 P 传播到点 O 所需的时间为 $\Delta t = x/u$，故点 P 处质元在时刻 t 的位移就等于点 O 处质元在 $(t+x/u)$ 时刻的位移．因此，由式（10-6）可得 t 时刻点 P 处质元的位移为

$$y = A\cos\left[\omega\left(t+\frac{x}{u}\right) + \varphi\right] \tag{10-11}$$

这就是沿 Ox 轴负方向传播的平面简谐波的波函数．上式也可写作

$$y = A\cos\left[2\pi\left(\frac{t}{T}+\frac{x}{\lambda}\right) + \varphi\right] \tag{10-12}$$

上述平面简谐波的波函数也适用于纵波，只不过质元的位移 y 应沿着波线的方向．

问题拓展

10-1 弹簧的一端固定，（沿着弹簧伸长或压缩的方向）摇晃另一端在弹簧上产生波．波长是否由上下摇晃的距离决定？

问题 10-9 试解释一列沿 Ox 轴负向传播的平面简谐波表达式的意义．

问题 10-10 横波的波形及传播方向如问题 10-10 图所示，试画出点 A、B、C、D 的运动方向，并画出经过 1/4 周期后的波形曲线．

问题 10-11 （1）试导出平面简谐波（余弦波）的波函数，并分析其意义．

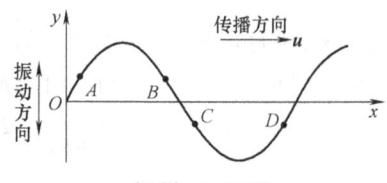

问题 10-10 图

（2）质元振动的速度与波传播的速度有何区别？

（3）已知平面简谐波的波函数，能否由此求出质元振动的频率？能否求出波长？

（4）试将波动表达式 $y = A\cos\omega\left(t-\dfrac{x}{u}\right)$ 化成

$$y = A\cos[2\pi(\nu t - kx)]$$

式中，$k = 2\pi/\lambda$，叫作**波数**，表示 2π 长度中所包含的波长的个数，表征了波的空间周期性，它与 $T = \lambda/u$ 所表征波的时间周期性相对应．

问题 10-12 在波长为 λ 的平面简谐波的传播过程中，试证明同一时刻在波线上与原点 O 相距为 r_1、r_2 两点处质元振动的相位差 φ_{21} 与距离 $(r_2 - r_1)$ 的关系为

$$\varphi_{21} = \frac{2\pi}{\lambda}(r_2 - r_1)$$

在 $r_2 - r_1 = k\lambda$ 和 $r_2 - r_1 = (2k+1)\lambda/2$（$k$ 为零或任意整数）这两种情况下，两点的相位差如何？它们的振动状态是否相同？

例题 10-1 平面简谐波的波函数为 $y = 0.2\cos\left(100\pi t + \dfrac{x}{4}\right)$（SI），求：(1) 波的振幅、波长、周期和波速。(2) 分别位于 $x_1 = 2.0\text{m}$ 和 $x_2 = 3.0\text{m}$ 处的两个质元振动的相位差。

解 (1) 本题要求从波函数求波动特征量。我们可以将已知波函数与标准形式的波函数进行比较，便可给出结果，即

$$y = 0.2\cos\left(100\pi t + \frac{x}{4}\right) = 0.2\cos\left[2\pi\left(\frac{t}{0.02} + \frac{x}{8\pi}\right)\right] \tag{a}$$

与式（10-12）

$$y = A\cos\left[2\pi\left(\frac{t}{T} + \frac{x}{\lambda}\right) + \varphi\right]$$

比较，得

振幅 $A = 0.2\text{m}$

波长 $\lambda = 8\pi \approx 25.1\text{m}$

周期 $T = 0.02\text{s}$

波速 $u = \lambda/T = 400\pi\text{m}\cdot\text{s}^{-1} = 1256.6\text{m}\cdot\text{s}^{-1}$（沿 Ox 轴负方向）

(2) 这是沿 Ox 轴负向传播的平面简谐波。在同一时刻 t，与原点 O 分别相距为 $x_1 = 2.0\text{m}$ 和 $x_2 = 3.0\text{m}$ 处的两个质元振动的相位差 φ_{21}，可按式（a）确定，即

$$\varphi_{21} = \left[2\pi\left(\frac{t}{0.02} + \frac{x_2}{8\pi}\right) - 2\pi\left(\frac{t}{0.02} + \frac{x_1}{8\pi}\right)\right] = \frac{1}{4}(x_2 - x_1) \tag{b}$$

代入题设数据，得所求相位差为

$$\varphi_{21} = \frac{1}{4}(3-2)\text{rad} = 0.25\text{rad}$$

例题 10-2 有一沿 Ox 轴正向传播的平面简谐波，波速为 $2\text{m}\cdot\text{s}^{-1}$，原点 O 处的简谐运动表达式为 $y_0 = 6\times 10^{-2}\cos\pi t$（SI）。求：(1) 波函数。(2) 波长 λ 和周期 T。(3) $x = 2\text{m}$ 处质元的简谐运动表达式。(4) $t = 3\text{s}$ 时的波形表达式。

解 (1) 按平面简谐波的波函数在初相 $\varphi = 0$ 时的标准形式 $y = A\cos\left[\omega\left(t - \dfrac{x}{u}\right)\right]$，所求的波函数为

$$y = (6\times 10^{-2}\text{m})\cos\pi\left(t - \frac{x}{2}\right) = (6\times 10^{-2}\text{m})\cos\left[2\pi\left(\frac{t}{2} - \frac{x}{4}\right)\right]$$

(2) 与平面简谐波的波函数标准式 $y = A\cos 2\pi\left(\dfrac{t}{T} - \dfrac{x}{\lambda}\right)$ 比较，得

$$\lambda = 4\text{m}, \quad T = 2\text{s}$$

(3) 在波函数中，令 $x = 2\text{m}$，则得该处质元的简谐运动表达式为

$$y = (6\times 10^{-2}\text{m})\cos\left(\pi t - \pi\frac{2}{2}\right) = (6\times 10^{-2}\text{m})\cos(\pi t - \pi)$$

(4) 在波函数中，令 $t = 3\text{s}$ 时，则得该时刻的波形表达式为

$$y = (6\times 10^{-2}\,\text{m})\cos\left(3\pi - \frac{\pi x}{2}\right)$$

例题 10-3 一波源做简谐振动，周期为 0.01s，振幅为 0.03m，今以经平衡位置 O 向 Ox 轴正方向运动作为计时起点，并设此振动以速度 400m·s^{-1} 沿 Ox 轴传播，求：(1) 此波动表达式；(2) 距波源 16m 处的质元的振动初相及速度最大值；(3) 这一相位表示的运动状态相当于波源在哪一时刻的运动状态？

解 (1) 由题给条件，可知 $A = 0.03\text{m}$，$\omega = 2\pi/T = 200\pi\,\text{rad}\cdot\text{s}^{-1}$，$u = 400\text{m}\cdot\text{s}^{-1}$，将这些数据代入平面简谐波的波函数标准式 $y = A\cos\left[\omega\left(t - \dfrac{x}{u}\right) + \varphi\right]$ 中，得

$$y = 0.03\cos\left[200\pi\left(t - \frac{x}{400}\right) + \varphi\right]\quad\text{(SI)}\tag{a}$$

式中的初相 φ 应由题给初始条件确定：设波源位于坐标原点 O，即 $x = 0$，并且由题给条件知 $t = 0$ 时，$y = 0$，$v > 0$，可得初相 $\varphi = -\dfrac{\pi}{2}$，代入式 (a) 中，得平面简谐波的波函数为

$$y = 0.03\cos\left[200\pi\left(t - \frac{x}{400}\right) - \frac{\pi}{2}\right]\quad\text{(SI)}\tag{b}$$

(2) 将 $x_1 = 16\text{m}$ 代入式 (b) 中，得

$$y_1 = 0.03\cos\left(200\pi t - 17\frac{\pi}{2}\right) = 0.03\cos\left(200\pi t - 4\times 2\pi - \frac{\pi}{2}\right) = 0.03\cos\left(200\pi t - \frac{\pi}{2}\right)\tag{c}$$

由此可得 $x_1 = 16\text{m}$ 处，质元的振动初相为 $\varphi_1 = -\dfrac{\pi}{2}$，质元做简谐运动的速度最大值为

$$v_{\max} = A\omega = 0.03\times 200\pi\,\text{m}\cdot\text{s}^{-1} = 18.84\,\text{m}\cdot\text{s}^{-1}$$

(3) 由式 (c) 知，波源（坐标原点）的振动状态经过 4 个周期传到 $x_1 = 16\text{m}$ 处，这相当于波源在 $t = 4T = 4\times 0.01\text{s} = 0.04\text{s}$ 时刻的运动状态.

例题 10-4 一平面简谐波在介质中以速度 $u = 2\,\text{m}\cdot\text{s}^{-1}$ 沿 Ox 轴水平向右传播，已知波线上某点 A 的振动表达式 $y_A = 0.03\cos(4\pi t - \pi)$ (SI)，D 点在 A 点右方 9m 处.

(1) 以 A 为坐标原点，取 Ox 轴方向向左，写出波函数和 D 点振动表达式；

(2) 以 A 的左方 5m 处 O 点为坐标原点，取 Ox 轴方向向右，写出波函数和 D 点的振动表达式.

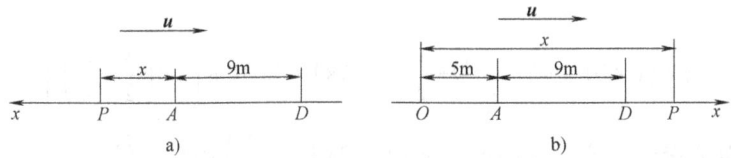

例题 10-4 图

解 (1) 按题意作图，如例题 10-4 图 a 所示，A 既是参考点，又是坐标原点. 此时波线上任意点 P 的振动时间比 A 超前 $\Delta t = x/u = x/2$，所以波函数为

$$y = 0.03\cos\left[4\pi\left(t + \frac{x}{2}\right) - \pi\right]\quad\text{(SI)}$$

将 $x_D = -9\text{m}$ 代入波函数,得到 D 点的振动表达式为

$$y = 0.03\cos\left[4\pi\left(t+\frac{-9}{2}\right)-\pi\right] = 0.03\cos(4\pi t - 19\pi) \quad (\text{SI})$$

(2) 按题意作图,如例题 10-4 图 b 所示,A 为参考点,而 O 点为坐标原点. 任意点 P 离参考点 A 的距离为 $(x-5)\text{m}$,P 点的振动比 A 点在时间上落后 $t_{AP} = \frac{x-5}{u} = \frac{x-5}{2}\text{s}$,所以波函数为

$$y = 0.03\cos\left[4\pi\left(t-\frac{x-5}{2}\right)-\pi\right] = 0.03\cos(4\pi t - 2\pi x + 9\pi) \quad (\text{SI})$$

D 点坐标为 $x_D = (5+9)\text{m} = 14\text{m}$,将 x_D 代入波函数,得 D 点的振动表达式为

$$y = 0.03\cos\left[4\pi\left(t-\frac{14-5}{2}\right)-\pi\right] = 0.03\cos(4\pi t - 19\pi) \quad (\text{SI})$$

本题告诉我们,在参考点不是坐标原点时,应该如何建立波动表达式. 上述结果还说明,在所选择的坐标系的原点或坐标轴的方向不同时,尽管所得波动表达式不同,但 D 点的振动表达式不变.

例题 10-5 例题 10-5 图 a 表示一平面简谐波在 $t=0$ 时刻的波形图,波线上 $x=1\text{m}$ 处 P 点的振动曲线如图 b 所示. 求该简谐波的波函数.

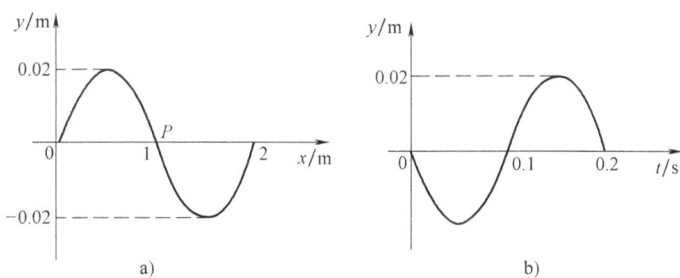

例题 10-5 图
a) $t=0$ 时刻的波形曲线 b) P 点振动曲线

解 由 $t=0$ 时的波形曲线可得 $A = 0.02\text{m}$,$\lambda = 2\text{m}$
由 P 点的振动曲线可得 $T = 0.2\text{s}$
于是

$$\omega = \frac{2\pi}{T} = \frac{2\pi}{0.2}\text{rad}\cdot\text{s}^{-1} = 10\pi\text{ rad}\cdot\text{s}^{-1}$$

$$u = \frac{\lambda}{T} = \frac{2\text{m}}{0.2\text{s}} = 10\text{ m}\cdot\text{s}^{-1}$$

由 P 点的振动曲线可知 P 点处的质元在 $t=0$ 时刻向下运动,从而由 $t=0$ 时的波形曲线可得波向 Ox 轴的负方向传播. 所以,坐标原点 O 处的质元在 $t=0$ 时刻过平衡位置,且向 Oy 轴的正方向运动,其初相 $\varphi = \frac{3}{2}\pi$. 于是得出波动表达式为

$$y = 0.02\cos\left[10\pi\left(t+\frac{x}{10}\right)+\frac{3}{2}\pi\right] \quad (\text{SI})$$

读者可以通过本题比较波形曲线与质点振动曲线在物理意义上的区别.

10.3.3 平面波的波动方程

将平面简谐波的波函数

$$y = A\cos\left[\omega\left(t - \frac{x}{u}\right) + \varphi\right]$$

对 t 和 x 分别求二阶偏导数，得

$$\frac{\partial^2 y}{\partial t^2} = -\omega^2 A\cos\left[\omega\left(t - \frac{x}{u}\right) + \varphi\right]$$

$$\frac{\partial^2 y}{\partial x^2} = -\frac{\omega^2}{u^2} A\cos\left[\omega\left(t - \frac{x}{u}\right) + \varphi\right]$$

比较以上两式可得

$$\frac{\partial^2 y}{\partial x^2} = \frac{1}{u^2}\frac{\partial^2 y}{\partial t^2} \tag{10-13}$$

式（10-13）是一个二阶线性偏微分方程，称为**平面波波动方程**．即平面简谐波的微分方程．这个方程具有普遍意义．它表达了一切以速度 u 沿 Ox 轴正向或负向传播的平面波的共同特征．平面简谐波表达式（10-7）只是它的一个特解而已．同时，任何物理量，只要它与时间和坐标的关系满足式（10-13），则该物理量就以平面波的形式传播，而且偏导数 $\frac{\partial^2 y}{\partial t^2}$ 前的系数的倒数的平方根，就是其波速.

10.4 波的能量 能流密度

10.4.1 波的能量

如前所述，机械波是振动状态的传播．当介质中形成机械波时，介质中各质元受到邻近质元弹性力的作用都在各自的平衡位置附近振动，因而具有动能．同时介质产生了形变，所以还具有弹性势能．波的能量就是介质中这些动能和势能之和.

设有一平面简谐波在密度为 ρ 的均匀介质中沿 Ox 轴正向传播，其波函数为

$$y = A\cos\left[\omega\left(t - \frac{x}{u}\right)\right]$$

我们认为，介质是由无数质元所组成的．今在密度为 ρ 的均匀介质中取任一质元来研究，其体积为 dV，质量为 $dm = \rho dV$，质元的平衡位置为 x．该质元在 t 时刻的振动速度为

$$v = \frac{\partial y}{\partial t} = -A\omega\sin\left[\omega\left(t - \frac{x}{u}\right)\right]$$

它在此刻所具有的动能为

$$dE_k = \frac{1}{2}(dm)v^2 = \frac{1}{2}(\rho dV)A^2\omega^2\sin^2\left[\omega\left(t - \frac{x}{u}\right)\right] \tag{10-14}$$

对于孤立的振动质元，其弹性势能取决于质元偏离平衡位置的位移．但对于介质中的各

质元，若其偏离各自平衡位置的位移相同，则各质元做整体平移，不发生形变，没有弹性势能．介质中质元的形变是由于在同一时刻，各质元偏离平衡位置的位移不同所引起的．因此，质元的弹性势能并不取决于质元偏离平衡位置的位移，而是取决于相邻质元间的相对位移．可以证明（从略），质元的弹性势能亦为

$$dE_p = \frac{1}{2}(\rho dV)A^2\omega^2\sin^2\left[\omega\left(t-\frac{x}{u}\right)\right] \tag{10-15}$$

于是质元的机械能为

$$dE = dE_k + dE_p = (\rho dV)A^2\omega^2\sin^2\left[\omega\left(t-\frac{x}{u}\right)\right] \tag{10-16}$$

由式（10-14）～式（10-16）可以看出，**在任意时刻，质元的动能、势能和机械能都随时间和空间做周期性变化，每一时刻动能和势能都相等**．今以绳中的横波为例，图 10-10 给出了绳（见图 10-10a）和绳中横波（见图 10-10b）的对比，质元经过平衡位置（图中位置 A）时，其速度最大，质元的形变也最大，所以质元的动能、势能和总机械能都有最大值；在最大位移处（图中位置 B），质元的速度为零，形变也为零，所以动能和势能都有最小值（为零），总机械能也为零．在从最大位移处向平衡位置

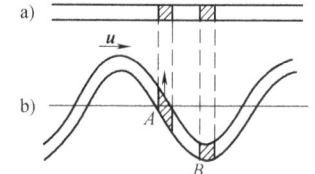

图 10-10 绳与绳中的横波

运动时，质元从相位比它超前的邻近质元处获得能量，机械能增加；在从平衡位置向最大位移处运动时，它将能量传给相位比它落后的邻近质元，机械能减少．所以在波动过程中，由于质元的振动，依靠剪切弹性力的作用带动后面的质元振动，即对后面的质元做功，而把能量传递给后者，所以在波动过程中永远存在着能量的不断"流动"，就好像"流水"一样，往往形象地称之为**能流**．波的能量从波源出发，源源不断地流向远方．因此，**波是能量传播的一种形式**．这是波的重要特征之一．

值得注意，波动中质元所拥有的能量与质点做简谐运动时所拥有的能量不同：做简谐运动的质点是孤立系统，机械能守恒，E_k、E_p 变化步调相反；而波动中的介质质元是非孤立系统，机械能不守恒，E_k、E_p 变化步调相同．

在波传播的介质中，为了描述介质中各处能量的分布情况，可用单位体积中波的能量，即**能量密度** w 表示．由式（10-16），有

$$w = \frac{dE}{dV} = \rho A^2\omega^2\sin^2\left[\omega\left(t-\frac{x}{u}\right)\right] \tag{10-17}$$

上式说明，在介质中某一地点（即 x 一定），介质的能量密度 w 随时间 t 做周期性变化．而该处介质在一个周期内的平均能量密度则为

$$\overline{w} = \frac{1}{T}\int_0^T \rho A^2\omega^2\sin^2\left[\omega\left(t-\frac{x}{u}\right)\right]dt = \frac{1}{2}\rho A^2\omega^2 \tag{10-18}$$

上式表明，对平面简谐波来说，波的平均能量密度与振幅的平方、频率的平方和介质的密度三者成正比．

问题 10-13 波动的能量与哪些物理量有关，比较波动的能量与简谐运动的能量．

10.4.2 能流密度

波的传播过程必然伴随着能量的传播或能量的流动．波的能量来自波源，能量流动的方向就是波传播的方向，能量传播的速度就是波速 u．

为了描述波的能量传播，可引入能流密度的概念．我们把单位时间内通过介质中某一面积的平均能量，叫作通过该面积的**平均能流**，用 $\overline{P}$ 表示．如图 10-11 所示，在介质中设想取一个垂直于波速 u 的面积 S，dt 时间内通过 S 的平均能流等于体积 $Sudt$ 中的平均能流 $\overline{w}udtS$，则在单位时间内通过面积 S 的平均能流为

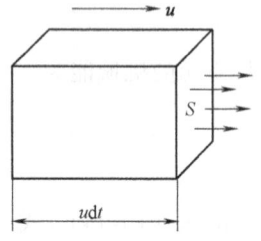

图 10-11 平均能流

$$\overline{P} = \frac{\overline{w}udtS}{dt} = \overline{w}uS \tag{10-19}$$

单位时间内通过垂直于波传播方向的单位面积上的平均能流，称为**能流密度**，记作 I，由式（10-18）和式（10-19），得

$$I = \frac{\overline{P}}{S} = \overline{w}u = \frac{1}{2}\rho A^2\omega^2 u \tag{10-20}$$

上式表明，在均匀介质（ρ、u 一定）中，从一给定波源（ω 也一定）发出的波，**其能流密度与振幅的平方成正比**．能流密度是一矢量（常称为**坡印亭矢量**），它的方向即为波速的方向．故式（10-20）可写成如下的矢量形式

$$\boldsymbol{I} = \frac{1}{2}\rho A^2\omega^2 \boldsymbol{u} \tag{10-21}$$

能流密度越大，单位时间内通过垂直于波传播方向的单位面积的能量越多，波就越强，所以能流密度也称为**波的强度**，它的单位是 W·m^{-2}（瓦·米$^{-2}$）．例如，声音的强弱决定于声波的能流密度（称为**声强**）的大小，光的强弱决定于光波的能流密度（称为**光强**）的大小．

问题 10-14 （1）试述能流密度的意义，它与哪些因素有关？（2）试从能量观点阐释平面简谐波在理想的、无吸收的介质中传播时，振幅将保持不变．

例题 10-6 证明：球面波的振幅与离开其波源的距离成反比，并求球面简谐波的波函数．

解 设球面波在均匀介质中传播，波源在 O 点，在距波源分别为 r_1 和 r_2 处取两个球面，面积分别为 S_1 和 S_2，且介质不吸收能量，通过两个球面的平均能流相等，即 $\overline{P}_1 = \overline{P}_2$．因此，有

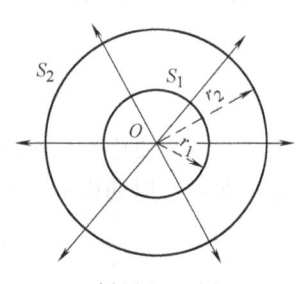

例题 10-6 图

$$\frac{1}{2}\rho A_1^2\omega^2 u 4\pi r_1^2 = \frac{1}{2}\rho A_2^2\omega^2 u 4\pi r_2^2$$

$$A_1 r_1 = A_2 r_2 = Ar = 恒量$$

所以，球面波的振幅 A 与传播距离 r 成反比，即 $A \propto \dfrac{1}{r}$. 可见，球面波波幅即使在介质不吸收能量时，也要随距离而变小. 若已知距波源为单位距离处质元的振幅为 A_0，即 $r_1 = 1$，$A = A_0$，则由上式，有 $\dfrac{A_0}{A} = \dfrac{r}{1}$，从而可把距波源为 r 处任一质元的振幅表示为 $A = A_0/r$，则球面简谐波的波函数可由式（10-7）改写为

$$y = \dfrac{A_0}{r} \cos\left[\omega\left(t - \dfrac{r}{u}\right) + \varphi\right]$$

10.5 波的衍射、反射和折射

10.5.1 惠更斯原理

当我们观察水面上的波时，如果这列波遇到一个障碍物，且障碍物上有一个很小的孔，可以发现，在小孔的后面也出现圆形的波. 这圆形的波就好像是以小孔为波源产生的一样. 这说明小孔可以看作是新的波源. 从这种观点出发，荷兰物理学家惠更斯（Huygens，1629—1695）提出：**介质中任意波面上的各点，都可以看作是发射子波的波源，其后任意时刻，这些子波相应的波前的包迹就是新的波前**. 这就是**惠更斯原理**. 这一原理说明，对弹性介质而言，介质中任何一个质元的振动将直接引起相邻的周围各质元的振动. 因而在介质中任何一个质元的所在处，从波传到时起，都可看作新的波源.

惠更斯原理对任何波动过程都是适用的. 不论是机械波还是电磁波，不论介质均匀与否，只要知道某时刻的波前，就可根据这一原理决定下一时刻的波前. 因而这一原理在很广泛的范围内解决了波的传播问题.

下面举例说明惠更斯原理的应用. 如图 10-12a 所示. 设以 O 为中心的球面波，以波速 u 在各向同性均匀介质中传播. 已知在时刻 t 的波前是半径

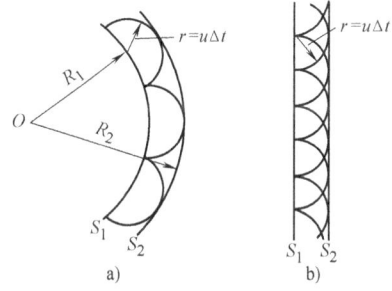

图 10-12 用惠更斯原理求新波阵面

为 R_1 的球面波 S_1. 根据惠更斯原理，S_1 上的各点都可以看成是发射子波的点波源. 以 S_1 上各点为中心、以 $r = u\Delta t$ 为半径，分别画出一系列子波的半球形波前，再画出正切于各子波的包迹面，就得到 $t + u\Delta t$ 时刻的波前 S_2. 显然，S_2 就是以 O 为中心、以 $R_2 = R_1 + u\Delta t$ 为半径的球面.

若已知平面波在某时刻的波前 S_1，根据惠更斯原理，应用同样的方法，也可以求出以后任意时刻的波前，如图 10-12b 所示.

问题 10-15 试述惠更斯原理. 如何用这条原理确定波在传播过程中的波前？

10.5.2 波的衍射

波在传播过程中遇到障碍物时，波线发生弯曲并能绕过障碍物边缘的现象，称为波的衍

射（或绕射）现象．有时，两人隔着墙壁谈话，也能各自听到对方的声音，这就是由于声波的衍射所引起的．波的衍射在声学和光学中非常重要．

惠更斯原理能定性地说明波的衍射现象．如图 10-13a 所示，一列在水面传播的平面波在前进途中遇到平行于波面的障碍物 AB，AB 上有一宽缝，缝的宽度 d 大于波长 λ．按惠更斯原理，可把经过缝时波前上的各点作为发射子波的波源，画出子波的波前，再作这些波前的包迹，就得到通过缝后的水波波前．这些波前除与缝宽相等的中部仍保持为平面（在图中用一系列平行直线表示）、波线保持为平行线束外，两侧不再是平面，而是呈现曲面的波前（在图中用一系列曲线表示），因而波线也发生了偏折，并绕到了障碍物的后面，这说明水波的一部分能够绕过缝的边缘前进．如果传播的是声波，那么我们在此曲面处任一点 P，都可听到声音；如果传播的是光波，在 P 点就可接受到光线．若没有衍射现象，则波将沿直线方向传播，即波线经过缝隙时不会偏折，于是在 P 点就什么都感受不到．

如果缝很窄，宽度小于或接近于波长 λ，则水面波经过狭缝后的波前是圆形的（见图 10-13b）．当水波抵达障碍物 AB 时，大部分的波将被障碍物反射回去，但在狭缝处的波前就成了发射子波的波源，由于缝很窄，水面处的缝口本身可以近似当作一条直线，从而线上各点都可看作振动中心，各自发射出半圆形子波．这些子波共同形成的波前显然是半圆柱形的．这样，也自然不需要考虑许多子波叠加而形成包迹的问题了．

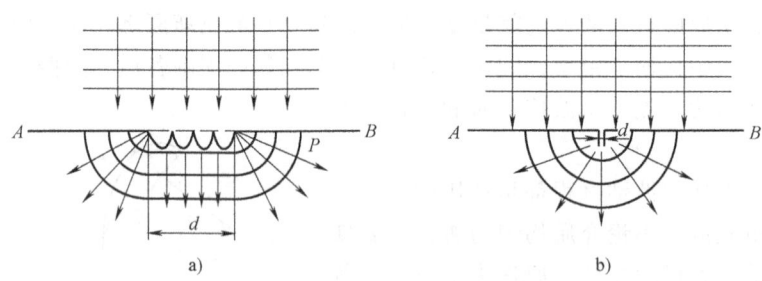

图 10-13 波的衍射
a）缝宽 d 大于波长 λ 时的衍射现象 b）缝宽 d 小于波长 λ 时的衍射现象

衍射现象是波在传播过程中所独具的特征之一．实验证明，衍射现象是否显著，决定于孔（或缝）的宽度 d 和波长 λ 的比值 d/λ．d 愈小或波长 λ 愈大，则衍射现象愈显著．声波的波长较大，有几米左右，因此衍射较显著；而波长较短的波（如超声波、光波等），衍射现象就不显著，并且呈现出明显的方向性，即沿直线定向传播．所以常用波长较短的波作为定向传播信号，如用雷达探测物体时，把雷达发出的信号（电磁波）对准物体的方向发射出去，信号从该物体上反射回来后，被雷达所接收，这就需要采用波长数量级为几厘米或几毫米的电磁波（即微波）或波长更短的光波．但广播电台播送节目时，发射出去的电磁波并不要求定向传播，通常采用波长达几十米到几百米的电磁波（即无线电波），这样，在传播途中即使遇到较大的障碍物，也能绕过它而达到任何角落，使得无线电收音机不论放在哪里，千家万户都能接收到电台的广播．

问题 10-16　试用惠更斯原理解释波的衍射现象．为什么通常我们只观察到光线沿直线传播而没有观察到衍射现象？

10.5.3 波的反射和折射

下面按惠更斯原理，用作图法说明波入射到两种各向同性均匀介质的分界面上使传播方向改变的规律，也就是波的反射和折射的规律.

设有一平面波在介质 I（其折射率为 n_1）中的波速为 u_1，在介质 II（其折射率为 n_2）中的波速为 u_2，设平面波由介质 I 射向介质 II，则波的传播方向在两种介质的分界面上一般要发生改变，即波的一部分从介质表面返回原介质，形成反射波；另一部分透入介质 II，形成折射波，如图 10-14a 所示. 图中分别画出了入射波、反射波和折射波的一系列平面波波面，相应的传播方向称为**入射线**、**反射线**和**折射线**，它们与两种介质的分界面 MN 的法线方向 e_n 所成的夹角分别称为入射角（i）、反射角（i'）和折射角（r）.

如图 10-14b 所示，一束入射角为 i 的平面波波前在时刻 t 到达 AB 位置，A 点和界面相遇. 根据惠更斯原理，波阵面 AB 上各点都可看作发出子波的波源，处于分界面上点 A 发出的子波，一部分返回在介质 I 中传播，成为**反射波**；另一部分透过介质 II 中继续传播，成为**折射波**.

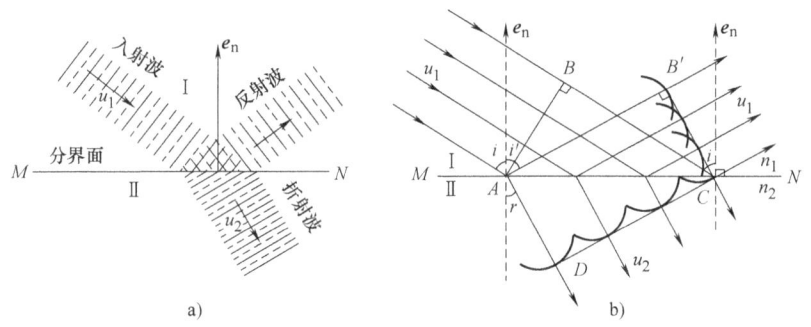

图 10-14 波的反射和折射

对反射波来说，由于它与入射波在同一种介质 I 中传播时，其波速相同，因而在同一段时间 Δt 内，它们传播的距离相等. 设由点 B 发出的子波到达分界面上的点 C 所需的时间为 Δt，即 $BC = u_1 \Delta t$；在相同时间内，由点 A 发出的子波传到点 B'，因此，有 $AB' = BC = u_1 \Delta t$. 过点 C 作 A、C 之间各点发出的子波波面（如图中一些圆弧线所示）的公切面 B'C，即为 $t+\Delta t$ 时刻反射波的波前，作垂直于此波前的直线，即得**反射线**. 反射线与法线方向 e_n 所成的反射角为 i'. 由于直角三角形 ABC 与直角三角形 AB'C 全等，因此 $\angle BAC = \angle B'CA$，所以

$$i = i' \tag{10-22}$$

即**反射角等于入射角，且入射线、法线和反射线在同一平面内**. 这就是**波的反射定律**.

对折射波而言，由于在介质 II 中传播，它在该介质中的波速为 u_2，在 Δt 时间内，点 A 发出的子波传播的距离为 $AD = u_2 \Delta t$，而前面说过，这时同一入射波波前上点 B 发出的子波传播了距离 $BC = u_1 \Delta t$，因此，过点 C 作 A、C 之间各点发出的子波波面（如图中一些圆弧线所示）的公切面 CD，即为 $t+\Delta t$ 时刻折射波的波前，作垂直于此波前的直线，即得**折射线**. 折射线与法线所成的折射角为 r. 若 $u_2 \neq u_1$，则 $AD \neq BC$，故折射波的波前 CD 与入射波的波前 AB 不再平行，入射线在介质 II 中发生偏折而成为折射线，亦即改变了波的传播方向，这就是波的折射现象. 由图可知，$BC = AC\sin i$，$AD = AC\sin r$，两式相除，并因 $BC = u_1 \Delta t$，$AD = u_2 \Delta t$，代入后，得

$$\frac{\sin i}{\sin r} = \frac{u_1}{u_2} = n_{21} \tag{10-23}$$

式（10-23）说明，入射角的正弦与折射角的正弦之比等于第一种介质与第二种介质中的波速之比，即为一恒量，此恒量 n_{21} 称为第二介质对第一介质的相对折射率；由图还可看出，入射线、折射线和分界面法线在同一平面内. 这就是**波的折射定律**.

> 这里，$n_{21} = n_2/n_1$，其中 n_1 和 n_2 分别为第一种介质和第二种介质的**绝对折射率**（简称折射率）.

由上式可知，若 $u_2 < u_1$，则 $i > r$，即当波从波速较大的介质进入波速较小的介质中时，折射线折向法线；反之，若 $u_2 > u_1$，则 $i < r$，即当波从波速较小的介质进入波速较大的介质中时，折射线偏离法线.

上述波的反射和折射定律对声波、光波等皆适用.

10.6 波的干涉

10.6.1 波的叠加原理

当几列波同时在介质中传播时，若在介质中某一区域相遇，则各列波仍然各自保持原来的传播特征（如振幅、波长、频率、振动方向）向前传播. 这些波的波前并不因为彼此相遇而改变原来的形状，宛如在各自的传播途径上，并没有遇到其他的波一样. 这一性质称为**波传播的独立性**. 例如，两个小石子投入静水中，它们所激起的两列圆形水面波彼此交叉穿过而又分开后，仍保持原来的特性而各自独立地继续传播开去；乐队演奏或几个人同时说话时，各种声音也并不会因为彼此在空间相互交叠而改变，它们仍保持着各自的特性而独立地向前传播，所以我们仍能辨别出各种乐器的乐音或每个人的声音来.

由于波具有传播的独立性，当几列波在介质中同时传播到空间某一区域内，该区域内任一点处质元的振动，为各列波单独存在时在该点所引起质元振动的位移之矢量和. 这一结论称为**波的叠加原理**.

10.6.2 波的干涉 相干条件 相干波

在一般情况下，几列波在空间某处相遇而叠加的情况很复杂. 这里只讨论一种最简单又最重要的情况. 若两个波源，满足**频率相同、振动方向相同、相位相同或相位差恒定**的条件，则它们所发出的波在介质中相遇而叠加时，在相遇处的质元便同时参与这两个具有恒定相位差的同频率、同方向的振动. 对两列波相遇区域内的各质元来说，其相位差不尽相同，因而这两列波在介质中相遇时，就会出现某些点处的质元振动始终加强，而另一些点处的质元振动始终减弱的现象. 这种现象称为波的**干涉现象**. 上述条件称为**相干条件**，满足相干条件的两个波源称为**相干波源**，由相干波源发出的波称为**相干波**.

10.6.3 相干波的干涉加强与减弱

设 S_1、S_2 为空间两个相干波源,波动传播方向如图 10-15 所示,其振动表达式分别为

$$y_1 = A_1 \cos(\omega t + \varphi_1)$$
$$y_2 = A_2 \cos(\omega t + \varphi_2)$$

式中,ω 为两个波源振动的角频率;A_1、A_2 和 φ_1、φ_2 分别为两个波源振动的振幅和初相. 它们的振动皆沿 Oy 轴方向,振动角频率均为 ω,相位差 $(\varphi_2-\varphi_1)$ 是恒定的. 两波源发出的波分别经 r_1 和 r_2 到空间任一点 P 相遇,各自在 P 点引起的分振动分别为

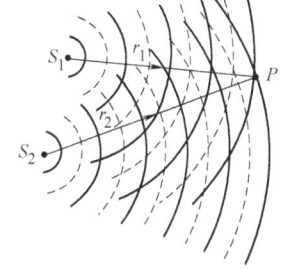

图 10-15 两列干涉波在 P 点相遇而叠加

$$y_1 = A_1 \cos\left(\omega t + \varphi_1 - \frac{2\pi r_1}{\lambda}\right)$$

$$y_2 = A_2 \cos\left(\omega t + \varphi_2 - \frac{2\pi r_2}{\lambda}\right)$$

点 P 处质元的振动乃是这两个独立的分振动的合成. 由于这两个分振动为同方向、同频率的简谐运动,由 9.5 节可知,合成的结果仍为简谐运动,其合振幅为

$$A = \sqrt{A_1^2 + A_2^2 + 2A_1 A_2 \cos\varphi_{12}} \tag{10-24}$$

式中,φ_{12} 为两个分振动在点 P 的相位差,即

$$\varphi_{12} = \left(\omega t + \varphi_1 - \frac{2\pi r_1}{\lambda}\right) - \left(\omega t + \varphi_2 - \frac{2\pi r_2}{\lambda}\right) = \varphi_1 - \varphi_2 - 2\pi \frac{r_1 - r_2}{\lambda} \tag{10-25}$$

可见相位差由两部分组成. 其中一部分为两波源的相位差 $(\varphi_1-\varphi_2)$,另一部分则为点 P 至两波源距离之差 (r_1-r_2) 所引起的相位差. r_1-r_2 又称为**波程差**,用 δ 表示,即 $\delta = r_1 - r_2$. 由于两波源的初相差 $(\varphi_1-\varphi_2)$ 恒定,φ_{12} 实际上只取决于波程差 $\delta = r_1 - r_2$. 对空间给定的点 P 来说,r_1-r_2 有确定值,从而点 P 处质元振动的合振幅 A 有确定值,即空间各点的振动强度是稳定的. 对于空间不同点上的质元,在振动时,其合振幅随相位差 φ_{12} 的不同而异. 由式 (10-24) 可知,满足条件:

$$\varphi_{12} = \varphi_1 - \varphi_2 - 2\pi \frac{r_1 - r_2}{\lambda} = \pm 2k\pi \quad (k = 0, 1, 2, \cdots) \tag{10-26a}$$

的各点,合振幅极大,即 $A = A_1 + A_2$,称为**干涉加强**;而满足条件:

$$\varphi_{12} = \varphi_1 - \varphi_2 - 2\pi \frac{r_1 - r_2}{\lambda} = \pm(2k+1)\pi \quad (k = 0, 1, 2, \cdots) \tag{10-26b}$$

的各点,合振幅极小,或者说,合振动最弱,即 $A = |A_1 - A_2|$,称为**干涉减弱**.

如果两波源的初相相同,即 $\varphi_2 = \varphi_1$,这时两个分振动在点 P 的相位差仅由波程差 δ 决定,则合振幅 A 最大和最小的条件分别成为

$$\delta = r_1 - r_2 = \begin{cases} \pm k\lambda, & A = A_1 + A_2 \\ \pm(2k+1)\dfrac{\lambda}{2}, & A = |A_1 - A_2| \end{cases} \tag{10-27}$$

式中，$k = 0, 1, 2, 3, \cdots$. 上式说明：当两个相干波源发出的初相相同的波在同一介质中的某点相遇时，若波程差等于零或波长的整数倍（即半波长的偶数倍），即同相点时，合振幅最大，干涉加强；若波程差等于半波长的奇数倍，即反相点时，合振幅最小，干涉减弱；其他各点的振幅，则介于最大和最小之间。

图 10-16 给出了用单一波源实现干涉的方法。在发出球形波面的波源 S 附近，放置一个开有两个小孔的障碍物 AB，小孔 S_1 和 S_2 的位置相对于 S 是对称的。根据惠更斯原理，S_1 和 S_2 可以看作发出子波的点波源。因为它们的振动频率、振动方向和波源 S 的振动频率、振动方向相同，且它们都处在波源 S 所发出的同一波面上，即具有相同的相位，所以 S_1 和 S_2 是相干波源，它们分别发出两列相干的球面波。图 10-16 中两组圆弧线表示它们的波面。设波源发出的是横波，则实线圆弧表示波峰，虚线圆弧表示波谷。在两列波的波峰与波峰或波谷与波谷的交点处，两个分振动是同相的，所以振动始终加强，合振幅最大；在两列波的波峰与波谷的交点处，两个分振动是反相的，所以振动始终减弱，合振幅最小。在图中，振幅最大的各点用粗实线连接起来，振幅最小的各点用粗虚线连接起来。

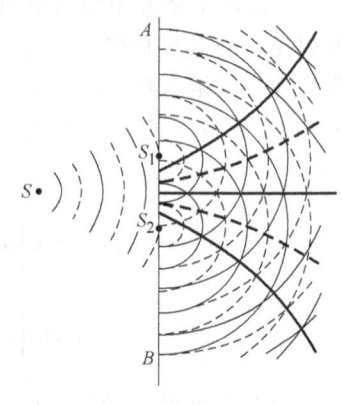

图 10-16　波的干涉

波的干涉现象，也是波所具有的特征之一。它在机械波、声波、光波中是非常重要的常见现象。

问题 10-17　试述波的叠加原理，产生波的干涉现象时，其相干条件是什么？

问题 10-18　两波叠加产生干涉时，试分析：在什么情况下，两波干涉加强？在什么情况下，干涉减弱？

问题 10-19　如问题 10-19 图所示，S_1 和 S_2 为两个相干的点波源，S_1 的初相比 S_2 超前 $\pi/2$，S_1 和 S_2 相距 $\lambda/4$，则在 S_1 与 S_2 的连线上，在 S_1 左侧的点干涉减弱，而在 S_2 右侧的点干涉加强。试解释这一现象。

问题 10-19 图

问题 10-20　波的干涉的产生条件是什么？若两波源所发出的波的振动方向相同、频率不同，则它们在空间叠加时，加强和减弱是否稳定？

例题 10-7　两列同振幅平面简谐波（横波）在同一介质中相向传播时，波速均为 $200 \mathrm{m} \cdot \mathrm{s}^{-1}$. 当这两列波各自传播到 A、B 两点时，这两点做同频率（$\nu = 100 \mathrm{Hz}$）、同方向的振动，且 A 点为波峰时，B 点为波谷。设 A、B 两点相距 20 m，求 AB 连线上因干涉而静止的各点位置。

例题 10-7 图

分析　解此题时应考虑：① 两列波分别传播到 A、B 两点时，该两点上的质元振动情况；② 根据 A、B 两点处的质元的振动情况可以分别列出题设两列平面简谐波的波函数；③ 这两列波是否是相干波？它们在 AB 连线上某点（如 C 点）若因干涉而静止（振幅为零），需要满足什么条件？

解　以 A 点为坐标原点 O，以 A、B 两点的连线为 Ox 轴，正向向右，如例题 10-7 图所示，则 A 点和 B 点质元振动表达式分别为 $y_A = A\cos 2\pi\nu t$ 和 $y_B = A\cos(2\pi\nu t + \pi)$（由题意可知，$A$、$B$ 两点的振动相位差为 π）。于是，来自 A 点左方而通过 A 点的平面简谐波的波函数为

$$y_A = A\cos\left[2\pi\left(\nu t - \frac{x}{\lambda}\right)\right]$$

式中，x 为波的传播途径上任一点 C 的坐标，即 $x = AC$. 这样，来自 B 点右方而通过 B 点的平面简谐波（仍以 A 点作为坐标原点）的波函数为

$$y_B = A\cos\left[2\pi\left(\nu t - \frac{BC}{\lambda}\right) + \pi\right] = A\cos\left[2\pi\left(\nu t - \frac{20-x}{\lambda}\right) + \pi\right]$$

上述两列波是相干波，它们因干涉而静止的条件为相位差 $\varphi_{BA} = (2k+1)\pi$，即

$$\left[2\pi\left(\nu t - \frac{20-x}{\lambda}\right) + \pi\right] - 2\pi\left(\nu t - \frac{x}{\lambda}\right) = (2k+1)\pi$$

化简后，并由题设 $\nu = 100\text{Hz}$、$u = 200\text{m}\cdot\text{s}^{-1}$，求出 $\lambda = 2\text{m}$，代入上式，可得因干涉而静止的各点的位置为

$$x = (10+k)\text{m} \quad (k = 0, \pm1, \pm2, \cdots, \pm9)$$

10.7 驻波

10.7.1 驻波的概念

如果两列相干波振幅相同，在同一直线上沿相反方向传播，那么会形成一种特殊的干涉现象，即**驻波**.

如图 10-17 所示，音叉末端 A 系一水平的细绳 AB. B 处有一劈尖支点，它可以左右移动以改变 AB 间的距离。细绳经过滑轮 P 后，末端悬一重物，使绳中产生一定的张力。音叉振动时，绳中产生波动，向右传播，到达 B 点而遇劈尖（这是另一种介质）时发生反射，便形成向左传播的反射波。这样，入射波和反射波在同一条绳子上沿

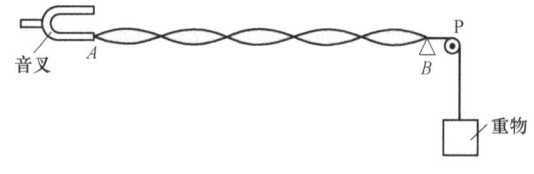

图 10-17 驻波实验

相反方向行进而产生干涉。移动劈尖 B 至适当位置就可形成如图 10-17 所示的情况。我们看到细绳被分成几段做分段振动，每段两端点处的质元几乎固定不动，而每段细绳中的各质元则同步地做振幅不同的振动，各段中央的质元振幅最大。从外形上看，很像波，但它的波形却不向任何方向移动，所以叫作**驻波**. 驻波的振动状态不同于前面讲的行波.

如图 10-18 所示，两列相干的平面简谐波分别沿 Ox 轴正向和负向传播，其波函数分别为

$$y_1 = A\cos\left(\omega t - \frac{2\pi x}{\lambda}\right)$$

$$y_2 = A\cos\left(\omega t + \frac{2\pi x}{\lambda}\right)$$

在这两列波的交叠区，质元在任意时刻的合位移为

$$y = y_1 + y_2 = A\cos\left(\omega t - \frac{2\pi x}{\lambda}\right) + A\cos\left(\omega t + \frac{2\pi x}{\lambda}\right)$$

利用三角函数和化积的关系，可以将上式化简为

$$y = \left(2A\cos\frac{2\pi x}{\lambda}\right)\cos\omega t \tag{10-28}$$

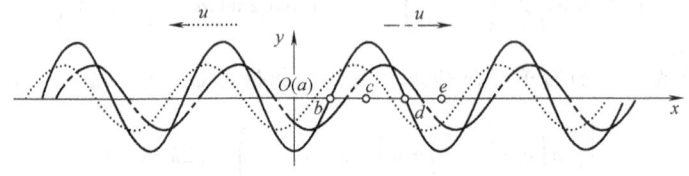

图 10-18 驻波

这就是驻波的波函数，也常称为**驻波表达式**. 式中空间变量 x 和时间变量 t 彼此分开，完全失去了行波的特征. 式（10-28）中 $\cos\omega t$ 表示质元做简谐运动，$\left|2A\cos\dfrac{2\pi x}{\lambda}\right|$ 就是这个简谐运动的振幅. 这说明波线上不同位置的点做振幅不同的简谐运动. 如图 10-18 所示，图中 a、c、e 等点的振幅最大，这些点称为**波腹**. 波腹对应于 $\left|\cos\dfrac{2\pi x}{\lambda}\right| = 1$，即 $\dfrac{2\pi x}{\lambda} = \pm k\pi$ 的各点. 因此波腹的位置为

$$x = \pm\frac{k\lambda}{2} \quad (k = 0, 1, 2, \cdots) \tag{10-29}$$

图中 b、d 等点始终保持静止，振幅为零，这些点称为**波节**. 波节对应于 $\left|\cos\dfrac{2\pi x}{\lambda}\right| = 0$，即 $\dfrac{2\pi x}{\lambda} = \pm\dfrac{(2k+1)\pi}{2}$ 的各点. 因此波节的位置为

$$x = \pm\frac{2k+1}{4}\lambda \quad (k = 0, 1, 2, \cdots) \tag{10-30}$$

我们看到波腹和波节的位置是固定的，且相间分布，即驻波的波形并不向前传播. 由式（10-29）和式（10-30）可算出相邻两个波节或相邻两个波腹之间的距离都是 $\lambda/2$. 于是，我们只要测出两相邻波腹（或波节）间的距离，就可以算出原来两列波的波长.

图 10-18 也说明，在两相邻波节（如 b 和 d）之间各质元位移 y 同号，而在同一波节（如 b 处）两侧质元的位移 y 反号，由此可知，在相邻波节之间各质元振动相位相同，即它们同时达到最大的位移，同时通过平衡点；同一波节两侧各质元振动相位相反，即同时沿反方向达到最大位移，也同时达到平衡位置，但速度方向相反.

章前问题解答

和噪声相比，乐音的振动是有规律的、单纯的，并且是有准确音调的声音. 相反，噪声

引起的振动则是无规律而又杂乱无章的.乐器产生乐音的机制依赖于相应的驻波系统,系统中存在的驻波分为基频和谐频,它们混合起来组成乐音.

问题拓展

10-2 二胡的弦长和线密度分别为 $l=0.3\text{m}$ 和 $\rho=3.8\times10^{-4}\text{kg/m}^3$,弦上的张力为 $T=9.4\text{N}$.求弦发出的基频和谐频.

问题 10-21 驻波有什么特点?

问题 10-22 由驻波的波函数公式(10-28)分析驻波的振幅分布和相位分布.

问题 10-23 在驻波的同一半波中,其各质点振动的振幅是否相同?振动的频率是否相同?相位是否相同?

问题 10-24 试述驻波的形成过程,并绘图指出波腹和波节的位置.读者还可自行导出驻波的表达式,并据此说明驻波与行波的区别.

例题 10-8 已知某列波的波动表达式为 $y=6\cos\dfrac{\pi}{3}x\cos\dfrac{2\pi}{5}t$(cm),求:$x_1=2\text{m}$,$x_2=5\text{m}$,$x_3=10\text{m}$ 处各质元振动的相位关系.

解 从题设的波动表达式的形式上,可以看出它是驻波,据此可寻找波节的位置,即由

$$\frac{\pi}{3}x=\pm\frac{\pi}{2}(2k+1) \qquad (k=0,1,2,\cdots)$$

得

$$x=\pm\frac{3}{2}(2k+1) \qquad (k=0,1,2,\cdots)$$

将 $k=0,1,2,3$ 分别代入,可得波节的位置为

$$x_0=\pm1.5\text{m},\quad x_1=\pm4.5\text{m},\quad x_2=\pm7.5\text{m},\quad x_3=\pm10.5\text{m},\cdots$$

根据驻波的特点,波节两侧质元相位相反,可知 x_1 与 x_2 相位相反,x_2 与 x_3 相位相反,x_1 与 x_3 相位相同.

10.7.2 驻波的能量

由于合成驻波的两列波的振幅相同($A_1=A_2=A$),传播方向相反.因此,这两列波的能流密度大小相等,传播方向相反,驻波中总的能流密度为

$$\boldsymbol{I}=\frac{1}{2}\rho A_1^2\omega^2\boldsymbol{u}+\frac{1}{2}\rho A_2^2\omega^2(-\boldsymbol{u})=0$$

即驻波不能向前传播能量.以弦线上的驻波实验为例,当弦线上各质元达到各自的最大位移时,振动速度都为零,因而振动动能都为零,但此时弦线各段都有了不同程度的形变,且波节处的形变最大,因此,这时驻波的能量为弹性势能,并且弹性势能主要集中于波节附近.当弦线上各质元同时回到平衡位置时,弦线的形变完全消失,势能为零,但此时各质元振动速度都达到各自的最大值,驻波的能量为动能,由于波腹处质元振动的速度最大,所以动能主要集中于波腹附近.其他时刻,质元同时具有动能和弹性势能.可见,驻波中不断进行着

动能与势能的相互转换和波腹与波节间能量的转移,但没有能量的定向传播,即驻波不传播能量,其机械能守恒.

由于驻波的波节和波腹的位置是固定不动的,因此驻波不是振动状态的传播,也不是能量定向传播的过程,它只是两列特殊的相干波叠加而成的一种特定的振动状态.

问题 10-25 驻波的能量有没有定向流动,为什么?

问题 10-26 什么是波腹?什么是波节?驻波的能量是如何在波腹和波节间周期性转换和转移的?

10.7.3 半波损失

在图 10-17 所示的驻波实验中,反射点 B 处是波节.从振动合成考虑,这意味着反射波与入射波的相位在此处正好相反,即相位差为 π. 或者说,反射波与入射波的相位在反射点上有 π 的**突变**. 由于在同一波形上相距半个波长的两点的相位相反(即相位差为 π),因此,在反射时引起相位相反的这种现象,相当于附加了半个波长的波程,如图 10-19a 所示,有时形象地称它为"**半波损失**". 由于相位突变了 π,入射波和反射波在反射点合成的位移为零,即出现驻波的波节. 声波以水面上反射回空气就是这种情况.

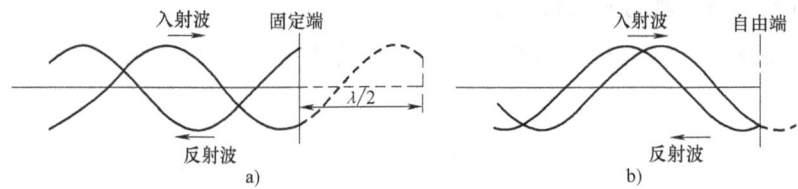

图 10-19 波在两介质界面的反射
a) 半波反射 b) 全波反射

在一般情况下,入射波在两种介质分界面处反射时是否发生半波损失,取决于两种介质的性质. 我们把介质的密度 ρ 与波速 u 的乘积 ρu 较大的介质称为**波密介质**,ρu 较小的介质称为**波疏介质**. 当波从波疏介质传到波密介质而在分界面上反射时,有半波损失,形成的驻波在界面处出现波节,如图 10-19a 所示. 如果**波从波密介质传到波疏介质,则在分界面上也将发生反射,但在反射处反射波的相位与入射波的相位相同,因此在反射点形成驻波的波腹,而没有相位跃变**(如图 10-19b 所示). 例如,用手握住绳的一端,让绳竖直地下垂,绳子下端为自由端(端点处即为绳和空气两种介质的分界处),用手摆动绳的上端,使波沿绳传到下端,在下端被反射,入射波和反射波在自由端就形成驻波的波腹,即振幅为最大.

对于光波来说,光在两种介质中传播时,将这两种介质相比较,光在其中传播较慢的一种介质,即其绝对折射率 n 较大的介质,称为**光密介质**;而光在其中传播较快的一种介质,即其绝对折射率 n 较小的介质,称为**光疏介质**. 当光波从光疏介质入射到光密介质界面上反射时,有半波损失,反射波有 π 的相位突变. 反之,当光线从光密介质入射到光疏介质界面上反射时,没有半波损失,反射波与入射波同相.

问题 10-27 试述相位跃变现象. 在什么情况下,入射波与反射波才能在两种介质分界面上产生相位 π 的突变?

*10.8 声波 超声波 次声波

10.8.1 声波

在弹性介质中传播的一种机械波,其频率在 20～20000Hz 范围内,能够引起人的听觉,这种波称为**声波**. 频率低于 20Hz 的声波称为**次声波**;频率高于 20000Hz 的声波称为**超声波**. 从物理学的观点来看,上述三种波没有本质上的区别,因此,广义的声波包含次声波和超声波. 声波具有波动的一般特性,也能发生反射、折射、干涉和衍射等现象.

由于在空气、液体等介质中传播的声波是纵波,将引起介质中各处呈现不同的疏密状态,这将改变介质中的压强和密度,所以通常用压强和密度的变化来描述声波,这些变化在介质中传播的速度称为**声速**. 气体中的声速为

$$u = \sqrt{\frac{\gamma p}{\rho}} \tag{10-31}$$

式中,$\gamma = C_{p,m}/C_{V,m}$,即气体的摩尔定压热容 $C_{p,m}$ 与摩尔定容热容 $C_{V,m}$ 之比(参阅第 14 章 14.3.3 节);p 和 ρ 分别是气体的压强和密度. 如果气体可以看作理想气体,则由理想气体状态方程可得 $\rho = Mp/(RT)$,把它代入式(10-31),可得出声波在摩尔质量为 M、温度为 T 的理想气体中的传播速度为

$$u = \sqrt{\frac{\gamma RT}{M}} \tag{10-32}$$

上式说明,理想气体中的声速 u 与热力学温度 T 的平方根成正比,与气体的摩尔质量 M 的平方根成反比,而与气体压强无关. 在同一温度下,在液体和固体中的声速远大于气体中的声速. 表 10-1 列出了一些介质中的声速.

表 10-1 声速

介质材料	空气 0℃	空气 100℃	水 40℃	大理石	木材	玻璃	钢、铁	铜	铝
声速 $u/\mathrm{m\cdot s^{-1}}$	330	387	1529	5260	3500	5300	5180	3800	5110

声波的能流密度称为**声强**,用 I 表示. 由式(10-21)可知,声强与频率的平方、振幅的平方成正比. 引起人的听觉的声波,不仅有一定的频率范围,还有一定的声强范围. 能引起人们听觉的声强的范围约为 $10^{-12} \sim 1 \mathrm{W\cdot m^{-2}}$,声强太小不能引起听觉,声强太大引起痛觉甚至耳聋. 我们把这个引起人们听觉的声强范围叫作**可闻阈**.

表 10-1 中给出的几种固体(在室温 20℃ 时)的声速是指细棒中纵波的波速. 在"无限大"固体介质中,平面纵波的波速大于表中所列数据的 5%～15%,横波波速一般约为所列数据的 60%.

由于可闻声的声强的变化范围很大,直接用声强 I 表示,反而不方便,通常用**声强级**来描述声音的强弱. 规定引起人们听觉的声强的最低限度 $I_0 = 10^{-12} \mathrm{W\cdot m^{-2}}$ 作为测定声强的标

准，用 L 表示某一声强 I 的声强级，其单位为 B（贝尔）；通常采用分贝（dB）为单位，即 $1\mathrm{dB} = \dfrac{1}{10}\mathrm{B}$，则声强级可按下式计算：

$$L = 10\lg\frac{I}{I_0} \quad \mathrm{dB} \tag{10-33}$$

按上式，可以算出声强为 $10^{-12}\mathrm{W}\cdot\mathrm{m}^{-2}$ 的最轻声音的声强级就是 0dB. 正常的谈话声的声强级约为 60~70dB. 室内噪声在 80dB 以上，就会感到交谈困难，影响工作. 如果长期在 90dB 以上的高噪声环境下工作，会损坏听觉，尤其是高频噪声更令人厌烦. 为了保护工作人员身体健康、提高工作效率，必须消除或削弱这种噪声污染. 通常对一些强噪声源（例如，发电厂锅炉在排气时，往往发出高达 140~150dB 的强烈噪声），必须安装消声设备；对一些控制室的墙壁、门窗需进行隔声处理，使室内达到良好的工作环境.

人耳感觉的声音响度与声强级有一定的关系，声强级越高，人就感觉越响.

当前，特别在大城市中，解决交通和工业的噪声问题，已是当务之急，乃是环境保护工程的一项重要课题. 而降低噪声，除了从根本上控制和降低噪声源的发声外，主要是利用某种材料对声波的吸收和散射.

10.8.2 超声波

频率高于 20000Hz 的声波叫作**超声波**. 超声波的特征是频率高、波长短、强度大. 由于这一特征，使它具有很多特殊的物理性质，从而在技术上有着广泛的应用.

> 雷达一般是指利用无线电波搜索和测定物体位置以及跟踪移动目标的设备. 它由发射机、天线、接收器和显示器等所组成.
>
> 声呐是指利用声波在水下的传播特性，通过电-声转换和信号处理完成水下目标探测和通信任务的设备和技术. 故称超声波雷达.

1）由于波长短，衍射现象不显著，因而超声波具有良好的定向传播特性，而且易于聚焦. 利用这一性质可制成超声波雷达——**声呐**，用来探测水中物体，如探测鱼群、潜艇，测量海水深度. 在木材工业中，可以用超声波发现木材中的铁钉.

2）在波的传播过程中，单位时间内所传递的能量（也就是波的功率）与波的频率的平方成正比，由于超声波的频率高，所以，超声波的功率比通常声波的功率大得多. 由于超声波频率高，功率大，它在液体中引起流态和密度的迅速变化. 这种疏密变化，使液体不断受到拉伸和压缩，由于液体的抗拉能力很差，经受不住过大的拉力，所以拉伸时液体就会断裂而产生一些接近于真空的小空穴，当液体被压缩时，这些空穴发生崩溃. 崩溃时，空穴内部压强可达几万大气压，同时还会产生极高的局部温度及放电现象等，超声波在液体中的这种作用叫作**空化作用**. 利用这一性质，可以用来粉碎坚硬的物体，例如把水银捣碎成小粒子使其与河水均匀混合在一起而成为乳浊液；又如在医学上用来捣碎药物，制成各种药剂等.

3）由于超声波的频率高，因此振荡剧烈. 可用来清洁空气、洗涤毛织品上的油腻、清洗蒸汽锅炉中的水垢和钟表轴承以及精密复杂金属部件上的污物等.

4) 由于超声波的穿透本领强,且碰到杂质或介质分界面时有显著的反射,所以可以用来探测工件内部的缺陷,而不损伤工件. 目前超声探伤正向显像方向发展,如"B超"仪就是利用超声波来显示人体内部结构的图像.

5) 实验发现,气体对超声波的吸收很强,液体吸收较弱,固体吸收更弱. 所以超声波主要应用于液体和固体中.

由于超声波能量甚大而且集中,所以也可以用来切削、焊接、钻孔、清洗机件,还可以用来处理种子和促进化学反应等.

10.8.3 次声波

频率低于 20Hz 的声波叫作**次声波**,次声波又称**亚声波**. 人耳听不到次声波. 次声波的产生与地球、海洋和大气等的大规模运动有密切关系,例如火山爆发、地震、陨石落地、大气湍流、雷暴、磁暴等自然活动中,都有次声波产生,因此次声波成为研究地球、海洋、大气等大规模运动的有力工具.

次声波的特点是频率低、波长长、衰减很小,能够远距离传播. 在大气中传播几千公里后,衰减还不到万分之几分贝. 因此对它的研究和应用受到越来越多的重视,已形成为现代声学的一个新的分支——次声学.

10.9 多普勒效应

在前面讨论波的传播时,波源和观察者相对于介质都是静止的,观察者接收到的波的频率与波源的振动频率相同. 如果波源或观察者相对于介质在运动,将会发生在日常生活中所遇到的一些现象. 例如,一辆快速驶来的汽车,它的喇叭声比汽车静止时的喇叭声的频率高;而当它快速离开我们时,喇叭声的频率又比静止时低. 这种观察者接收到的波的频率不等于波源的振动频率的现象称为**多普勒效应**.

下面以声波为例来讨论多普勒效应. 为简单起见,设声源的运动、观察者的运动以及波速都沿同一条直线. 我们用 v_s 表示声源 S 相对于介质的速度;用 v_0 表示观察者相对于介质的速度. 并规定声源与观察者相趋近时,v_s 和 v_0 为正;远离时为负. 用 u 表示声波在介质中的传播速度. 设声源频率为 ν,则波长为 $\lambda = \dfrac{u}{\nu}$. 现在分别讨论下述三种情况.

1. 声源不动,观察者相对于介质以速度 v_0 运动($v_s = 0$,$v_0 \neq 0$)

如图 10-20a 所示,S 为声源,其速度 $v_s = 0$;P 为观察者,以速度 v_0 向着声源运动. 观察者感觉到声波以速率 $v_0 + u$ 向着他传播,于是,每秒钟内观察者接收到波的个数(即观察者接收到的频率)为

$$\nu' = \frac{u + v_0}{\lambda} = \frac{u + v_0}{u/\nu} = \frac{u + v_0}{u}\nu \tag{10-34}$$

所以,当观察者向着声源运动时(即 v_0 为正值),观察者接收到的声波的频率 ν' 大于声波频率 ν. 反之,当观察者远离声源运动时(即 v_0 为负值),ν' 小于 ν.

2. 观察者不动,声源相对于介质运动($v_0 = 0$,$v_s \neq 0$)

如图 10-20b 所示,声源在 S 点发出一列波,设在 1s 末达到观察者 P,同时声源在 1s 末

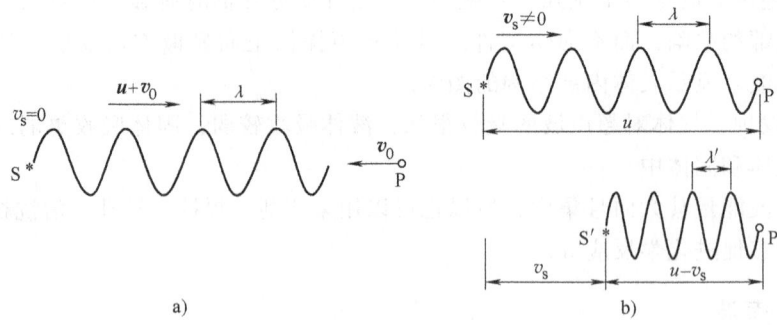

图 10-20 多普勒效应

移动了 v_s 距离到达 S′，这样，1s 内这列波被挤压在 S′P 之间，因此声波波长被压缩，从图 10-20b 中可以看到，压缩后的波长为

$$\lambda' = \frac{S'P}{\nu} = \frac{u - v_s}{\nu} \tag{10-35}$$

由于观察者相对于介质是静止的，所以观察者感受到的波速不变，因此，观察者接收到的频率为

$$\nu' = \frac{u}{\lambda'} = \frac{u}{(u - v_s)/\nu} = \frac{u}{u - v_s}\nu \tag{10-36}$$

所以，当声源向着观察者运动时（v_s 为正值），ν' 大于 ν，因此汽车向着观察者运动，观察者听到的喇叭声频率变高；反之，当波源远离观察者运动时（v_s 为负值），则 ν' 小于 ν，因此汽车离去时，观察者听到的喇叭声频率变低. 火车鸣笛而来时，汽笛的声调变高；鸣笛而去时，汽笛的声调变低，也是这个道理.

3. 声源与观察者同时相对于介质运动（$v_0 \neq 0, v_s \neq 0$）

综合以上两种情况可知，当声源与观察者同时相对于介质运动时，观察者所接受到的频率为

$$\nu' = \frac{u + v_0}{\lambda'} = \frac{u + v_0}{(u - v_s)/\nu} = \frac{u + v_0}{u - v_s}\nu \tag{10-37}$$

式中，v_0 和 v_s 的正、负按前述的符号规则决定. 若 v_0 和 v_s 不在声源与观察者的连线上，则以 v_0 和 v_s 在连线上的分量作为 v_0 和 v_s 值代入以上公式即可.

总而言之，不论是波源运动，还是观察者运动，或是两者同时运动，定性地说，只要两者互相接近，接收到的频率就高于原来波源的频率；两者互相远离时，接收到的频率就低于原来波源的频率.

利用多普勒效应能够迅速、准确地测定运动物体的速度. 将频率为 ν 的波发射到运动物体上，返回来的波发生频移，频率变为 ν'，一般 ν 和 ν' 都较大，而 $|\nu - \nu'|$ 却很小，两波合成形成"拍"，而由拍频可以方便地计算出物体的运动速度（见例题 10-9）.

有些医学仪器也常应用多普勒效应. 例如，超声多普勒诊断仪用于测量心脏内血流变化、心脏的机械振动、脑血管病变等，超声多普勒血流速度计可用于无损检测胎儿、心脏瓣

膜等.

问题 10-28 波源向着观察者运动或观察者向着波源运动, 都会产生频率增高的多普勒效应, 这两种情况有何区别?

例题 10-9 一固定波源在海水中发射频率为 ν 的超声波, 此超声波在一艘运动的潜艇上反射回来. 在波源处静止的观察者测得发射波与反射波引起的两个振动合成的拍频为 $\Delta\nu$. 设超声波在海水中传播速度的量值为 u, 求潜艇向波源方向的分速度 v（设 $v>u$）.

解 潜艇接收到的超声波频率为

$$\nu_1 = \frac{u+v}{u}\nu$$

潜艇又作为波源, 发出频率为 ν_2 的反射波. 观察者接收到的反射波的频率为

$$\nu_2 = \frac{u}{u-v}\nu_1 = \frac{u+v}{u-v}\nu$$

拍频 $\quad \Delta\nu = \nu_2 - \nu = \left(\frac{u+v}{u-v}-1\right)\nu = \frac{2v}{u-v}\nu$

解得 $\quad v = \frac{u\Delta\nu}{\Delta\nu + 2\nu} \approx \frac{u\Delta\nu}{2\nu}$

顺便指出, 如果波源向着观察者运动的速度大于波速 (即 $v_s>u$), 则式 (10-35) 便失去意义. 这时波源比波阵面前进得更远, 于是在波源前方不可能形成波动, 在各时刻波源发出的波到达的前沿形成一个以波源为顶点的圆锥面, 如图 10-21 所示. 在这个圆锥面上, 波的能量已被高度集中, 容易造成巨大的破坏, 这种波称为**冲击波或舷波**. 在实际生活中容易见到冲击波. 当船速超过水面上水波的波速时, 会在船后激起以船头为顶点的 V 形波. 这种波就是一种冲击波. 当飞机、炮弹以超音速飞行时, 或火药爆炸、核爆炸时, 都会在空气中激起冲击波. 特别是当飞机以声速飞行时, 即波源在任意时刻发射的波几乎同时到达接收器, 这种冲击波的强度极大, 通常称之为"**声暴**". 在这种冲击波所到达的地方, 空气压强突然增大, 足以损伤人的耳膜和内脏, 打碎窗玻璃, 甚至摧毁建筑物.

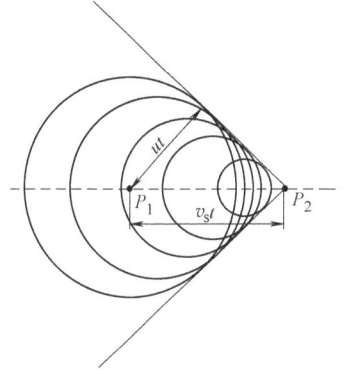

图 10-21 冲击波的产生

本章小结

本章重点研究了平面简谐波的基本规律及其特征, 给出了描述平面简谐波的波函数, 讨论了波函数的物理意义以及波的干涉、衍射现象及规律. 具体思路如下:

首先, 给出了描述波动过程基本物理量, 重点研究了平面简谐波的波函数及其物理意义, 给出了平面波的波动方程, 研究了波动的能量特点及能流密度. 然后, 研究了波的衍射、反射和折射现象及规律; 最后, 研究了波的干涉现象及规律, 给出了驻波的概念及特性和波在两种界面反射时存在半波损失的现象, 并简单介绍了多普勒效应.

本章主要内容框图:

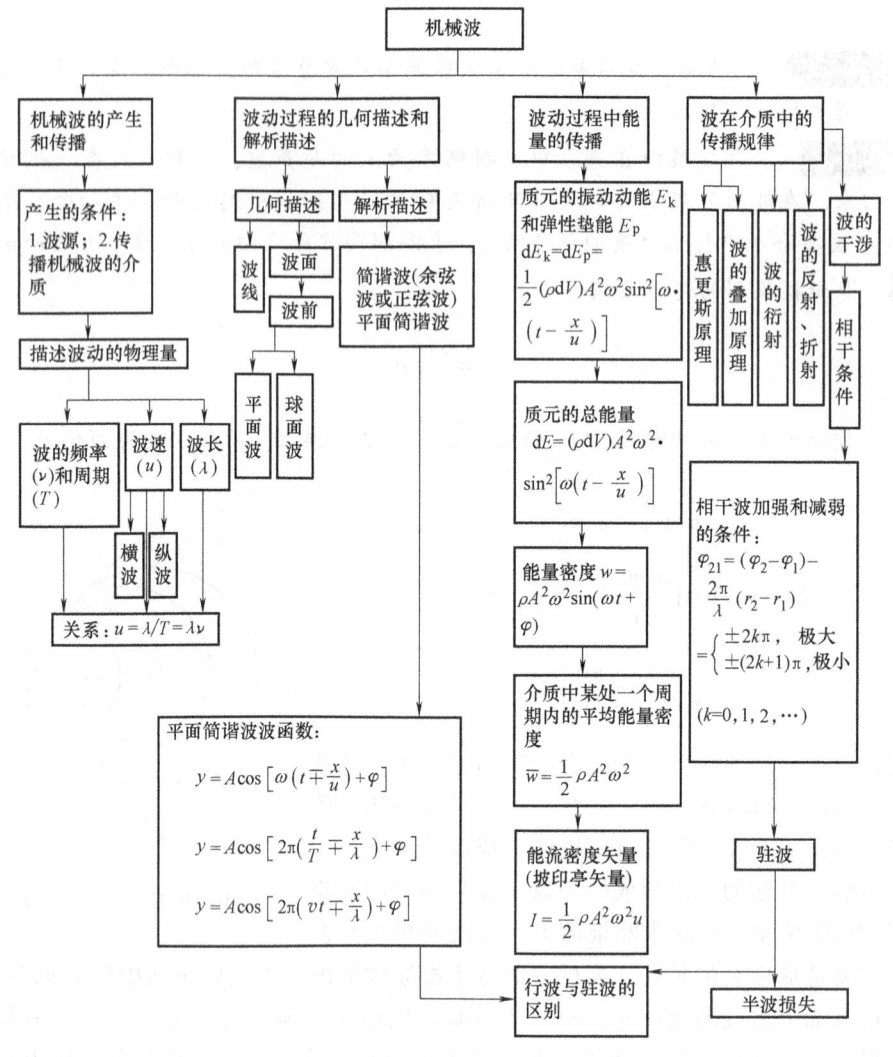

习 题 10

10-1 频率为 $\nu = 1.25 \times 10^4 \text{Hz}$ 的平面简谐纵波沿细长的金属棒传播，棒的弹性模量 $E = 1.90 \times 10^{11} \text{N} \cdot \text{m}^{-2}$，棒的密度 $\rho = 7.6 \times 10^3 \text{kg} \cdot \text{m}^{-3}$．求该纵波的波长．（答：$\lambda = 0.40 \text{m}$）

10-2 地震波在地壳中传播的纵波和横波的速度分别为 $5.5 \text{km} \cdot \text{s}^{-1}$ 和 $3.5 \text{km} \cdot \text{s}^{-1}$，已知地壳的平均密度为 $2.8 \text{t} \cdot \text{m}^{-3}$，试估算地壳的弹性模量 E 和切变模量 G．（答：$E = 8.47 \times 10^{10} \text{N} \cdot \text{m}^{-2}$，$G = 3.43 \times 10^{10} \text{N} \cdot \text{m}^{-2}$）

10-3 一横波在沿绳子传播时的波动表达式为 $y = 0.20\cos(2.5\pi t - \pi x)$ (SI)．

（1）求波的振幅、波速、频率及波长．（答：$A = 0.20 \text{m}$，$u = 2.5 \text{m} \cdot \text{s}^{-1}$，$\nu = 1.25 \text{Hz}$，$\lambda = 2.0 \text{m}$）

（2）求绳上的质点振动时的最大速度．（答：$v_{\max} = 1.57 \text{m} \cdot \text{s}^{-1}$）

（3）分别画出 $t = 1\text{s}$ 和 $t = 2\text{s}$ 时的波形，并指出波峰和波谷．画出 $x = 1.0\text{m}$ 处质点的振动曲线并讨论它与波形图的不同之处．

10-4 设平面简谐波的波函数为 $y = (1.5\text{cm})\cos(3t - 6x)$，式中，$y$、$x$ 的单位为 cm，t 的单位为 s，求振

幅、波长、波速及波的频率. (答: $A=1.5\text{cm}$, $\lambda=\dfrac{\pi}{3}\text{cm}$, $u=0.5\text{cm}\cdot\text{s}^{-1}$, $\nu=\dfrac{3}{2\pi}\text{Hz}$)

10-5 一列沿 Ox 轴正向传播的平面简谐波,波速为 $2\text{m}\cdot\text{s}^{-1}$,原点处质元的振动表达式为 $y_0=6\times10^{-2}\cos\pi t$ (SI),求波函数;并绘出 $t=6\text{s}$ 时的波形曲线和 $x=2\text{m}$ 处质元的振动曲线. [答: $y=6\times10^{-2}\cos[\pi(t/2-x/4)]$ (SI)]

10-6 一平面简谐波的波函数为 $y=0.05\cos(8t+3x+\pi/4)$ (SI),沿 Ox 轴传播. 问:
(1) 它沿着什么方向传播?(2) 它的频率、波长、波速各是多少?(3) 式中的 $\pi/4$ 有什么意义? [答:
(1) 沿 Ox 轴负向传播;(2) $\nu=\dfrac{4}{\pi}\text{Hz}$, $\lambda=\dfrac{2\pi}{3}\text{m}$, $u=\dfrac{8}{3}\text{m}\cdot\text{s}^{-1}$;(3) $\dfrac{\pi}{4}$ 是 $x=0$ 处质元振动的初相.]

10-7 一平面简谐横波沿 Ox 轴传播,其波函数为 $y=A\cos[(2\pi/\lambda)(ut-x)]$. 若 $A=0.01\text{m}$, $\lambda=0.2\text{m}$, $u=25\text{cm}\cdot\text{s}^{-1}$. 求 $t=0.1\text{s}$ 时, $x=2\text{m}$ 处的质元振动的位移、速度和加速度. (提示:要区别波速 $u=\dfrac{\partial x}{\partial t}$ 和质元振动速度 $v=\dfrac{\partial y}{\partial t}$) (答: -0.01m, 0, $6.17\times10^3\text{m}\cdot\text{s}^{-2}$)

10-8 波源做简谐运动,其运动函数为 $y=4.0\times10^{-3}\cos(240\pi t)$ (SI),它所形成的波形以 $30\text{m}\cdot\text{s}^{-1}$ 的速度沿一直线传播. (1) 求波的周期及波长;(2) 写出波动表达式. [答: (1) $T=8.33\times10^{-3}\text{s}$, $\lambda=0.25\text{m}$; (2) $y=4.0\times10^{-3}\cos(240\pi t-8\pi x)$ (SI)]

10-9 有一平面简谐波在介质中沿 Ox 轴传播,波速 $u=100\text{m}\cdot\text{s}^{-1}$,波线上右侧距波源 O (坐标原点) 为 75.0m 的一点 P 处的运动函数为 $y=0.3\cos(2\pi t+\pi/2)$ (SI),求:(1) 波向 Ox 轴正方向传播时的波动表达式;(2) 波向 Ox 轴负方向传播时的波动表达式. (答: (1) $y=0.3\cos\left[2\pi\left(t-\dfrac{x}{100}\right)-\pi\right]$ (SI); (2) $y=0.3\cos\left[2\pi\left(t+\dfrac{x}{100}\right)-\pi\right]$ (SI))

10-10 一平面简谐波,波长为 12m,沿 Ox 轴负向传播. 习题10-10图所示为 $x=1.0\text{m}$ 处质点的振动曲线,求此波的波动表达式. [答: $y=0.4\cos\left[\dfrac{\pi}{6}(t+x)-\dfrac{\pi}{3}\right]$ (SI)]

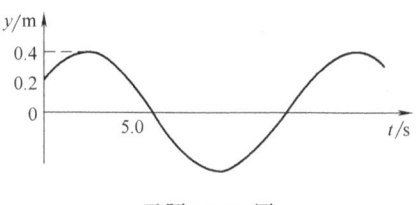

习题 10-10 图

10-11 平面简谐波的波动函数为 $y=0.08\cos(4\pi t-2\pi x)$ (SI),求:(1) $t=2.1\text{s}$ 时波源及距波源 0.10m 两处的相位;(2) 离波源 0.80m 及 0.30m 两处的相位差. [答: (1) $\varphi_1=8.4\pi$, $\varphi_2=8.2\pi$; (2) $\varphi_{12}=\pi$]

10-12 一平面简谐波在介质中传播,其波速 $u=1.0\times10^3\text{m}\cdot\text{s}^{-1}$、振幅 $A=1.0\times10^{-4}\text{m}$、频率 $\nu=1.0\times10^3\text{Hz}$. 若介质的密度为 $\rho=8.0\times10^2\text{kg}\cdot\text{m}^{-3}$,求:(1) 该波的能流密度;(2) 1min 内垂直通过面积为 $4.0\times10^{-4}\text{m}^2$ 的总能量. [答: (1) $1.58\times10^5\text{W}\cdot\text{m}^{-2}$; (2) $3.79\times10^3\text{J}$]

10-13 一个点波源发射的功率为 1.0W,在各向同性的不吸收能量的均匀介质中传出球面波. 求距波源 1.0m 处的波的强度. (答: $0.08\text{W}\cdot\text{m}^{-2}$)

10-14 两个以同相位、同频率、同振幅振动的相干波源分别位于点 P、Q 处 (在同一介质中),设频率为 ν,波长为 λ, P、Q 间的距离为 $3\lambda/2$, R 为 PQ 延长线上的任意一点. 试求:(1) 自 P 点发出的波在 R 点的振动和自 Q 点发出的波在 R 点的振动之相位差;(2) R 点合振动的振幅. [答: (1) 3π; (2) $A=0$]

10-15 如习题10-15图所示, A、B 为同一介质中的两个相干的点波源. 其振幅都是 0.05m,频率都是 100Hz,且当 A 点为波峰时, B 点适为

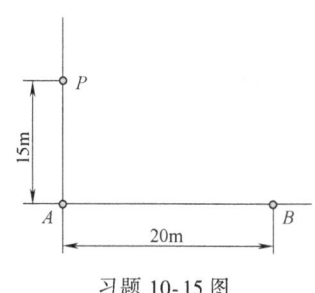

习题 10-15 图

波谷. 设在介质中的波速为 $10\text{m}\cdot\text{s}^{-1}$. 试求从 A、B 发出的两列波传到 P 点时的干涉结果. (答: 0)

10-16 在同一介质中,两相干波的点波源 P、Q,频率为 100Hz,相位差为 π,两者相距 20m. 求两波源连线的中垂线上各点的振动情况. 已知波速为 $10\text{m}\cdot\text{s}^{-1}$. (答: 在 PQ 中垂线上任一点的合成振动,其合振幅为最小)

10-17 两波在同一细绳上传播,它们的表达式分别为 $y_1 = 0.06\cos(\pi x - 4\pi t)$ (SI) 和 $y_2 = 0.06\cos(\pi x + 4\pi t)$ (SI).

(1) 证明: 这细绳做驻波式振动,并求波节和波腹的位置;

(2) 波腹处的振幅多大? 在 $x = 1.2\text{m}$ 处,振幅多大?

[答: (1) 波节: $\pm(k+0.5)$m,$k=0, 1, 2, \cdots$; 波腹: $\pm k$ m,$k=0, 1, 2, \cdots$ (2) 波腹处振幅 $A' = 0.12$m; $x = 1.2$m 处的振幅 $A' = 0.097$m]

10-18 一弦上的驻波表达式为 $y = 0.03\cos(1.6\pi x)\cos(550\pi t)$ (SI).

(1) 若将此驻波看成由传播方向相反,振幅及波速均相同的两列相干波叠加而成的,求它们的振幅及波速;

(2) 求相邻波节之间的距离;

(3) 求 $t = 3.0 \times 10^{-3}$s 时,位于 $x = 0.625$m 处质点的振动速度.

[答: (1) $A = 1.5 \times 10^{-2}$ m,$u = 343.8\text{m}\cdot\text{s}^{-1}$; (2) $\lambda/2$; (3) $v = -46.2\text{m}\cdot\text{s}^{-1}$]

10-19 一平面简谐波的频率为 500Hz,它在空气 ($\rho = 1.3\text{kg}\cdot\text{m}^{-3}$) 中以 $u = 340\text{m}\cdot\text{s}^{-1}$ 的速度传播,达到人耳时的振幅约为 $A = 1.0 \times 10^{-6}$m. 试求波传到人耳时的平均能量密度和声强. (答: $6.42 \times 10^{-6}\text{J}\cdot\text{m}^{-2}$; $2.18 \times 10^{-3}\text{W}\cdot\text{m}^{-2}$)

10-20 一静止的声源发出频率为 1500Hz 的声波,声速为 $350\text{m}\cdot\text{s}^{-1}$. 当观察者以速度 $v_B = 30\text{m}\cdot\text{s}^{-1}$ 接近和离开声源时所感觉到的频率各为多少? (答: $1.63 \times 10^3\text{Hz}$; $1.37 \times 10^3\text{Hz}$)

本章"问题"选解

问题 10-7 (2)

答 该时刻各质元的运动方向如问题 10-7 (2) 解答图所示.

质元 A 与 E 的相位差为 $\varphi_{AE} = \pi$; 质元 C 与 G 的相位差为 $\varphi_{CG} = \pi$; 质元 A 与 I 的相位差为 $\varphi_{AI} = 2\pi$.

问题 10-11 (1)

答 $y = A\cos\left[\omega\left(t - \dfrac{x}{u}\right)\right] = A\cos\left(\omega t - \dfrac{\omega x}{u}\right) = A\cos\left(\omega t - \dfrac{2\pi\nu x}{u}\right) = A\cos(\omega t - kx)$,式中,$k = 2\pi/\lambda$.

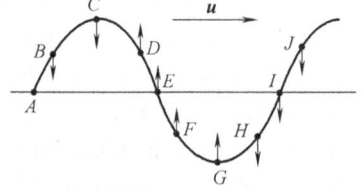

问题 10-7 (2) 解答图

问题 10-12

答 按平面简谐波波函数

$$y = A\cos\left[2\pi\left(\dfrac{t}{T} - \dfrac{x}{\lambda}\right)\right]$$

由题设,在同一时刻 t,与原点 O 分别相距为 r_1、r_2 的两点处质元振动的相位差为

$$\varphi_{12} = \left[2\pi\left(\dfrac{t}{T} - \dfrac{r_1}{\lambda}\right) - 2\pi\left(\dfrac{t}{T} - \dfrac{r_2}{\lambda}\right)\right] = \dfrac{2\pi}{\lambda}(r_2 - r_1)$$

若
$$r_1 - r_2 = \pm k\lambda \quad (k = 0, 1, 2, \cdots)$$

则两点处质元振动的相位差为 $\varphi_{12} = \pm 2k\pi$（$k = 0$, 1, 2, …），这时，两质元具有相同的相位，它们在振动时具有相同的位移 y 和振动速度 v，即它们的振动状态相同.

若
$$r_1 - r_2 = (2k+1)\lambda/2 \quad (k = 0, \pm 1, \pm 2, \cdots)$$

则两点处质元振动的相位差为 $\varphi_{12} = (2k+1)\pi$（$k = 0, \pm 1, \pm 2, \cdots$），这时，两质元振动的相位相反，它们在振动时的位移 y 和振动速度 v 都具有相同的大小，但符号相反.

问题 10-14（2）

答 由波的能流密度公式

$$I = \frac{1}{2}\rho A^2 \omega^2 u$$

可知，当平面简谐波在介质中传播时，若介质是均匀的且不吸收波的能量，则其振幅 A 将保持不变.

问题 10-19

解 如问题 10-19 解答图所示，设 S_1 处为原点 O，则按题意，相干波源 S_1、S_2 发出的波分别为

$$y_1 = A\cos\left[2\pi\left(\nu t - \frac{x}{\lambda}\right) + \frac{\pi}{2}\right]$$

$$y_2 = A\cos\left[2\pi\left(\nu t - \frac{x}{\lambda}\right)\right]$$

问题 10-19 解答图

当两列波传播到 S_1 左侧的某点 P 时，振动的相位差为

$$\varphi_{12} = \left[2\pi\left(\nu t - \frac{-x_1}{\lambda}\right) + \frac{\pi}{2}\right] - 2\pi\left(\nu t - \frac{-x_1 + \lambda/4}{\lambda}\right) = \pi$$

正好符合干涉减弱的条件.

当两列波传播到 S_2 右侧的某点 Q 时，振动的相位差为

$$\varphi_{12} = \left[2\pi\left(\nu t - \frac{x_2}{\lambda}\right) + \frac{\pi}{2}\right] - 2\pi\left(\nu t - \frac{x_2 - \lambda/4}{\lambda}\right) = 0$$

正好符合干涉加强的条件.

"问题拓展" 参考答案

10-1

答 不是. 上下摇晃的距离决定了波的振幅. 波长由上下摇晃的频率和弹簧上的波速决定.

10-2

解 弦的两端是固定点，所以是波节. 弦上的基频和所有谐频的波长应满足如下

方程:
$$l = k\frac{\lambda}{2}, \quad k = 1, 2, 3, \cdots, n$$

弦上波的速度为
$$u = \sqrt{T/\rho}$$

则频率为
$$\nu_k = \frac{u}{\lambda} = \frac{k}{2l}\sqrt{T/\rho}$$

基频为
$$\nu_1 = \frac{1}{2l}\sqrt{T/\rho} = \frac{1}{2 \times 0.3} \times \sqrt{\frac{9.4}{3.8 \times 10^{-4}}} = 262\,\text{Hz}$$

谐频为
$$\nu_n = \frac{n}{2l}\sqrt{T/\rho} = 262n\,\text{Hz}$$

"应用拓展" 参考答案

解 设震源到观测站的距离为 s,则

纵波传播的时间为 $t_{纵} = \dfrac{s}{v_{纵}}$,横波传播的时间为 $t_{横} = \dfrac{s}{v_{横}}$

而
$$\Delta t = t_{横} - t_{纵} = \frac{s}{v_{横}} - \frac{s}{v_{纵}} = s\left(\frac{1}{v_{横}} - \frac{1}{v_{纵}}\right)$$

由题知 $v_{横} = 3.7\,\text{km}\cdot\text{s}^{-1}$,$v_{纵} = 9.1\,\text{km}\cdot\text{s}^{-1}$,$\Delta t = 5\,\text{s}$

代入上式,解得 $s = 31.2\,\text{km}$,即震源到观测站的距离为 $31.2\,\text{km}$.

"思维拓展" 参考答案

答 水波既不是横波也不是纵波,确切地说应该是复杂波. 为说明水波是复杂波,在水面上选一质元,如思维拓展解答图 a 所示,然后根据横波和纵波的定义研究质元的振动情况:首先,垂直于水面画一竖直线,如思维拓展解答图 b 所示,若水波是横波,则质元应沿竖直线上下振动,研究发现质元并不沿竖直线上下振动;然后,再平行于水面画一直线,如思维拓展解答图 c 所示,若水波是纵波,则质元应沿直线左右振动,研究发现质元并不沿直线左右振动,说明质元的振动既不平行于波的传播方向也不垂

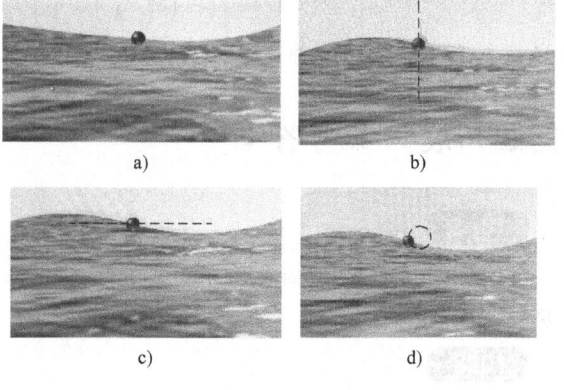

思维拓展解答图

直于波的传播方向，如思维拓展解答图 d 所示，质元的振动轨迹是个圆，它同时参与了两种运动，所以，水波是复杂波.

专题选讲Ⅵ　引力波

1. 引力波

在爱因斯坦的广义相对论中，引力被认为是时空弯曲的一种效应．我们所处的宇宙并不是平坦的，当大质量物体存在时，就会使周围的时空框架发生扭曲，如同在床垫上放上重物，床垫就会产生凹陷一样．而当这个大质量物体发生变化，如同蹦床一样时，周围的时空就会发生振荡，并以光速传播出去，这种时空的振荡就是引力波，如图Ⅵ-1所示.

引力波是指时空弯曲中的涟漪，它通过波的形式从辐射源向外传播，这种波以引力辐射的形式传输能量，能够几乎不受阻挡的穿过行进途中的天体．当引力波通过的时候，观测者就会发现时空被扭曲，并且周围物体之间的距离也会发生有节奏地增加和减少.

按照爱因斯坦的理论，两颗天体比如行星或恒星在相互围绕旋转过程中，会在时空中出现涟漪，如同水面上物体运动时产生的水波，如图Ⅵ-2所示．当两个天体围绕彼此旋转时，能量会以引力波的形式释放，随着引力波被释放，能量持续地消耗，两个天体的旋转轨道半径就会衰减，最终两个天体会发生碰撞．引力波的本质在于时空曲率由于大质量物体的波动而产生周期性的变化，或者说，是物体加速运动时给宇宙时空带来的扰动，通过波的形式从辐射源向外传播，这种波以引力辐射的形式传输能量.

引力波在不断的通过地球，但因为波源距离我们很远．即使最强的引力波其效应也是非常小的，如果不借助异常精密的探测器，我们是探测不到的.

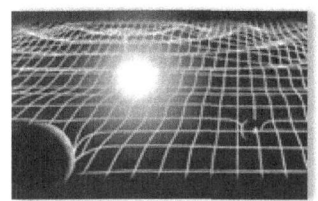

图Ⅵ-1　时空振荡

图Ⅵ-2　引力波

2. 引力波的发现

自广义相对论发表一百多年来，物理学家们预测引力波源可能是包括旋进或者并合的致密双星系统（白矮星、中子星和黑洞）、快速旋转的致密天体、原初引力波和超新星或者伽马射线暴爆发.

人类两次检测到的引力波均是由双恒星级黑洞并合产生的．星系在演化的过程当中，会彼此并合，所以在某些星系中间，会有两个黑洞．两个黑洞会相互绕转并最终碰撞在一起，同时产生巨大的引力波，然后并合成一体的黑洞继续振荡，逐渐变成一个新的、旋转的黑洞．而在碰撞中消失的质量，则是通过引力波扩散出去了.

为了寻找这些引力波，研究者们分别在美国路易斯安那州的利文斯顿（Livingston）、华盛顿州的汉福德（Hanford）和意大利的比萨建立了三个独立的引力波天文台。2015年9月14日，美国的激光干涉引力波天文台（Laser Interferometer Gravitational-Wave Observatory, LIGO）的两台独立探测器（LIGO Livingston 和 LIGO Hanford）先后观测到了一个引力波瞬变信号（transient gravitational wave signal）。该引力波信号的应变（strain）强度随着频率从35Hz开始增强直到250Hz达到峰值 1.0×10^{-21}。该引力波信号持续0.2s，共经历约10个周期。用于匹配滤波的波形（waveform）模板符合广义相对论所预言的一对相互旋进（inspiral）、并合（merger）直至铃宕（ring down）为单一黑洞的双黑洞（binary black hole）系统。这是首次探测到了来自双黑洞并合的引力波信号，证实了爱因斯坦的预言。在第一次成功探测到双黑洞并合引力波事件 GW150914 之后的两年内，LIGO团队又陆续发现了5起引力波事件，按照发现时间被分别命名为 GW151226、GW170104、GW170608、GW170814 和 GW170817。其中 GW151226、GW170608、GW170104 和 GW170814 均为双黑洞并合引力波事件，而 GW170817 为双中子星并合引力波，这是首次直接观测到双中子星并合的引力波。

雷纳·韦斯（Rainer Weiss）、巴里·巴里什（Barry Barish）和基普·索恩（Kip Thorne）因为"对激光干涉引力波天文台（LIGO）和引力波观测的决定性贡献"而获得了2017年的诺贝尔物理学奖。

激光干涉引力波天文台（LIGO），是由两个相距3002km的激光干涉仪组成。每个干涉仪都拥有两个长4km的L形真空管，分别位于美国的利文斯顿和汉福德，科学家会在其中发射激光束，如图Ⅵ-3所示。LIGO于1991年开始建设，2001年投入运行，是专门为探测引力波而建设的。LIGO之所以能捕捉到引力波，运用的是光的干涉原理：满足相干条件的两束光波互相重叠时会出现干涉条纹。在引力波的影响下（这种波会拉伸一个真空管的长度，同时收缩另一个真空管的长度），就会出现微小的光波波形变化，这时光探测器就能感应到干涉条纹的变化，从而探测到引力波。

图Ⅵ-3　LIGO引力波探测器

目前，天文学家找到了一对互相围绕旋转的中子星（名为PSR1913+16）作为探测对象，这对中子星距离地球16000光年。这两颗中子星每隔7小时45分钟就会对绕一圈，天文学家发现，它们每绕一圈，就互相靠近了1mm，虽然这个距离在衡量天体的尺度上微乎其微，但如果把一年时间内的变化累积起来，两者距离就会缩短0.9144m，预计2.4亿年内，这两颗中子星就会相撞。这个发现正好验证了爱因斯坦广义相对论，并且通过数据分析，实际上爱因斯坦理论的精确度至少达到了99.7%。

3. 意义

引力波能让我们知道宇宙空间在发生什么，能为我们提供天体最直接而且最内部的信息。相对论和量子力学是20世纪物理学的两大进展，引力波信号的探测再次验证了100多年前爱因斯坦创立的广义相对论理论。第一次直接证明了拥有几十个太阳质量的双黑洞系统是存在的。第一次直接证实了双中子星并合事件，为宇宙中超铁元素的起源提供了直接证据. 开启了"多信使天文学"的新时代.

如果说,测量到从黑洞发出的引力波是广义相对论的胜利,那么对双中子星并合的观测也可以说是广义相对论和量子力学双剑合璧的胜利,并且让人类对宇宙的起源、演化和成分有了更深入的了解. 根据天文观测,当今宇宙中的元素,各占有一定的比例,叫做"丰度". 物理学家希望可以从大爆炸宇宙学和物理原理出发,直接推导出宇宙中元素的丰度. 但是,目前一致认为,它能够合成的其实几乎只有氢、氦、锂,以及氢的同位素这些最轻的元素,其中前两者占比超过 99%. 人们很快意识到,宇宙中的元素应该不是一次性合成的,发生在恒星内部持续的核合成过程将可能对宇宙中重元素丰度的塑造发挥重要的作用. 太阳和其他的恒星,它们的主要成分都是氢和氦,能发光是因为内部的核聚变反应. 这些聚变反应,会产生一些比锂重的重元素,但是并不会产生比铁还重的元素. 这是因为铁原子核里面的质子和中子比较"团结",结合能最高. 铁核要想聚变到更高的元素的时候,是要吸热的. 1957 年,Burbidge 夫妇、Fowler 和 Hoyle (B2FH) 成功建立了恒星核合成理论,以解释宇宙中元素丰度曲线的诸多特征. B2FH 理论详细考虑了发生在恒星中的氢燃烧、氦燃烧、α 粒子俘获、电子俘获、质子俘获、慢中子俘获的 s 过程和 r 过程等一系列核反应过程,其中 r 过程的提出对解释超铁元素的形成具有至关重要的作用. 所谓 r 过程,即原子核俘获自由中子的时间要远远短于原子核本身衰变时标的反应过程,该过程发生在中子丰度非常高的条件下. 而这种条件在恒星内部很难达到,并且人们从超新星爆发的遗迹上,也没有发现足够多的重元素. 核物理学家认为,想要形成足够多的重元素,必须在中子密度很高的环境里,在这样的环境里有大量的中子注入原子核,并且注入的速率大于反应中间产物衰变的速率. 科学家预测,这样的环境在中子星碰撞的时候能够产生. 而引力波天文台于 2017 年 8 月 17 日观测到的双中子星并合产生的引力波,第一次直接证实了中子星碰撞事件的存在,也为找到宇宙中重元素的起源提供了关键的实验证据支持.

通过引力波和电磁波信号等多种探测手段对 GW170817 双中子星并合的成功协同观测是"多信使天文学"的首个成功案例,也是近十来年天文学方面的重大突破之一. 随着 LIGO 对引力波的发现、定位以及费米伽马射线空间望远镜(Fermi)的快速认证,有超过 70 多台地面和空间探测设备在 X 射线、可见光、红外、射电等波段捕获了该并合事件产生的辐射. 同时,使用引力波和可见光联测中子星并合也为研究宇宙膨胀提供了一种独特的手段.

4. 展望

LIGO 的探测精度还在继续提高和优化,位于意大利比萨的引力波探测器也已投入运行. 位于日本神冈煤矿山下深处的 KAGRA 正在建设中. LIGO-India 已获印度政府批准并已开建. 一个规模巨大的引力波探测网正在形成. 届时,多个探测器同时观测不仅可以提高探测事件的置信度,而且还可以更加准确地定位引力波源.

第11章 电磁振荡 电磁波

章前问题？

问题1：当今，电磁炉、微波炉等家用电器也已成为家庭不可缺少的生活用品，这些家用电器是怎样工作的呢？

问题2：电视、广播、无线通信（WiFi、蓝牙等）等已经深入到人们日常生活的各个角落，成为亿万大众的生活必备品，那么，这些图像、声音是通过怎样的途径进入千家万户的？

要弄清上述问题，必须先了解电磁波所遵从的规律.

麦克斯韦将电场和磁场的规律概括为四个方程，称为麦克斯韦方程组的积分形式［见式（8-35）～式（8-38）］. 它说明变化的磁场可激发电场，变化的电场也可激发磁场. 变化的电场和变化的磁场是紧密联系、相互交织在一起的. 麦克斯韦经过数学变换将麦克斯韦方程组的积分形式变换成微分形式的方程组，并由此推导出电场强度和磁场强度都满足第10章中的波动微分方程式（10-13），表明变化的电磁场将以波的形式传播.

本章从振荡电路出发介绍电磁波的产生、传播及其性质.

11.1 电磁振荡

在具有电容和自感的电路中，电流做周期性的变化，称为**电磁振荡**. 能够产生电磁振荡的电路称为**振荡电路**. 如图11-1所示，一个由电容器 C 和自感线圈 L 所组成的电路，就是 **LC 自由振荡电路**，回路中的电阻忽略不计. 当电容器 C 充电后，电容器中储存了电场能量，当电容器对电感线圈 L 放电时，线圈中就有了磁场能量，当电容器极板上的电荷放电完毕时，即电场能量全部转化为磁场能量后，由于线圈中存在自感电动势，它对电容器反向充电，磁场能量又转化为电场能量. 整个充放电过程由图11-2表示. 图11-2a表示在 $t=0$ 时，电容器已充了电，极板之间有电场强度 E，因而拥有电场能量，连接线圈后，电容器开始放电，同时由于线圈的自

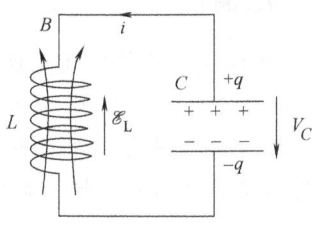

图11-1 LC 电磁振荡电路

感作用，电流只能是从零开始逐渐增大. 这样，电容器由于放电而使电场能量逐渐减少，同时线圈中由于电流增大而使磁场能量逐渐增加，磁通量也逐渐增加，因而线圈中激起了自感电动势 $\mathscr{E}_L$，其方向是反抗回路电流的增加. 到电容器极板上的电荷放电完毕，电场能量也

就减小为零. 但此时电路中的电流达到最大, 线圈中所产生的磁场能量达到最大, 这相当于图 11-2b 中 $t = T/4$ 的情况, T 表示振荡的周期. 这时, 由于线圈的自感作用, 线圈对电容器做反向的充电, 但极板上所集积的电荷的符号与 $t = 0$ 时相反. 到 $t = T/2$ 时（见图 11-2c）, 这一反向的充电过程结束, 磁场消失, 电流也消失, 磁场能量又重新转化为电场能量而集中在电容器内. 上述是振荡电路半个周期中的工作过程. 下半个周期的工作过程恰好相反, 电流方向亦相反. 这样, 电荷在电容器的极板间来回流动, 形成了电磁振荡. 这种振荡可与我们所熟知的弹簧振子的机械振动（见图 11-2 的右方）进行类比.

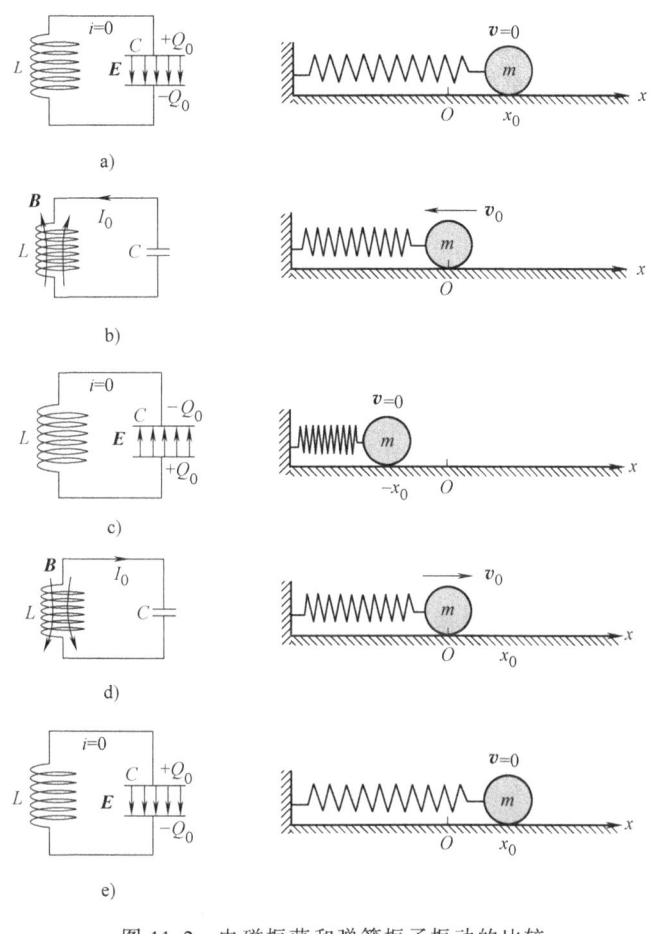

图 11-2 电磁振荡和弹簧振子振动的比较
a) $t = 0$ b) $t = T/4$ c) $t = T/2$ d) $t = 3T/4$ e) $t = T$

由上述讨论可知: 电磁振荡中电容器带电后所产生的电势差, 对应于弹簧振子在振动时弹簧伸长或缩短时所产生的弹性力, 线圈的自感作用对应于弹簧振子的惯性作用. 从能量方面考虑, 则电场能量与弹性势能相对应, 而磁场能量与动能相对应. 若电阻和辐射等阻尼作用忽略不计, 则电场能量与磁场能量相互转变时, 由于没有其他形式能量的耗散和转换, 电场能量与磁场能量之总和保持不变, 电荷量和电流的最大值亦皆保持不变, 这种振荡称为**无阻尼自由振荡**.

由上述讨论, 我们可以画出一周期内回路电流变化的函数图像, 如图 11-3 所示. $t = 0$

时，电场能量最大，磁场能量为零；$t=T/4$ 时，电场能量全部转化磁场能量，由于不考虑电阻和辐射等阻尼作用，因此能量没有损失；$t=T/2$ 时，磁场能量又重新转化成电场能量，但此时电容器极板中电场方向反向，后半周期的情况又重复前半周期的情况，当 $t=T$ 时，电路状态恢复到 $t=0$ 时的初态。这样，电路中的电流就周而复始地、周期性地发生等幅振荡，电流的振幅为 I_0。

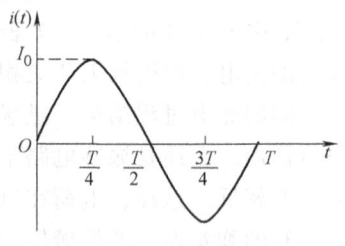

图 11-3 振荡电路中电流变化的函数图像

下面定量讨论 LC 电路中，电荷和电流随时间变化的规律。在图 11-1 的电路中，任意时刻 t，自感线圈两端的自感电动势恒等于电容器两端的瞬时电压，即

$$\mathscr{E}_L = U_C$$

式中，$\mathscr{E}_L = -L\dfrac{di}{dt}$，$U_C = \dfrac{q}{C}$，考虑到 $i = \dfrac{dq}{dt}$，上式可写成

$$\dfrac{d^2 q}{dt^2} + \dfrac{1}{LC} q = 0 \tag{11-1}$$

令 $\omega^2 = \dfrac{1}{LC}$，得

$$\dfrac{d^2 q}{dt^2} + \omega^2 q = 0 \tag{11-2}$$

ω 为振荡的角频率，由于 $T = 2\pi/\omega$，$\nu = 1/T$，则振荡的周期和频率分别为

$$T = 2\pi\sqrt{LC} \quad \text{和} \quad \nu = \dfrac{1}{2\pi\sqrt{LC}} \tag{11-3}$$

由此可见，无阻尼自由振荡的周期 T 和频率 ν 取决于振荡电路本身的电学性质（即 L 和 C），故分别称为**固有周期**和**固有频率**。自感和电容越小，固有周期越短，也就是固有频率越高。

式（11-2）与第 9 章中简谐运动表达式（9-3）的形式完全相同，与之比较，可得相应的解为

$$q = Q_0 \cos(\omega t + \varphi) \tag{11-4}$$

这是电荷在电磁振荡电路中的简谐运动表达式。式中，q 为任意时刻电容器极板上的电荷，Q_0 是电容器极板上电荷的最大值，叫作电荷振幅，φ 是初相。Q_0 和 φ 的数值均可由初始条件决定。

将式（11-4）对时间 t 求导，得电流的表达式为

$$i = -\omega Q_0 \sin(\omega t + \varphi)$$

令 $I_0 = \omega Q_0$ 为电流的最大值，称为**电流振幅**，则上式也可写作

$$i = -I_0 \sin(\omega t + \varphi) = I_0 \cos\left(\omega t + \varphi + \dfrac{\pi}{2}\right) \tag{11-5}$$

式（11-4）和式（11-5）表明，在无阻尼的电磁振荡过程中，振荡电路两端的极板上电荷和电路中的电流都随时间 t 做周期性变化，并且电流的相位比电荷的相位超前 $\pi/2$，即

当电容器两极板上所带的电荷最大时，电路中的电流为零．反之，电流最大时，电荷为零．

由上述讨论可知，电磁振荡与机械振动在本质上是不同的，但它们的运动形式及其数学表达式是一致的．科学分门别类各不相同，但科学思维方式往往有很多相似之处．

无阻尼自由振荡是理想的情况，事实上任何电路都有电阻，因而一部分能量要转变为热能．此外，振荡电路还要把电磁能量以电磁波的形式向周围空间发射出去．因此，电磁能量的总和逐渐减少，电荷和电流的振幅逐渐衰减．这种能量和振幅随时间减小的振荡称为**阻尼振荡**或**减幅振荡**．和机械振动相仿，阻尼振荡的频率比无阻尼时的频率要低．

若电路中有"外加的"周期性电动势作用，这时，电路中的振荡与上述自由振荡不同，称为**受迫振荡**．受迫振荡的频率取决于外加电动势的频率．当外加电动势频率与电路自由振荡的固有频率相同时，振荡的振幅达到最大值，这种现象称为**电共振**．电共振在无线电技术中有广泛的应用．例如，我们用可变电容器和线圈组成 LC 电路，当改变电容时，由式（11-3）可知，此电路的固有频率也随着改变，在其与外加电动势的频率相等时，便产生电共振．这种 LC 电路叫作**谐振电路**．

问题 11-1　什么叫电磁振荡？试将其与机械振动相比拟．从能量观点解释含有自感线圈和电容器的电路（电阻不计）能产生电磁振荡，而只含有电阻和电容的电路或只含有电阻和自感线圈的电路都不可能产生电磁振荡．

问题 11-2　在 LC 电路中，不计电阻，则振荡的频率和振幅分别取决于哪些因素？有一个 $L=10\text{mH}$ 的线圈和两个电容分别为 $C_1=5\mu\text{F}$、$C_2=2\mu\text{F}$ 的电容器，试将它们组合成各种 LC 电路，可获得几种简谐振荡频率？

问题 11-3　在 LC 电磁振荡中，电场能量和磁场能量是怎样交替转换的？试由能量转换与守恒定律推出 LC 自由振荡电路的简谐运动表达式．

11.2　电磁波

11.2.1　电磁波的概念

在第 10 章中我们曾经讲过，机械波是介质中某处质元的机械振动在质元之间弹性力的作用下，将这一振动由近及远地向周围传播出去而形成的．根据麦克斯韦的电磁场理论，设在空间某一区域中电场发生变化，并设电场随时间的变化率也是随时间变化的，那么在邻近的区域就要引起随时间变化的磁场；这变化的磁场又在较远的区域引起新的变化电场，接着，这新的变化电场又在更远的区域引起新的变化磁场，此后的过程可以依次类推．这样，如图 11-4 所示，变化的电场和变化的磁场交替产生，由近及远地以一定的速度向周围空间传播出去．**这种变化的电磁场在空间中的传播**，称为**电磁波**．

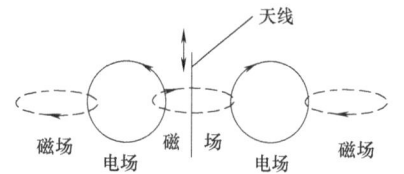

图 11-4　变化的电场和变化的磁场向周围空间传播的示意图

电磁波在本质上不同于机械波．它是变化的电场和变化的磁场交替产生，并由近及远地进行传播，不需要借助于介质，在真空中也能传播.

德国物理学家赫兹（H. R. Hertz, 1857—1894）在 1886 年利用感应圈放电产生高频电振荡，然后用两端带有金属小球的细铜棒弯成两个矩形开路. 当其中一个矩形开路与工作着的感应圈的次级相连时，两球间的空气隙产生火花. 这时，在附近的另一个矩形开路的两球间也有微弱的火花，说明第二个矩形开路接收到了第一个矩形开路发射的电磁波，从而用实验初步证实了电磁波的存在.

11.2.2 电磁波的产生与传播

电磁波是变化的电场和磁场在空间中的传播. 如同产生机械波必须有波源一样，产生电磁波也必须有波源. 我们知道，一切电场和磁场都来源于电荷及其运动. 相对于我们（参考系）静止或做匀速直线运动的电荷，相应地只能在其周围空间激发静电场或稳恒磁场，这种场不能向远处传播. 如果电荷相对于我们做变速运动，那么，其周围空间的电场和磁场都将随时间的变化而变化，从而将引起变化的电磁场在空间的传播. 换而言之，加速运动的电荷能够向周围空间辐射电磁波. 此外，原子从高能级向低能级跃迁时也辐射电磁波. 例如，在天线中振荡的电子辐射无线电波；光源中的原子从高能级向低能级跃迁时发出一系列的光波（光波也是电磁波）；在各种加速器中被加速的电子都要辐射电磁波，等等.

在上一节讨论的无阻尼自由振荡电路中，电流在做周期性改变，从而电场和磁场也在做周期性改变. 根据麦克斯韦的电磁场理论，振荡电路能够发射电磁波. 但在上节讨论的无阻尼自由振荡的电路中，电场能量和磁场能量被局限在电容器 C 和线圈 L 内，不利于将电磁能量辐射出去；并且，由于前述的 LC 振荡电路中的 L 和 C 都比较大，因此其固有频率很低，不适合作为辐射电磁波的波源. 为使电磁能量辐射出去，必须改变电路的形状，一方面使振荡的频率增高，另一方面使电场和磁场能够尽量地分散在周围的空间.

由于振荡电路的固有频率 $\nu = 1/(2\pi\sqrt{LC})$ 与 L、C 有关，若要提高振荡频率 ν，应减小自感 L 和电容 C，其方法是减小电容器 C 极板的面积，并增大两极板间距离，同时把线圈的自感 L 逐渐减小，最后变成一条直导线. 将图 11-5a 中的振荡电路中的电容器两极板逐渐打开. 同时减少线圈的匝数，如图 11-5b、c、d 所示. 电路变成直线时，电场和磁场就分散在周围空间，而且这时电路的电容 C 和自感 L 都很小，因而其振荡频率很高. 图 11-5d 所示的这段直导线，电流在其中往复振荡，使电荷在其中涌来涌去，导线两端出现正、负交替的等量异种电荷，这样的电路就是一个**振荡电偶极子**，以它为波源，能够发出电磁波，向四周的空间传播出去. 实际上，广播电台的天线就相当于一个振荡电偶极子.

设振荡电偶极子中的等量异种电荷量分别为 $+q$ 和 $-q$，它们的距离为 l. 由于正、负电荷

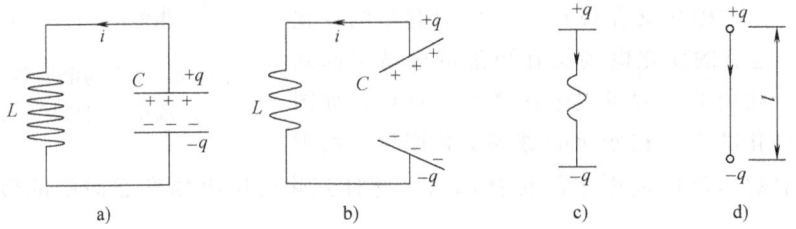

图 11-5 增高振荡频率并开放电磁场的方法

交替地出现，所以实际上是一个电矩 $p=ql$ 随时间做周期性变化的振荡电偶极子．最简单的振荡偶极子的电矩是按余弦方式变化的，其电矩大小 p 可表示为

$$p=p_0\cos\omega t$$

式中，$p_0=Q_0l$ 是振幅，而 Q_0 是电荷最大值；ω 是角频率．我们可以把电偶极矩的变化等效于距离 l 随时间按余弦规律变化，即正、负电荷都以电偶极子中心为平衡位置相对做简谐运动．图 11-6 中表示了电荷 $+q$、$-q$ 间的距离由最大逐渐变为零，然后又变化为反方向的配置过程中，其周围电场线分布和电场的变化情况．当两电荷相互靠近时，电场线逐渐向外扩展，如图 11-6b 所示；当两电荷在平衡位置重合时，电场线闭合，如图 11-6c 所示；当电荷继续运动时，在十分靠近电偶极子的区域，电场线起于正电荷，止于负电荷；而在较远区域，电场线形成闭合曲线，如图 11-6d 所示，这样的区域称为辐射区．在辐射区，电场是涡旋场．按照麦克斯韦理论，涡旋电场在其周围产生变化磁场（见图 11-4），而变化磁场又感生变化电场，变化电场与变化磁场交替感生，从而形成由近及远的电磁波．

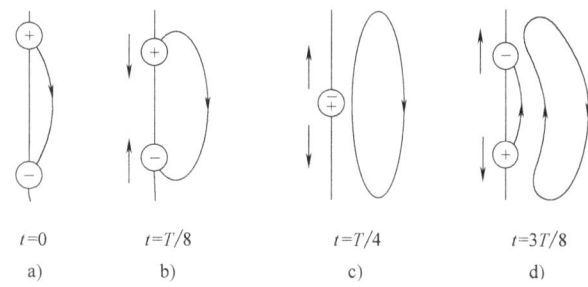

图 11-6　振荡电偶极子附近电场线变化过程的示意图

这种振荡电偶极子所激发的电场和磁场，其波函数可由麦克斯韦方程计算出来，这里我们只给出计算结果（推导从略）．设振荡电偶极子位于原点 O，其电矩 p 的方向为竖直向上（见图 11-7），周围介质的电容率和磁导率分别为 ε 和 μ．P 为空间任意一点，其位矢 r 与竖直方向成 θ 角．计算结果表明，点 P 的电场强度 E、磁场强度 H 和位矢 r 这三个矢量互相垂直，并组成一个右旋系统，即矢积 $E\times H$ 的方向与 r 的方向一致．振荡电偶极子辐射出去的电磁波是球面波，其 E 和 H 的大小与 r 成反比，与 $\sin\theta$ 成正比．但如果点 P 离电偶极子的距离足够远，在点 P 附近所考察的空间范围与 r 相比甚小，则电场强度 E 和磁场强度 H 的数值分别为

$$E=E_0\cos\omega\left(t-\frac{r}{v}\right) \tag{11-6a}$$

$$H=H_0\cos\omega\left(t-\frac{r}{v}\right) \tag{11-6b}$$

式中，$v=\dfrac{1}{\sqrt{\varepsilon\mu}}$ 为电磁波的波速．上式就是**平面电磁波的波函数**．所以在远离电偶极子的空间，**当所考察的空间范围与 r 相比甚小时，则电磁波就可视作平面波**（见图 11-8）．

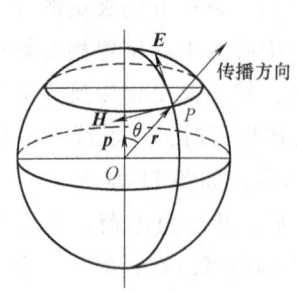

图 11-7 振荡电偶极子的辐射

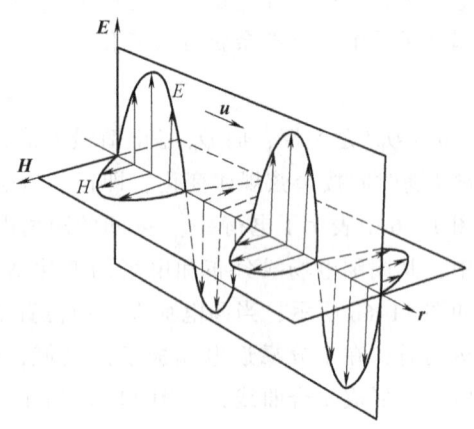

图 11-8 平面电磁波

章前问题 1 解答

微波是一种电磁波，其特点是碰到金属就会发生反射，金属根本就没有办法吸收或传导它．但微波可以穿过玻璃、陶瓷、塑料等绝缘材料，并且不会消耗能量．而对于含有水分的食物，微波非但不能透过食物，其能量反而会被食物吸收．

微波炉正是利用微波的这些特点制成的．微波炉的外壳用不锈钢等金属材料制成，可以阻挡微波从炉内逃出，以免影响人们的身体健康．装食物的容器则用绝热材料制成．微波炉的心脏是磁控管，它是微波发生器，能够产生频率为 $2.45×10^9$Hz 的微波．这种微波能穿透食物达 5cm 深，并使食物中的水分子也随之运动，剧烈的运动产生了大量的热能，于是食物被"煮"熟了．微波炉烹饪热量直接深入食物内部，烹饪速度是其他炉灶的 4～10 倍，热效率高达 80% 以上．

问题拓展

家用微波炉使用的微波频率为 2.45GHz．它的加热是不均匀的，请问微波炉内的热点之间的间距是多远？

11.2.3 电磁波的性质

电磁波的性质可综述如下：

(1) 在任一给定点上，**E** 和 **H** 都在做周期性变化，**两者的振动相位相同**，即它们同时达到最大值，也同时达到零（见图 11-8）．

(2) **E** 和 **H** 相互垂直，而且都与传播方向 u 垂直，因而**电磁波是横波**．**E**、**H**、**u** 三者互相垂直，且构成右手螺旋关系：若右手四指由 **E** 矢量方向转过 90° 而至 **H** 矢量方向，则大拇指伸直方向就是电磁波的传播方向，即波速 u 的方向（见图 11-8）．**E** 和 **H** 只在各自所处的平面内振动的这一特性，称为**横波的偏振性**．

(3) 空间任一点上的 **E** 和 **H**，在数值上有如下的确定关系：
$$\sqrt{\varepsilon}E = \sqrt{\mu}H \tag{11-7}$$

(4) 电磁波传播速度的大小 u 取决于介质的电容率 ε 和磁导率 μ. 由于真空的电容率 $\varepsilon_0 = 8.854 \times 10^{-12} \text{F} \cdot \text{m}^{-1}$，真空的磁导率 $\mu_0 = 4\pi \times 10^{-7} \text{H} \cdot \text{m}^{-1}$，电磁波在真空中的传播速度通常用 c 表示，则

$$c = \frac{1}{\sqrt{\varepsilon_0\mu_0}} = \frac{1}{\sqrt{8.854 \times 10^{-12} \times 4\pi \times 10^{-7}}} \text{m} \cdot \text{s}^{-1} = 2.998 \times 10^8 \text{m} \cdot \text{s}^{-1}$$
$$\approx 3.0 \times 10^8 \text{m} \cdot \text{s}^{-1} \tag{11-8}$$

这一结果与目前用气体激光测定的真空中光速的最精确实验值 $c = 299792458 \text{m} \cdot \text{s}^{-1}$ 非常接近. 历史上，麦克斯韦曾认为这不是一种巧合；并以此作为依据提出光的电磁理论，预言**光从本质上来说，乃是一种电磁波**. 这种光的电磁理论后来果然被大量实验所证实.

(5) 电场和磁场的变化都是同周期的（见图 11-8），以 λ、T 和 ν 分别表示电磁波的波长、周期和频率，则

$$\lambda = uT = \frac{u}{\nu} \tag{11-9}$$

式中，u 为电磁波的波速大小，ν 和 T 都是由电磁波的辐射源所决定的. 显然，辐射源就是振荡电偶极子.

(6) 振荡电偶极子所辐射的电磁波频率等于该电偶极子的振动频率. 理论表明，**E** 和 **H** 的振幅都和此频率的平方成正比，这说明短波波源比长波波源更易于辐射.

11.2.4 电磁波的能量

电磁波的传播就是变化电磁场的传播. 由于电场和磁场皆拥有能量，所以随着电磁波的传播，也就有能量的传播. 这种以电磁波传播出去的能量，叫作**辐射能**. 由先前讲解的电场和磁场的能量公式，可以得到电磁波的能量密度为

$$w = w_e + w_m = \frac{1}{2}(\varepsilon E^2 + \mu H^2)$$

由于上述能量取决于 **E** 和 **H**，所以辐射能量的传播速度就是电磁波的传播速度 u，辐射能的传播方向就是电磁波的传播方向. 因而可以得到电磁波的能流密度

$$S = wu = (w_e + w_m)u = \frac{1}{2}(\varepsilon E^2 + \mu H^2)\frac{1}{\sqrt{\varepsilon\mu}}$$

将式（11-7）代入上式得

$$S = \frac{1}{2\sqrt{\varepsilon\mu}}(\sqrt{\varepsilon}E\sqrt{\mu}H + \sqrt{\mu}H\sqrt{\varepsilon}E) = EH \tag{11-10}$$

由于 **E** 和 **H** 两者互相垂直，并且都垂直于传播方向，三者构成右手螺旋关系；而辐射能的传播方向就是电磁波的传播方向，所以上式又可进一步表示成矢量式，即

$$\boldsymbol{S} = \boldsymbol{E} \times \boldsymbol{H} \tag{11-11}$$

式中，S 为电磁波的能流密度矢量，亦称**坡印亭矢量**. 上式中三个矢量 E、H 和 S 构成右手螺旋关系，如图 11-9 所示.

可以证明（从略），平面电磁波能流密度的平均值为

$$\bar{S} = \frac{1}{2} E_0 H_0 \qquad (11\text{-}12)$$

式中，E_0 和 H_0 分别是电场强度和磁场强度的振幅.

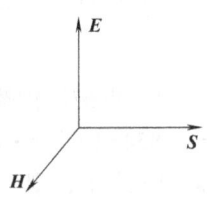

图 11-9 E、H 和 S 构成右手螺旋关系

振荡电偶极子在单位时间内辐射出去的能量，称为**辐射功率**. 辐射功率在一个周期内的平均值称为**平均辐射功率**，其值为

$$\bar{P} = \frac{\mu p_0^2 \omega^4}{12\pi u} \qquad (11\text{-}13)$$

由此可知，振荡电偶极子的辐射功率与频率的四次方成正比，即辐射能量随着频率的增高而迅速增大. 普通发电厂发出的交流电的频率仅为 50Hz，因此，电路中辐射出来的电磁波能量可忽略不计. 事实上，只有频率大于 10^5 Hz（例如无线电台使用的频率）时，才有显著的辐射. 所以在辐射电磁波时，必须设法增高其频率.

场是物质存在的一种形式. 电磁场除具有能量外，还具有动量和质量，因此，电磁波除具有能量外，还具有动量和质量，所以对被照射的物体能够产生压力，称为**辐射压**或**光压**. 光压的存在已被实验所证实.

章前问题 2 解答

电视、广播、无线通信等都是利用电磁波来传播的. 无线广播电台先将声音信号转变为电信号，然后将这些信号通过高频振荡的电磁波向周围空间传播. 人们利用收音机接收到这些电磁波后，收音机再将其中的电信号还原成声音信号就听到电台播出的声音了. 而电视台除了要像无线广播那样处理声音信号外，还要将图像的光信号转变为电信号，然后再将这两种信号一起通过高频振荡的电磁波向周围空间传播. 电视机接收到这些电磁波后再将其中的电信号还原成声音信号和光信号，人们就可以看到图像并听到声音。

应用拓展

通过天线发出的电磁波可以追踪一竖直向上飞行的火箭的飞行速度. 如应用拓展图所示，已知火箭发射台 P 与雷达 R 相距为 l，当雷达的天线以角速度 ω 连续转动时，设某时刻 t，火箭上升到离雷达的高度为 h（$h = l\tan\theta$），在天线仰角为 θ 时，$\omega = \mathrm{d}\theta/\mathrm{d}t$，则火箭的飞行速度为

$$v = \frac{\mathrm{d}h}{\mathrm{d}t} = l\sec^2\theta \frac{\mathrm{d}\theta}{\mathrm{d}t} = l\omega\sec^2\theta$$

问题 11-4　(1) 什么叫电磁波？它与机械波在本质上有什么区别？试述电磁波的产生方法及其在传播时的一些性质.
(2) 为什么当半导体收音机磁性天线的磁棒（棒上绕有线圈）

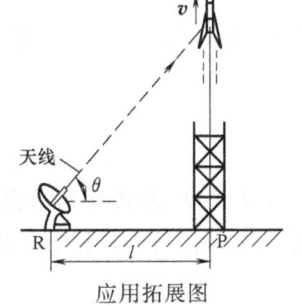

应用拓展图

和电磁波的磁场强度 H 方向平行时,收到的信号最强?

问题 11-5 普通的 LC 振荡电路为什么不能用来有效地发射电磁波,要有效地把电磁波的能量发送出去,振荡电路必须具备什么条件?

问题 11-6 (1) 振荡电偶极子辐射的电磁波在什么情况下可以视为平面波?为什么说电磁波是一种横波?(2) 试述坡印亭矢量及其意义.(3) 为什么振荡频率越高,电磁波的能量越容易辐射出去?

11.2.5 电磁波谱

电磁波的范围很广,其频率和波长没有明显的上下限.从无线电波、红外线、可见光、紫外线到 X 射线、γ 射线等都是电磁波.所有这些电磁波在本质上完全相同,只是由于频率和波长的差异而使它们在来源、探测方法以及与物质相互作用的方式等方面具有各自的特性.由于电磁波在真空中的传播速度 c 是一常量,而 $c = \lambda \nu$,所以频率不同的电磁波在真空中具有不同的波长.频率越高,相应的波长就越短.因此,可以按照它们的波长或频率的次序排列成谱,称为**电磁波谱**(见图 11-10).图中指出了各种波长范围(波段)的电磁波名称.

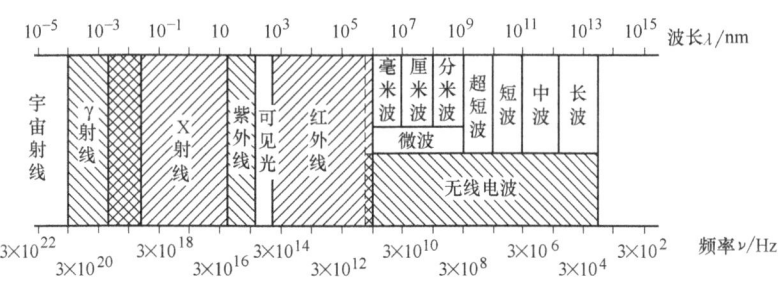

图 11-10 电磁波谱

无线电波 无线电波的波长范围为 $10^5 \sim 10^{-3}$ m,它在电磁波谱中波长最长.无线电波是由电磁振荡电路通过天线发射出去的.无线电波按波长的不同被分为长波(3km 以上)、中波(3km~200m)、短波(200~10m)、超短波(10~1m)、微波($1 \sim 10^{-3}$ m)等波段.无线电波主要用在导航、无线电广播、电视、雷达等方面.如:广播电台使用的中波频率范围(频段)为 535~1605kHz;短波频率为 2~24MHz;电视台使用的频率在超短波段;用来测定物体位置的雷达、无线电导航等使用的频率在微波段.

红外线、可见光和紫外线都是炽热物体中原子受到激发而产生的电磁辐射,统称为**热辐射**或**光辐射**.

红外线 其波长在 $760 \sim 10^6$ nm.它的显著特性是热效应大,能透过浓雾或较厚大气层而不易被吸收.平时我们站在封闭的火炉的周围,虽看不见光,却能明显地感受到热,这种热来源于火炉辐射的红外线.红外线在生产和军事上有着重要应用,例如用红外线烘干油漆,干得快、质量好;由于坦克、舰艇、人体等一切物体都在不停地发射红外线,并且不同的物体所辐射的红外线波长和强度亦不同,故而在夜间或浓雾天气可通过红外线探测器来接收信号,并用电子仪器对接收到的信号进行处理,或用对红外线敏感的照相底片进行远距离摄影和高空摄影,从而就可察知物体的形状和特征. 这种技术称为**红外线遥感**. 利用遥感技术可在飞机或卫星上勘测地形、地貌,监测森林火情和环境污染,预报台风、寒潮,寻找水源或地热等. 此外,根据物质对红外线的吸收情况,可以研究物质的分子结构.

可见光 其波长范围在 400~760nm,在电磁波谱中只占很小的一部分波段,这些电磁波能使人眼产生光的感觉,所以叫作**光波**. 人眼所看见的不同颜色的光,实际上是不同波长的电磁波,白光则是各种颜色(红、橙、黄、绿、青、蓝、紫)的可见光的混合. 波长最长的可见光是红光($\lambda = 630 \sim 760$nm),波长最短的光是紫光($\lambda = 400 \sim 430$nm).

紫外线 波长范围在 300~40nm. 紫外线有显著的生理作用,杀菌能力较强. 许多昆虫对紫外线特别敏感,农村常用紫外灯(黑光灯)来诱捕害虫. 紫外线还会引起强烈的化学作用,使照相底片感光. 另一方面,波长为 290~320nm 的紫外线,对生命有害,易诱发皮肤癌,使白内障疾病患者增多. 由于臭氧对太阳辐射中的上述紫外线的吸收能力极强,吸收率可达 95% 以上. 近数十年来,地球上空的臭氧层被严重破坏,导致到达地球表面的紫外辐射增加. 因此,为了减小和避免太阳紫外线的损害,中午宜尽量减少在阳光下的停留时间,并配戴墨镜,用遮阳伞,甚至穿防护服. 由于紫外线很容易被长波的红色可见光吸收,从而滤掉太阳光中较多的紫外线,因此,穿红色衣服,也可减轻皮肤受紫外线的伤害.

X 射线 又称伦琴射线(俗称 X 光),其波长范围在 $10 \sim 10^{-3}$nm,是由高速电子流轰击原子中的内层电子而产生的电磁辐射. 具有很强的穿透能力,能使照相底片感光、使荧光屏发光. 这种性质,在医疗上广泛应用于透视和病理检查;在工业上常用于检查金属部件的内部缺陷和分析晶体结构.

γ 射线 波长在 $3 \times 10^{-1} \sim 10^{-5}$nm 以致更短. 它来自宇宙射线或是由某些放射性元素在衰变过程中放射出来的,它的穿透能力比 X 射线更强。γ 射线在工业上常用于金属探伤等,医疗上用来杀灭癌细胞,还可帮助人们研究原子核的结构. 此外,原子武器爆炸时,有大量 γ 射线放出,它是原子武器的主要杀伤因素之一.

问题 11-7 何谓电磁波谱?各种电磁波的特性如何?

问题 11-8 试按波长的长短将下列电磁波排列起来:可见光、红外线、无线电波、γ 射线、紫外线、X 射线.

本章小结

本章重点研究了电磁振荡规律及特征,给出了振荡电路中电容器上的电量满足的振动方程,讨论了电磁波的产生与传播. 具体思路如下:

首先,将电磁振荡与弹簧振子振动进行比较,给出了振荡电路中电容器上的电量所满足的振动方程,以及电量与电流的简谐运动表达式. 然后,研究了电磁波的产生与传播过程. 最后,研究了电磁波的性质、能量,以及电磁波谱.

本章主要内容框图:

第11章 电磁振荡 电磁波

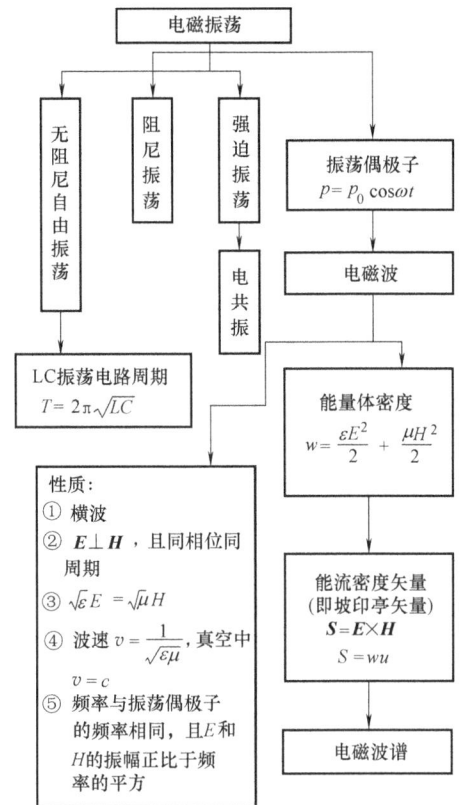

习 题 11

11-1 若收音机的调谐电路所用线圈的自感为 260μH,要想收到 535~1605kHz 的广播,问与线圈相连接的电容的最大值和最小值各为多少?(答: $C_{\max}=340\text{pF}$, $C_{\min}=37.8\text{pF}$)

11-2 在一个 LC 振荡电路中,若电容器两极板上的交变电压为 $V=50\cos(10^4\pi t)$V,电容 $C=1.0\times 10^{-7}$F,电路中的电阻可忽略不计,求:(1)振荡的周期;(2)电路的自感;(3)电路中电流随时间变化的规律.

[答:(1) $T=2.0\times 10^{-4}$s;(2) $L=1.01\times 10^{-2}$H;(3) $I=-0.157\sin(10^4\pi t)$ (A)]

11-3 一个 LC 电路由自感为 1.015H 的线圈和电容为 0.0250×10^{-6}F 的电容器构成,线路中的电阻可忽略不计,倘若在开始时测得此 LC 电路中的电容器带电荷 2.50×10^{-6}C.(1)写出电路接通后,电容器两极板间的电势差和电流随时间变化的表达式;(2)写出电场能量、磁场能量及总能量随时间而变化的表达式;(3)求在 T/8、T/4 及 T/2 时,电容器两极板间的电势差、电路中的电流、电场能量、磁场能量和总能量.

[答:(1) $U_{ab}=100\cos(6.3\times 10^3 t)$ (V), $i=1.575\times 10^{-2}\sin(6.3\times 10^3 t)$ (A);(2) $W_e=1.25\times 10^{-4}\cos^2(6.3\times 10^3 t)$ (J), $W_m=1.25\times 10^{-4}\sin^2(6.3\times 10^3 t)$ (J), $W=1.25\times 10^{-4}$J;(3)电势差分别为 70.7V、0、-100V,电流分别为 -1.11×10^{-2}A、-1.58×10^{-2}A、0,电场能量分别为 0.625×10^{-4}J、0、1.25×10^{-4}J,磁场能量分别为 0.625×10^{-4}J、1.25×10^{-4}J、0,总能量为 1.25×10^{-4}J]

11-4 用一个电容可在 10.0~360.0pF 范围内变化的电容器和一个自感线圈并联组成无线电收音机的调谐电路.(1)求该调谐电路可以接收的最大频率和最小频率之比;(2)为了使调谐频率能在 5.0×10^5~1.5×10^6Hz 的范围内,需在原电容器上并联一个多大电容?此电路选用的自感应为多大?[答:(1) 6.0;

(2) 33.75pF, 2.58×10^{-4}H]

11-5 已知电磁波在空气中的波速为 $3.0\times10^8\text{m}\cdot\text{s}^{-1}$，试计算下列各种频率的电磁波在空气中的波长：(1) 一广播电台使用的一种频率是 990kHz；(2) 我国第一颗人造地球卫星播放《东方红》乐曲的无线电波的频率是 20.009MHz；(3) 一电视台某频道的图像载波频率是 184.25MHz. [答：(1) 303.03m；(2) 14.99m；(3) 1.63m]

11-6 一平面电磁波在真空中传播，电场强度振幅为 $E_0=100\times10^{-6}\text{V}\cdot\text{m}^{-1}$，求磁场强度振幅及电磁波的强度（即能流密度）. (答：$2.65\times10^{-7}\text{A}\cdot\text{m}^{-1}$；$1.33\times10^{-11}\text{W}\cdot\text{m}^{-2}$)

本章"问题"选解

问题 11-2

解 有问题 11-2 解答图 a~d 所示的四种组合的 LC 电路，按题设，其谐振频率分别为

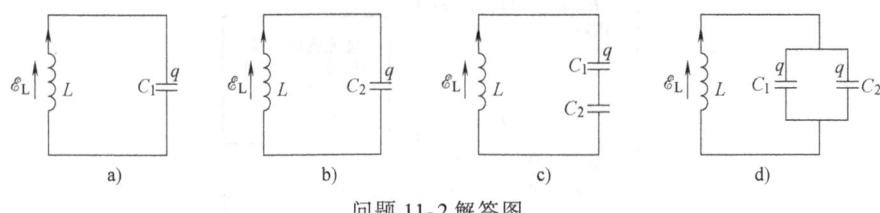

问题 11-2 解答图

图 a：$\nu_1 = \dfrac{1}{2\pi}\sqrt{\dfrac{1}{LC_1}} = \dfrac{1}{2\pi}\sqrt{\dfrac{1}{10\times10^{-3}\times5\times10^{-6}}}\text{Hz} = 7.12\times10^2\text{Hz}$

图 b：$\nu_2 = \dfrac{1}{2\pi}\sqrt{\dfrac{1}{LC_2}} = \dfrac{1}{2\pi}\sqrt{\dfrac{1}{10\times10^{-3}\times2\times10^{-6}}}\text{Hz} = 3.56\times10^3\text{Hz}$

图 c：$\nu_3 = \dfrac{1}{2\pi}\sqrt{\dfrac{1}{L\left(\dfrac{C_1 C_2}{C_1+C_2}\right)}} = \dfrac{1}{2\pi}\sqrt{\dfrac{C_1+C_2}{LC_1 C_2}} = \dfrac{1}{2\pi}\sqrt{\dfrac{(5+2)\times10^{-6}}{10\times10^{-3}\times5\times2\times10^{-12}}}\text{Hz}$

$= 1.33\times10^3\text{Hz}$

图 d：$\nu_4 = \dfrac{1}{2\pi}\sqrt{\dfrac{1}{L(C_1+C_2)}} = \dfrac{1}{2\pi}\sqrt{\dfrac{1}{10\times10^{-3}\times(2+5)\times10^{-6}}}\text{Hz} = 6.02\times10^2\text{Hz}$

问题 11-4

答 只对问题（2）简要说明如下：因为这时磁棒上的线圈平面与磁场强度 **H** 相垂直，天线回路中的感生电流为最大，所以收到的信号最强.

"问题拓展"参考答案

解 设想微波从微波炉内的一个壁上发射，传播到相对的壁后又反射回来，在炉内空间发生干涉形成驻波. 该驻波的波腹的位置就是热点. 相邻波腹间的距离是半个波长

$$d = \frac{\lambda}{2} = \frac{1}{2}\frac{c}{f} = 6.12\text{cm}$$

专题选讲 Ⅶ 光纤通信

1. 概述

光纤是光导纤维的简称,光纤通信是指以光纤为传送介质,以光为信息载体,从而有效传输信息,它是一种利用激光传输信息的通信方式. 光纤通信具有传输容量大、传输距离远、抗干扰能力强、保密性好等优点,已经成为当今最主要的有线通信方式.

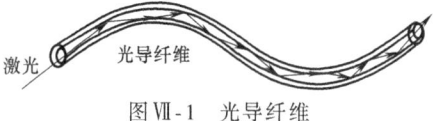

图Ⅶ-1 光导纤维

从原理上看,它利用了激光在光导纤维中的全反射原理进行传输,因此光纤的能耗少. 光纤由纤芯、包层以及外层的保护涂层组成. 纤芯直径一般只有几十微米或几微米,纤芯外包裹一层折射率比纤芯低的包层,纤芯和包层的折射率不同,可实现光信号在纤芯内的全反射,如图Ⅶ-1所示.

光纤通信系统由三部分构成,包括发射系统、接收系统和传输系统. 发射系统将要发送的信息转换成电流信号,再将这种电信号转化为光信号通过传感器传输至传输系统. 发射系统通常采用半导体激光器或发光二极管作为光源,把电信号转换成光信号并将其耦合进光纤中进行传输. 传输系统发送给接收系统. 接收系统使用光检测器,如光电二极管或雪崩光电二极管等,在接收了光能的能量信号后,将其转换为电流,经调制又变成了原来的源信息,最终完成信息的传输. 光纤通信的传输系统采用的就是光纤缆线.

光纤通信与其他通信方式的差异主要有两点:一是以光作为信息载体;二是用光纤作为传输线.

因此具备以下突出的优点:

(1) 通信容量大 与微波技术相比,光纤通信技术传输的信号容量更大,光波频率更高. 光纤传输带宽要远远大于电缆和铜缆. 一般来说,普通的光纤通信传输带宽在50000GHz左右,性能良好的光纤通信宽带能够进一步拓展容量. 但是对于单波长的光纤通信,因为其终端设备存在电子瓶颈而不能完全发挥光纤带宽的优势,所以通常都会辅助采用其他方式来帮助增大光纤的容量. 但还远没有达到光纤传送速率的最佳水平,因此,光纤传送的速度和容量等方面还有比较大的发展空间.

(2) 能耗低成本少 光纤通信所使用的材料是石英材料,和其他材料比较,石英材料所形成的损耗很低. 尤其是对中长距离的传输过程更具有优势,从而保障了信号传输的质量,利于提升网速. 现如今的光纤通信估算损耗已经降低到0.1dB/km,和传统通信技术0.54dB/km的损耗相比,具有显著优势. 此外,以石英为材质的光纤传输其最长距离达到了350km,是传统通信所不能比拟的. 对于远程传输途径,光纤传输系统可以延伸中继间距,降低中继站数目,发挥出降低光纤传输技术投资的作用.

(3) 抗干扰能力强 石英光纤是绝缘体材质,所以在使用过程中对自然界的电磁干扰抵抗能力上占有绝对优势. 在安装过程中不必刻意躲避高压电线,可与之保持平行架设状态,同时亦可以与其他电缆之间进行合并.光纤通信的出现是电信事业的一次重大变革,光纤通信的运营使数据传输质量得到了显著优化.现行的光纤通信技术是 4G 通信系统,在国内很多领域均有普遍的使用,特别是在生产与服务领域,均对该项技术有较高的认同度.

2. 应用

(1) 电力通信中的应用

当前,全世界都迈向了电气化时代,电气已经成为人类生活中不可或缺的重要部分.在全部的生活能源中,电力占据的比重已超过 70%.近些年,随着社会经济及社会文明的不断发展,国内的电力供应压力也在逐渐增加.以往的电网中,重点采取远程通信与人力调节相统一的通信模式,而在当下电网规模逐渐扩大的环境下,该种传统的模式显得十分落后.为了符合社会发展的要求,必须要优化与改进电网内的网络通信系统.光纤通信具备传输量大、传输损耗小、抗干扰能力强、成本低、占用范围小等特征,这就决定了该技术在电力通信系统中将具有广泛应用.电力系统使用特种光缆,可满足电力通信中业务多、资源丰富和可靠性要求高的需求.电力系统中大规模使用专业网络建设,通过光纤入户技术,降低电力损耗,提高输送电和用电效率,并且为电力系统的稳定运行提供技术支持,提高用电便利性.

(2) 广电传媒领域的应用

广电传媒行业是一个以收集声音、视频、文字等信息资料为基础,并将这些资料以声音、图像形式输出为主的行业.广播电视对信号传递速度和质量的要求不断提高,而光纤通信可为广播电视的信息传输提供技术基础,并使得广播电视信号在远距离传输中的稳定性得到保证.面对竞争激烈的行业形势与受众群体不断提出的高要求,广电传媒企业为提高声音与画面的质量,提高信号传输速率与传输稳定性、可靠性,保障信号的长距离、低损耗传输,就需要使用光纤通信来建设无线网络.广播电视目前较多使用现场连线直播、转播等方式提供服务,光纤通信凭借其通信容量大、频带宽、抗强电干扰与防信号衰减等性能,最大限度地避免了广播电视节目播放中的信息延迟问题,同时提高了音频、视频内容的通信质量,使广播电视发展和服务水平不断得到提升.目前,光纤通信已在广电传媒领域得到了广泛的应用,尤其是一些大型的广电传媒企业已建成了以光纤通信为主的一套完整设备设施,显著提高了声音、画面的质量,可以输出优质的音视频文件.

(3) 通信互联网领域的应用

目前,人们的生活已经离不开互联网,互联网的使用令居民的生活质量取得了极大的提高,普通居民可以在家里利用互联网完成很多操作,包含网上采购、物流订单、网银处理等,大大便利了居民的生活.而互联网行业中包含的数据传输是最多的.网络数据传递需要信号传输正确,并且客户对网络传输速度的要求也在不断提高.光纤通信容量大、频带宽、抗干扰能力强,完全符合网络数据传输的要求.并且在网络内光信号朝着信息信号转变时,最终获得的信号更为清楚,与以往的通信模式相比有明显的进步.

(4) 军事领域的应用

信息化的发展使得战争的形式也发生了变化,当前部队信息化建设不断提高,为了适应未来信息战争的发展需求,光纤通信技术普遍应用在军事领域作战技术中.现代的战争装备向着信息化的方向不断进步,所以各国对于光纤技术在军事上的应用尤为重视.光纤通信自身的超大容量,还能够进行数据的大量传输,提高了信息传输的效率;光纤通信可以减少信号外泄率,可以防止信息被截取和窃听,高保密性的特征适合军事通信领域;另外光纤还具有强大的抗干扰性,可以对敌方的信息干扰进行有效的抵抗,具备稳定与可靠性,光纤通信在军事的战术、布局以及通信等方面具有强大的优势,当前在世界各国军事中的使用都十分普遍.

3. 光纤通信的发展趋势

(1) 波分复用

在光纤的带宽资源中,当前的利用率还较低,待开发的带宽资源还有 99% 以上. 光纤的信息量可以通过多个发送波长的错开方式,进行同一级的光纤传送进行极度扩充,这也是波分复用的基本思路和理念.

波分复用保证不同波长和频率的光波信号在传输过程中的独立,采用一个传输通道对多个信号进行传输,实现了一根光纤、多路传输,从而满足高速率信号传输的需求,提高光纤通信传递速度与数据容量.

目前电信运营商面临着前所未有的流量激增压力,网络效率跟不上用户需求,如何做到保障基础网络的大带宽、低时延成了亟待解决的问题. 技术公司提出的 5G 波分复用技术将进一步下沉到城域网和接入网,从而实现低成本带宽扩容. 另外,光纤、光缆以及波分复用设备(及其上下游,芯片,模块,板卡等)已经成为增速最快的领域,通过数据中心之间的互联和网络虚拟化将保证云资源的充分利用和快速调度.

(2) 光孤子通信

光纤传输需要有一定容量,才能保证信号传输的质量. 而影响容量的主要因素有传输距离、损耗、色散等. 一般来说,信号传输距离越长,光纤损耗就越大. 而色散使得不同频率的光波传送产生差异,甚至导致失真,影响到客户使用感受.

光孤子是一种特殊的超短光脉冲,它能够提高通信的传输距离,保证无错误码. 光孤子传输系统中的孤子对外部干扰具有自然的抵御性,可以有效地应对色散给光纤传输容量及数据传输距离造成的影响,从而提升数据传输的质量. 当前,光孤子通信系统还有很多技术难题尚待解决,但是,在人们的持续开发下,孤子科技必定会实现大容量、远程和高速全光通信,特别是在今后的海底光缆铺设中具有较好的应用前景,能够解决当前远距离传输中信号衰减的问题,具有很大的发展空间.

(3) 全光通信网络建设

全光通信网络(以下简称全光网络)系统建设是光纤通信今后发展的重要方向. 全光网络指的是借助光节点来取代原本的电节点,传递的信号都以光信号的模式存在,并得到传递与交换. 也就是从传输源节点到终端所涉及的信息交换和传输环节都只有光编码,电处理不再参与传输. 目前,国内部分光网络系统虽然在各个节点之间已基本实现全光网络化,但网络节点处使用的依旧是电器件而非光器件,这使得光纤通信线路的总容量受到了很大程度的限制,还没有实现真正意义上的全光网络.

对于网络节点处依旧使用电器件的问题,伴随光纤通信技术的不断发展,研发高集成的光器件来代替电器件是解决该问题的有效方法,也是光纤通信网络未来研发的重点内容之一. 只有研发高集成化的光器件,光纤通信网络传输速率才能得到有效提高,才能改善现有光器件的工作性能，满足信息传输需求．也可以采用波分复用技术，将其应用到光纤通信网路当中以实现对光波通信容量的有效拓展，实现空分与时分的多址复用，进而实现多波长通道的建立．值得注意的是，在实际应用过程中，为避免因四波混合现象发生而影响信号的传输，造成串音干扰，降低波分复用技术的应用效果，就需要研发集超大容量、超速、抗四波混合影响等多种优点于一身的新型光纤，确保波分复用技术可以正常发挥作用，为多波长通道的建立提供技术支撑．

随着现代科技的发展，光纤通信系统还将朝着更大容量、速率更快、投资更少的趋势发展，应用于更广泛的领域，为人们的生产生活提供支撑．

光学篇

　　光是地球上几乎所有生命生存的基础条件. 例如, 植物通过光合作用将光能转换成化学能. 此外, 光还是人们认知周围物体以及外部世界的主要手段, 如人们看到的蓝天、绿草、鲜花, 等等. 如今, 光和人类的生存关系越来越密切: 人们通过光盘看电影; 超市中的绝大部分商品都贴有激光防伪商标, 每件商品上都贴有条形码, 以记录商品的价格等信息; 人们通过光纤网络购物、传递信息、查阅资料等. 可见, 光对人类的社会发展及技术进步都起着至关重要的作用, 以致自古以来人们就怀着极大的兴趣去探究光所遵从的规律.

　　研究光所遵从的规律的学科称为光学. 根据光所表现出的不同现象将光学分为几何光学、物理光学（包括波动光学、量子光学）、现代光学. 本书只介绍几何光学和波动光学.

第12章 几何光学

章前问题？

问题1：我们看两张照片：左图为一名学生在做演示，请问他真的在空中飞起来了吗？右图为模型飞机在两个镜子之间时所拍摄的照片，你能数出一共有几个像吗？你能解释这其中的奥秘吗？你能做得比他们更奇妙吗？

问题2：有时候在炎热的道路上驾车时，会看到远处的道路似乎是湿乎乎的，但当到达那里时，却干燥得像沙漠一样！为什么会这样呢？是错觉吗？你能解释吗？

若要弄清上述问题及照片的奥秘，必须先了解光所遵从的几何学规律，即几何光学.

光学的起源和力学、热学一样，可以追溯到数千年前. 我国古代的典籍《墨经》中就记载了许多光学现象，例如投影、小孔成像、平面镜、凸面镜、凹面镜等. 欧几里得（Euclid，约前330—前260）的著作《反射光学》研究了光的反射. 阿拉伯学者阿勒·哈增（Al-Hazen，965—1038）写过一部《光学全书》，讨论了许多光学现象. 光学真正形成一门科学，应该从建立反射定律和折射定律的时代开始，正是这两个定律奠定了几何光学的基础.

12.1 几何光学的基本定律

几何光学是以光的直线传播为基础，运用几何学的方法，研究光在透明介质中的传播规律.

12.1.1 直线传播定律

光的**直线传播定律**：光在均匀介质中沿直线传播. 光的这种沿着直线传播的规律是我们在日常生活中司空见惯的现象. 如清晨, 在山谷中或者森林里, 阳光透过浓密的树丛洒向大地, 这时人们会看到直线辐射状的光芒, 并把直线辐射状的光芒称为光束, 如图 12-1 所示. 再如在匣子的前壁上钻一个针孔 O（见图 12-2），由光源 S 发出的光线穿过针孔 O 在匣后壁的毛玻璃屏幕上显示出清晰的倒立实像. 这就是光的直线传播结果. 针孔匣子相当于一架简单的照相机, 而针孔就是镜头. 此外, 当光在传播方向遇到障碍物时, 在障碍物背后会留下此物的阴影, 如图 12-3 所示的手影.

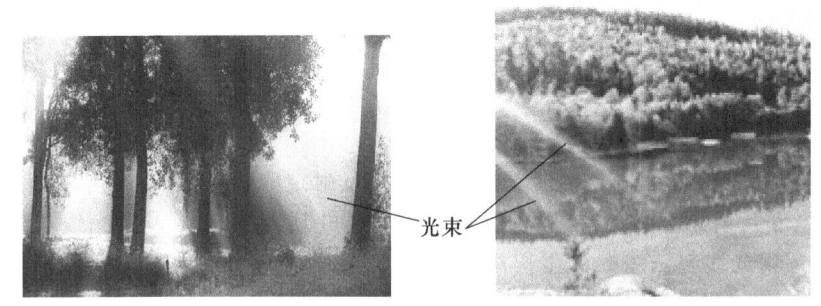

图 12-1 光的直线传播

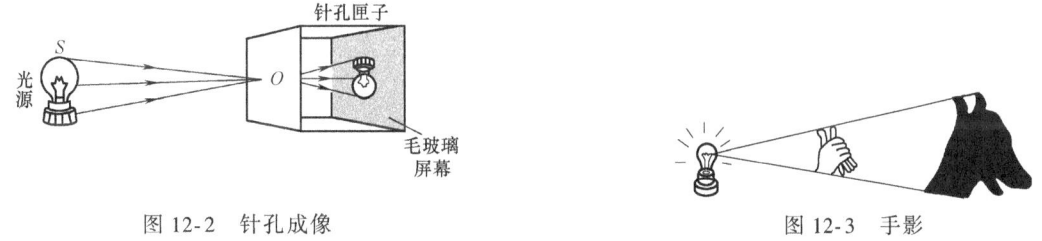

图 12-2 针孔成像　　　　　　　　　　　　图 12-3 手影

在描述机械波时, 我们曾用波线来表示其传播方向, 同样我们可以用光线来表示光的传播方向（如图 12-2 中的 SO 等有向线段）.

自不同方向或不同物体发出的光线相遇时, 仍按照原来的方向继续前进, 好像没有遇到过其他光线一样, 互不影响. 这就是光的**独立传播原理**.

12.1.2 反射定律

我们所看到的物体大多数是不会自己发光的. 我们之所以能看到这些物体, 是因为它们再次发射了主光源（如太阳或灯）或二级光源（如照亮的天空等）照射到它们表面的光. 我们把光又返回到它传播而来的介质中的过程称为光的反射. 发生在光滑表面的反射的特点是：一组平行光入射到界面时, 反射光束中各条光线也相互平行, 这种反射称为**镜面反射**, 如图 12-4a 所示. 镜子⊖能产生优质的镜面反射. 人在镜子面前能看到自己的影像, 就是镜

⊖ 这里涉及的镜子, 都是指平面镜.

面反射的结果. 如果反射界面粗糙, 则反射光线可以向各个方向反射, 这种反射称为**漫反射**, 如图 12-4b 所示. 我们之所以能看到不发光的墙、纸上的文字和图像就是漫反射的结果.

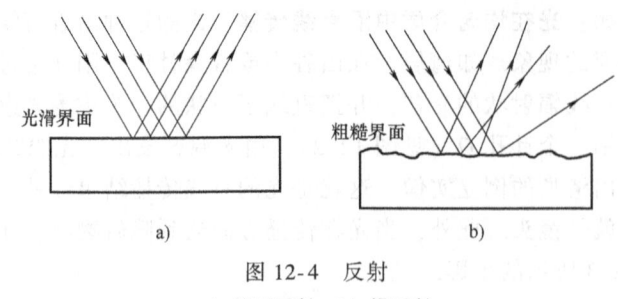

图 12-4　反射
a) 镜面反射　b) 漫反射

光在介质中传播时, 若遇另一种介质, 则在两种介质的分界面上, 一部分光线发生**反射**, 另一部分光线透入另一种介质, 称为**透射**. 能够被光线所透射的介质, 称为**透明介质**, 如水、玻璃等.

光在两种介质的分界面上发生反射时遵守光的**反射定律**（见图 12-5）: 入射光线 SI、反射面的法线 e_n 和反射光线 IR 三者处在同一平面上, 并且入射角（入射光线与法线的夹角）i 和反射角（反射光线与法线的夹角）i' 相等. 即

$$i = i' \tag{12-1}$$

入射和反射光线的光路是可逆的, 即如果光线逆着反射光线沿 RI 方向射向分界面时, 则必将逆着原来的入射光线方向 IS 反射. 这就是**光路可逆性原理**. 这条原理在几何光学中普遍适用. 无论是镜面反射还是漫反射都遵从反射定律.

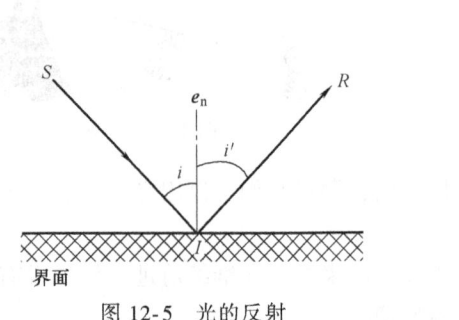

图 12-5　光的反射　　　　　　　　　　图 12-6　平面反射镜

当 $i = 0$ 时, 则必有 $i' = 0$, 光线按原来的入射光路反射回去, 这种情况称为正入射.

镜子前面, 一支蜡烛的火焰向所有方向发出光线. 图 12-6 只显示无限多条光线中的 5 条遇到镜子发生反射并散开, 好像是从镜子后面某一特定点发出来的一样（虚线相交点）. 观察者可以看到这一点处有火焰的像. 而实际上光线并不是从这一点发出的, 所以这种像叫作**虚像**.

章前问题 1 解答

之所以会看到学生在空中飞起, 其实是他跨过一面大镜子站立, 用他在镜子后面、看不

见的一条腿提供支持，而抬起他的另一条腿，由于镜子对他的这条腿形成一个等大、等距离的虚像，看上去就像他的两条腿都抬起了一样，在空中飞起．另一幅图中看到的透视无穷的效果，实质上是利用了镜面反射规律，使模型飞机在两个镜子之间形成无数次反射的结果．读者可以用此原理设计出更神奇的效果，不妨一试！

问题拓展

12-1 若将章前问题中的平面镜换成曲面镜，还会看到学生在空中飞吗？还会看到透视无穷的效果吗？为什么？读者不妨找个曲面镜试一试，一定会有神奇的效果哟！

问题 12-1 光在两种介质交界面上的反射遵循什么原则？下列各平面镜 M（或 M_1 与 M_2）的入射光线如问题 12-1 图所示，试画出其反射光线．

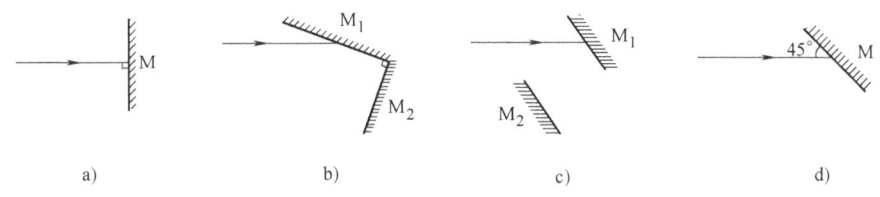

问题 12-1 图

a）正入射 b）两平面镜 $M_1 \perp M_2$ c）平价平面镜 $M_1 // M_2$ d）平面镜与入射光线成 45°角

12.1.3 折射定律

当光在传播过程中遇到两种介质的分界面时，一部分光线发生**反射**，另一部分光线透入另一种介质继续传播，但传播方向在界面处发生了偏折，这一现象称为**折射**，而透过介质界面改变传播方向的光线称为**折射光线**，折射光线与分界面法线 e_n 的夹角称为**折射角**，以 r 表示，如图 12-7 所示．

人们对光的折射现象进行分析和研究后总结出一条规律，称为光的**折射定律**：入射光线、折射光线和分界面的法线 e_n 三者处在同一平面内，并且入射角 i 的正弦和折射角 r 的正弦之比等于折射线所处介质的折射率 n_2 与入射线所处介质的折射率 n_1 之比，即

$$\frac{\sin i}{\sin r} = \frac{n_2}{n_1} \tag{12-2}$$

图 12-7 光的折射

或

$$n_1 \sin i = n_2 \sin r \tag{12-3}$$

折射率 n_1 和 n_2 的定义分别为

$$n_1 = \frac{c}{v_1}, n_2 = \frac{c}{v_2} \tag{12-4}$$

其中，c 为真空中的光速；v_1 和 v_2 分别为光在第一和第二种介质中的传播速度.

两种介质相比较，光在其中传播较快的一种称为**光疏介质**，光在其中传播较慢的一种称为**光密介质**. 由式 (12-4) 可知，光疏介质的折射率较小，而光密介质的折射率较大. 当光线从光疏介质进入光密介质时（例如从空气进入水时），折射角小于入射角；而从光密介质进入光疏介质时（例如从水进入空气时），折射角大于入射角.

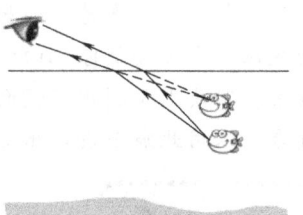

图 12-8 水中鱼的实际位置
比看上去的要深

由于折射现象的存在，人们从一种介质看另一种介质中物体的位置时，会出现偏差，如从空气中看水面下方鱼的位置时往往会比鱼的实际位置离水面更近一些，如图 12-8 所示.

问题拓展

12-2 如问题拓展 12-2 图所示，在透明塑料瓶的左侧下方开一个小孔，向瓶中注入清水，一股水流便从小孔流出. 在瓶右侧将激光笔对准小孔，我们会看到光与水流一起做曲线运动，为什么？难道光不沿直线传播了吗？

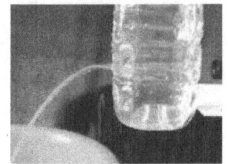

问题拓展 12-2 图

12.1.4 全反射

由式 (12-3) 可知，当 $n_1 > n_2$，即光从折射率 n_1 较大的光密介质入射到折射率 n_2 较小的光疏介质时，折射角 r 将大于入射角 i，如图 12-9 所示，光源 S 发出的光线经旋转反射镜反射后，由水面折射进入烟雾中. 顺时针旋转反射镜，逐渐增大入射角 i，则折射角 r 也随之增大. 当入射角增大到某一角度 A 时，折射角变成 $90°$，再增大入射角，光线就全部反射回光密介质中，而无折射，即光能量没有透射损失，这一现象叫作**全反射**. 使折射角成为 $90°$ 时的入射角，称为**临界角**，以 A 表示，由折射定律可得

$$\sin A = \frac{n_2}{n_1} \tag{12-5}$$

全反射是自然界里常见的现象，例如，水中或玻璃中的气泡，看起来特别明亮，就是由于一部分射到气泡界面上的光发生了全反射的缘故. 金刚石的临界角特别小，且有较多的表面，因此进入金刚石的光很容易被全反射而从另一面射出，引起闪闪发光的视觉.

近年来新兴的纤维光学，就是利用全反射来传递光能量的. 将一条折射率较高的玻璃纤维丝（纤芯）外包一层折射率较低的介质（包层），若光线射到纤芯与包层的分界面上，其入射角 θ 处大于临界角，则光线在纤芯内相继地从纤芯与包层间的界面上做全反射，而自纤维的一端经过很长距离传到另一端（见图 12-10）. 这种**具有传光作用的玻璃丝叫作光学纤维**，简称**光纤**.

由于光学纤维柔软而不怕振动，做成弯曲形状也能传输光能量和光信息，目前已广泛应用于国防、医学和通信等许多领域中. 特别是在通信技术中，利用光纤代替通信电缆，具有通信容量大、抗电磁干扰性强、节省有色金属等优点.

第12章 几何光学

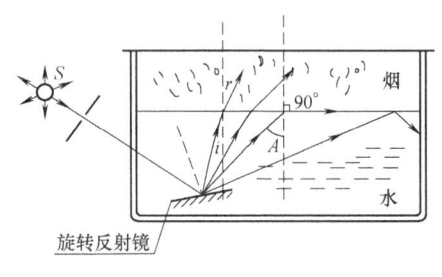

图 12-9 全反射

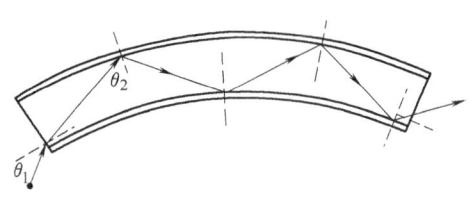

图 12-10 光学纤维

应用拓展

医用器械内窥镜就是根据光的全反射原理设计的. 将满足全反射条件的纤芯制成的管道经过口鼻或手术做的小切口进入人体, 可以直接窥视人体有关器官的状况. 由于光在管道中传输的时候满足全反射条件, 因此可以保证良好的窥视效果.

问题拓展

12-3 现有一块厚玻璃, 如问题拓展 12-3 图所示, 当光从 A 点通过玻璃到达 B 点时, 是沿直线路径传播的, 即光线垂直于玻璃, 这时, 光以最短的时间和最短的距离通过空气和玻璃. 但是当光线从 A 点到 C 点时会按什么样的路径传播? 它会沿着如图所示的虚直线路经传播吗? 如果不是, 会怎样传播?

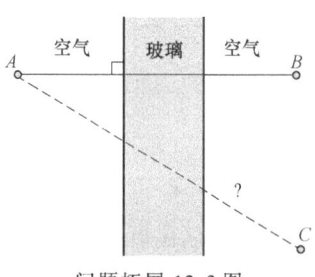

问题拓展 12-3 图

12.2 费马原理

在介绍费马原理之前, 我们先考虑问题拓展 12-3. 根据光的折射现象, 从 A 点传出的光线射到达玻璃前表面 (如 E 处) 时将发生折射, 折射光线 EF 在玻璃中传输到玻璃后表面 (如 F 处) 时将再次发生折射, 然后到达 C 点, 即光线沿路径 $A \to E \to F \to C$ 传播, 如图 12-11 所示.

现在的问题是: 光线为什么会沿路径 $A \to E \to F \to C$ 传播而不是沿最短路径 AC (虚直线) 传播呢?

由于光在玻璃中的传播速度低于空气中的传播速度, 所以如果光在玻璃中传播的路径与在空气中的路径相同时, 要

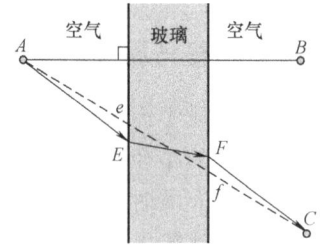

图 12-11 光的传播路径

比在空气中花费更多的时间. 因此, 光线在玻璃中将以较短的路径 $E \to F$ (小于路径 $e \to f$) 传播, 节省下来的时间多于在空气中以较长路径 ($e \to f$) 传播时所需要的时间. 因此, 路径 $A \to E \to F \to C$ 是所用时间最少的路径, 即最快路径. 其结果是光线平行移动, 如图 12-11 所示. 由此可见, 在给定两点间, 光沿着费时最少的路径传播. 这是费马原理的基本思想, 费

马原理揭示的是光线遵从的传播规则.

12.2.1 光程

为了表述费马原理，首先引入光程的概念. 光程定义为**光在均匀介质内走过的几何路程 e 与介质折射率 n 的乘积**，即

$$l = ne \tag{12-6}$$

由于 $n = c/v$，代入式（12-6）得

$$l = c \cdot \frac{e}{v}$$

其中，e/v 表示光在介质中经过路程 e 所需的时间 t，而 $l = ct$ 表示在相同时间 t 内，光在真空中经过的距离. 所以说，**光在介质中传播的光程 ne 等于同一时间内光在真空中经过的路程长度 ct**（即把光在介质中所经过的路程折算为光在真空中的路程长度），如图12-12a所示. 这样便于在同一标准下比较光在不同介质中所经过的路程的长短. 实际上是将光程的比较转化为对时间的比较，例如，若光在不同介质中的光程相等，那么尽管各自所经历的路径不等，但它们各自所花费的时间必定相等.

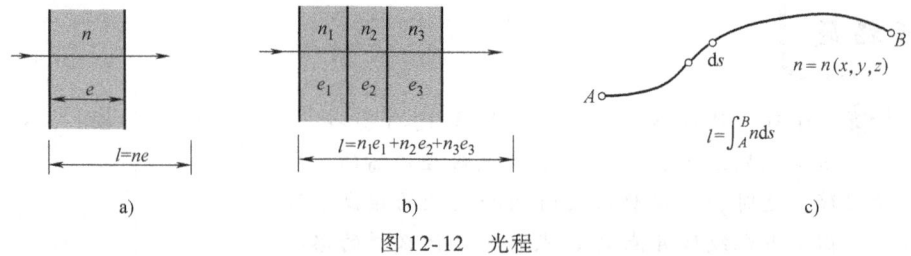

图 12-12 光程

若空间存在折射率不同的多个介质，如图12-12b所示，则光通过这些介质后的光程为

$$l = n_1 e_1 + n_2 e_2 + n_3 e_3$$

对于折射率连续变化的介质，如图12-12c所示. 设光通过 ds 路程折射率 n 不变，则从 A 点到 B 点的光程为 nds 的积分，即

$$l = \int_A^B n\,ds \tag{12-7}$$

12.2.2 费马原理的内涵

光在介质中传播时，光是沿两点间的最短路线——直线传播的，即在给定两点间，光沿着费时最少的路径传播. 就好像光在传播时力图节省时间一样. 研究发现，当光由一种介质进入另一种介质时（即在分界面发生反射和折射时）也选择用时最短的路径. 1657年，费马将光的直线传播定律、反射定律和折射定律归纳为：**光线从一点传播到另一点，光沿所需时间为极值（可以是极小值，极大值，也可以是常量）的路径传播**. 此即为**费马原理**. 由光程的概念可知，费马原理的意思是，光沿光程值为极小、极大或恒定的路径传播. 因此，费马原理还可表述为：**光从空间一点到另一点是沿着光程为极值的路径传播的**.

费马原理只涉及光传播的路径，而不管光线沿哪个方向传播. 光从 A 点传到 B 点或从 B 点传到 A 点，光程为极值的条件是相同的，因此两种情况下光将沿同一路径传播，这表明

费马原理本身包含了光的可逆性.

如图 12-13 所示，E 是一个椭球面反射镜，A、B 是它的两个焦点. 由光的反射定律可知，从 B 点发出的所有光线，经 E 面上任意一点的反射光线，都能射到另一焦点 A. 又根据椭圆的特性，从椭圆两个焦点引至椭圆上任一点的两条路径之和为常量，说明从 B 经 E 面反射到 A 的一切光线所经过的光程皆为等值. 若在 E 面的某一条实际光线的反射点 P 处放置一个与 E 面相切的平面镜 M，设 P′ 为 M 上不与 P 重合的任一点，由图可知，从 B 出发经 M 反射后到达 A 点的光程 BP′A > 光程 BPA，而 BP′A 光线行进的路径违反反射定律，所以，平面镜反射中实际光线沿光程极小的路径行进. 相反，若在 P 点放置一个凹球面镜 C，与 E 同样在 P 点相切，对 C 来说，实际光线行进的路径 BPA 又是光程最长的路径.

一般来说，成像系统的物点和像点之间的光程取恒定值，如图 12-14 所示. 物点 A 经凸透镜成像点于 B，经 A 点发出的许多条光线经透镜会聚于 B，根据费马原理，图中所有光线（如图中的 AA_1B_1B，AA_2B_2B，AA_3B_3B，…）的光程必然彼此相等，这就是物像之间的**等光程性**（或称**等光程原理**）. 这一性质很重要，以后讨论衍射问题时要用到这一事实. 费马原理在物理学发展史上的贡献，在于开创了以"路径积分、变分原理"表述物理规律的新思路.

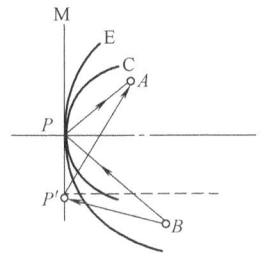

图 12-13 光取极值的实际光路

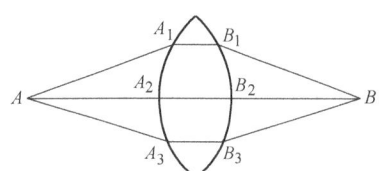

图 12-14 物像之间的等光程性

费马原理不仅可以描述光在均匀介质中的传播情况，还可以描述光在不均匀介质中的传播情况，如图 12-12c 所示.

章前问题 2 解答

费马原理告诉我们：光沿着费时最少的路径传播. 让我们想一下，在炎热的道路上，稍高于路面的空气很热，而其上面的空气较冷. 热空气比冷空气膨胀得多一些，因而更稀薄一些，这就使光的速率减小得少一些. 也就是说，光在热的区域的传播速率比冷的区域快. 这样一来，为了节省时间，光线并不是从天空中沿直线路径照射我们的，而是沿着用时最短的路径，在到达我们的眼睛之前向下弯曲，暂时进入到路面上的炎热空气区域，如章前问题解答图所示. 我们所看到的"潮湿"的地方，实际上是天空的光线通过路面附近高温和低温

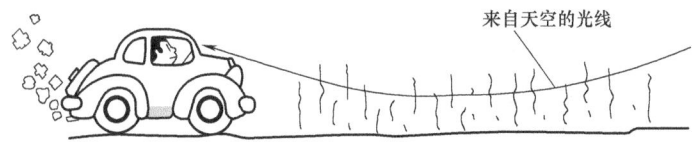

炎热的路面
章前问题解答图

密度的空气折射时所形成的现象.

问题拓展

12-4 平面镜成等距、等大、正立的虚像，如图 12-6 所示. 当镜子是曲面形的（例如球面镜），这时物体与虚像的距离和大小是否还相等？（提示：这里反射定律依然适用）

12.3 光在单球面上的傍轴成像

先讨论平面镜成像，如图 12-6 所示，人的眼睛通过从平面镜反射的光线看到镜子"里面"的蜡烛（即蜡烛的像）. 为研究简单，先描绘一点光源 O（称之为物），它位于一个平面镜的前方，距平面镜的距离为 p（称为物距），光源 O 点通过平面反射镜所成的虚像位于 I 处，I 距平面镜的距离为 q（称为像距），如图 12-15 所示. 图中只画出两条光线，一条垂直入射到平面镜上的点 b，另一条入射到平面镜上的点 a，入射角为 θ. 根据几何原理和反射定律，得到 $\triangle Oba$ 与 $\triangle Iba$ 全等，所以点 O 与点 I 到平面镜的垂直距离相等，也就是说位于镜后的像与位于镜前的物离镜一样远，即像距等于物距. 将图 12-6 中所示的蜡烛看成是多个点光源，而每一个点光源在平面镜后都按图 12-15 成像，这些点像的组合就是蜡烛的像，**虚像在镜子后面的距离与物体在镜子前面的距离相等，并且虚像和实物具有相同的大小**.

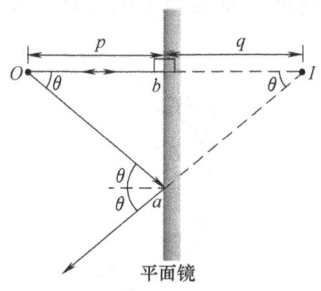

图 12-15 平面镜成像

若将平面镜换成曲面镜，如凸面镜或凹面镜，结果会怎样呢？

事实上，凹面镜和凸面镜都可看成是一连串的取向角与邻近的镜子略有不同的小平面镜的组合，在每一点上，入射角都等于反射角，但不同点的法线互相不平行. 这样曲面镜所成的像与平面镜完全不同，如图 12-16 所示.

图 12-16 曲面镜成像图
a) 凸面镜所成的虚像移向镜子并变小 b) 凹面镜所成的虚像远离镜子并变大

下面具体介绍光在单球面上的傍轴成像规律.

12.3.1 基本概念和符号法则

球面镜的反射面或折射面为球面的一部分.

球面镜分为**凹面镜**和**凸面镜**，凹面镜以球内面为反射面或折射面（见图 12-17）；凸面镜以球外面为反射面或折射面（见图 12-18）. 球面上的中心点 O，称为球面镜的**顶点**；球心 C，称为球的**曲率中心**.

主光轴　连接 O 与 C 的直线，称为球面镜的**主光轴**（简称**光轴**）.

副光轴　通过曲率中心的任何直线（如图 12-17 和图 12-18 中的虚线），即为**副光轴**. 实际上，光学系统的光轴是系统的对称轴.

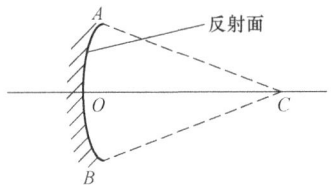

图 12-17　凹面镜

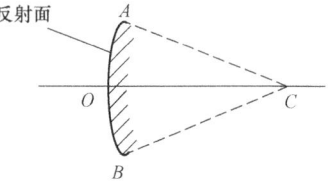

图 12-18　凸面镜

傍轴光线：由上节（见图 12-13）讨论可知，当点光源放在椭圆构成的反射镜的一个焦点 A 上时，经反射后的全部光线都将会聚在该椭圆的另一个焦点 B 上，即 A 点上所发出的全部光线都等光程地到达 B 点，B 点就是 A 的像点. 而实际的光学系统，因为加工工艺上的限制，光学元件大都是由平面或球面构成的，而这些表面都不可能使**物点** A 上发出的所有光线全部等光程地到达像点 B. 只有在接近光轴的较小范围内的光线，其光程才能在一个很小的误差范围内（光线与主光轴很接近）近似相等地达到 B 点，形成**像点**. 这就是几何光学成像的**傍轴条件**，满足上述条件的光线称为**傍轴光线**. 这时，光线在折射面上的入射角和折射角都很小，以致使这些角度的正弦、正切都可以用该角度的弧度值代替，即 $\sin\theta \approx \tan\theta \approx \theta$，$\theta$ 为光轴与边缘光线的夹角.

一般来说，在傍轴条件下，一个给定的光学系统对于入射光的变换是唯一的，也就是物与像之间具有一一对应的变换关系，如果把物放在像的位置，则其像就成在物原来所在的位置上，这种物与像之间的对应关系称为**物像的共轭性**.

理论和实验表明，如果射向球面的光线是傍轴光线，则经球面反射或折射后都能近似地成像.

为了对球面成像的普遍规律用统一的公式表述，在几何光学中，必须对公式中各物理量的正负符号统一地规定一套符号法则.

如图 12-19 和图 12-20 所示，物点 P 到球面顶点 O 的距离 PO 称为**物距**，记作 p；像点 Q 到球面顶点 O 的距离 OQ 称为**像距**，记作 q. 习惯上，**设入射光从左向右传播，符号法则便规定如下**：

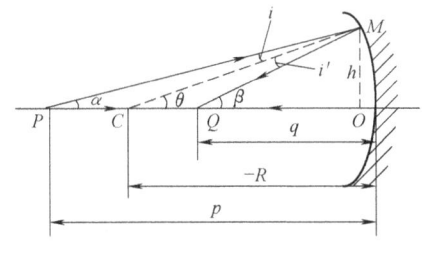

图 12-19　球面反射成像

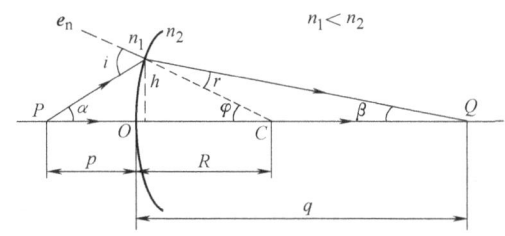

图 12-20　球面折射成像

(1) 若物点 P 在顶点 O 的左方（实物），如图 12-19 所示，则物距 $p>0$；若物点在顶点 O 的右方（虚物），则物距 $p<0$。

(2) 对球面反射而言，若像点 Q 在顶点 O 的左方（实像），则像距 $q>0$；像点 Q 在顶点 O 的右方（虚像），则 $q<0$。

对球面折射而言，若像点 Q 在顶点 O 的左方（虚像），如图 12-20 所示，则像距 $q<0$；若像点 Q 在顶点 O 的右方（实像），则像距 $q>0$。

(3) 若球面的曲率中心 C 在顶点 O 的左方，则曲率半径 $R<0$；若曲率中心 C 在顶点 O 的右方，则曲率半径 $R>0$。

(4) 与主光轴垂直的物和像的大小都从主光轴量起，向上量得的为正，向下量得的为负。

需要注意，按上述规定的法则，光路图中的线段就变成有正负的代数量。为了便于处理图中的几何关系，需要把光路图中的各线段用相应的绝对值（即取正值）标示。例如，光路图 12-19 中的 $-R$ 表示 R 本身为负值。而没有冠以负号的量，如 p 表示其本身为正值。

12.3.2 球面反射成像

如图 12-19 所示，设物点 P 在主光轴上，而入射光线与反射光线均沿主光轴，因而 P 点的像点 Q 亦必在主轴上。若 PM 为任一入射光线，由于 CM 即为球面上 M 点的法线，按反射定律，反射光线 MQ 的方向应满足 $i=i'$ 的关系。对傍轴光线来说，则镜面上各点的反射光线皆与主光轴相交于 Q 点，即 Q 是物点 P 的像点。按符号法则，则有物距 $OP=p$，像距 $OQ=q$，$OR=-R$，且入射光线、反射光线、法线三者分别与主光轴成 α、β 和 θ 角。由几何关系，有 $\theta=i+\alpha$，$\beta=i'+\theta$，且 $i=i'$，则

$$\alpha+\beta=2\theta$$

因为 α、β 和 θ 角都很小，可写作

$$\alpha=\frac{OM}{OP}=\frac{h}{p},\ \beta=\frac{OM}{OQ}=\frac{h}{q},\ \theta=\frac{OM}{OC}=\frac{h}{(-R)}$$

由以上各式，可得

$$\frac{1}{p}+\frac{1}{q}=\frac{2}{-R} \tag{12-8}$$

若入射光束或出射光束是沿球面主光轴方向的平行光束，则相当于物点或像点位于轴上无穷远处，像点在无穷远（$q\to\infty$）时的物点称为球面镜的物方焦点，用 F 表示；物点在无穷远（$p\to\infty$）时的像点称为球面镜的像方焦点，用 F' 表示。F 与 F' 到球面顶点的距离分别叫作物方焦距和像方焦距，分别记作 f 和 f'。据此，有 $\lim\limits_{q\to\infty}p=f$，$\lim\limits_{p\to\infty}q=f'$。于是，由物像关系式（12-8）有

$$f=f'=-\frac{R}{2} \tag{12-9}$$

亦即，对于反射球面，物方与像方的焦点相重合，这是光路可逆性原理的必然结果。

将式（12-9）代入式（12-8），便得球面反射的物像公式，即

$$\frac{1}{p}+\frac{1}{q}=\frac{1}{f} \tag{12-10}$$

既然一束平行于主光轴的傍轴光线经凹面镜反射后会聚于焦点上，根据光路的可逆性原理，位于凹面镜焦点处的点光源经镜面反射后将成为一束平行光．汽车上的车前照灯就是照此原理设计的．

12.3.3 球面镜成像的作图法

在傍轴条件下，球面镜成像的像点与物点一一对应，物体和它的像是相似的．为此，可在物体上选择几个有代表性的点，从这些点出发，各引两条入射光线，经球面镜反射后，反射线或其反向延长线的交点即为相应物点的像，这样就可确定整个物体的位置和大小了．

为了便于作图，我们可以从球面镜反射的下述三条特殊光线来确定像的位置．这三条特殊光线如下：

（1）与主光轴平行的傍轴入射光线经球面反射后通过焦点 F（或其反向延长线通过焦点）．

（2）通过焦点的入射光线经球面镜反射后，它的反射光线必与主光轴平行．

（3）通过球面的曲率中心 C 的入射光线经球面镜反射后，仍沿原光路返回．

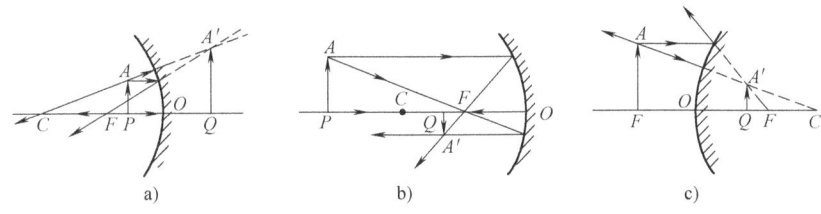

图 12-21 几种不同情况下的球面镜成像作图光路图
a）凹面镜成正立放大虚像 b）凹面镜成倒立缩小实像 c）凸面镜成正立缩小虚像

在图 12-21a 选用了（1）、（3）两条特殊光线；图 12-21b 选用（1）、（2）两条特殊光线，图 12-21c 选用（1）、（3）两条特殊光线．

作图法不仅可求得像的位置，还可由此求得像的形状和大小．从图 12-21 可见，当物体位于凹面镜的焦点 F 之外时，成倒立的实像；当物体在焦点以内时，成正立的虚像．至于在凸面镜中所成的像，则皆为正立的虚像．总之，虚像都是正立的，实像都是倒立的．并且，球面镜所成的倒像，不但其上下与物体的上下相反，其左右也与物体的左右对调．左右对调的像，称为**反像**．如图 12-22 所示，若物体在垂直于主光轴方向上的高为 y，相应的像高为 y'，则像高与物高之比称为**横向放大率**，记作 m，即 $m = y'/y$．图中 $\triangle APO \sim \triangle A'QO$，由于对应边成比例，因此有 $y'/y = q/p$，y、y'、p、q 服从规定的符号法则，y 取正值；y' 取负值．

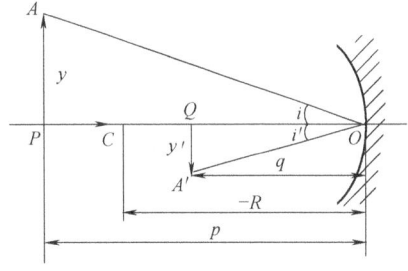

图 12-22 凹面镜成像光路图

于是，横向放大率可表示为

$$m = \frac{-y'}{y} = -\frac{q}{p} \tag{12-11}$$

式(12-11)对凹面镜和凸面镜皆适用. 当 $m>0$ 时,成正立像;当 $m<0$ 时,成倒立像.

例题 12-1 一凹面镜的曲率半径为 0.12m,物体位于顶点前 0.04m 处,求:(1)像的位置;(2)横向放大率.

解 (1) 由 $\dfrac{1}{p}+\dfrac{1}{q}=\dfrac{2}{-R}$,得

$$q=\left(\dfrac{2}{-R}-\dfrac{1}{p}\right)^{-1}=\left(\dfrac{2}{0.12}-\dfrac{1}{0.04}\right)^{-1}\text{m}=-0.12\text{m}$$

$q<0$ 表明像在镜后距顶点 0.12m 处,为虚像.

(2) 横向放大率

$$m=-\dfrac{q}{p}=-\dfrac{(-0.12)}{0.04}=3$$

因为 $m>0$,所以像为正立的.

12.3.4 球面折射成像

根据费马原理推导傍轴条件下球面折射成像公式. 如图 12-23 所示,设两种折射率分别为 n_1 和 n_2 ($n_1<n_2$) 的透明介质,其分界面 AO 是曲率半径为 R 和曲率中心为 C 的球面,轴上物点 P 位于折射率为 n_1 的介质中,它发出的所有傍轴光线(包括沿轴光线),经球面折射后都会聚于折射率为 n_2 的介质中的像点 Q. 这些傍轴光线都是实际光路. 根据费马原理,它们必然是等光程的,即光程取恒定值,所以,有

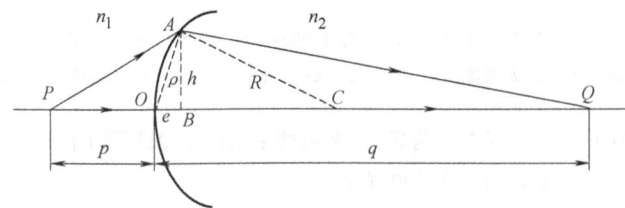

图 12-23 球面折射成像

$$PAQ \text{ 的光程} = POQ \text{ 的光程} \tag{ⓐ}$$

由图 12-23 中的直角三角形 PBA,有

$$PA=\sqrt{(p+e)^2+h^2} \tag{ⓑ}$$

为了将式ⓑ中的 e、h 用 ρ、R 表示,由直角三角形 ABO 有

$$e^2=\rho^2-h^2 \tag{ⓒ}$$

而由直角三角形 ABC,有

$$R^2=h^2+(R-e)^2 \tag{ⓓ}$$

联立式ⓒ和式ⓓ,得

$$e=\dfrac{\rho^2}{2R} \tag{ⓔ}$$

将式ⓒ和式ⓔ代入式ⓑ,得

$$PA=p\sqrt{1+\dfrac{\rho^2}{p}\left(\dfrac{1}{p}+\dfrac{1}{R}\right)} \tag{ⓕ}$$

在傍轴条件下，有 $\rho \ll R$，$\rho \ll p$，式ⓕ可按泰勒级数展开，只保留低次阶项，得

$$PA \approx p + \frac{\rho^2}{2}\left(\frac{1}{p}+\frac{1}{R}\right) \quad \text{ⓖ}$$

同理可得

$$AQ \approx q + \frac{\rho^2}{2}\left(\frac{1}{q}-\frac{1}{R}\right) \quad \text{ⓗ}$$

所以，

$$PAQ \text{ 的光程} \approx n_1\left[p+\frac{\rho^2}{2}\left(\frac{1}{p}+\frac{1}{R}\right)\right]+n_2\left[q+\frac{\rho^2}{2}\left(\frac{1}{q}-\frac{1}{R}\right)\right] \quad \text{ⓘ}$$

而

$$POQ \text{ 的光程} = n_1 p + n_2 q \quad \text{ⓙ}$$

将式ⓘ和式ⓙ代入式ⓐ中，整理得

$$\frac{n_1}{p}+\frac{n_2}{q}=\frac{n_2-n_1}{R} \quad (12\text{-}12)$$

这就是傍轴条件下球面折射的成像公式。公式右边 $\dfrac{n_2-n_1}{R}$ 称为球面折射的**光焦度**，它表示该球面的聚光本领。若光焦度较大，则表明此折射面的聚光本领较大。

由前述物方焦距和像方焦距的定义，球面折射的物方焦距和像方焦距分别为

$$f=\lim_{q\to\infty} p=\frac{n_1 R}{n_2-n_1},\quad f'=\lim_{p\to\infty} q=\frac{n_2 R}{n_2-n_1} \quad (12\text{-}13)$$

将式（12-13）中的两个焦距代入式（12-12）中，也可把傍轴条件下球面折射的物像公式写成

$$\frac{f}{p}+\frac{f'}{q}=1 \quad (12\text{-}14)$$

式中，焦距 f 和 f' 的正负号可由式（12-13）确定。在讨论其他光学系统的成像时，物距、像距和焦距之间的关系也与上式完全相同，所以上式是物像公式的普遍形式，称为**高斯物像公式**。

现求解球面折射的横向放大率。如图 12-24 所示，设物体的高为 y，倒立像的高为 y'，由光路图可知，$\tan i = y/p$，$\tan r = -y'/q$。而在傍轴条件下，$\tan i \approx \sin i$，$\tan r \approx \sin r$，则由折射定律 $n_1\sin i = n_2\sin r$，可得球面折射成像的横向放大率为

$$m=\frac{y'}{y}=-\frac{n_1 q}{n_2 p} \quad (12\text{-}15)$$

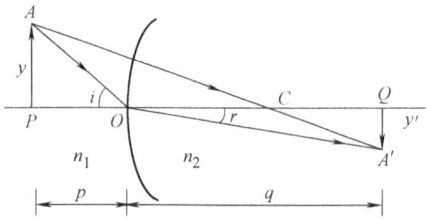

图 12-24　球面折射成像光路图

以上我们仅讨论了球面折射的一种情况，其实不同情况下的球面折射还有很多。例如，凹面折射、$n_1>n_2$ 或 $n_1<n_2$ 等。但是无论在什么情况下，只要按统一的符号法则，上述傍轴条件下球面折射的成像公式及横向放大率公式都适用。

问题 12-2 你知道上述讨论的球面反射物像公式和横向放大率公式与球面折射物像公式和横向放大率公式有何不同吗？你能从折射定律和几何关系导出球面折射的物像公式和横向放大率的公式吗？

问题 12-3 球形鱼缸中的金鱼看上去总是比实际的要大些，这是为什么？

例题 12-2 设凸球形折射面的曲率中心 C 在顶点的右侧 3cm 处，物点在顶点左侧 8cm 处，物空间和像空间的折射率分别为 $n_1=1$ 和 $n_2=1.5$。求像点的位置。

解 根据符号法则，由题意，有 $n_1=1$，$n_2=1.5$，$R=3$cm，$p=8$cm，代入式（12-12），得到

$$\frac{1}{8}+\frac{1.5}{q}=\frac{1.5-1}{3}$$

解得 $\qquad q=36\text{cm}$

即 $q>0$，按符号法则，像点在顶点右方 36cm 处，是实像点。

12.4 薄透镜成像

12.4.1 透镜

将玻璃、水晶等磨成两面为球面（或一面为平面）的透明物体，叫作**透镜**。若透镜的厚度 d 远小于两球面的曲率半径（即 $d \ll R_1$、R_2），称为**薄透镜**。图 12-25 给出了各种透镜的横截面。中部比边缘厚的透镜叫作**凸透镜**，边缘比中部厚的透镜叫作**凹透镜**。

凸透镜也叫作**会聚透镜**。因为它能使通过它的光线经过二次折射后会聚起来。凹透镜也叫作**发散透镜**，因为它能使通过它的光线折射后向各方向发散。

无论是凸透镜还是凹透镜，当光线通过它的中心时，如同通过平行透明薄板一样，它的传播方向都不会改变。

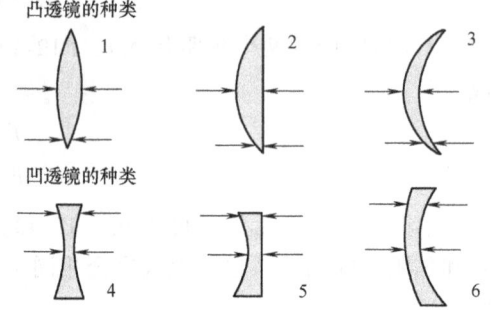

图 12-25 各种透镜
1—双凸透镜 2—平凸透镜 3—凹凸透镜
4—双凹透镜 5—平凹透镜 6—凸凹透镜

如图 12-26a 所示，透镜两球面的中心 C_1 和 C_2 的连线，称为**透镜的主光轴**。在主光轴上有这样一点 O，通过这点的光线，其方向不变（对薄透镜来说，入射光线与出射光线近似重合），点 O 称为**透镜的光心**。除主光轴外，所有通过光心的直线都叫作**副光轴**。

如果射在透镜上的光线都平行于它的主光轴，实验证明，这些光线经透镜后将会聚（或聚焦）于主光轴上的一点 F，这个点称为**凸透镜的主焦点**，简称**焦点**。

如图 12-26b 所示，若平行光束斜射于透镜上，则光线在经过透镜后将聚焦于另一点 F'（F' 称为**副光轴上的焦点**），F' 落在经过焦点 F 而正交于主光轴的平面上，这个平面称为**透**

镜的焦平面，焦平面至透镜光心 O 的垂直距离 f，称为**透镜的焦距**.

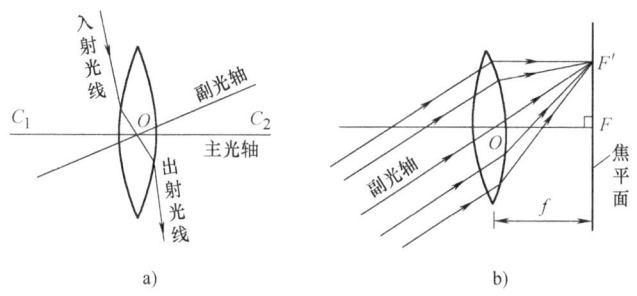

图 12-26 透镜

12.4.2 薄透镜成像公式

薄透镜成像是两次经过单一球面折射成像. 如图 12-27 所示，物点 P 经第一个单一球面折射成像于 Q_1，再把此像点作为第二个折射球面的虚物，通过该球面折射成像于 Q. 所以两次运用单一球面折射成像公式就可以推导出薄透镜的成像公式.

根据式 (12-12)，对第一个折射球面有

$$\frac{n_1}{p}+\frac{n_2}{q_1}=\frac{n_2-n_1}{R_1}$$

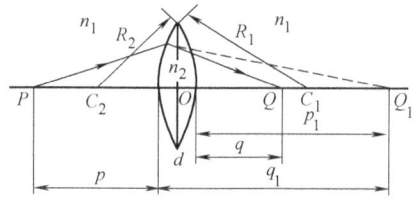

图 12-27 薄透镜成像

对第二个折射球面，将 Q_1 作为物点，按符号法则，有

$$\frac{n_2}{p_1}+\frac{n_1}{q}=\frac{n_1-n_2}{R_2}$$

将上述两式相加，便可给出入射光穿出透镜的全过程，即

$$\frac{n_1}{p}+\frac{n_2}{q_1}+\frac{n_2}{p_1}+\frac{n_1}{q}=\frac{n_2-n_1}{R_1}+\frac{n_1-n_2}{R_2}$$

对薄透镜来说，d 很小，则 $p_1=-(q_1-d)\approx -q_1$，由上式可得出薄透镜的物像公式为

$$\frac{1}{p}+\frac{1}{q}=\frac{n_2-n_1}{n_1}\left(\frac{1}{R_1}-\frac{1}{R_2}\right) \tag{12-16}$$

由于透镜厚度忽略不计，因此式 (12-16) 中对薄透镜的物距 p 和像距 q 就可规定从透镜中心 O 算起.

若薄透镜置于空气中，由于空气的折射率近似为 1，即 $n_1=1$，并设薄透镜的折射率为 n，即 $n_2=n$，则由式 (12-16)，可得空气中薄透镜的物像公式为

$$\frac{1}{p}+\frac{1}{q}=(n-1)\left(\frac{1}{R_1}-\frac{1}{R_2}\right) \tag{12-17}$$

由式（12-15）可得，物体经第一个球面折射成像的横向放大率为

$$m_1 = -\frac{n_1 q_1}{n_2 p}$$

其像经第二个球面折射成像的横向放大率为

$$m_2 = -\frac{n_2 q}{n_1(-q_1)} = \frac{n_2 q}{n_1 q_1}$$

总的横向放大率也就是薄透镜的横向放大率，即

$$m = m_1 m_2 = -\frac{q}{p} \tag{12-18}$$

12.4.3 薄透镜的焦距

根据前述物方焦距和像方焦距的定义，由式（12-16）可得薄透镜焦距为

$$\frac{1}{f} = \frac{1}{f'} = \frac{n_2 - n_1}{n_1}\left(\frac{1}{R_1} - \frac{1}{R_2}\right) \tag{12-19}$$

式中，R_1、R_2 的正负取决于符号法则，对凸透镜和凹透镜分别有 $(1/R_1 - 1/R_2) > 0$ 和 $(1/R_1 - 1/R_2) < 0$。于是由式（12-19）可知，当透镜折射率 n_2 大于其周围介质的折射率 n_1 时，凸透镜的焦距为正，是实焦点；凹透镜的焦距为负，是虚焦点。

式（12-19）说明，薄透镜的焦距取决于它的折射率及其两边球面的曲率半径，而焦距的大小则反映球面屈折光线或透镜会聚（或发散）光线的本领。为了量度透镜的聚光本领，定义

$$\Phi = \frac{n_1}{f}$$

为透镜的**光焦度**。式中，n_1 为透镜周围介质的折射率。在空气中的透镜，其光焦度为 $\Phi = 1/f$。光焦度的单位为**屈光度**，用 D 表示，$1D = 1m^{-1}$。

将式（12-19）代入式（12-16），则薄透镜的物像公式也可写成

$$\frac{1}{p} + \frac{1}{q} = \frac{1}{f} \tag{12-20}$$

我们也可以把透镜看作是由许多棱镜组成的。如图 12-28 所示，在凸透镜中，棱镜厚的部分在中部，而在凹透镜中棱镜厚的部分在边缘上。因为棱镜总是使光线经过二次折射而向

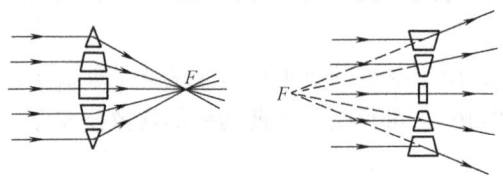

图 12-28 透镜可以看作棱镜的组合

底面偏折，所以中部厚的凸透镜能使光线偏向中部，也就是使光线会聚起来；而边缘厚的凹透镜则使光线偏向边缘，也就是使光线发散．无论是凸透镜还是凹透镜，当光线通过它的中心时，如同通过平行透明薄板一样，它的传播方向都不会改变．

12.4.4 薄透镜成像的作图法

薄透镜成像的物像关系也可由作图法确定，这与用作图法确定球面反射的物像关系一样．首先，要确定几条特殊光线：

（1）从左边入射的平行于主光轴的光线，经凸透镜后，折射光线聚于像方的焦点；若经凹透镜，折射光线的反向延长线会聚于物方的焦点（若入射的平行光不平行于主光轴，则经透镜后会聚于像方焦平面上的某一点）．

（2）从物方焦点发出的所有光，经薄透镜后其出射光平行于主光轴（从物方焦平面上一点发出的所有的光，经薄透镜后也出射平行光，但它们不平行于主光轴，而是平行于过焦平面上该点与光心的连线）．

（3）通过光心的入射光，不改变方向地出射．

图 12-29 给出了几种不同情况下的薄透镜成像光路．

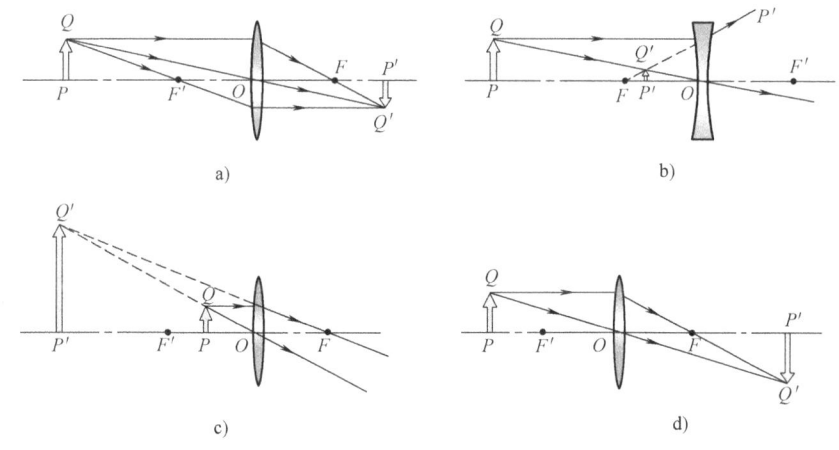

图 12-29　几种不同情况下的薄透镜成像光路
a) 物体位于凸透镜的 2 倍焦距以外，成缩小的倒立实像　b) 物体经凹透镜折射，成缩小的正立虚像
c) 物距小于焦距，凸透镜成正立的虚像　d) 物距小于 2 倍焦距，大于一倍焦距，凸透镜成放大的倒立实像

问题 12-4　（1）为什么球面透镜对入射光能够会聚或发散？（2）为什么一组傍轴的斜入射的平行光束能会聚在焦平面上？（3）试导出傍轴条件下薄透镜的物像公式；（4）薄透镜成像作图法中的三条特殊光线应该怎么画？

问题 12-5　有人需要在旷野取火，但身边没有火源，只有一块凹面镜和一块凹透镜，你认为用哪一块能够实现在阳光下取火？

问题 12-6　请用最简单快捷的方法来估计凸透镜的焦距．同样的方法适用于凹透镜吗？

问题 12-7　奥运会圣火采集现场如问题 12-7 图所示，你知道奥运会圣火采集应用的是什么光学原理吗？

例题 12-3 设凸透镜的焦距为 10.0cm，若物距分别为 (1) 30.0cm；(2) 5.00cm. 试计算这两种情况下像的位置，并确定成像性质.

解 由薄透镜的成像公式 (12-20)

$$\frac{1}{p}+\frac{1}{q}=\frac{1}{f}$$

问题 12-7 图

(1) 将 $f=10.0$cm，$p=30.0$cm 代入上式，得到 $q=15.0$cm. 由于 $q>0$，所以成实像. 由式 (12-18) 可得薄透镜的横向放大率为

$$m=-\frac{q}{p}=-\frac{15.0}{30.0}=-0.50 \text{（缩小倒立像）}$$

(2) 将 $f=10.0$cm，$p=5.00$cm 代入，得到 $q=-10.0$cm. 由于 $q<0$，所以成虚像. 其横向放大率为

$$m=-\frac{q}{p}=-\frac{-10.0}{5.00}=2.00 \text{（放大正立像）}$$

12.5 光学仪器简介

利用几何光学原理，人们根据生产和科学领域中的各种需求，制造了各类成像光学仪器，其中主要的有望远镜、显微镜、照相机等，这些仪器在天文学、电子学、生物学和医学等领域中发挥了巨大的作用. 由于任何光学仪器都是人眼功能的扩展，所以，我们首先从几何光学的角度了解人眼的作用，然后再介绍放大镜、显微镜等光学仪器.

12.5.1 眼睛

人眼的构造如图 12-30 所示，形状近似为球体，平均直径约 25mm. 眼球外围包有一层坚硬的保护膜叫作**巩膜**，巩膜的前方有一透明部分叫作**角膜**，巩膜的内壁是一层脉络膜，这层膜延伸到眼睛的前方与角膜挨着的那部分叫作**虹膜**. 虹膜中央有一透光的圆孔，称为**瞳孔**，它会随着被观察物体的亮暗而变化. 瞳孔的大小会自动改变，其变化范围为 2~8mm. 角膜和虹膜包围的区域叫作**前房**，其中充满了折射率为 1.337 的水状液. 虹膜后面是透明的晶状体，称为**眼珠**，其形状如双凸透镜. 眼珠支承在睫状肌上，其表面的曲率大小由睫状肌控制，从而可改变它

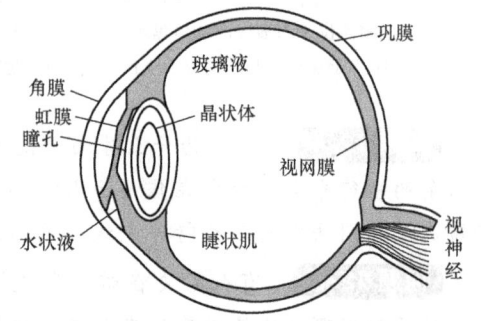

图 12-30 人眼的构造

的焦距. 晶状体和巩膜之间的区域称为**后房**，其中充满着折射率为 1.336 的玻璃状液. 眼球后部的内层是**视网膜**，其上布满了感光细胞.

眼睛的作用相当于一个凸透镜，焦距约 1.5cm. 如图 12-31 所示，由物体 AB 射出的光，经眼睛的晶状体折射后，就在视网膜上形成一个倒立的、缩小的实像 A_1B_1. 折射光刺激视网膜上的感光细胞，视神经会把影像传给大脑，大脑皮层根据人们长期的生活经验对倒立的像进行自动"纠正"，因此我们就看见正立的物体了.

从晶状体的光心向物体两端所引的两条直线的夹角 α 叫作**视角**，视角的大小不但与物体的大小有关，还与观察的距离有关，如图 12-32 所示. 物体离眼睛很远时，视角太小，因此看不清楚，物体离眼太近时，眼睛需要高紧紧张地调节，很快就会感到疲劳. 使眼睛可以看得清楚而又不感到疲劳的最近距离叫作**明视距离**. 正常眼睛的明视距离一般约为 25cm. 实验表明，在明视距离处，要把物体看清楚，视角必须大于 1′，物体大于 0.1mm. 若物体很小，视角小于 1′，我们需用放大镜或显微镜等光学仪器来增大眼睛的视角了.

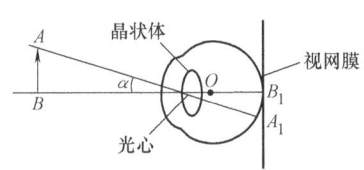

图 12-31　眼睛的作用

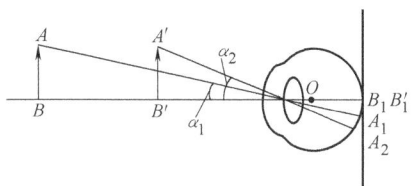

图 12-32　视角与观察距离有关

12.5.2　放大镜

放大镜是一种最简单的助视仪，它是一短焦距的凸透镜. 如图 12-33 所示，将高为 y 的物体 AB 放在明视距离处时，由于物体很小，所成的视角 α 也很小，很难看清楚. 若把物体 AB 移到放大镜的焦点以内的 A′B′ 处，经放大镜后在明视距离处形成一个放大的高为 y′ 的正立虚像 A_1B_1，此虚像又经眼睛在视网膜上生成实像 A″B″. 这时，A_1B_1 的视角增大到 β，于是就能看清楚该物体了.

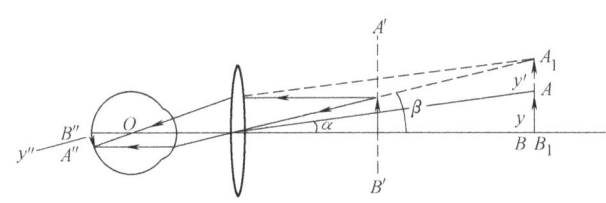

图 12-33　放大镜的放大率

借助放大镜，眼睛观察物体的视角比不使用放大镜时增加了. 视角增加的倍数 β/α 叫作**视角放大率**. 眼睛在明视距离（d = 25cm）直接观察物体时的视角 α = y/d，像的视角 β = y′/d ≈ y/f，则视角放大率约为

$$m = \frac{\beta}{\alpha} \approx \frac{y/f}{y/d} = \frac{25}{f} \qquad (12\text{-}21)$$

可见，放大率与焦距有关. 通常的放大镜，其焦距虽有 1~10m，但其放大率 2.5~5 倍.

12.5.3 显微镜

显微镜（见图 12-34）是用来观察极细小的物体，如动植物的细胞组织、各种细菌、金属的表面组织等的仪器。它的放大率远比放大镜大。最简单的显微镜是由两个凸透镜组成，并且两透镜的主轴重合在一起。它的光路图如图 12-35 所示，接近眼睛的一个凸透镜 L_e 叫作**目镜**，它的焦距很短；接近物体的一个凸透镜 L_o 叫作**物镜**，它的焦距更短。把高为 y 的物体 PQ 放在物镜焦点 F_o 以外非常靠近焦点的地方，物镜给出一个高为 y_1 的倒立的、放大的实像 P_1Q_1。P_1Q_1 落在目镜的焦点 F_e 以内非常靠近焦点的地方，对 P_1Q_1 而言，目镜又是一个放大镜，P_1Q_1 经目镜在明视距离 d 处成一个放大的虚像 P_2Q_2。它就是物体 PQ 经过两次放大后的像，相对于物体是倒立的。

设目镜的焦距为 f_e，则 P_2Q_2 对人眼的张角为 $\beta = y_2/d = y_1/f_e$。此角越大，物体在视网膜上所得的像也越大。若不用显微镜，将物体置于明视距离 d（=25cm），直接用眼睛观察，则物体的视角是 $\alpha = y/d$，因此显微镜的放大率约为

$$m = \frac{\beta}{\alpha} = \frac{y_2}{y} = \frac{\dfrac{y_1}{f_e}d}{y} = \frac{y_1}{y} \cdot \frac{d}{f_e} \approx \frac{td}{f_o f_e} \tag{12-22}$$

式中，f_o 为物镜的焦距；t 为焦点 F'_o 与 F_e 之间的距离，称为光学筒长。可见，显微镜的目镜与物镜的焦距越短，光学筒长越长，其放大率越大。

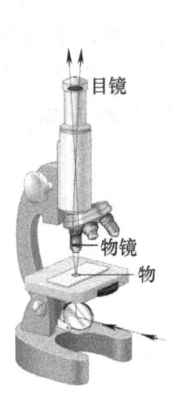

图 12-34 显微镜

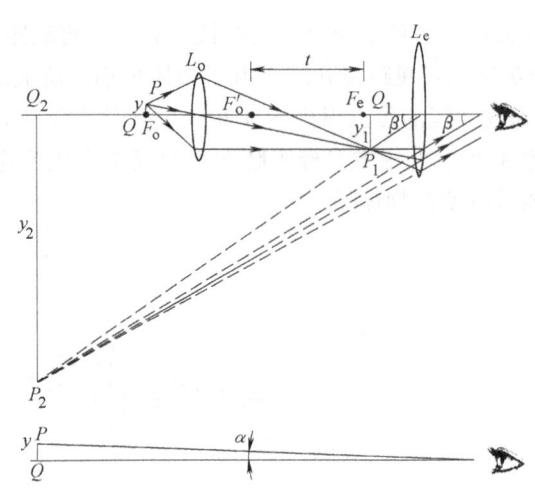

图 12-35 显微镜成像光路图

光学显微镜的放大率可达两三千倍，可使我们看清楚 $0.1\mu m$ 左右的细微结构。但对晶体结构、比分子更小的结构却无能为力，要看清楚它们就要依靠电子显微镜了，现代电子显微镜的点分辨率可达 1.9×10^{-10} m，线分辨率可达 1.4×10^{-10} m。

例题 12-4 已知一显微镜的光学筒长 $t = 16$cm，物镜焦距为 1cm，目镜焦距为 2.5cm，试求显微镜的放大率。

解 已知 $f_o = 1$cm，$f_e = 2.5$cm，$t = 16$cm，$d = 25$cm，代入式（12-22）可得

$$m = \frac{td}{f_o f_e} = \frac{16 \times 25}{1 \times 2.5} = 160$$

即该显微镜的放大率为 160 倍.

12.5.4 望远镜

望远镜是在观察远处物体时用来增加视角的一种光学仪器,它和显微镜的结构相似,也是由物镜和目镜两个透镜组构成. 望远镜的物镜焦距比较长,目镜焦距较短,这是它和显微镜不同的地方. 望远镜的种类有很多,本书只介绍开普勒望远镜.

开普勒望远镜是德国天文学家开普勒(Kepler,1571—1630)于 1611 年发明的,也叫天文望远镜. 图 12-36 给出了开普勒望远镜的光路. 从远处一物点上射来的平行光束经物镜成像于像方焦平面上的 P' 点,此点同时也在目镜的物方焦平面上,所以由 P' 点发出的光线经目镜后又成为平行光束,眼睛靠近目镜,接收目镜出射的平行光并将其成像于视网膜上. 这束平行光对眼睛的张角为 α,远处物点射来的平行光束对望远物镜的张角为 α_0,即物点的光线对人眼的张角. 由图 12-36 可知,$\alpha_0 = \frac{-y_1}{-f_o}$,$\alpha = \frac{-y_1}{f_e}$,则望远镜的放大率为

$$m = \frac{\alpha}{\alpha_0} = \frac{\frac{-y_1}{-f_o}}{\frac{-y_1}{f_e}} = -\frac{f_o}{f_e} \tag{12-23}$$

开普勒望远镜的两个焦距 f_e 与 f_o 皆为正,由式(12-23)可知,它成倒立的虚像,且目镜焦距 f_e 越短,物镜焦距 f_o 越长,其放大率越大.

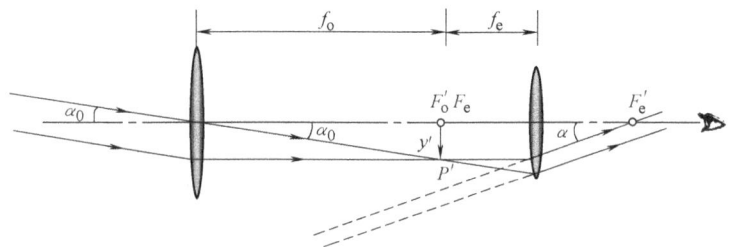

图 12-36 开普勒望远镜的光路图

本章小结

本章以光的直线传播为基础,运用几何学的方法,研究光在透明介质中的传播问题,如光的反射、折射. 具体思路如下:

首先,基于光的直线传播,运用几何学的方法,研究光在透明介质中传播的反射、折射规律——费马原理,给出了实现全反射的条件,以及光程的概念.

然后,研究了球面镜成像规律,给出物像公式;重点研究了薄透镜成像,以及成像公式.

最后，研究了光学仪器及其放大本领．

本章主要内容框图：

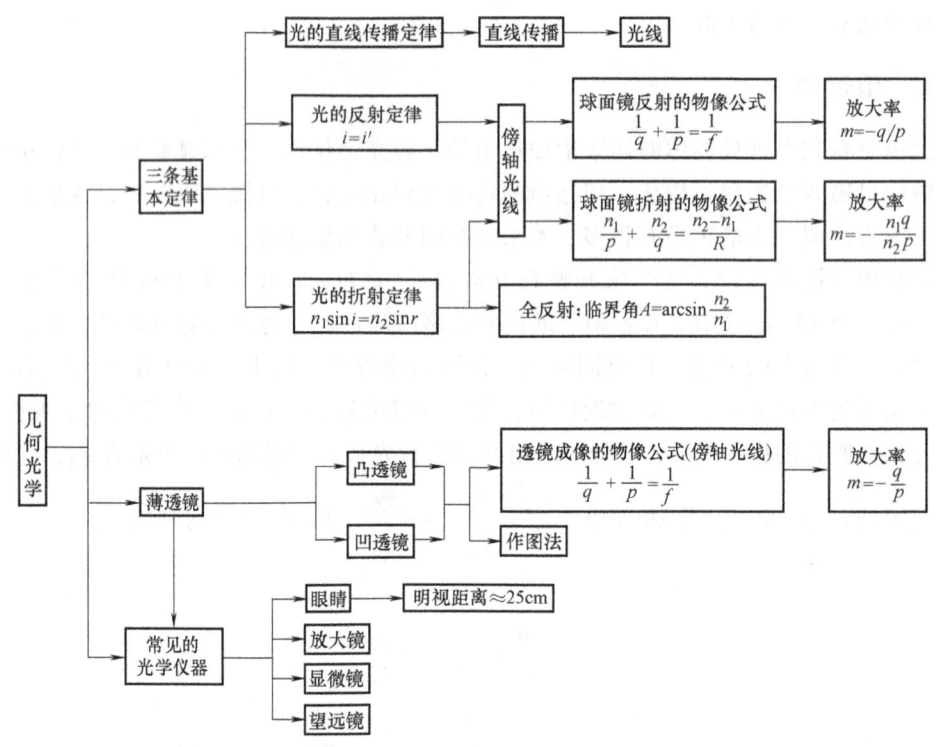

习 题 12

12-1 光线从空气射入玻璃，当入射角 $i=30°$ 时，折射角 $r=19°$．求玻璃的折射率和光在玻璃中的速度．已知光在空气中的速度是 $v_空 = 3×10^8 \mathrm{~m·s^{-1}}$．（答：$n_玻 = 1.54$，$v_玻 = 1.95×10^8 \mathrm{~m·s^{-1}}$）

12-2 如习题 12-2 图所示，一个高 16cm，直径 12cm 的圆柱形筒．人眼在 P 点只能看到正对面内侧的 D 点，$AD=9$cm，当筒中盛满某种液体时，在 P 点恰好看到正对面内侧的最低点 B．求该液体的折射率．（答：1.33）

12-3 一条光线入射到一块正方形玻璃板上．如习题 12-3 图所示，入射角为 45°，若在竖直面上发生了全反射，则玻璃的折射率应为多大？（答：$n>1.22$）

12-4 一支蜡烛位于一凹面镜前 12.0cm 处，成实像于距镜顶 4.00m 远处的屏上．求：(1) 凹面境的半径和焦距；(2) 如果蜡烛火焰的高度为 3.00mm，则屏上的火焰的像高为多少？〔答：(1) $R=0.234$m，$f=0.117$m；(2) $h=100$mm〕

12-5 设凸球面反射镜的曲率半径为 16cm，一物体高 5mm，置于镜前 20cm 处．求像的位置、大小和虚实．（答：-5.7cm；0.14cm；缩小、正立的虚像）

12-6 一曲率半径为 30cm 的凸球形折射面，其左、右方介质的折射率分别为 $n_1=10$ 和 $n_2=1.5$，物点在顶点左方的 10cm 处，求像的位置和虚实．（答：-18cm，虚像）

12-7 一凸透镜的焦距为 10cm，在距透镜 45cm 的地方放置一小物，试分别用成像公式和作图法求像的位置和放大率，并说明像的性质．（答：$q=12.9$cm，$m=-0.29$，缩小、倒立的像）

110

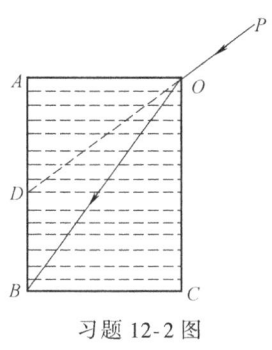
习题 12-2 图

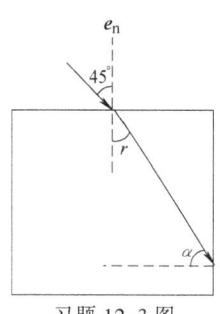
习题 12-3 图

12-8 一会聚透镜的焦距为 15.0cm, 物体位于透镜一侧 20.0cm 处. 求:(1) 像的位置、放大率和成像性质;(2) 如果物距为 7.5cm, 情况如何?(3) 绘制以上两种情况的光路图.〔答:(1) 60cm, 实像, -3.0;(2) -15cm, 虚像, 2.00〕

12-9 物体位于一薄透镜左侧, 而其像位于薄透镜右侧 30.0cm 处的屏幕上, 今将透镜向右移动 6.00cm, 然后再将屏幕左移 6.00cm, 这时又能在屏幕上看到清晰的像. 求薄透镜的焦距.(答:9.41cm)

12-10 一台显微镜的目镜焦距为 20.0mm, 物镜焦距为 10.0mm, 目镜与物镜的间距为 20.0cm, 最终成像在无穷远处. 求:(1) 被观察物至物镜的距离;(2) 物镜的放大倍数;(3) 显微镜的视角放大率.〔答:(1) 10.6mm;(2) 17.0;(3) 212.5〕

12-11 一架望远镜由焦距为 100.0cm 的物镜和焦距为 20.0cm 的目镜组成, 成像在无穷远处. 求:该望远镜的视角放大率.(答:-5.0)

本章"问题"选解

问题 12-1

答 根据图示的入射光线 a, 按光的反射定律分别在各图中画出相应的反射光线 b. 在问题 12-1 解答图 a 中, 控制正入射的光线反向传播; 在问题 12-1 解答图 b 中, 反射光线平行于入射光线反向传播; 在问题 12-1 解答图 c 中; 使反射光线平行于入射光线同方向传播; 在问题 12-1 解答图 d 中, 反射光线沿垂直于入射光线的方向传播.

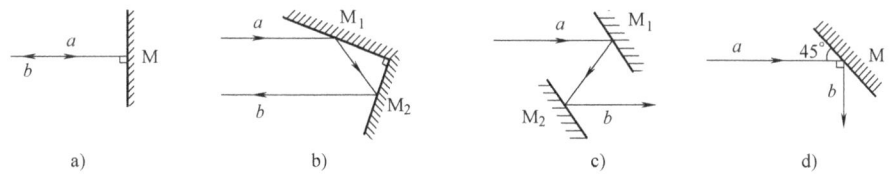

问题 12-1 解答图
a) 正入射 b) 两平面 $M_1 \perp M_2$ c) 两平面镜 $M_1 // M_2$ d) 平面镜与入射光成 45°角

所以利用上述装置, 可以用来控制光路.

第13章 波动光学

章前问题？

问题1：在上一章，我们学习了几何光学的性质．但在我们生活中，有很多现象无法用光的几何学性质来解释，比如滴在马路上的汽油膜（见左图）、小朋友玩的肥皂泡（见中图）等为什么会呈现出斑斓的色彩？

问题2：蜻蜓和蝉的翅膀是透明的，但在阳光照射下也会呈现出彩色（见右图）．你能解释这其中的奥秘吗？

 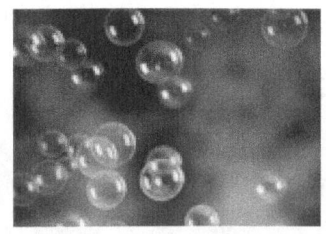 

若要弄清上述问题，必须先了解光的电磁理论以及光波所遵从的规律，即波动光学．

干涉和衍射现象是各种波动所具有的基本特征，偏振现象是横波所具有的特征．光是电磁波，并且是横波．因此，光也具有干涉、衍射和偏振特性．当前，光的这些性质已被广泛地应用于科学技术的许多领域．本章主要研究可见光在传播过程中呈现的干涉、衍射和偏振等现象及其规律．

13.1 光的干涉

13.1.1 光的电磁理论

由第11章可知，可见光在电磁波谱中的波段是很窄的，其波长范围为 400~760 nm，相应的频率范围为 $7.50×10^{14} \sim 3.95×10^{14}$ Hz．这一波段的电磁波能引起人们的视觉，故称为**可见光**．不同频率（或波长）的可见光引起人们不同颜色的感觉，见表13-1．人眼对不同波长的光感觉的灵敏度也不同，对波长为 550 nm 左右的黄绿光最为敏感．

> 我们把仅单纯含一种频率的光称为**单色光**．

表 13-1 可见光谱

	红	橙	黄	绿	青	蓝	紫
波长/nm	620~760	592~620	578~592	500~578	464~500	446~464	400~446
频率/10^{14}Hz	4.84~3.95	5.07~4.84	5.19~5.07	6.00~5.19	6.47~6.00	6.73~6.47	7.50~6.73

光波是电磁波. 电磁波由两个相互垂直的振动矢量（即电场强度 E 和磁场强度 H）在空间的传播来表征，而 E 和 H 都与电磁波的传播方向垂直. 研究表明，引起视觉和感光作用的主要是电场强度 E. 因此，我们把光波看成是**电场强度 E 的振动在空间的传播**，并把 E 矢量称为**光矢量**，把 E 矢量的振动称为**光振动**.

光振动本身无法直接观测到，而光的强度（简称"光强"）却能够被观测到. 光的电磁理论指出，光强 I 取决于在一段观察时间内的电磁波能流密度的平均值，其值与光振动振幅 E 的平方成正比，并可写作

$$I = kE^2 \tag{13-1}$$

式中，k 为比例恒量，由于我们只关心光的相对强度，因而不妨取 $k=1$. 因此，光波传到之处，若该处光振动的振幅为最大，看起来就最亮；而振幅为最小（或几近于零）处，则差不多完全黑暗. 由上式可知，亮暗的程度也可用光强来表述.

13.1.2 光的干涉

当满足相干条件的两束光在空间相遇时，相遇区域内会出现光强加强或减弱的明暗图样，这种光强非均匀的稳定分布的现象，叫作**光的干涉**. 产生干涉现象的光称为**相干光**，相应的光源称为**相干光源**.

光的相干条件与第 10 章中所述波的干涉条件相同，即**光振动的频率相同、振动方向相同和相位差恒定**.

两束相干光的干涉，可以归结为在空间任一点上两个光振动的叠加问题. 如图 13-1 所示，设 S_1 和 S_2 为两相干光源，发出的波分别经 r_1 和 r_2 在 P 点相遇，各自在 P 点引起的分振动为

$$E(r_1, t) = E_1 \cos\left(\omega t - \frac{2\pi r_1}{\lambda} + \varphi_1\right)$$

$$E(r_2, t) = E_2 \cos\left(\omega t - \frac{2\pi r_2}{\lambda} + \varphi_2\right)$$

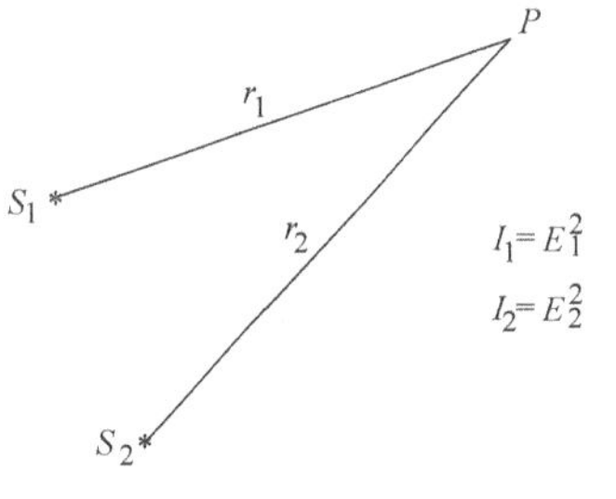

图 13-1 两束干涉光在 P 点相遇叠加

由式（10-24）可知，在 P 点，光的合振动振幅 E 的平方为

$$E^2 = E_1^2 + E_2^2 + 2E_1 E_2 \cos\varphi_{12} \tag{13-2}$$

式中，E_1 和 E_2 分别为两相干光源光振动的振幅，$\varphi_{12} = \varphi_1 - \varphi_2 - 2\pi\left(\dfrac{r_1 - r_2}{\lambda}\right)$ 为相位差，其中 φ_1、φ_2 分别是光源 S_1、S_2 的初相位，$(r_1 - r_2)$ 为波程差.

由于我们能观测到的都是光强，而不是振幅，因此我们可将上式改写成光强之间的关系. 对一定频率的光波来说，按式（13-1），可将式（13-2）改写成

$$I = I_1 + I_2 + 2\sqrt{I_1 I_2}\cos\varphi_{12} \tag{13-3}$$

式中，I_1、I_2 和 I 分别为两列相干光的光强和合成光的光强. 即在相干光叠加时，合成的光强并不等于两光源单独发出的光波在该点处的光强之和，即 $I \neq I_1 + I_2$. 式（13-3）中的 $2\sqrt{I_1 I_2}\cos\varphi_{12}$ 称为相干项. 若所讨论的两束相干光的振幅相等，则它们的光强相等，即 $I_1 = I_2 = I_0$，于是，式（13-3）便可简化为

$$I = 2I_0(1+\cos\varphi_{12}) = 4I_0\cos^2\frac{\varphi_{12}}{2} \tag{13-4}$$

当 $\varphi_{12} = \pm 2k\pi$，$k = 0, 1, 2, \cdots$ 时，$I = 4I_0$，干涉加强 $\tag{13-5a}$

当 $\varphi_{12} = \pm(2k+1)\pi$，$k = 0, 1, 2, \cdots$ 时，$I = 0$，干涉减弱 $\tag{13-5b}$

由此可见，两束光强相等的相干光叠加后，空间各点的合成光强不是两束光光强的简单相加. 在某些地方，光强增大到一束光的光强的 4 倍，而有些地方光强则为零，即两束光干涉的结果导致光的能量在空间重新分布，于是我们便可以从屏幕上看到一系列由明暗相间的条纹所组成的干涉图样.

对于干涉图样的明暗反差，取决于相应的光强的对比，光强反差愈大，明暗对比愈明显. 因此，我们引用**可见度 V** 来表征干涉图样的明暗反差，即

$$V = \frac{I_{max} - I_{min}}{I_{max} + I_{min}} \tag{13-6}$$

当 $I_{min} = 0$ 时，可见度 $V = 1$，条纹最清晰. 例如，在两列相干光波的振幅 $E_1 = E_2$ 的情况下，有 $I_1 = I_2$. 由式（13-4）得 $I_{max} = 4I_1$，$I_{min} = 0$. 这时可见度 $V = 1$，达到最大值. 其最大光强为每列相干光波光强的 4 倍，显得更亮；而最小光强为零，暗得全黑. 亮暗分明，反差极大，干涉图样最为清晰. 当 $I_{max} = I_{min}$ 时，可见度 $V = 0$，条纹消失，光强均匀分布.

所以，为了获得清晰的干涉图样，**两束相干光波的光强应力求相等或接近于相等**. 这是对光的干涉所提出的另一个要求.

问题 13-1 （1）试述光强与光振动振幅之间的关系.

（2）何谓相干光和相干条件？导出相干光叠加时总光强度与两列相干光波的光强之间的关系.

（3）何谓干涉图样的可见度？$V = 0$ 和 $V = 100\%$ 分别表示什么意义？为了获得清晰的干涉图样，两列相干光还需要满足什么条件？

13.1.3 相干光的获得

前面说过，实现光的干涉要满足光的相干条件，而要实现光的相干条件却不像在机械波或无线电波情况下那样容易. 这是由于普通光源的发光机制是原子能级的跃迁：处于高能级（激发态）的原子极不稳定，要自发跃迁到较低能级，并将等于两能级之差的能量以光的形式发射出来. 这一跃迁过程所经历的时间很短，在 $10^{-10} \sim 10^{-8}$ s 内，这也就是一个原子一次发光所持续的时间. 原子发光是间歇的，一个原子每一次发光只能发出一个频率、振动方向和初相一定且长度有限的光波，这一段光波叫作**波列**，如图 13-2 所示. 同一个原子前后发出的各个波列，

它们的频率和振动方向不尽相同,也没有固定的相位关系,这些波列是完全独立的. 对于不同原子发出的光波,情况同样如此,也是各自独立的. 因此,对整个发光体而言,所发的光,其相位瞬息万变. 因此,两个普通光源或同一光源不同部分发出的光都是不相干的.

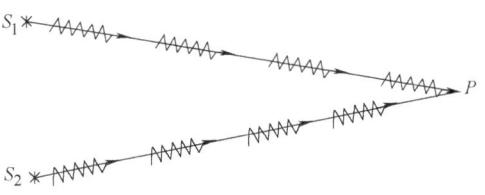

图 13-2 光源 S_1、S_2 中原子发出的光波

为了获得满足相干条件的光波,常将同一个点光源发出来的光线分成两个细窄的光束,并使这两束光在空间经过不同的路径而会聚于同一点. 由于这两光束实际上来自同一发光原子的同一次发光,所以它们将满足相干条件而成为相干光. 获得相干光的常用方法有两种:

(1) **分波阵面法**(或**分波前法**):在同一波前上分离出两束光,由于同一波前上各点相位相同,所以,这样分离出来的两束光满足相干条件. 如杨氏双缝干涉实验就是利用分波阵面法获得相干光的.

(2) **分振幅法**:利用光在两种透明介质交界面上的反射和折射,将来自同一光源的一束光分成两束,再引导它们相遇时将产生干涉现象. 如薄膜干涉实验就是利用分振幅法获得相干光的.

在激光光源中,所有发光的原子或分子都是"步调一致"地动作,所发出的光具有高度的相干稳定性. 从激光束中任意两点引出的光都是相干的,因而不需要采用上述获得相干光束的方法.

问题 13-2 试述普通光源的发光机理和获得相干光的两种方法.

13.1.4 双缝干涉

1. 杨氏双缝干涉实验

英国医生兼物理学家托马斯·杨(Thomas·Young,1773—1829)于1801年首先用实验方法实现了光的干涉,并测定了光的波长,为光的波动性提供了无可置疑的实验依据.

图 13-3a 是杨氏双缝干涉实验装置示意图. 将平行单色光垂直地射向狭缝 S_0,于是 S_0 便成为一个发射柱面波的线光源. 如图 13-3b 所示,双缝 S_1 和 S_2 相对于 S_0 呈对称分布,因而两者位于柱面波的同一个波面上. 根据惠更斯原理,S_1 和 S_2 作为两个子波源向前发射子波,它们的频率、振动方向和相位都相同,因此,S_1 和 S_2 是两个相干光源,从它们发出

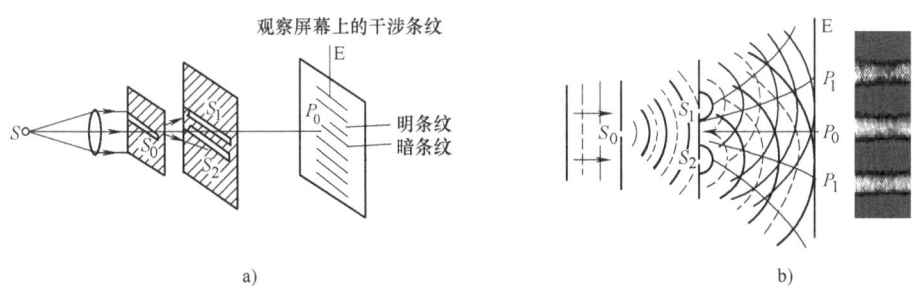

图 13-3 杨氏双缝干涉实验装置示意图

的光在相遇区域内便能产生干涉现象. 若在此区域内放置一个观察屏幕 E, 就可以在屏上观察到一系列与狭缝平行的明暗相间的稳定条纹, 即干涉条纹, 这些条纹的分布情况如图 13-3b 所示. 由于 S_1 和 S_2 是从同一波阵面上分离出来的两部分, 因而这种获得相干光的方法就称为**分波阵面法**. 下面就对干涉条纹在屏幕上的分布进行定量的分析.

2. 双缝干涉实验中明暗条纹在屏幕上的位置

在图 13-4 中, 设 S_1 和 S_2 为等宽的窄缝, 相距为 d (约 10^{-3}m), 它们到屏幕 E 的距离为 D (约 1~3m), 即 $d \ll D$, 由双缝发出的两束光到达屏上的光强在相干区域内可认为是相等的, 并令 $I_1 = I_2 = I_0$, 则屏幕上与中心 O 相距为 x 处的 P 点的光强可根据式 (13-4) 计算. 由于 S_1 和 S_2 的初相相同, 即 $\varphi_2 = \varphi_1$, 所以由双缝 S_1 和 S_2 分别射到点 P 的两束光的相位差 $\varphi_{12} = 2\pi \left(\dfrac{r_2 - r_1}{\lambda} \right)$, 它取决于波程差 $\delta = r_2 - r_1$. 由图 13-4 可知

$$r_2 - r_1 \approx d\sin\theta \approx d\frac{x}{D}$$

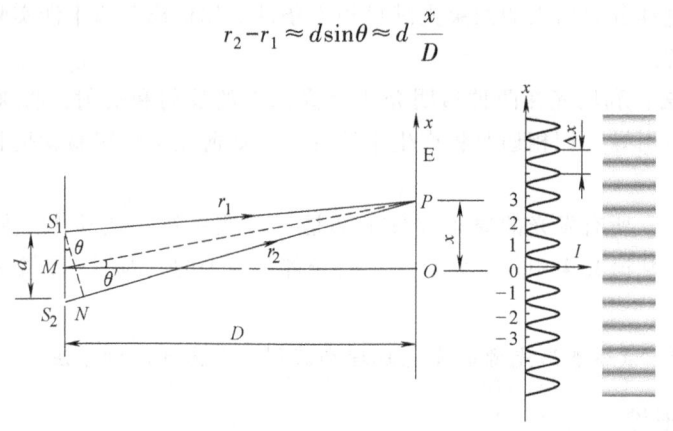

图 13-4 干涉条纹的计算

于是
$$\varphi_{12} = \frac{2\pi}{\lambda} d \frac{x}{D}$$

则
$$I = 4I_0 \cos^2 \frac{\varphi_{12}}{2} = 4I_0 \cos^2 \left(\frac{\pi d}{\lambda D} x \right) \tag{13-7}$$

由此式可知, 屏幕上的光强极大和光强极小交替出现, 形成明暗相间、等亮度、等间距的条纹. 由式 (13-5a)、式 (13-5b) 和式 (13-7) 可得屏幕上光强分布随 x 变化的规律, 即明、暗条纹中心线的位置为

$$x = \begin{cases} \pm \dfrac{kD}{d}\lambda, & k=0,1,2,3,\cdots, \quad I=4I_0, \quad \text{明条纹} \\ \pm(2k-1)\dfrac{D}{d}\dfrac{\lambda}{2}, & k=1,2,3,\cdots, \quad I=0, \quad \text{暗条纹} \end{cases} \tag{13-8}$$

式中, k 称为条纹的级次. 当 $k=0$ 时, $x=0$, 即零级明纹呈现在双缝的中垂面与屏幕的交线处, 故又称**中央明纹**. 在零级明条纹的上、下两侧, 对称地排列着正、负级次的条纹. 图 13-4 中的 I-x 曲线表示屏幕上光强度的分布情况.

两相邻明条纹或暗条纹之间的距离叫作条纹宽度,用 Δx 表示,即

$$\Delta x = \frac{D}{d}\lambda \tag{13-9}$$

由上述讨论可知杨氏双缝干涉条纹具有如下特点:

(1) 屏幕上 x 相等处光强相同.

(2) 条纹宽度 Δx 与条纹的级次 k 无关,即各级条纹是等宽的,所以双缝干涉条纹为平行于狭缝的等亮度、等间距的明、暗相间的条纹.

(3) 在入射光波长一定的情况下,条纹宽度 $\Delta x \propto D/d$,即两缝相距越近,条纹越宽;屏与缝相距越远,条纹越宽.

(4) 若 d 和 D 一定,则 $\Delta x \propto \lambda$,条纹宽度 Δx 与入射波长 λ 成正比,即红光的干涉条纹比紫光条纹宽. 若用白光做双缝干涉实验,则除中央明条纹为白色外,其余明纹成为内紫外红的彩色条纹,称为**光谱**. 随着级次 k 的增大,各种波长的不同级次的明条纹和暗条纹将互相重叠,以致难以分辨.

思维拓展

13-1 在杨氏双缝干涉实验中,为什么一定要有狭缝 S_0 的存在呢? 若撤掉狭缝 S_0,将光直接照到双缝上,还会看到干涉现象吗?

3. 劳埃德镜实验

英国物理学家劳埃德(H. Lloyd,1800—1881)于 1834 年提出了用一块平面反射镜 ML 观察干涉的装置,称为**劳埃德镜**(见图 13-5). 具体构想是这样的,从一个狭缝光源 S_1 所发出的光波,其波前的一部分直接照射到屏幕 P 上,另一部分则被平面镜 ML 反射到屏幕上. 这两束光由分波阵面得到的,满足相干条件,因此在叠加区域互相干涉,在此区域的屏幕 P 上可以观察到与狭缝平行的明暗相间的干涉条纹.

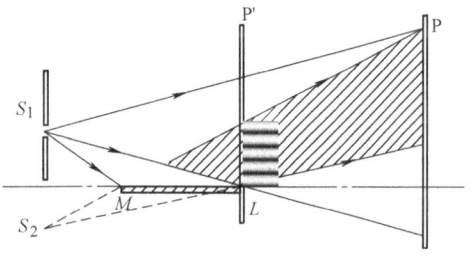

图 13-5 劳埃德镜的光路图

从镜面上反射出来的光束宛如从虚光源 S_2 发出来的,S_2 是 S_1 在平面镜 ML 中的虚像. S_1、S_2 构成一对相干光源,相当于两个狭缝光源,因此所产生的干涉条纹与杨氏双缝干涉条纹相类似. 值得指出,在实验时,若将屏幕 P 移到 P' 的位置,并与平面镜的一端 L 处接触,这样,从 S_1 和 S_2 到屏幕上 L 处的距离相等,即波程相等,两束相干光在 L 处应干涉加强而出现明条纹,可是,实验发现,在 L 处却出现暗条纹. 这是因为:从光源 S_1 发出的光波在镜面上反射时,发生了相位 π 的突变,由式(13-5)可知,L 处的相位差 $\varphi_{12} = \pi$,故干涉减弱,出现暗条纹. 由电磁场理论可以严格证明:**当一束光从折射率较小的光疏介质入射到折射率较大的光密介质上发生反射时**,在这两种介质分界面的入射点处,**便有 π 的相位突变**,这相当于光波在该处存在半个波长的额外波程差,称为光的**半波损失**(见 10.7.3 节). 如果光波从光密介质向光疏介质传播时,在分界面处,入射波的相位与反射波的相位相同,不存在半波损失.

问题 13-3 在杨氏双缝实验中，按下列方法操作，则干涉条纹将如何变化？为什么？

(1) 使两缝间的距离逐渐增大；

(2) 保持双缝间距不变，使双缝与屏幕的距离变大；

(3) 将缝光源 S_0 在垂直于轴线方向往下移动.

问题 13-4 在双缝实验中，所用蓝光的波长是 440nm，在 2.00m 远的屏幕上测得干涉条纹的宽度为 0.15cm. 试求两缝间距.

问题 13-5 (1) 试述由劳埃德镜获得相干光的方法，画出其光路图，并说明如何由劳埃德镜实验证实相位突变现象. 何谓半波损失？

(2) 如问题 13-5 (2) 图所示，从远处的点光源 S_0 发出的两束光 S_0AP 和 S_0BP 在折射率为 n_1 的介质中传播，它们分别在折射率为 n_2、n_3 的介质表面上反射后相遇于 P 点. 已知 $n_2 > n_1$，$n_3 < n_1$. 问这两束光在分界面发生反射时有无 π 的相位突变？

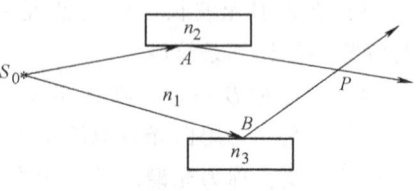

问题 13-5 (2) 图

4. 光程的物理意义　光程差

由上述讨论可知，干涉现象的产生，取决于相干光之间的相位差. 在同种的均匀介质内，例如在杨氏双缝实验中，两束光在空气（介质）中相遇处叠加时的相位差只取决于两束光之间的波程（即几何路程）之差. 但在一般情况下，光波在传播的过程中将经历不同的介质. 当光穿过不同介质时，其频率 ν 始终不变，但其光速 v 则随介质的不同而异，因而，其波长 λ 亦将随介质的不同而改变. 设 λ 和 λ' 分别为光在真空中和介质中的波长，则 $c = \lambda \nu$，$v = \lambda' \nu$，两式相比，得

$$\lambda' = \frac{v}{c}\lambda = \frac{\lambda}{n}$$

式中，n 为介质的折射率. 可见光经过介质（$n > 1$）时，其波长要缩短. 这样，在相同时间内，光在真空中走过的路程和在介质中传播的路程是不等的. 为便于计算和比较，常把光在介质中所传播的路程折算为光在真空中传播的路程长度，称为**光程**，即**光程为介质的折射率 n 与光波经过的几何路程 r 之乘积** nr（见 12.2.1 节）.

有了光程的概念，就可用它来比较光波在不同介质中经过的路程所引起的相位变化，这对于讨论两束相干光各自经过不同介质而干涉的条件，十分方便. 如图 13-6 所示，从两个初相相同的相干光源发出的两束相干光波在 P 点相遇，其相位差为

$$\varphi_{12} = \frac{2\pi r_2}{\lambda_2} - \frac{2\pi r_1}{\lambda_1} = \frac{2\pi}{\lambda}(n_2 r_2 - n_1 r_1)^{\ominus} \quad (13-10)$$

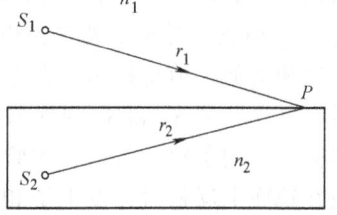

图 13-6　两束相干光波相遇

$\ominus$ 在求两列相干波的相位差时，我们可以随意地用其中任何一列波的相位减去另一列波的相位，不必顾及它们的顺序，这对决定它们的干涉条件无关紧要，在计算光程差或波程差时，也是如此.

式中，λ 为这两束相干光在真空中的波长，$n_2 r_2 - n_1 r_1$ 是由它们在两种介质中的传播路径（波程）不同所引起的**光程差**，用 δ 表示，则

$$\delta = n_2 r_2 - n_1 r_1 \tag{13-11}$$

这样，两束相干光叠加后，其合成的光强加强、减弱条件可由光程差决定，即

$$\delta = \begin{cases} \pm k\lambda & (k=0,1,2,\cdots) \quad \text{干涉加强} \\ \pm(2k-1)\dfrac{\lambda}{2} & (k=1,2,\cdots) \quad \text{干涉减弱} \end{cases} \tag{13-12}$$

两束相干光在不同介质中传播时，干涉条件取决于这两束光的光程差，而不是两者的波程（即几何路程）之差.

在计算光程时，尚有以下几种情况值得注意：

（1）在真空中放入厚度为 d、折射率为 n 的介质时，附加光程为 $(n-1)d$.

（2）光从光疏介质射到光密介质而在界面反射时，发生半波损失，附加光程为 $\lambda/2$. 所以在计算两束相干光的光程时，还应计入由半波损失所产生的额外光程.⊖

（3）根据费马原理，成像系统的物点与像点之间各光线的光程都相等. 所以在使用透镜或其他光学仪器成像时，不会引起光程的附加变化.

问题 13-6 在问题 13-5（2）中，设 $S_0A = AP = BP = r_1$，$S_0B = r_2$，试在两种情况下求两束光 S_0AP 和 S_0BP 的光程差：（1）$n_2 > n_1$，$n_3 < n_1$；（2）$n_2 > n_1$，$n_3 > n_1$.

例题 13-1 如例题 13-1 图所示，假设有两个同相的相干点光源 S_1 和 S_2 发出波长为 λ 的光. A 是它们连线 S_1、S_2 的中垂线上的一点. 若在 S_1 与 A 之间插入厚度为 e、折射率为 n 的薄玻璃片. 求：（1）两光源发出的光在 A 点的相位差 φ_{21}；（2）若已知 $\lambda = 500\,\text{nm}$，$n = 1.5$，A 点恰为第 4 级明条纹中心，试求玻璃片的厚度.

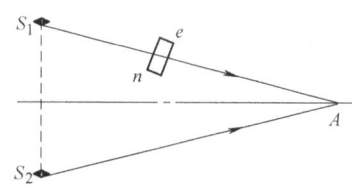

例题 13-1 图

解（1）设 S_1、S_2 到 A 点的距离为 r，则 S_1 到点 A 的光程为 $(r-e)+ne$，S_2 到点 A 的光程为 r，两者之光程差为

$$\delta = [(r-e)+ne] - r = (n-1)e$$

由式（13-10），A 点的相位差为

$$\varphi_{21} = \frac{2\pi}{\lambda}\delta = \frac{2\pi(n-1)e}{\lambda}$$

（2）按题意，插入薄玻璃片后，A 点为第 4 级明条纹中心，由式（13-12）可得

$$(n-1)e = k\lambda$$

由题知 $k = 4$，$n = 1.5$，$\lambda = 500\,\text{nm}$，代入上式，解得薄玻璃片的厚度为

⊖ 在计入额外光程差 $\lambda/2$ 时，可以加上 $\lambda/2$，也可以减去 $\lambda/2$，这不影响干涉条件的结果，只不过在干涉条件中，导致 k 递增或递减一个级次而已，本书统一采用加上 $\lambda/2$ 的办法.

$$e = \frac{k\lambda}{n-1} = \frac{4 \times 500\text{nm}}{1.5-1} = 4.0 \times 10^{-3}\text{mm}$$

例题 13-2 在例题 13-2 图所示的双缝装置中，已知双缝 S_1、S_2 的间距 $d = 3.3$mm，双缝到屏的距离 $D = 3$m，若入射单色波的波长 $\lambda = 500$nm。（1）求条纹间距；（2）在狭缝 S_1 前放一厚度 $e = 0.01$mm 的透明薄片，试推导出条纹位移公式。若已知条纹移动 $\Delta l = 4.73$mm，求薄片的折射率。

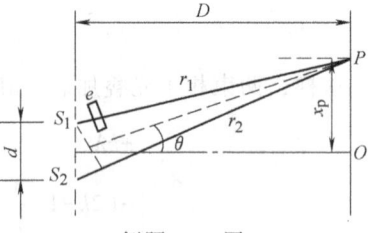

例题 13-2 图

解 （1）由杨氏双缝实验的相邻明（或暗）条纹的间距公式

$$\Delta x = \frac{D}{d}\lambda$$

将题给的 $d = 3.3$mm，$D = 3$m，$\lambda = 500$nm 代入上式，算得

$$\Delta x = \frac{3 \times 10^3 \text{mm} \times 5 \times 10^{-4}\text{mm}}{3.3\text{mm}} = 0.45\text{mm}$$

（2）推导位移公式：不放透明薄片时，在 P 点相遇的两束光的光程差为

$$\delta = r_2 - r_1 = \frac{d}{D}x$$

设 P 点为第 k 级明条纹，则 $\delta = r_2 - r_1 = k\lambda$，有

$$x = k\frac{D}{d}\lambda$$

在 S_1 前放入透明薄片后，原来第 k 级明条纹要移动至 P' 点的 x' 处，则两束光的光程差为

$$\delta' = r_2 - (r_1 - e + ne) = (r_2 - r_1) - e(n-1) = \frac{d}{D}x' - e(n-1) = k\lambda$$

由此可得

$$x' = \frac{D}{d}[e(n-1) + k\lambda]$$

于是，可得条纹移动公式为

$$\Delta l = |x' - x| = \frac{D}{d}e(n-1)$$

由此可得

$$n = 1 + \frac{d\Delta l}{De}$$

将 $\Delta l = 4.73$mm，$e = 0.01$mm，$D = 3$m 代入上式，可算得薄片的折射率为

$$n = 1.52$$

13.1.5 薄膜干涉

日常生活中，我们常看到肥皂泡、河面上和雨后地面上的废油层等呈现许多绚丽的彩色条纹。这些条纹就是自然光（阳光）照射在薄膜上，经过薄膜的上、下表面反射后相互干涉的结果。下面我们将用分振幅法讨论光的薄膜干涉。

1. 平行平面薄膜干涉

设表面为两个互相平行的平面，其厚度为 e、折射率为 n_2 的均匀薄膜处于折射率为 n_1 的介质中，且 $n_2 > n_1$，如图 13-7 所示.

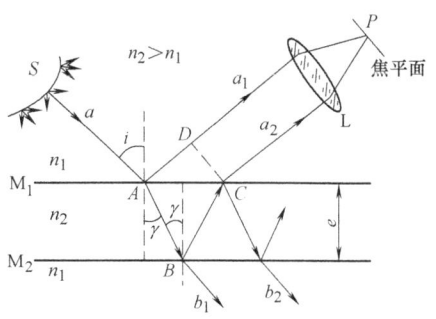

图 13-7 薄膜干涉

图中，S 为单色扩展光源，它的表面上每一发光点（点光源）都向各方向发射波长为 λ 的单色光. 其中，一束光线 a 投射到薄膜上表面 M_1 的 A 点，入射角为 i. 光束 a 的一部分在上表面 M_1 的 A 点反射，成为反射光束 a_1；另一部分以折射角 γ 透入薄膜内，在其下表面 M_2 的 B 点处反射，再由薄膜上表面的 C 点折射成为光束 a_2. 这样，光束 a 经薄膜上、下表面的反射而被分成两个光束 a_1 和 a_2. 它们来自同一个点光源，乃是两束相干光，它们彼此平行，经透镜 L 后，会聚在其焦平面上，发生干涉现象.

由于光束 a_1 和 a_2 是由光束 a 分出来的，我们只需计算在 A 点以后的两者光程差. 作 $CD \perp AD$，则光束 a_1 从 A 点反射后到达 D 点的光程为 $n_1 \overline{AD}$；光束 a_2 从 A 点经 B 点到达 C 点的光程为 $n_2(\overline{AB}+\overline{BC})$. 此后，光束 a_1 和 a_2 乃是具有同一波前 CD 的平行光，分别通过透镜而会聚于 P 点，由于透镜不产生额外的光程差，故它们的光程相等. 但由于 $n_1 < n_2$，光束 a 在两介质分界面反射时有半波损失，应考虑由此产生的额外光程差 $\lambda/2$. 所以光束 a_1 和 a_2 的总光程差为

$$\delta = n_2(\overline{AB}+\overline{BC}) - n_1 \overline{AD} + \frac{\lambda}{2} \tag{ⓐ}$$

由图 13-7 中的几何关系可知，$\overline{AB} = \overline{BC} = \dfrac{e}{\cos\gamma}$，$\overline{AD} = \overline{AC}\sin i = 2e\tan\gamma\sin i$，根据光的折射定律 $n_1 \sin i = n_2 \sin\gamma$，式ⓐ可化成

$$\delta = \frac{2n_2 e}{\cos\gamma} - 2n_1 e \tan\gamma \sin i + \frac{\lambda}{2} = \frac{2n_2 e}{\cos\gamma}(1-\sin^2\gamma) + \frac{\lambda}{2}$$

$$= 2en_2\cos\gamma + \frac{\lambda}{2} = 2e\sqrt{n_2^2 - n_2^2\sin^2\gamma} + \frac{\lambda}{2} = 2e\sqrt{n_2^2 - n_1^2\sin^2 i} + \frac{\lambda}{2} \tag{ⓑ}$$

于是，根据式（13-12）便得薄膜上、下表面反射光束相干条件，即

$$2e\sqrt{n_2^2 - n_1^2 \sin^2 i} + \frac{\lambda}{2} = \begin{cases} k\lambda & (k=1,2,\cdots) \quad \text{干涉加强} \\ (2k+1)\dfrac{\lambda}{2} & (k=0,1,2,\cdots) \quad \text{干涉减弱} \end{cases} \tag{13-13}$$

类似地，从扩展光源上其他点光源发出的光波中，凡是与光束 a 在同一入射面内、且与光束 a 的入射角 i 相等的所有光束如同光束 a 的情况一样，经薄膜后所形成的每一对相干光束都将会聚在透镜焦平面上的同一点 P. 由于它们的入射角 i 相等，因此它们在 P 点产生的干涉强、弱的效果也完全相同，显示出相同的光强. 并且，由于来自各个点光源的光束彼此独立，互不相干，这些光强由于在 P 点非相干叠加，从而提高了 P 点的明、暗程度.

当入射光波长 λ 和介质折射率 n_1、n_2 一定时，由式（13-13）可知，光程差与薄膜厚度

e 和光线入射角 i 有关. 当薄膜厚度均匀时,e 为恒量,即薄膜两个表面互相平行,光程差只随入射角 i 变化. 由于扩展光源的表面展布于空间中,其上每个点光源向各方向发射的光波中,也有与光束 a 不在同一入射面上、但与光束 a 具有相同入射角 i 的众多光束,这些入射光束将形成以薄膜法线为轴的圆锥面,如图 13-8a 所示. 与光束 a 的入射面不同的那些光束在透镜焦平面上将不再会聚于 P 点,而是在焦平面上形成一个光强度相同的圆形条纹. 所以干涉条纹是一组同心圆环,如图 13-8b 所示,我们称这样的干涉为**等倾干涉**.

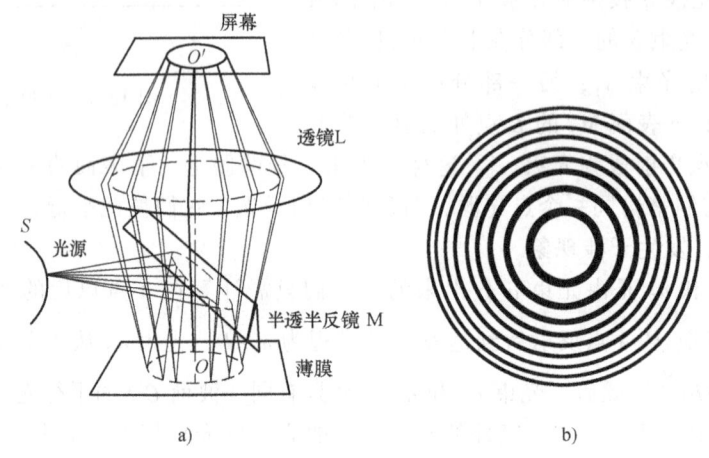

图 13-8 等倾干涉装置及干涉条纹

如图 13-7 所示,光束 a 的一部分经上表面 M_1 反射,另一部分透入薄膜内. 透入薄膜内的光束经薄膜下表面 M_2 又分成反射和透射两部分光束,用 b_1 表示其透射光束,而反射光束返回介质内经上表面 M_1 上的 C 点处又有一部分返回,经 M_2 后又有一部分光束 b_2 透出. 由于 b_1、b_2 来自同一个点光源,是两束相干光. 这样,经薄膜折射的光束也将产生干涉现象. 由于 $n_2 > n_1$,光在 B 点和 C 点反射时均无半波损失;若 $n_2 < n_1$,光在 B 点和 C 点反射时都有半波损失,其引起的相位突变效果相互抵消,所以透射光束 b_1 和 b_2 的光程公式中没有附加光程差 $\lambda/2$ 项. 同理可以求得透射光束 b_1 和 b_2 的相干条件

$$2e\sqrt{n_2^2 - n_1^2 \sin^2 i} = \begin{cases} k\lambda & (k=1,2,\cdots) \quad \text{干涉加强} \\ (2k+1)\dfrac{\lambda}{2} & (k=0,1,2,\cdots) \quad \text{干涉减弱} \end{cases} \quad (13\text{-}14)$$

由式 (13-13) 和式 (13-14) 知,反射光束 a_1 和 a_2 与透射光束 b_1 和 b_2 的光程差相差 $\lambda/2$,说明同一级次反射光和透射光的干涉条纹总是明暗互补的,即反射光干涉加强处,透射光干涉减弱;反射光干涉减弱处,透射光干涉加强. 这正是能量守恒定律所要求的.

2. 增透膜和增反膜

在比较复杂的光学仪器的光学元件(如照相机的镜头、眼镜片、棱镜等)中,为了减少光学表面上光反射的能量损失,一般在元件表面上都镀有一层厚度均匀的透明薄膜[通常用氟化镁(MgF_2)],使入射单色光在膜的两个表面的反射光干涉相消. 于是,这种单色光就几乎不反射而完全透过薄膜,这种使透射光增强的薄膜叫作**增透膜**,它的作用是使元件的透明度增加.

如图 13-9 所示，在元件的玻璃（其折射率 $n'=1.5$）表面上镀一层厚度为 e 的氟化镁增透膜，它的折射率 $n=1.38$，比玻璃的折射率小，比空气的折射率 n_1 大，所以在氟化镁薄膜上、下两表面上的反射光Ⅰ和Ⅱ都是从光疏介质到光密介质，在两个界面上都有半波损失，其引起的相位突变效果相互抵消. 假设入射光束 a 垂直照射到氟化镁薄膜表面上，即入射角 $i=0$，则氟化镁薄膜上、下表面的反射光束Ⅰ和Ⅱ干涉相消的条件为

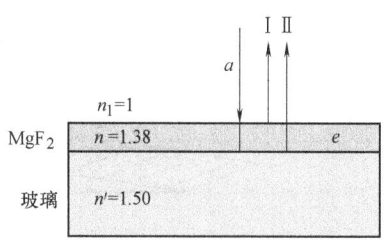

图 13-9 氟化镁增透膜

$$\delta = 2ne + \frac{\lambda}{2} + \frac{\lambda}{2} = (2k+1)\frac{\lambda}{2}$$

由此可得所需镀膜的厚度为

$$e = (2k-1)\frac{\lambda}{4n} \quad (k=1,2,3,\cdots)$$

$k=1$ 时，取光的波长 $\lambda=550\text{nm}$（黄绿光），则镀膜的最小厚度为

$$e = \frac{\lambda}{4n} = \frac{550\text{nm}}{4\times1.38} \approx 100\text{nm}$$

即氟化镁的厚度如果为 100nm 或 $(2k+1)\times100$nm，都可使这种波长的黄绿光在两界面上的反射光干涉减弱. 根据能量守恒定律，反射光减少，透过薄膜的黄绿光就增强了.

反之，对图 13-9 所示的薄膜，在入射光垂直照射的情况下，若使两束光Ⅰ和Ⅱ的光程差等于入射光波长的整数倍，即

$$\delta = 2ne + \lambda = k\lambda \quad (k=1,2,3,\cdots)$$

则两束光干涉加强，反射光增强，透射光减弱. 这种薄膜则称为**增反膜**. 激光器中反射镜的表面都镀有增反膜，以提高其反射率；宇航员的头盔和面甲，其表面上也需镀增反膜，以削弱强红外线对人体的透射.

3. 劈形薄膜干涉

如果平面薄膜两个表面不平行，便形成劈的形状，称为**劈形薄膜**，习惯上，亦称**劈形膜**. 由式（13-13）知，当平行光以同一入射角 i 入射这种薄膜表面时，经上、下表面反射的两束光的光程差将随薄膜厚度而变化，这种干涉称为**等厚干涉**. 常见的等厚干涉有劈形薄膜干涉和牛顿环.

两块长为 L 的平面玻璃片，一端互相紧密叠合，另一端垫入厚度为 d 的薄纸片或细丝，两玻璃间就形成了劈形状的空气薄膜，称为**劈形空气膜**. 若两玻璃片之间充以折射率为 n 的介质，则形成不同材料的劈形膜. 膜的上、下两个表面就是两块玻璃片的内表面，如图 13-10a 所示. 当一束平行光垂直入射于劈形膜表面时，光线经劈形膜的上、下两个表面反射，反射光相互干涉，于是我们在劈形膜的上表面看到明暗相间的干涉条纹.

在图 13-10b 中，当平行光垂直入射于劈形膜时，经劈形膜上、下表面反射的两束光线 1、2 是相干光，这两束光线的光程差可由式（13-13）决定，即

$$\delta = 2e\sqrt{n_2^2 - n_1^2\sin^2 i} + \frac{\lambda}{2}$$

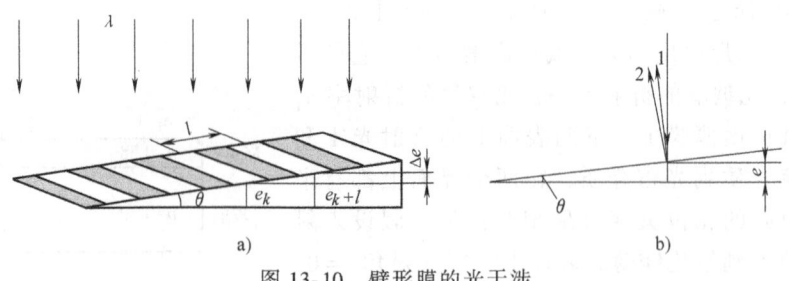

图 13-10 劈形膜的光干涉

由于膜的上、下表面所成的夹角 θ 甚小，因而入射光与反射光皆可看成垂直于膜的上、下表面，即入射角 $i \approx 0$，折射角 $r \approx 0$。设膜处于空气中，$n_1 \approx 1$，n_2 为膜的折射率，记作 n，则明暗条纹的形成条件便成为

$$2ne + \frac{\lambda}{2} = \begin{cases} k\lambda & (k = 1, 2, \cdots) \quad \text{明条纹} \\ (2k+1)\frac{\lambda}{2} & (k = 0, 1, 2, \cdots) \quad \text{暗条纹} \end{cases} \tag{13-15}$$

式中，k 为对应条纹的级次。由上式可知，一定的级次 k 对应于劈形膜的一定厚度 e，而劈形膜的等厚线平行于棱边，所以劈形膜干涉条纹是平行于棱边的明暗相间的条纹。棱边处 $e = 0$，$\delta = \lambda/2$，满足干涉相消条件，所以棱边处为暗纹中心。相邻明纹（或暗纹）中心对应于劈形膜的厚度差为

$$\Delta e = e_{k+1} - e_k = \frac{1}{2n}(k+1)\lambda - \frac{1}{2n}k\lambda = \frac{\lambda}{2n} \tag{13-16}$$

所以劈形膜干涉条纹是等间距的，其相邻明条纹或暗条纹中心线之间的距离 l 都是相等的。由图 13-10a 有

$$l = \frac{\Delta e}{\sin\theta} = \frac{\lambda}{2n\sin\theta} \approx \frac{\lambda}{2n\theta} \tag{13-17}$$

由上式可以看出，当入射光的波长 λ 和介质折射率 n 一定时，劈形膜的夹角 θ 愈小，则 l 愈大，干涉条纹的分布愈疏；θ 愈大，则 l 愈小，干涉条纹的分布愈密。因此，干涉条纹只能在 θ 很小的劈形膜上看得清楚。否则，θ 较大，干涉条纹就密集得无法分辨。如果 n 和 θ 一定，干涉条纹间距随入射波的波长而变化：波长愈长，条纹间距愈宽。所以用白光照射时将出现彩色光谱。如果 λ 和 θ 一定，干涉条纹的间距将随介质折射率 n 变化。

劈形膜干涉常用于测量微小长度和检验光学元件表面的平整度。

问题 13-7 观察肥皂液膜的干涉时，刚吹起的肥皂泡没有颜色，吹到一定大小时会看到彩色，其颜色随肥皂泡增大而改变，当彩色消失呈现黑色时，肥皂泡破裂，为什么？

问题 13-8 两块玻璃平板构成的劈形膜干涉装置发生如下变化，相应的干涉条纹将怎样变化？（1）劈尖上表面缓慢向上平移；（2）棱不动，逐渐增大劈尖角；（3）两玻璃板之间注入水；（4）劈尖下表面上有下凹的缺陷。[答：（1）干涉条纹整体地向棱的方向平移；（2）条纹间距变小，并向棱边密集；（3）条纹间距变小；（4）相应于下凹处的干涉条纹弯向棱边方向]

第13章 波动光学

例题 13-3 在半导体元件的生产过程中，常利用劈形膜干涉来测定硅片上 SiO_2 薄膜的厚度．其方法是将膜的一端腐蚀成劈尖状，如例题 13-3 图所示．若已知 SiO_2 的折射率 $n=1.46$，并介于空气与硅的折射率之间，用波长 $\lambda=546.1\text{nm}$ 的绿光垂直照射 SiO_2 劈形膜时，劈尖斜面顶端 M 处恰好是第 7 条暗条纹，求 SiO_2 膜的厚度．

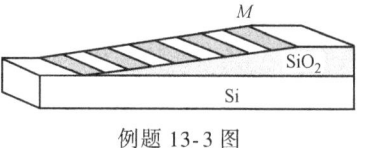

例题 13-3 图

解 由于 $n_{空气} < n < n_{硅}$，绿光在 SiO_2 膜上、下表面反射时均有半波损失，光程差

$$\delta = 2ne + \frac{\lambda}{2} + \frac{\lambda}{2}$$

则暗条纹条件为

$$2ne + \frac{\lambda}{2} + \frac{\lambda}{2} = (2k+1)\frac{\lambda}{2} \quad (k=1,2,3,\cdots)$$

第 7 条暗条纹 $k=7$，由此可得 SiO_2 膜的厚度

$$e = (2k-1)\frac{\lambda}{4n} = (2\times 7-1)\frac{546.1\text{nm}}{4\times 1.46} = 1.22\times 10^{-6}\text{m}$$

例题 13-4 测定固体线胀系数的干涉膨胀仪的构造如例题 13-4 图所示．在平台 D 上放置一个上表面磨成稍微倾斜的待测样品 B，外面套一个热膨胀系数很小的石英或殷钢制成的圆环 C，环顶上放一平板玻璃 A，其下表面和样品 B 的上表面之间形成一劈形空气膜．以波长为 λ 的单色平行光自 A 板垂直入射到这个劈形空气膜上，产生等厚干涉条纹．设在温度 t_0 时，测得样品的长度为 L_0；温度升高到 t 时，环 C 的长度几乎不变，样品的长度增为 L．在这个过程中，从视场中看到越过某一刻线的条纹数目为 N．求被测物 B 的热膨胀系数 β．

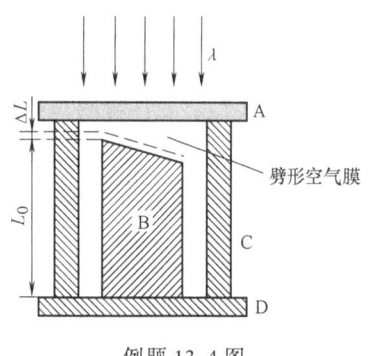

例题 13-4 图

解 在劈形空气膜等厚干涉条纹中，设第 k 级暗条纹处的空气膜厚度为

$$e_k = k\frac{\lambda}{2}$$

温度升高到 t 时，劈形空气膜同一处的厚度为

$$e_{k-N} = (k-N)\frac{\lambda}{2}$$

按题意，忽略圆环 C 的膨胀伸长，则空气膜的厚度差为

$$\Delta L = L - L_0 = e_k - e_{k-N} = N\frac{\lambda}{2}$$

由热膨胀系数的定义，得

$$\beta = \frac{L-L_0}{L_0}\frac{1}{t-t_0} = \frac{N\lambda}{2L_0(t-t_0)}$$

例题 13-5 欲测一工件表面的平整度，将一块非常平整的标准玻璃放在待测工件上，使其间形成空气劈尖，如例题 13-5 图 a 所示，现用波长 $\lambda=500\text{nm}$ 的入射光垂直照射时，测

得如例题 13-5 图 b 所示的干涉条纹. 问: (1) 不平处是凸的还是凹的? (2) 如果相邻条纹间距 $b=2\text{mm}$, 条纹的最大弯曲处与未弯曲时该条纹的距离 $a=0.8\text{mm}$, 则不平处的最大高度或深度是多少?

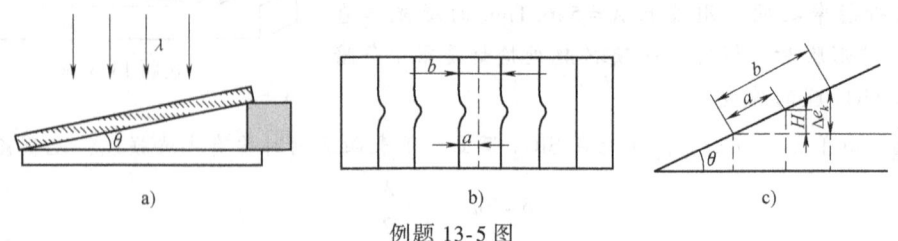

例题 13-5 图

解 (1) 等厚干涉中, 每一条纹所在位置的空气膜具有同一厚度. 条纹向右弯, 则表明工件表面纹路是凸的.

(2) 相邻两亮 (或暗) 条纹对应的空气膜厚度差为

$$\Delta e_k = \lambda/2 \qquad \text{ⓐ}$$

由例题 13-5 图 c 的几何关系, 得

$$\sin\theta = \frac{\Delta e_k}{b} = \frac{H}{a} \qquad \text{ⓑ}$$

将式ⓐ代入上式, 可得待测工件表面凸出的最大高度为

$$H = \frac{a}{b} \cdot \frac{\lambda}{2}$$

4. 牛顿环

将一曲率半径很大的平凸玻璃透镜放在一平板玻璃上, 如图 13-11a 所示, 则在它们之间就形成了环状的劈形介质 (折射率为 n) 薄层. 用单色平行光垂直入射时, 可得到等厚干涉条纹. 由于在以接触点为中心的圆周上各点, 薄层的厚度相等. 则由薄层上、下表面形成的反射光在透镜的凸面和薄层的交界面上, 形成以接触点 O 为中心的一组环形干涉条纹, 这组环形条纹在靠近中央部分分布较疏, 边缘部分分布较密. 如果光源发出单色光, 这些条纹是明暗相间的环形条纹 (参见图 13-11b); 如果光源发出白色光, 则这些条纹是彩色的环形条纹 (级次高的条纹互相重叠, 分辨不清, 一般能看到三、四个彩色环). 这些环状干涉条纹叫作**牛顿环**, 如图 13-11b 所示. 明、暗环满足式 (13-15) 所表示的条件. 环心处 $e=0$, 形成暗斑. 如果平凸透镜的曲率半径为 R, 从中心向外数到第 k 级圆环的半径为 r, 则由图示的几何关系, 有

$$r^2 = R^2 - (R-e)^2$$

化简此式, 并考虑到 $R \gg e$, 则得薄层厚度为

$$e = \frac{r^2}{2R}$$

> 由于环心在接触点上, $e=0$, 两束反射光线的额外光程差为 $\lambda/2$, 故接触点是一暗点. 可是平凸透镜放在平玻片上, 会引起接触点处因挤压而发生变形, 因而接触点实际上不是暗点, 而为一暗圆斑.

代入式 (13-15) 中, 得第 k 级明、暗环半径为

$$\left.\begin{array}{l}明环：r=\sqrt{\dfrac{(2k-1)\lambda R}{2n}} \quad (k=1,2,3,\cdots)\\[2mm] 暗环：r=\sqrt{\dfrac{k\lambda R}{n}} \quad (k=0,1,2,3,\cdots)\end{array}\right\} \quad (13\text{-}18)$$

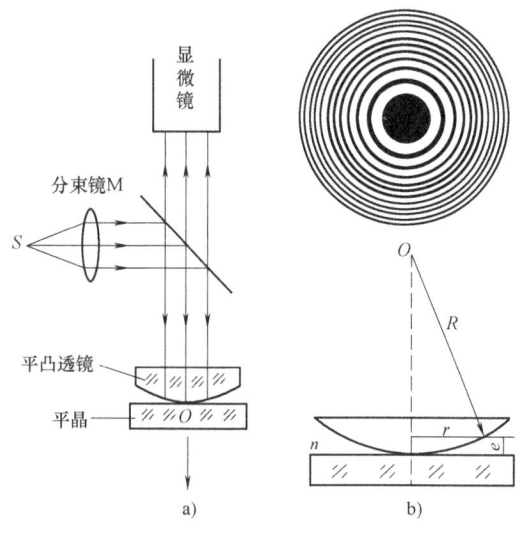

图 13-11 牛顿环

a) 观察牛顿环的装置示意图 b) 牛顿环图案

若劈形薄层中充满空气，则 $n=1$.

用牛顿环仪器也可以观察透射光的环形干涉条纹．这些条纹的明暗情形与反射光的明暗条纹恰好相反，环的中心点在透射光中是一个亮斑．

在实验室里，用牛顿环来测定光波的波长是一种最通用的方法．我们也可以根据条纹的圆形程度来检验平面玻璃是否磨得很平，以及曲面玻璃的曲率半径是否处处均匀．

章前问题 1 解答

通过薄膜干涉的学习，我们了解到滴在马路上的汽油膜、肥皂泡、蜻蜓和蝉的翅膀在阳光照射下会发生干涉现象，因而呈现出斑斓的色彩．正是由于光的干涉的存在，才使得我们所生活的世界看起来多了许多的色彩．

问题拓展

13-1 你还能举出生活中常见的光的干涉的实例吗？

例题 13-6 用紫色光观察牛顿环现象时，看到第 k 级暗环中央的半径 $r_k=4\text{mm}$，第 $k+5$ 级暗环中央的半径 $r_{k+5}=6\text{mm}$．已知所用凸透镜的曲率半径为 $R=10\text{m}$．求紫光的波长和环数 k．

解 根据牛顿环的暗环半径公式及题意，可以得到两个关系，即

$$r_k^2 = k\lambda R \quad \text{和} \quad r_{k+5}^2 = (k+5)\lambda R$$

两式联立，可解得紫光的波长

$$\lambda = \frac{r_{k+5}^2 - r_k^2}{5R} = \frac{(6\times 10^{-3})^2 \text{m}^2 - (4\times 10^{-3})^2 \text{m}^2}{5\times 10 \text{m}} = 400 \text{nm}$$

环数为

$$k = \frac{r_k^2}{\lambda R} = \frac{(4\times 10^{-3})^2 \text{m}^2}{(400\times 10^{-9}\text{m})\times 10\text{m}} = 4$$

13.1.6 迈克耳孙干涉仪

干涉仪是根据光的干涉原理制成的一种精密仪器，可用于精密测量长度和介质折射率、测定光谱精细结构和测量星体直径等许多方面．迈克耳孙干涉仪是美籍德国物理学家迈克耳孙（Michelson, 1852—1931）于1880年创制的，它的基本构造原理如图13-12所示．

图中 M_1 和 M_2 为平面镜，M_2 是固定的，M_1 由一螺钉控制，可做微小移动．G_1 和 G_2 是两块完全一样的玻璃片，其中 G_1 的一个表面镀有半透明薄银层（图中用粗线标出），它使照上去的入射光分成强度大致相等的反射光和透射光，称为**分光板**；G_2 起增大光程的作用，称为**补偿板**．G_1 和 G_2 严格保持平行，并与平面镜 M_1 或 M_2 倾斜成45°角．

光源射来的光线由分光板 G_1 分成两束，反射光线2射向 M_2，经 M_2 反射后透过 G_1 进入观测装置 E，用 2′ 表示；透射光线1穿过 G_2 射向 M_1，经 M_1 反射后再穿过 G_2，并进入 G_1 反射后进入观测装置 E，用 1′ 表示．光线 1′、2′ 来自同一光线，满足干涉条件，在观测装置中将观察到干涉条纹．在观察者看来，光线 1′ 好像是从 M_1 的虚像 M_1' 射来的一样，所以这种情况下所观察到的干涉条纹宛如 M_2 和 M_1' 之间的空气薄膜所形成的干涉条纹．

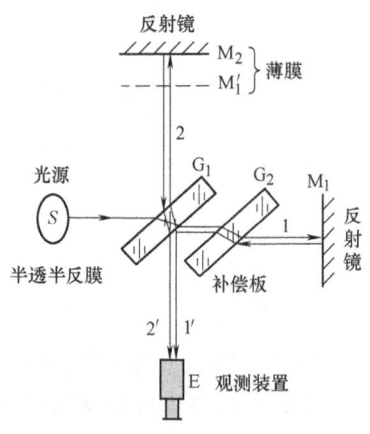

图 13-12 迈克耳孙干涉仪

如果 M_1 和 M_2 严格地相互垂直，那么，M_2 和 M_1' 严格地相互平行，观察者将看到等倾干涉条纹．如果 M_1 和 M_2 不是严格地相互垂直，那么，M_2 和 M_1' 也不是严格相互平行，观察者将会看到等厚干涉条纹．无论是等倾干涉还是等厚干涉情况，如果入射单色光的波长为 λ，则每当 M_1 平移 $\lambda/2$ 的距离时，视场中将看到一条干涉条纹移过，因此，数一数在视场中移过的条纹数目 N，就可算出平面镜 M_1 移动的距离 d（以光波的波长计）为

$$d = N\frac{\lambda}{2} \tag{13-19}$$

根据式（13-19），也可从平面镜 M_1 移动的距离来测定波长．

迈克耳孙曾用自己的干涉仪测量过镉红线的波长，并测定标准米尺的长度，即 1m 等于 1553163.5 个镉红光的波长．

除迈克耳孙干涉仪外，工业上还常用显微干涉仪来检查光学玻璃的表面加工质量、测定机件磨光面的光洁度等. 此外, 根据不同要求和用途而设计的干涉仪, 其原理都是基于光的干涉.

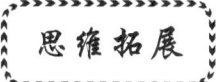

13-2　如果所有的光都是相干的, 那么我们生活的世界将会变成什么样呢? 请放飞你的思维!

13.2　光的衍射

13.2.1　光的衍射现象　惠更斯-菲涅耳原理

1. 光的衍射现象

在第 10 章中讲过, 当水波穿过障碍物的小孔时, 可以绕过小孔的边缘, 不再按照原来波射线的方向, 而是弯曲地向障碍物后面传播. 波能够绕过障碍物而弯曲地向它后面传播的现象, 称为波的**衍射现象**. 和干涉一样, 衍射现象是波动过程基本特征之一.

光的衍射现象进一步说明了光具有波动性. 如图 13-13 所示, 在屏障上只开一个缝, 叫作**单缝**. 自光源 S 发出的光线, 穿过宽度可以调节的单缝 K 之后, 在屏幕 E 上呈现光斑 ab (见图 13-13a). 在 S、K、E 三者位置已经固定的情况下, 光斑的宽度决定于单缝 K 的宽度. 如果缩小单缝 K 的宽度, 使穿过它的光束变得更狭窄, 则屏幕 E 上的光斑也随之缩小. 但是实验指出, 当单缝 K 的宽度缩小到一定程度 (约 10^{-4}m) 时, 如果再继续缩小, 屏幕上的光斑不但不缩小, 反而逐渐增大, 如图 13-13b 中 $a'b'$ 所示. 这时, 光斑的全部亮度也发生了变化, 由原来均匀的分布变成一系列的明、暗条纹 (如光源为单色光) 或彩色条纹 (如光源为白色光), 条纹的边缘上也失去了明显的界限, 变得模糊不清.

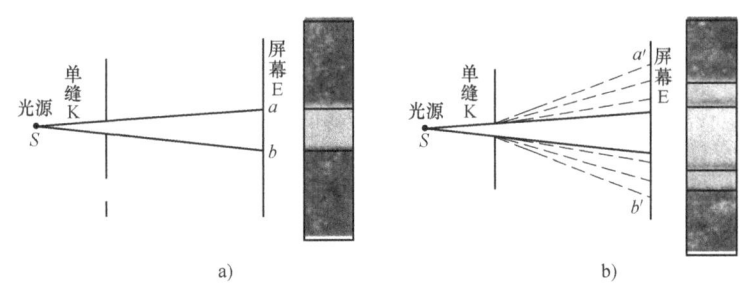

图 13-13　光的衍射现象的演示实验

若用一根细长的障碍物 (例如细线、针、毛发等) 代替缝 K, 则屏上也会出现明、暗条纹组 (如光源为单色光) 或彩色条纹组 (如光源为白色光). 光的上述这种情况, 就是光的波动性所表现出来的衍射现象.

2. 惠更斯-菲涅耳原理

光的衍射现象可以用惠更斯的子波原理做定性解释, 这和解释机械波的衍射情况一样. 但是惠更斯的子波原理却不能定量解释光的衍射图样中出现的明、暗纹的分布情况.

法国物理学家菲涅耳（Fresnel，1788—1827）根据波的叠加和干涉原理，提出了"子波干涉叠加"的概念，补充了惠更斯理论，圆满地解释了光的衍射现象，从而使光的波动学说更臻完备．菲涅耳认为：**同一波前上的每一点都可以认为是发射球面子波的波源，空间任一点的光振动是所有这些子波在该点相干叠加的结果**．这就是"子波相干叠加"的**惠更斯-菲涅耳原理**．

根据惠更斯-菲涅耳原理，如果已知波动在某时刻的波前 S，就可以计算光波从波前 S 传播到某点 P 的振动情况．其基本思想和方法是：将波前 S 分成许多面元 ΔS（见图 13-14），每个面元 ΔS 都是子波的波源，它们发出的子波分别在点 P 引起一定的光振动；把波前 S 上所有各面元 ΔS 发出的子波在点 P 相遇的光振动叠加起来，就得到点 P 的合振动．其中各面元 ΔS 发出的子波在点 P 引起的光振动，其振幅与面元 ΔS 的大小、ΔS 到点 P 的距离 r 以及相应位矢 r 与 ΔS 的法线 e_n 所成夹角 θ 等有关，其相位则仅与 r 有关．所以在一般情况下，合成振动的计算比较复杂．下面我们将根据惠更斯-菲涅耳原理，应用菲涅耳所提出的波带法来解释单缝衍射现象，以避免复杂的计算．

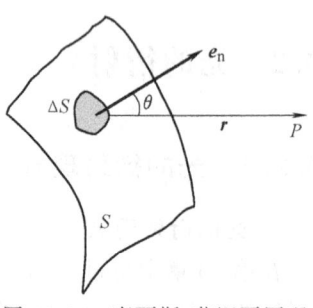

图 13-14 惠更斯-菲涅耳原理

13.2.2 单缝衍射

上面我们介绍的是不用透镜而直接观察到的衍射现象．其实也可用德国物理学家夫琅禾费（Fraunhofer，1787—1826）研究衍射现象的方法来考察，即用透镜把入射光和衍射光都变成平行光束，由此来观察平行光的衍射现象．这种**平行光的衍射**叫作**夫琅禾费衍射**．下面我们将主要讨论这种衍射．

图 13-15a、b 为单缝衍射实验装置示意图和条纹分布图．位于透镜 L_1 的焦点上的光源 S 发出的光经透镜 L_1 变成平行光束后，这束平行光垂直照射宽度可与光的波长相比较的狭缝 K 时，会绕过缝的边缘向阴影区衍射，衍射光经透镜 L_2 会聚到焦平面处的屏幕 P 上，形成衍射条纹．这种条纹叫作**单缝衍射条纹**，如图 13-15b 所示．分析这种条纹形成的原因，不仅有助于理解单缝夫琅禾费衍射的规律，而且也是理解其他一些衍射现象的基础．

图 13-16a 是上述单缝衍射的示意图，AB 为单缝的截面，其宽度为 a．按照惠更斯-菲涅耳原理，波面 AB 上的各点都是相干的子波波源．先考虑沿入射方向传播的各子波射线（图 13-16a 中的光束①），它们被透镜 L 会聚于焦点 O．由于 AB 是同相面，而透镜又不会引起附加的光程差，所以它们到达点 O 时仍保持相同的相位而相互加强．这样，在正对狭缝中心的屏幕上的 O 处将是一条明条纹的中心，这条明条纹叫作**中央明条纹**．

下面来讨论与入射方向成 φ 角的子波射线（如图 13-16a 中的光束②），φ 叫作**衍射角**．由 AB 面上子波波源 A、A_1、A_2、B 发出的衍射角为 φ 的平行光束被透镜会聚于屏幕上的点 P，但要注意，光束中各子波到达点 P 的光程并不相等，所以它们在点 P 的相位也不相同．换句话说，从面 AB 发出的各子波在点 P 的相位差，就对应于从面 AB 到面 AC 的光程差．由图可见，点 B 发出的子波比点 A 发出的子波多传播了 $BC=a\sin\varphi$ 的光程，这是沿 φ 角方向各子波的最大光程差．为了分析上述各子波在点 P 处叠加的结果，我们采用菲涅耳提出的**波带法**来分析屏幕上的光强分布．

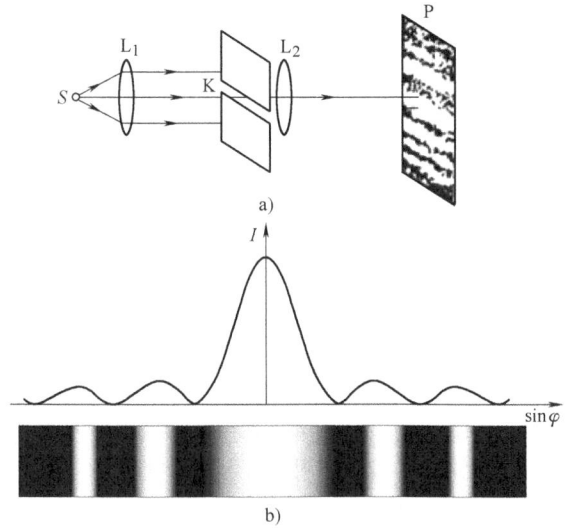

图 13-15 单缝衍射实验装置示意图和条纹分布图
a) 单缝夫琅禾费衍射实验装置示意图 b) 单缝衍射条纹的强度分布

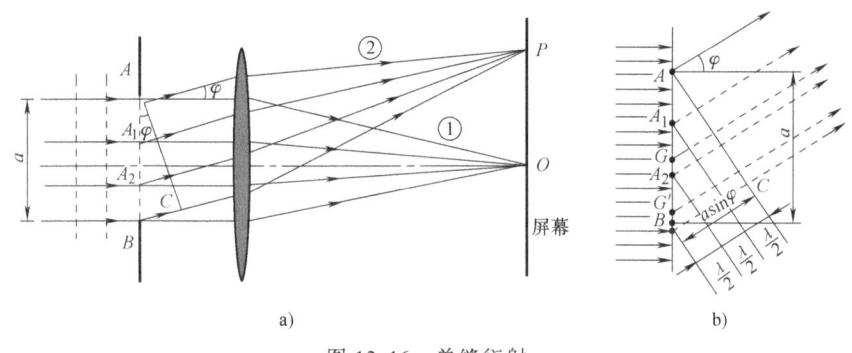

图 13-16 单缝衍射

波带法是把波前 AB 分割成许多相等面积的**波带**. 如图 13-16b 所示,在所述的单缝情况下,作一系列平行于 AC 的平面,两个相邻平面间的距离等于入射单色光的波长之半,即 $\lambda/2$. 设这些平面将单缝处的波前 AB 分成 AA_1、A_1A_2、A_2B 等整数个面积相等的**波带**(亦称为**半波带**),则由于这些波带的面积相等,所以波带上子波波源的数目也相等. 任何两个相邻的波带上,两对应点(如波带 A_1A_2 上的点 A_1 与波带 A_2B 上的点 A_2,波带 A_1A_2 上的点 G 与波带 A_2B 上的点 G',等等)所发出的子波到达 AC 面上时,因为光程差为 $\lambda/2$,所以相位差是 π,经过透镜聚焦在点 P 时,相位差不变,仍然是 π. 由此可见,任何两个相邻波带所发出的光波在 P 处将完全相互抵消.

如果 BC 是半波长的偶数倍,即在某个确定的衍射角 φ 下将单缝上的波前 AB 分成偶数个波带,则相邻波带发出的子波皆成对抵消,从而在 P 点处出现暗条纹;如果 BC 是半波长的奇数倍,则波前 AB 也被分成奇数个波带,于是除了其中相邻波带发出的子波两两相互抵消外,必然剩下一个波带发出的子波未被抵消,故在 P 点处出现明条纹;这条明条纹的亮度(光强),只是奇数个波带中剩下来的一个波带上所发出的子波经过透镜聚焦后所产生的效果. 上述结果可用数学式表示如下

$$a\sin\varphi = \begin{cases} \pm 2k\dfrac{\lambda}{2} & (k=1,2,3\cdots) \quad \text{暗条纹（衍射极小）} \\ 0 & (k=0) \quad \text{零级明条纹（衍射主极大）} \\ \pm(2k+1)\dfrac{\lambda}{2} & (k=1,2,3\cdots) \quad \text{明条纹（衍射极大）} \end{cases} \quad (13\text{-}20)$$

需要指出，对于任意衍射角 φ 来说，波前 AB 一般不能恰巧被分成整数个波带，即 BC 段的长度不一定等于 $\lambda/2$ 的整数倍，对应于这些衍射角的衍射光束，经透镜聚焦后，在屏幕上形成介于最明与最暗之间的中间区域.

在中央明条纹中心，各级衍射光线相互叠加，所以亮度最大. 在其余各级明条纹中，明条纹级次愈高（φ 愈大），单缝处被划分成的半波带数目愈多，每个半波带的面积愈小. 由于偶数个半波带中的光线总是相消的，只有留下的一个半波带中的光线叠加形成明条纹，所以明条纹的级次愈高，光强愈小. 事实上，中央明条纹处集中了 85% 的能量，其他明条纹光强迅速下降，如图 13-15b 所示. 正因为如此，在实际应用中，只有低级次条纹才有实际意义，它对应于 φ 角很小的情况.

两个第 1 级暗条纹中心之间的距离定义为**中央明条纹的宽度**. 由式（13-20）可确定两个第 1 级暗条纹对应的衍射角 φ 为

$$\varphi \approx \sin\varphi = \pm\frac{\lambda}{a}$$

所以，中央明条纹的角宽度为

$$\Delta\varphi_{\text{中央}} = \varphi_1 - \varphi_{-1} = \frac{2\lambda}{a} \quad (13\text{-}21)$$

这一角宽度所对应的中央明条纹的线宽度为

$$\Delta x_{\text{中央}} = 2f\frac{\lambda}{a} \quad (13\text{-}22)$$

式中，f 为透镜焦距. 而其余明条纹的线宽度为

$$\Delta x = f\varphi_{k+1} - f\varphi_k = \frac{f\lambda}{a} \quad (13\text{-}23)$$

由式（13-22）和式（13-23）知，单缝衍射中央明条纹宽度是其余明条纹宽度的两倍.

由式（13-20）知，衍射条纹的位置由 $\sin\varphi$ 决定，缝宽 a 一定时，同一级条纹所对应的 $\sin\varphi$ 与波长 λ 成正比，入射光波长 λ 愈大，衍射条纹愈宽. 如果用白光照射，除中央明条纹为白光外，其余各级条纹都将形成内紫外红的彩色光谱，称为**衍射光谱**.

对波长 λ 一定的单色光来说，缝宽 a 愈小，衍射角 φ 愈大，衍射愈显著；反之，缝宽 a 愈大，φ 角愈小，衍射愈不显著. 如果 $a \gg \lambda$，各级衍射条纹将全部向中央靠拢，密集得无法分辨，只显示一条明亮纹，这就是透镜所成的单缝的像. 这正符合光的直线传播规律. 也就是说，几何光学只是波动光学 $(\lambda/a) \to 0$ 的极限情形.

问题拓展

13-2 在单缝衍射实验中，通常在单缝后放置一薄透镜，但在研究光程差时却没有

考虑透镜对光程差的影响,这是为什么呢?

根据薄透镜成像的物像之间的等光程原理,加入透镜不会产生附加的光程差.因此,不考虑透镜对光程差的影响.

问题 13-9 在单缝衍射实验中:

(1) 使单缝垂直于其后面透镜的光轴上下微小移动,屏上衍射图样是否变化?

(2) 使光源垂直于光轴上下移动,屏上衍射图样是否变化?

例题 13-7 以单色平行可见光垂直照射宽度为 $a=0.6$mm 的单缝,缝后凸透镜的焦距 $f=40$cm,屏上离中心点 O 距离为 $x=1.4$mm 的 P 点处恰为一明纹中心.试求:

(1) 该入射光的波长;

(2) P 点条纹的级次;

(3) 从 P 点看来,对该光波而言,狭缝处被划分为多少个半波带?

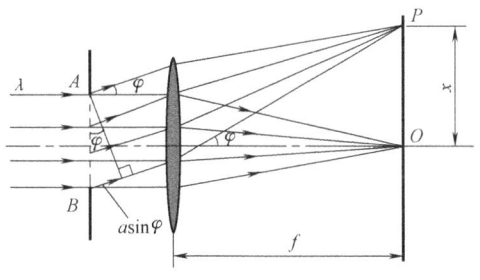

例题 13-7 图

解 由式(13-20)中单缝衍射的明条纹条件

$$a\sin\varphi = \pm(2k+1)\frac{\lambda}{2}$$

由于 $f \gg a$,所以有 $\sin\varphi \approx x/f$,代入上式,得

$$a\frac{x}{f} = \pm(2k+1)\frac{\lambda}{2} \quad (k=1,2,3,\cdots)$$

(1) 该入射光的波长为

$$\lambda = \frac{2ax}{f(2k+1)} = \frac{4.2\times 10^3}{2k+1}\text{nm}$$

(2) 当 $k=3$ 时, $\lambda = 600$nm; $k=4$ 时, $\lambda = 466.7$nm,在可见光范围.

(3) 当 $\lambda = 600$nm 时, P 点条纹为第 3 级明条纹,相应单缝处的半波带数为 $2\times 3+1=7$.

当 $\lambda = 466.7$nm 时, P 点条纹为第 4 级明条纹,相应单缝处的半波带数为 $2\times 4+1=9$.

例题 13-8 用波长为 550nm 的平行光垂直照射在 $a=0.5$mm 的单缝上,缝后有焦距为 $f=50$cm 的凸透镜.试求:透镜焦平面上出现的衍射中央明条纹的宽度;第 1 级明条纹的位置.

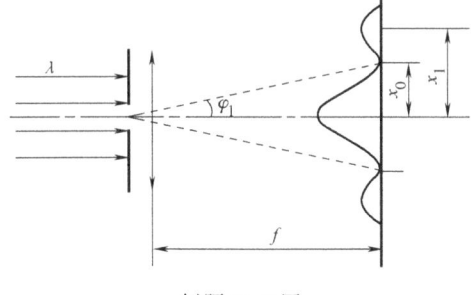

例题 13-8 图

解 由式(13-20)知,1 级暗条纹的衍射角

$$\varphi_1 \approx \sin\varphi_1 = \pm\frac{\lambda}{a}$$

第 1 级暗条纹在屏上的坐标位置

$$x_0 = f\tan\varphi_1 \approx f\varphi_1 = f\frac{\lambda}{a}$$

中央明条纹的宽度

$$l_0 = 2x_0 = 2f\frac{\lambda}{a} = 2 \times 0.5 \times \frac{550 \times 10^{-9}}{0.5 \times 10^{-3}}\text{m} = 1.1\text{mm}$$

由式（13-20）知，第 1 级明条纹的衍射角

$$\varphi \approx \sin\varphi = \pm\frac{3\lambda}{2a}$$

以中央明条纹中心为坐标原点，则第 1 级明条纹在屏幕上原点两侧的坐标位置为

$$x_1 = \pm f\tan\varphi \approx \pm f\varphi = \pm f\frac{3\lambda}{2a} = \pm 0.5 \times \frac{3 \times 550 \times 10^{-9}}{2 \times 0.5 \times 10^{-3}}\text{m} = \pm 0.825\text{mm}$$

13.2.3　圆孔衍射

用圆孔代替图 13-15a 中的单缝，屏幕上就得到圆孔的夫琅禾费衍射图样. 中央是一个明亮的圆斑，集中了衍射光能的 80% 以上，通常称为**艾里斑**，如图 13-17 所示，其中心就是圆孔的几何光学的像点. 艾里斑之外则是一组明暗相间的同心圆环. 艾里斑的大小反应了衍射光的弥散程度，而第一暗环的衍射角 θ 给出了艾里斑的**半角宽度**. 若艾里斑的直径为 d、透镜的焦距为 f，圆孔的直径为 D，单色光波长为 λ，理论计算得出（从略）艾里斑**半角宽度**为

$$\theta = \frac{d}{2f} = 1.22\frac{\lambda}{D} \tag{13-24}$$

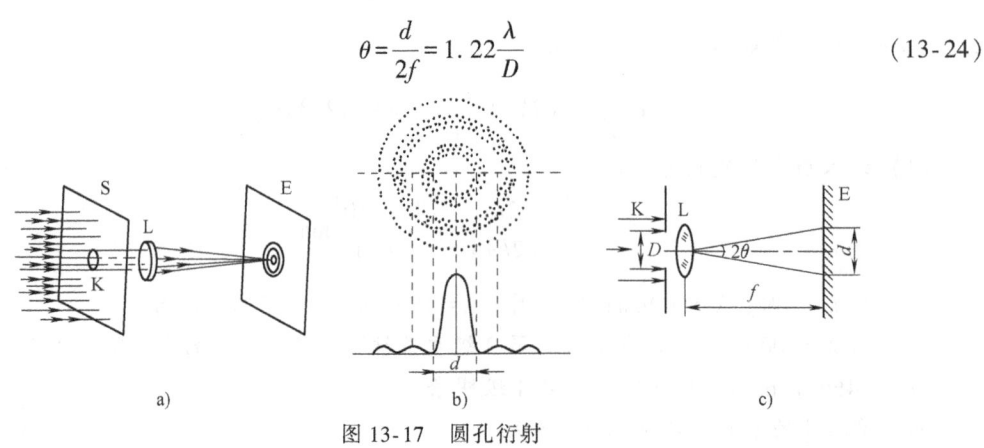

图 13-17　圆孔衍射

13.2.4　衍射光栅

上述例题 13-7 表明，利用单色光通过单缝产生衍射条纹的方法可以测定单色光的波长. 为了提高测量精度，必须把各级条纹分得很开，而且每一级条纹又要很亮. 然而对单缝衍射来说，这两个要求是不可能同时满足的. 因为要求各级明条纹分得很开，单缝的宽度 a 就要很小，而宽度太小，通过单缝的光能量就太少，各级明条纹的光强也太小. 为了解决这个矛盾，实际测定光波波长时，常用**大量等宽**、**等间距的平行狭缝**代替单缝，这样的光学元件叫作**光栅**. 利用透射光衍射的光栅叫透射光栅，它是在玻璃片上刻出等宽等距的平行刻痕制成的，未刻部分是透光的狭缝，刻痕就相当于一条毛玻璃而不易透光. 在 1cm 内，刻痕最多可以达一万条以上. 设以 a 表示每一狭缝的宽度，b 表示两条狭缝之间的距离，即刻痕的宽度，则 $(a+b)$ 称为**光栅常量**. 光栅常量的数量级为 $10^3 \sim 10^4$nm.

光栅是近代物理实验和精密测量中的重要光学元件，下面以透射光栅为例讨论光栅衍射的原理和规律．

以光栅代替图 13-16 中的单缝，屏幕上得到的即是光栅衍射图样．光栅衍射条纹的分布和单缝的情况不同．在单缝衍射图样中，中央明条纹宽度很大，其他各级明条纹的宽度较小，且其强度也随级次 k 递减，这可从图 13-15b 的光强度分布图上看出；而在光栅衍射中，呈现在屏幕上的衍射图样，乃是在黑暗背景上排列着一系列平行于光栅狭缝的明条纹．如图 13-18 所示，光栅的狭缝数目 N 越多，则屏幕上的明条纹会变得愈亮和愈细窄，且互相分离得愈开，即各条细亮的明条纹之间的暗区扩大了．

由薄透镜成像原理（见 12.4.1 节）可知，平行于主光轴的光线经薄透镜后会聚于焦点，平行于副光轴的光线经薄透镜后会聚于焦平面上一点，因此光栅上所有狭缝独自产生的单缝衍射图样在屏幕上的位置是相同的，形成彼此重叠的 N 幅单缝衍射图样．不过，

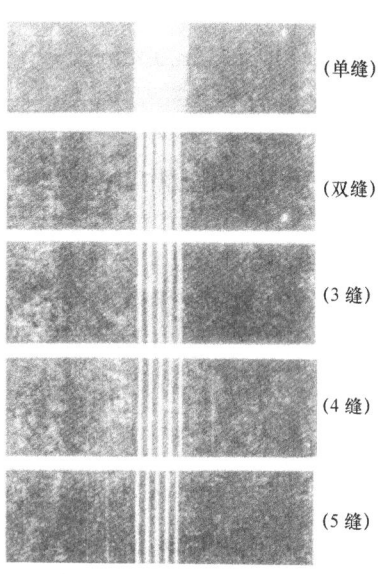

图 13-18 单缝和含有若干条狭缝的光栅所产生的衍射条纹照相

这种相互重叠的衍射图样中，任一衍射极大处的光强却并不都等于所有狭缝发出的衍射光在该处的光强之和．事实上，由于各狭缝都处在同一波前上，它们发出的衍射光都是相干光，在屏幕上会聚时还要发生干涉，使得干涉加强的地方，出现明条纹；干涉减弱的地方，出现暗条纹．这样，对上述重叠的 N 个衍射图样中的光强就同时被相干叠加了，导致了光强的重新分布．所以，**光栅的衍射条纹应是单缝衍射和多光束干涉的综合效果**．

如图 13-19 所示，一束平行单色光垂直照射在光栅上，衍射光经透镜 L 后，衍射条纹呈现在屏幕 E 上．设光栅的总缝数为 N，我们来讨论多光束干涉情况．由于光栅上的狭缝等宽、等间距，因此沿某一个衍射角 φ 方向，从任意相邻两条狭缝出射的光线，其光程差都相等，皆为 $(a+b)\sin\varphi$．如果满足关系式：

$$(a+b)\sin\varphi = \pm k\lambda \quad (k=0,1,2,\cdots) \tag{13-25}$$

则干涉加强，在 P 处出现明纹．由于这种明条纹是由所有狭缝的对应点射出的衍射光叠加而成的，所以强度具有极大值，故称为主极大，也称为**光谱线**．光栅狭缝数目 N 愈大，则

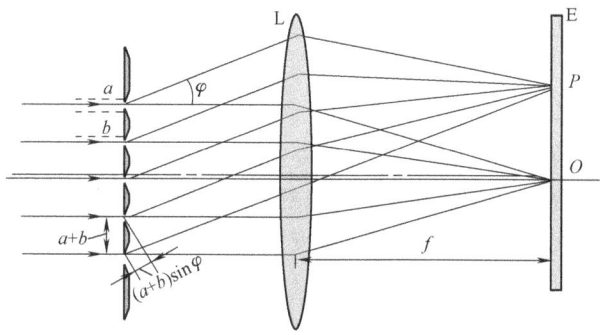

图 13-19 光栅衍射

这种明条纹愈细窄、愈明亮.

式（13-25）称为**光栅公式**. 式中 k 是一个整数, 表示条纹的级次. 当 $k=0$ 时, $\varphi=0$, 叫作中央明条纹; 与 $k=1, 2, 3, \cdots$ 对应的明条纹分别称为 1 级, 2 级, 3 级, $\cdots$ 光谱.

| $|\varphi|\leqslant 90°$, 因而 $|\sin\varphi|\leqslant 1$, 这就限制了所能观察到明条纹数目. 显然, 主极大的最大级次 $k<(a+b)(\sin 90°)/\lambda=(a+b)/\lambda$ |

式（13-25）中的正、负号表示各级明条纹（光谱线）对称地分布在中央明条纹的两侧. 各级明纹的强度几乎相等. 在波长 λ 一定的单色光照射下, 光栅常量 $(a+b)$ 愈小, 则由公式（13-25）可知, φ 越大, 相邻两个明条纹分得愈开.

为便于讨论相邻两条主极大明条纹之间的条纹分布, 假设某一光栅只有 4 条狭缝. 屏幕上 P 处的光强取决于 4 束光在该处光振动的叠加结果. 我们首先讨论两主极大之间的暗条纹位置. 根据振动的矢量合成法, 如果相邻两束光在屏幕上 P 点的振动相位差为 $\Delta\theta=\pi/2$, 则 4 束光在 P 点光振动的合矢量为零, 如图 13-20a 所示, P 点处出现暗条纹. 此外, 如图 13-20b、c 所示, 当 $\Delta\theta=\pi$ 时, 或 $\Delta\theta=3\pi/2$ 时, 光振动的合矢量均为零, 都会出现暗纹. 显然, 对于一个 4 缝光栅, 相邻两束光在 P 处的振动相位差为 $\pi/2$ 的整数倍时均为暗条纹, 而当 $\Delta\theta=2\pi$ 时, 相当于光程差为 λ, 正好是一级主极大明条纹. 由此可见, 在两个主极大明条纹之间存在 3 条暗条纹. 至于相邻两条暗条纹之间显然应该是一条明条纹. 但是这条明条纹的强度远远小于主极大明条纹, 我们把这些明条纹称为**次级明条纹**, 4 缝光栅的次级明条纹有两条, 如图 13-21 所示.

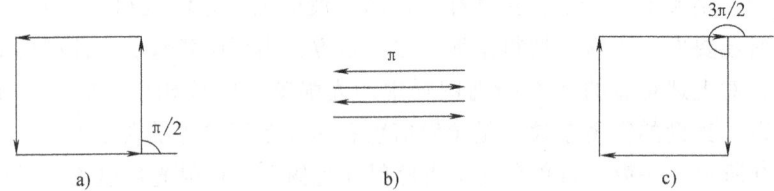

图 13-20 4 束光在 P 处光振动的合成

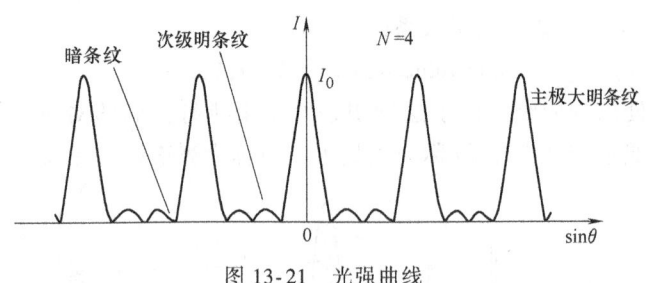

图 13-21 光强曲线

一般说来, 如果光栅有 N 条狭缝, 那么两主极大明条纹之间就有 $N-1$ 条暗条纹, 有 $N-2$ 条次级明条纹. 狭缝数 N 越多, 次级明条纹相对于主极大明条纹的强度越小. 由于一般光栅的狭缝数 N 非常大, 因此次级明条纹的强度非常弱, 几乎看不出. 屏幕上除了看到几条主极大明条纹之外, 几乎是一片黑暗背景.

以上我们只是考虑了从各条狭缝中出射光线相互间的干涉效果, 并没有考虑光通过每一条狭缝产生的衍射效应对干涉条纹的影响. 事实上由于衍射的作用, 经光栅所形成的干涉明条纹并不是等强度分布的，而是受到衍射光强分布的调制，如图13-22所示．图中满足光栅方程 $(a+b)\sin\varphi=\pm k\lambda$ 的条纹级次 $k=3,6,\cdots$ 原本应该出现主极大明条纹，但由于单缝衍射的影响反而变成了暗条纹，这一现象称为**缺级**．所缺的级次由光栅常量 $(a+b)$ 和缝宽 a 的比值所决定．

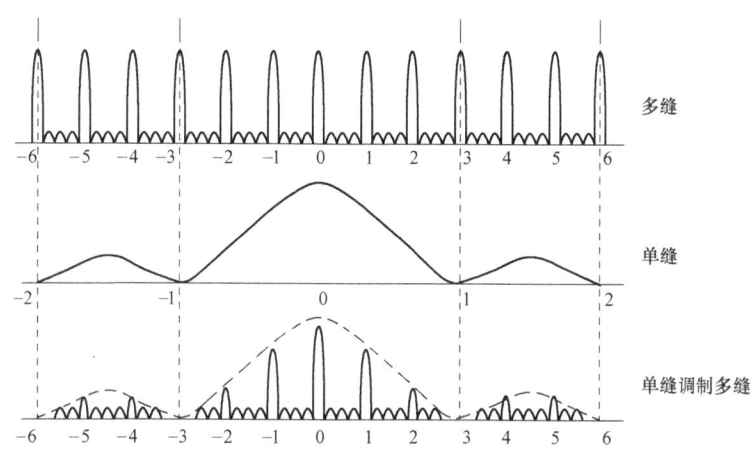

图 13-22 衍射对多缝干涉的影响

当衍射角 φ 同时满足式（13-20）和式（13-25）时，有

$$a\sin\varphi=\pm 2k'\frac{\lambda}{2},\quad k'=1,2,\cdots$$

$$(a+b)\sin\varphi=\pm k\lambda,\quad k=0,1,2,\cdots$$

由以上两式可得缺级条件为

$$\frac{a+b}{a}=\frac{k}{k'} \tag{13-26}$$

这里，k' 和 k 分别为单缝衍射暗条纹级次和光栅衍射明条纹（主极大）的级次，而 k/k' 为整数．例如，当 $k/k'=(a+b)/a=3$ 时，一般来说，可得缺级级次为 $k=3k'=\pm 3,\pm 6,\pm 9,\cdots$，屏幕上不出现这些级次的明条纹（见图13-22）．

综上所述，在光栅衍射中，仅在衍射角 φ 满足单缝衍射的明条纹条件或中央明条纹条件：

$$a\sin\varphi=\pm(2k+1)\frac{\lambda}{2}\quad(k=1,2,\cdots)$$

或

$$-\lambda<a\sin\varphi<\lambda$$

的前提下，相邻两缝的干涉同时满足光栅公式（13-25），才能形成光强最大的明条纹（主极大）．

由衍射光栅公式（13-25），在已知光栅常量的情况下，产生明条纹的衍射角 φ 与入射光波的波长有关，因此白光通过光栅后，各单色光将产生各自的明条纹，从而相互分开形成衍射光谱．中央条纹或零级条纹显然仍为白色条纹，在中央条纹两旁，对称地排列着第1级、第2级等光谱，如图13-23所示（图中只画出中央条纹一侧的光谱，每级光谱中靠近中央条纹的一侧为紫色，远离中央条纹的一侧为红色，分别用 V、R 表示）. 由于各谱线间的距离随着光谱的级次而增加，所以级次高的光谱彼此重叠，实际上很难观察到.

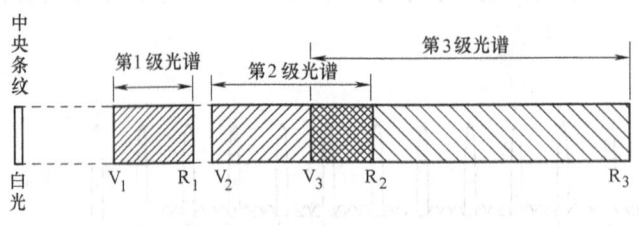

图 13-23 各级衍射光谱

应用拓展

13-1 衍射光栅在光学上最重要的应用是作为分光器件，比如常见的是单色仪和光谱仪，它们的工作原理是类似的. 以单色仪为例：一束白光进入单色仪，通过光学准直镜将其会聚成平行光，然后通过衍射光栅将不同波长的光分开（色散），即每种波长的光离开光栅的角度不同. 再通过设定出射狭缝的角度，即可获得单色光，如应用拓展 13-1 图所示.

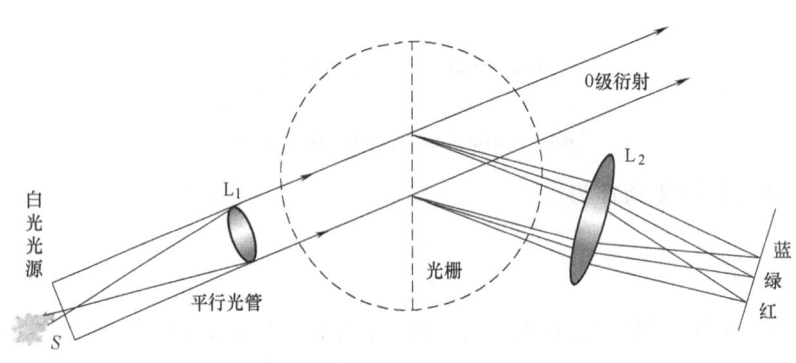

应用拓展 13-1 图

问题 13-10 在光栅衍射中，主极大的缺级是如何产生的？如何计算屏上可见条纹的级次？

问题 13-11 （1）确定光栅衍射中主极大位置的光栅公式是如何给出的？
（2）若光栅常量中 $a=b$，光栅光谱有何特点？

例题 13-9 在双缝干涉中，屏上的干涉图样实际上是不同方向、不同强度的衍射光在屏幕上的干涉结果. 这时，屏幕上条纹的明暗强度将由单缝衍射和双缝干涉的结果共同决定. 设两条宽度都是 a 的单缝相隔距离为 d，当用透镜进行观察时，试求：（1）d 为 a 的多少倍时，单缝衍射的第 1 极小值发生在双缝干涉的第 3 级极大处？（2）在单缝衍射的中央明条纹宽度内，有多少条双缝干涉明条纹？

解 （1）若单缝衍射的第 1 极小值发生在双缝干涉的第 3 级极大处，则

由
$$\begin{cases} a\sin\varphi = \lambda \\ d\sin\varphi = 3\lambda \end{cases}$$

得到
$$d = 3a$$

即 d 为 a 的 3 倍时,单缝衍射的第 1 极小值发生在双缝干涉的第 3 级极大处.

(2) 由光栅公式知,可能出现的主极大最高级次与 $\varphi<\pi/2$, $\sin\varphi<1$ 对应. 即

$$k_m < \frac{d}{\lambda} = 3$$

所以 $k_m = 2$,在单缝衍射的中央明条纹宽度内,呈现的主极大级次为 $k=0$, ±1, ±2,共 5 条.

例题 13-10 波长 600nm 的单色光垂直入射在一光栅上,第 2、3 级明条纹分别出现在 $\sin\varphi = 0.20$ 和 $\sin\varphi = 0.30$ 的方向,第 4 级缺级. 试问:(1) 光栅常量是多少?(2) 光栅上狭缝可能的最小宽度为多大?(3) 按上述要求所选定的 a、b 值,试举出屏上实际呈现的全部级次.

解 (1) 由光栅方程 $(a+b)\sin\varphi = 3\lambda$,可求出光栅常量为

$$(a+b) = \frac{3\lambda}{\sin\varphi} = \frac{3\times 600\text{nm}}{0.30} = 6.0\times 10^{-4}\text{cm}$$

(2) 因为第 4 级为缺级,设第 4 级发生在单缝第 k 级暗条纹处,则由

$$\begin{cases}(a+b)\sin\varphi = 4\lambda \\ a\sin\varphi = k\lambda\end{cases}$$

得
$$a = \frac{k}{4}(a+b)$$

其中,$k=1$,2,3,…则狭缝的最小宽度为

$$a = \frac{1}{4}(a+b) = \frac{6.0\times 10^{-4}\text{cm}}{4} = 1.5\times 10^{-4}\text{cm}$$

(3) 由光栅公式,可能出现的主极大最高级次与 $\varphi<\pi/2$, $\sin\varphi<1$ 对应,即

$$k_m < \frac{(a+b)}{\lambda} = \frac{6.0\times 10^{-4}\text{cm}}{600\times 10^{-7}\text{cm}} = 10$$

所以 $k_m = 9$,因第 4 级为缺级,所以实际呈现的主极大级数为
$k=0$, ±1, ±2, ±3, ±5, ±6, ±7, ±9,共 15 条.

例题 13-11 波长为 500nm 及 520nm 的光照射于光栅常数为 0.002cm 的衍射光栅上. 在光栅后面用焦距为 2m 的透镜 L 把光线会聚在屏幕上,如图 13-19 所示(见 135 页). 求这两种光的第 1 级光谱线间的距离.

解 根据光栅公式 $(a+b)\sin\varphi = k\lambda$,得

$$\sin\varphi = \frac{k\lambda}{a+b}$$

第 1 级光谱中,$k=1$,因此相应的衍射角 φ_1 满足下式

$$\sin\varphi_1 = \frac{\lambda}{a+b}$$

设 x 为谱线与中央条纹间的距离（图 13-19 所示的 PO），光栅与屏幕间的距离为 D，由于透镜 L 实际上极靠近光栅，故可近似地把 D 视为透镜 L 的焦距 f，即 $D \approx f$，则 $x = D\tan\varphi$。因此，对第 1 级有

$$x_1 = D\tan\varphi_1$$

本题中，由于 φ 角不大，所以 $\sin\varphi_1 \approx \tan\varphi_1$，因此，波长为 520nm 与 500nm 的两种光的第 1 级谱线间的距离为

$$x_1 - x_1' = D\tan\varphi_1 - D\tan\varphi_1' = D\left(\frac{\lambda}{a+b} - \frac{\lambda'}{a+b}\right) = 20\text{cm} \times \left(\frac{520 \times 10^{-7}}{0.002} - \frac{500 \times 10^{-7}}{0.002}\right) = 0.02\text{cm}$$

13.2.5 光学仪器的分辨本领

由几何光学的知识我们知道，一个物点发出的光通过光学系统后，能够得到一个对应的像点。但是光的衍射现象告诉我们，光学系统对物点所成的像，不可能是几何点，而是具有一定大小的光斑，并且在其周围有明暗交替的环状衍射条纹。如果两个物点的距离很小，对应的光斑互相重叠，即使光学系统的放大率很高，所成的像对眼睛的张角很大，但仍然不能分辨它们，所以说，光的衍射现象限制了光学系统的分辨能力。

例如，显微镜的物镜可以看成是一个小圆孔，用显微镜观察一个物体上 a、b 两点时，从 a、b 发出的光经显微镜的物镜成像时，将形成两个亮斑，它们分别是 a 和 b 的像。如果这两个亮斑分得较开，两个亮斑的中心对光学仪器 L 的张角 θ 也较大，人眼可以毫不困难地分辨出这两个物点所成的像，如图 13-24a 所示。如果 a、b 靠得很近，两个亮斑的中心对光学仪器 L 的张角 θ 也很小，人眼无法分辨出这是一个物点还是两个物点所成的像，如图 13-24c 所示。瑞利指出，a、b 两点所成的像恰好能被分辨的判据是：点 a 的衍射图样的中央亮斑的中心与点 b 的衍射图样的第 1 级暗纹的位置相重合，如图 13-24b 所示，即两个亮斑的中心对光学仪器 L 的张角 θ_0 恰好等于艾里斑的半角宽度（见图 13-25）。张角 θ_0 叫作**最小分辨角**。由式（13-24）可给出

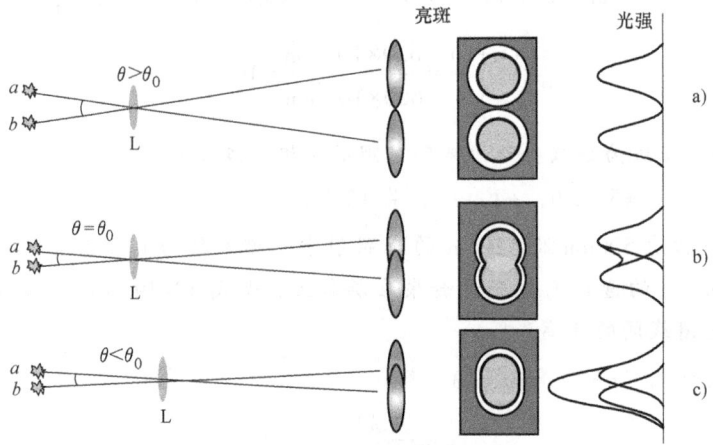

图 13-24 光学仪器的分辨本领
a）能分辨　b）恰能分辨　c）不能分辨

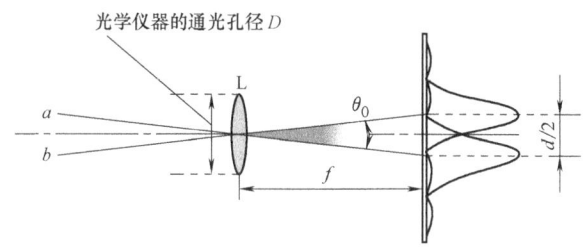

图 13-25 最小分辨角

$$\theta_0 = \frac{d}{2f} = 1.22\frac{\lambda}{D}$$

最小分辨角的倒数叫作**光学仪器的分辨率**：

$$R = \frac{1}{\theta_0} = \frac{D}{1.22\lambda} \tag{13-27}$$

式中，D 为光学仪器的通光孔径. 由上式可知，分辨率与波长 λ 成反比，与光学仪器的通光孔径成正比. 分辨率是评定光学仪器性能的一个主要指标，也是我们在使用光学仪器时必须考虑的一个因素.

应用拓展

13-2 1990 年发射的哈勃空间望远镜的凹面物镜的直径为 2.4m，所以具有很强的分辨本领，如应用拓展 13-2 图 a 所示. 它在大气层外 615km 的高空绕地运行，可观察 130 亿光年远的太空深处，发现了 500 亿个星系.

2016 年 9 月 26 日，被誉为"中国天眼"的 FAST——500 米口径球面射电望远镜正式投入使用. 这是我国具有自主知识主权、世界最大单口径、世界上最灵敏的射电望远镜，其综合性能是著名的阿雷西博射电望远镜的 10 倍，如应用拓展 13-2 图 b 所示.

应用拓展 13-2 图

13.2.6 X 射线在晶体中的衍射

1895 年德国物理学家伦琴（Rontgen，1845—1923）发现，受高速电子撞击的金属会发射一种穿透性很强的射线，称为 **X 射线**，也称为**伦琴射线**. 它是波长在 0.001~10nm 范围内的电磁辐射.

由于 X 射线的波长极短，通常的衍射光栅对它不起作用. 1912 年，德国物理学家劳厄（Laue，1879—1960）提出用晶体作为天然光栅进行 X 射线衍射实验，因为晶体内原子的有规律的对称排列形成空间点阵，称为**晶格**. 晶体内相邻原子之间的距离叫作**晶格常量**. 用 d 表示，其数量级与 X 射线波长的数量级相同. 因此，晶体相当于一个光栅常量很小的三维空间衍射光栅. 根据劳厄的这一设想，后来果然观察到了 X 射线通过晶体后所产生的衍射图样，从而证实了 X 射线的波动性质.

1913年，英国物理学家布拉格（Bragg，1862—1942）提出了研究 X 射线衍射的另一种方法，即观察 X 射线投射到晶体时，受到其中周期性排列的原子散射时所产生的衍射现象．当一束平行的相干的伦琴射线，以掠射角 θ（即入射线与晶面之间的夹角）射到晶体上时，按照惠更斯原理，晶面上每一个原子都是发射子波的波源，向各方向发出散射波．如图 13-26 所示，按光的反射定律，相邻两晶面反射线的光程差为

$$\delta = AC + CB = 2d\sin\theta$$

于是可得到干涉加强条件，即

$$2d\sin\theta = k\lambda \quad (k=1,2,3,\cdots) \quad (13-28)$$

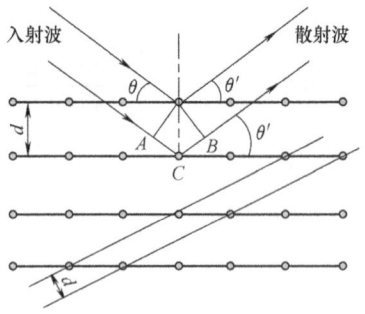

图 13-26 布拉格公式推导用图

式中，d 为两相邻原子层间的距离，就是该晶体的晶格常量．式（13-28）称为晶格衍射的**布拉格公式**．

需要指出，同一块晶体的空间点阵，从不同方向看去，可以看到粒子形成取向不相同、间距也各不相同的许多晶面族．当 X 射线射到不同晶体表面上时，对于不同的晶面族，掠射角 θ 不同，晶面间距 d 也不同．凡是满足式（13-28）的，都能在相应的反射方向得到加强．

由式（13-28）可知，如果用已知晶格常量为 d 的晶体作为光栅，则可由测定的掠射角计算出 X 射线的波长；若对原子发射的 X 射线的光谱进行分析，还可研究原子内部的结构．如果 X 射线的波长 λ 已知，就可根据它在晶体上的衍射来确定晶格常量 d，以研究晶体的结构，这在工业上有着广泛的应用．

13.3 光的偏振

13.3.1 自然光和偏振光

大家知道，波的基本形态有纵波、横波两种．纵波的振动与波的传播方向是一致的；而横波的振动在与传播方向相互垂直的某一特定方向上，横波的这个特性称为波的**偏振性**．光的干涉和衍射现象表明了光的波动性，光的偏振现象则进一步说明光是一种横波．

现以机械波为例说明偏振性．如图 13-27 所示，在机械波的传播路径上，放置一个狭缝 AB．当狭缝 AB 与横波的振动方向平行时，如图 13-27a 所示，横波便穿过狭缝继续向前传播；而当狭缝 AB 与横波的振动方向垂直时，由于振动受阻，就不能穿过狭缝继续向前传播，如图 13-27b 所示，说明横波的振动对于波的传播方向不具有轴对称性，横波的这一性质叫作**偏振**；而纵波却都能穿过狭缝继续向前传播，如图 13-27c、d 所示，即纵波的振动对于波的传播方向是轴对称的．可见，横波具有偏振性，而纵波不具有偏振性．因此，我们可以利用偏振性来区分某一波动是横波还是纵波．

光波是电磁波，光波中的光矢量 E 的振动方向总是和传播方向相垂直．在垂直于光传播方向的平面内，光矢量可以有各种不同的振动状态，叫作光的**偏振态**．根据光的偏振性，可以将光分为自然光、线偏振光和部分偏振光．

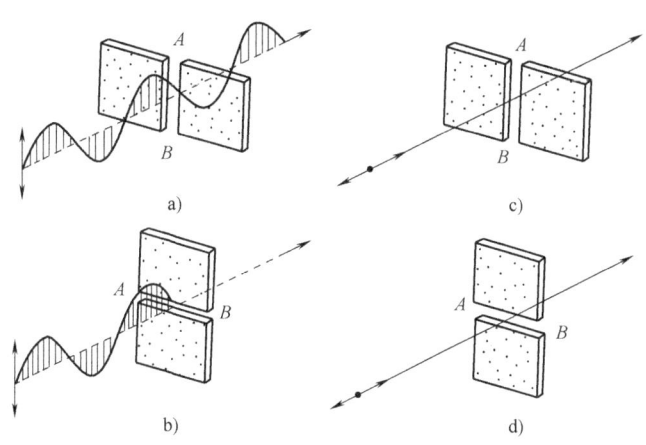

图 13-27 光的偏振性

1. 自然光

由于普通光源发出的光波是由大量分子或原子发射出的光波组成的,虽然光源中每个分子或原子间歇地每次发射出的光波(即波列)都是偏振的,各自有其确定的光振动方向,然而,普通光源中各个分子或原子内部运动状态的变化是随机的,发光过程又是间歇的,它们发出的光是彼此独立的,从统计规律上来说,没有哪一个方向上的光振动比其他方向的光振动更占优势,所以,这种光在任一时刻都不能形成偏振状态,而是表现为所有可能的振动方向上,相应光矢量的振幅(光强)都是相等的,即光振动在垂直于传播方向的平面内均匀对称分布,如图 13-28a 所示,具有上述特征的光称为**自然光**.

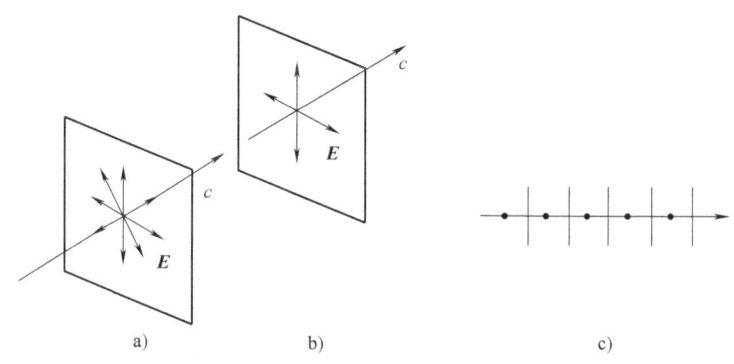

图 13-28 自然光及其图示法

由于自然光中沿各个方向分布的光矢量,彼此之间没有固定的相位关系,因而,不能把它叠加成一个具有某一方向的合矢量,但是我们可以把自然光中所有取向的光矢量 *E* 都在任意指定的两个相互垂直方向上分解为两个光矢量(分矢量),对沿这两个方向上分解成的所有光矢量,分别求其光强的时间平均值,应是相等的. 即在任一时刻,自然光可被分解成一对互相垂直、互相独立(即没有固定相位关系)、振幅相等(即光强相等,各占 $I_0/2$)的光振动. 这样,今后我们就可以把自然光用两个相互垂直的光矢量来表示,如图 13-28b 所示. 图 13-28c 是自然光的图示法,图中短线表示在纸面内的光振动,圆点表示垂直于纸面的光振动,且短线与圆点交替均匀分布,表示两个振动的光强相同.

2. 线偏振光

在垂直于光传播方向的平面内，光矢量 E 只沿一个固定的方向振动的光称为**线偏振光**或**完全偏振光**，简称**偏振光**。偏振光的振动方向与其传播方向所构成的平面，叫作偏振光的**振动面**，如图 13-29a 所示。图 13-29b 是线偏振光的图示法，其中，短线表示在纸面内的线偏振光的振动，圆点表示与纸面垂直的线偏振光的振动。

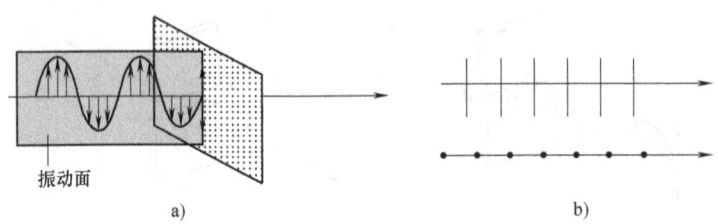

图 13-29　线偏振光及其图示法

3. 部分偏振光

由于外界作用，造成自然光中各个光振动方向上的光强度发生变化，导致某一方向的光振动比其他方向的光振动更占优势，这种光称为**部分偏振光**。部分偏振光可看成是自然光和线偏振光的混合。图 13-30 表示部分偏振光及其图示法。

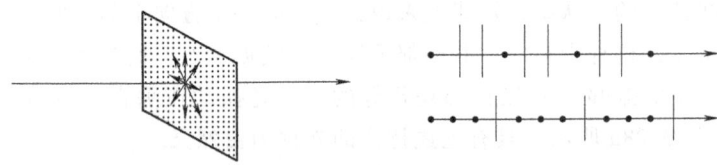

图 13-30　部分偏振光及其图示法

4. 圆偏振光和椭圆偏振光

这两种偏振光的特点是光矢量沿着传播方向前进的同时，还绕着传播方向**匀速转动**，如图 13-31a 所示；如果光矢量大小不变，就是**圆偏振光**，这时光矢量端点的轨迹在空间画出一根螺旋线，而在垂直传播方向的平面上的投影则是一个圆，如图 13-31b 所示。如果光矢量大小在**不断变化**，在垂直传播方向的平面上的投影是一个**椭圆**，这种偏振光叫**椭圆偏振光**。

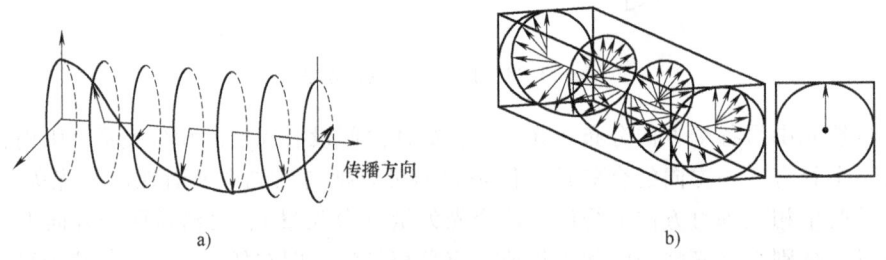

图 13-31　圆偏振光示意图

13.3.2　偏振片的起偏和检偏　马吕斯定律

从自然光获得线偏振光的过程叫作**起偏**，所用的器件叫作**起偏器**。最简单的起偏器是偏振片,它是利用晶体的二向色性来获得偏振光的. **二向色性**是指某些物质(例如奎宁硫酸盐碘化物等晶体)对光波中沿某一方向的光振动有强烈的吸收作用,而与该方向相垂直的那个方向上,对光振动的吸收甚为微弱而可以让光透过. 物质的这种性质叫作二向色性,如图 13-32 所示. 这个允许通过的光振动方向,叫作二向色性物质的**偏振化方向**. 当自然光照射在一定厚度的二向色性物质上时,透射光中垂直于偏振化方向的光振动可以全部被吸收

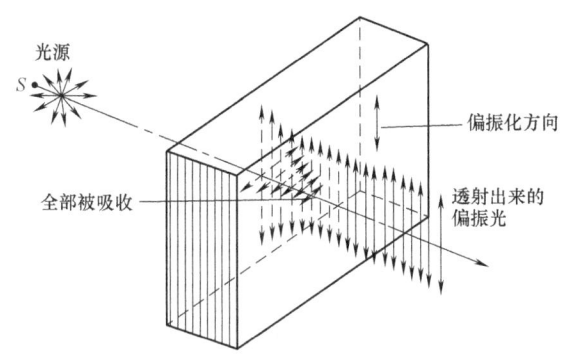

图 13-32 利用二向色性物质产生偏振光

掉,因而只有沿偏振化方向的光透射出来,成为线偏振光. 因此,我们可以把这种二向色性物质涂在透明薄片(例如赛璐珞等)上,制成常见的**偏振片**,用作起偏和检偏. 偏振片上的偏振化方向用符号"↕"表示.

下面求由偏振片获得的线偏振光的强度. 设入射光是强度为 I_0 的自然光,将此自然光沿平行和垂直于偏振片偏振化方向的两个方向进行分解,这两个方向上的光振动强度相同,各为 $I_0/2$. 其中垂直于偏振化方向的光振动被吸收,平行于偏振化方向的光射出,其光强为

$$I = \frac{1}{2}I_0 \tag{13-29}$$

若入射光是光强为 I_0、振幅为 A_0 的线偏振光,其振动方向与偏振片偏振化方向的夹角为 α(取锐角). A_0 可分为 $A_0\cos\alpha$ 及 $A_0\sin\alpha$,其中只有平行于偏振化方向的分量 $A_1 = A_0\cos\alpha$ 可通过偏振片,如图 13-33 所示.

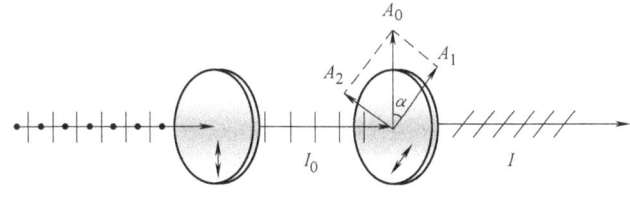

图 13-33 马吕斯定律用图

由于光强 I 正比于振幅的平方,所以

$$\frac{I}{I_0} = \frac{A_1^2}{A_0^2}$$

把 $A_1 = A_0\cos\alpha$ 代入上式,得到从偏振片出射的光强为

$$I = I_0\cos^2\alpha \tag{13-30}$$

式（13-30）称为**马吕斯定律**.

若入射光为部分偏振光，可以将其视为由自然光和线偏振光叠加而成，从而用式（13-29）和式（13-30）求出通过偏振片后所得线偏振光的光强.

偏振片也可以用来检查光的偏振态，起这种作用的偏振片叫作**检偏器**. 由式（13-29），当强度为 I_0 的自然光入射偏振片时，无论偏振片的偏振化方向朝什么方向，我们得到的线偏振光的强度总是 $I_0/2$. 所以，如果以光的传播方向为轴来旋转偏振片，透过偏振片的光强不会变化. 如果入射光为线偏振光，由式（13-30），透过偏振片的光强与入射光振动方向和偏振片偏振化方向的夹角 α 有关. 当 $\alpha=0$ 时，透过偏振片的光强最大，如图 13-34a 所示；当 $\alpha=90°$ 时，没有透射光即 $I=0$，如图 13-34c 所示；当 $0<\alpha<90°$ 时，透过检偏器的光强介于 0 与最大值之间，如图 13-34b 所示. 所以，当我们将检偏器绕光的传播方向旋转一周时，透射光强出现两次最强、两次消光. 如果入射偏振片的是部分偏振光，那么旋转偏振片时透射光强也会有所变化，每转一周出现两次最强、两次最弱，但无消光现象.

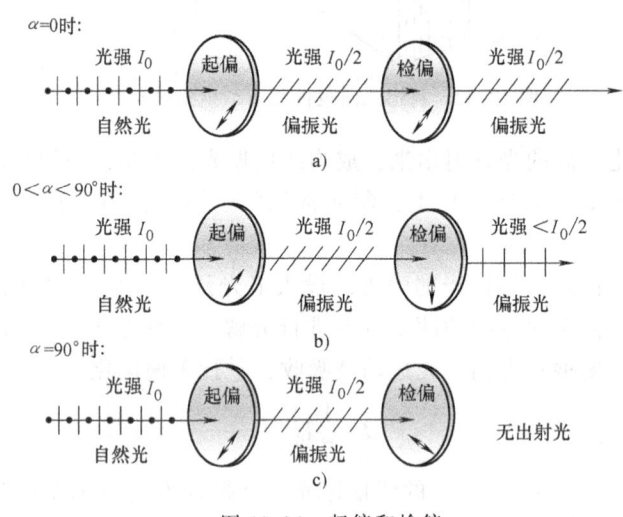

图 13-34 起偏和检偏

偏振片的应用很广. 例如，地质工作者所使用的偏振光显微镜和用于力学实验方面的光测弹性仪，其中的起偏器和检偏器当前大多采用人造偏振片.

应用拓展

13-3 我们在观看立体（3D）电影时，需要带一副眼镜，眼镜片的材质就是偏振片. 立体电影是用两台镜头间距为人的双眼距离的摄影机同时拍摄景物——相当于人的双眼观察景物. 再通过两台放映机播放，这时如果用眼睛直接观看，看到的画面是重叠的，有些模糊不清，要想看到立体影像，就要采取措施，使左眼只

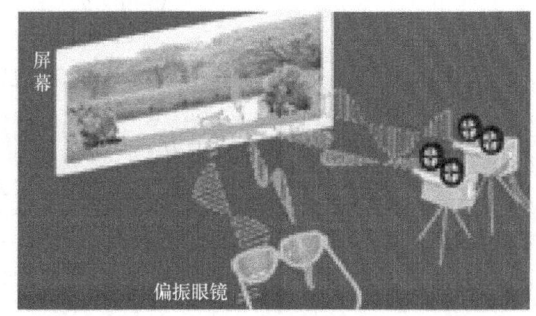

应用拓展 13-3 图

看到左图像，右眼只看到右图像．如在每台放映机前各装一块偏振化方向相互垂直的偏振片，它的作用相当于起偏器，从放映机射出的光通过偏振片后，就成了偏振光，这两束偏振光投射到屏幕上再反射到观众处，偏振光方向不改变，观众使用对应上述的偏振光的偏振眼镜观看，即左眼只能看到左机映出的画面，右眼只能看到右机映出的画面，这样就会看到立体影像，如应用拓展 13-3 图所示．

问题 13-12 什么是自然光、线偏振光和部分偏振光？

问题 13-13 （1）二向色性物质有何特性？如何用偏振片辨别一束光是否是偏振光？

（2）叙述马吕斯定律，并证明之．

（3）夜间行车时，为了避免迎面驶来的汽车的眩目灯光，以保证行车安全，可在汽车的前灯和风窗玻璃上装配偏振片，其偏振化方向都与竖直方向向右成 45° 角．则当两车相向行驶时，就可大大削弱对方汽车射来的灯光．这是为什么？

例题 13-12 将两偏振片分别作为起偏器和检偏器，当它们的偏振化方向成 30° 时，观察一个光源发出的自然光；成 45° 时，再观察同一位置的另一光源发出的自然光，两次观测到的光强度相等．求两光源强度之比．

分析 前面说过，自然光可用两个相互垂直、振幅相同的线偏振光表示，它们的光强度各占自然光总光强度的一半．今将本题中两个光源发出的自然光分别用平行和垂直于起偏器偏振化方向的两个线偏振光表示，其中平行于偏振化方向的线偏振光将透过起偏器．因此，若令所述两光源的光强度分别为 I_1 和 I_2，则透过起偏器后，其光强分别为 $I_1/2$ 和 $I_2/2$．

解 按马吕斯定律，两光源发出的光透过检偏器的光强分别为

$$I'_1 = \frac{I_1}{2}\cos^2 30°, \quad I'_2 = \frac{I_2}{2}\cos^2 45°$$

由题设 $I'_1 = I'_2$，则由上两式可得

$$I_1 \cos^2 30° = I_2 \cos^2 45°$$

故得两光源的光强之比为

$$\frac{I_1}{I_2} = \frac{\cos^2 45°}{\cos^2 30°} = \frac{\frac{2}{4}}{\frac{3}{4}} = \frac{2}{3}$$

例题 13-13 有三块偏振片堆叠在一起，第一块与第三块的偏振化方向相互垂直，第二块和第一块的偏振化方向相互平行．然后，将第二块偏振片以恒定角速度 ω 绕光的传播方向旋转，如例题 13-13 图所示．设入射自然光的光强为 I_0，试证明：此自然光通过这一系统后，出射光的光强为 $I_3 = I_0(1-\cos 4\omega t)/16$．

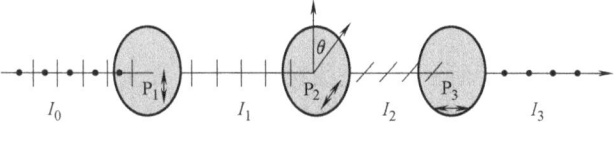

例题 13-13 图

解 自然光经过 P_1 后光强由 I_0 变为 $I_0/2$，即 $I_1=I_0/2$. 今将 P_2 以角速度 ω 转动，P_1、P_2 的偏振化方向的夹角 $\theta=\omega t$，则光强为 I_1 的线偏光透过 P_2 后，其光强成为

$$I_2=I_1\cos^2\omega t=\frac{I_0}{2}\cos^2\omega t$$

由于 P_2 以 ω 转动，P_2、P_3 的偏振化方向的夹角 $\beta=\pi/2-\omega t$，则透过 P_3 后的光强为

$$I_3=I_2\cos^2\beta=\frac{I_0}{2}\cos^2\omega t\cdot\sin^2\omega t=\frac{I_0}{8}(2\sin\omega t\cos\omega t)^2$$

$$=\frac{I_0}{8}\sin^2 2\omega t=\frac{I_0}{16}(1-\cos 4\omega t)$$

13.3.3 反射和折射起偏 布儒斯特定律

实验证明，自然光在两种各向同性介质的分界面上反射和折射时，不仅光的传播方向要发生改变，而且光的偏振状态也要发生变化. 一般情况下，反射光和折射光都是部分偏振光：在反射光中垂直于入射面的光振动强于平行于入射面的光振动；在折射光中平行于入射面的光振动强于垂直于入射面的光振动（见图 13-35）.

实验还表明，反射光的偏振化程度取决于入射角 i. 当入射角等于某一特定值 i_0，即当 $i=i_0$ 时，且满足关系

$$\tan i_0=\frac{n_2}{n_1} \tag{13-31}$$

反射光变成光振动方向垂直于入射面的完全偏振光（见图 13-36），i_0 称为**起偏角**或**布儒斯特角**. 上述结论是 1812 年由英国物理学家布儒斯特（Brewster, 1782—1868）由实验得出的，称为**布儒斯特定律**.

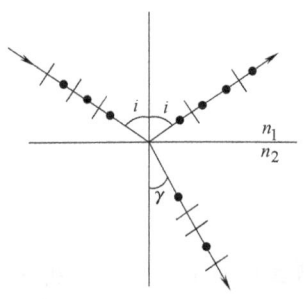

图 13-35 自然光反射和折射后产生部分偏振光

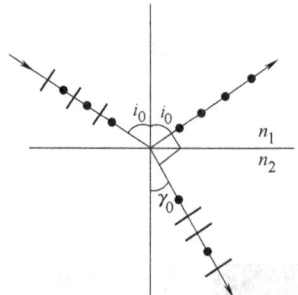

图 13-36 起偏角

例如，当太阳光自空气（$n_1=1$）射向玻璃（$n_2=1.5$）而反射时，由式 (13-31) 可算得起偏角 $i=56°19'$.

又如，在晴天的清晨或黄昏时，太阳光线接近于水平方向，当它通过大气层时，一部分光将被空气中的水滴（云、雾）或尘埃沿不同方向反射而形成散射光，其中被铅直地反射到地面上的散射光，约有一半以上是偏振光.

将式（13-31）与折射定律 $\dfrac{\sin i_0}{\sin \gamma_0} = \dfrac{n_2}{n_1}$ 比较，得到

$$i_0 + \gamma_0 = \pi/2 \tag{13-32}$$

即当光线以布儒斯特角入射时，**反射光线和折射光线互相垂直**。这时，反射光是完全偏振光，但它只包含了部分垂直于入射面振动的光线，光强较弱；而折射光是部分偏振光，其中包含了全部平行于入射面振动和一部分垂直于入射面振动的光线，光强较强。为了增强反射光的强度和折射光的偏振化程度，我们让自然光以布儒斯特角入射于由许多平行玻璃片组成的**玻璃片堆**（见图 13-37），这样垂直于入射面的振动在各层玻璃片上一次次反射，使反射光强度加强，同时使折射光中的垂直振动成分越来越少，最后成为近似的只包含平行振动的线偏振光。

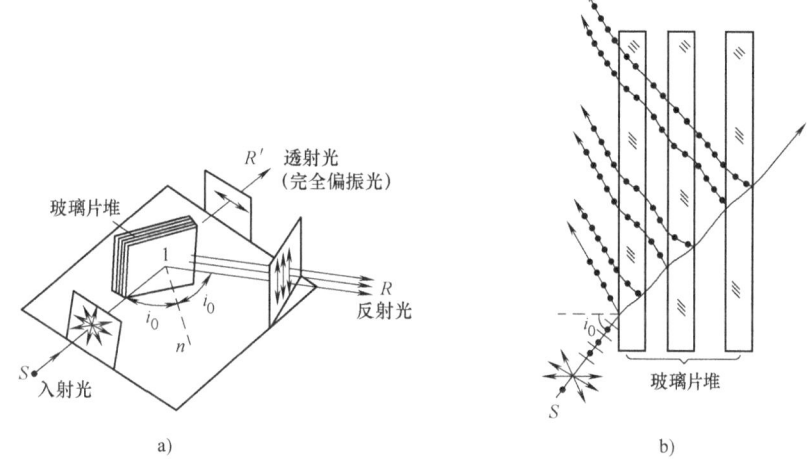

图 13-37 利用玻璃片堆产生完全偏振光

综上所述，利用玻璃片的反射或玻璃片堆的折射，可以将自然光变为偏振光，玻璃片或玻璃片堆就是起偏器。

应用拓展

13-4 在强烈的阳光照射下，从水面、玻璃表面、高速公路路面或白雪皑皑的地面反射入人眼的眩光十分耀眼，影响人们的视力，特别是城市里有些高层建筑的玻璃幕墙，往往会造成上述这些光污染。这些反射光是光振动大多在水平面内的部分偏振光，如应用拓展 13-4 图 a 所示。因此，如果把偏振化方向设计成竖直方向的偏振片，制成偏振光眼镜（见应用拓展 13-4 图 b），供汽车驾驶员、交通警察、哨兵、水上运动员、渔民、舵手和野外作业人员等使用，就可消除或削弱来自路面和水面等水平面上反射过来的强烈眩光。

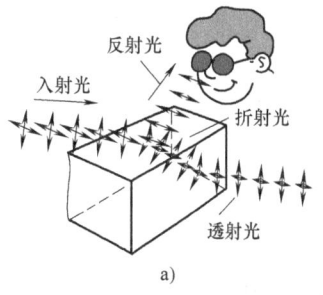

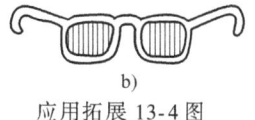

应用拓展 13-4 图

问题 13-14 叙述布儒斯特定律的内容.

问题 13-15 用哪些方法可以获得线偏振光？如何用实验方法检验一束光是否为线偏振光？

问题 13-16 在问题 13-16 图 a、b、c、d、e、f 所示的各种情况中，光由空气射入介质，$i_0 = \arctan n$，$i \neq i_0$. 试画出反射光线和折射光线，并用点和短横线标出反射光线和折射光线的振动方向.

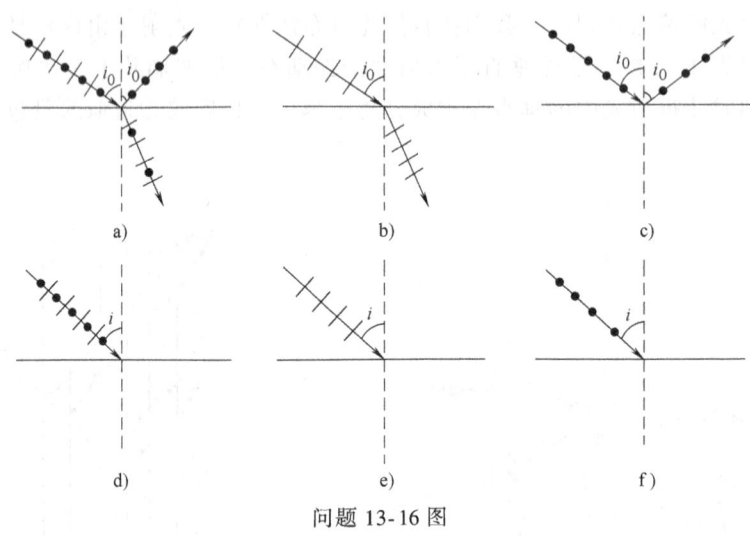

问题 13-16 图

例题 13-14 水的折射率为 1.33，玻璃的折射率为 1.50，当光由水中射向玻璃而反射时，起偏振角 i_1 为多少？当光由玻璃射向水中而反射时，起偏振角 i_2 又为多少？这两个起偏振角之间的关系是什么？

解 由布儒斯特定律，当光由水射向玻璃时，有

$$\tan i_1 = \frac{n_{玻璃}}{n_{水}} = \frac{1.50}{1.33} = 1.128$$

得
$$i_1 = 48.4°$$

当光由玻璃射向水时，有

$$\tan i_2 = \frac{n_{水}}{n_{玻璃}} = \frac{1.33}{1.50} = 0.8867$$

得
$$i_2 = 41.6°$$

由此可知，i_1 和 i_2 互为余角.

13.3.4 光的双折射现象

如图 13-38 所示，把一块方解石晶体放在一张写着字的纸面 P 上，从上往下透过方解石看字时，见到每个字都变成了互相错开的两个字，即每个字都有两个像. 这表明，一束光在这种晶体内分成了两束折射光线，它们的折射程度不同，这种现象称为**双折射**. 一般地，当

光进入各向异性介质时,都将发生双折射现象.

实验表明,两束折射光中的一束始终在入射面内,遵守折射定律,称为**寻常光**,简称 o 光. 另一束折射光一般不在入射面内,不遵守折射定律,称为**非常光**,简称 e 光. 如图 13-39 所示,当光线垂直入射时,o 光沿原方向传播,折射角为零,而 e 光的折射角不为零. 若以入射光为轴转动晶体,o 光不动,e 光绕轴旋转. 需要注意,o 光和 e 光的划分只在双折射晶体内部才有意义.

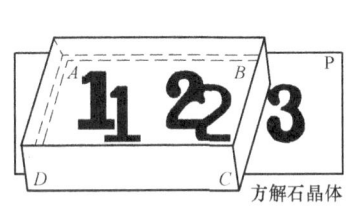

图 13-38 双折射现象

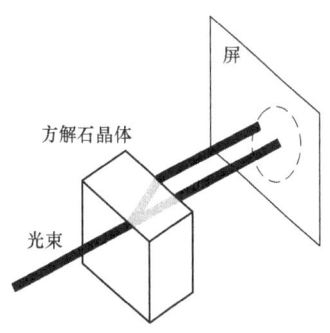

图 13-39 方解石晶体的双折射

在双折射晶体中存在一个或两个特殊方向,当光沿该方向传播时,o 光和 e 光不分开,即不发生双折射,这个特殊方向称为晶体的**光轴**. 只具有一个光轴的晶体,称为**单轴晶体**(如方解石、石英等). 有些晶体具有两个光轴,称为**双轴晶体**(如云母、硫磺等).

在单轴晶体内,由寻常光 o 和光轴组成的面称为 o **主平面**,由非常光 e 和光轴组成的面称为 e **主平面**. 在一般情况下,o 主平面和 e 主平面不相重合. 但实验和理论指出,若光在光轴与晶体表面法线组成的平面内入射,则 o 光和 e 光都处于这个平面内,这个面也就是这两种光共同的主平面. 这个由光轴和晶体表面法线组成的面称为晶体的**主截面**. 在实际应用上,一般都选择入射面、主截面和 o 光、e 光的主平面重合,这时,o 光和 e 光的光振动互相垂直. 这样,对双折射现象的研究也更为简化.

实验还表明,**o 光和 e 光都是偏振光,两者的振动面互相垂直**. 并且,o 光的振动面垂直于晶体内与它相对应的主截面,而 e 光的振动面就是主截面.

双折射现象是由于晶体的各向异性产生的,可以用光的电磁理论进行解释. 这里用惠更斯原理给予定性说明. o 光的光矢量垂直于其主平面,从而总是与光轴垂直,所以向任何方向传播的速率相同,其波阵面上任一点发出的子波的波面为球面,所以折射率 $n_0=c/v_0$ 是恒量;e 光的光矢量与光轴同在其主平面内,它与光轴的夹角可以有各种不同的值. 当 e 光光矢量与光轴垂直(即 e 光沿光轴传播)时,其传播速率与 o 光相同;当 e 光光矢量与光轴成不同角度时,其传播速率不等;当 e 光光矢量与光轴平行时,即 e 光沿垂直于光轴的方向传播,其传播速率与 o 光相差最大. 所以 e 光的子波波面为旋转椭球面,它与 o 光的球形波面在光轴方向相切. 同时,e 光没有确定的折射率,我们用 v_e 表示 e 光在垂直于光轴方向的传播速率,把 $n_e=c/v_e$ 称为 e 光的主折射率.

利用晶体的双折射现象,从自然光可以得到 o 光和 e 光两种偏振光,这两种偏振光分开的程度取决于晶体的厚度. 但是纯天然晶体的厚度都比较小,因而在通过天然晶体后的光束中,两束偏振光通常分得不够开. 为了使双折射得到的两种线偏振光分开较大角度,人们用方解石晶体制成一种称为**尼科耳**的起偏棱镜，它是把其中 o 光通过全反射分开，只让 e 光透过棱镜而获得完全偏振光．但由于这种起偏棱镜一般尺寸都不大，且成本昂贵，目前已很少使用．

13.3.5 波片

根据振动的叠加原理，当一个质点同时参与两个同频率、且相互垂直的简谐运动时，则这个质点的运动轨迹为椭圆或圆．同样，如果两个同频率的线偏振光，振动方向相互垂直，只要它们之间存在恒定的相位差，两者叠加后其合振动光矢量的端点也将描绘出一个椭圆或圆，即**椭圆偏振光**或**圆偏振光**．我们可以利用晶体对光的双折射性质来获得椭圆偏振光或圆偏振光．

如图 13-40 所示，让自然光通过偏振片，变为偏振光；继而让这束偏振光垂直射于一晶体薄片（简称**晶片**）表面上．晶片的光轴与晶面平行，且与偏振片的偏振化方向的夹角为 α，因而，偏振光的光矢量 **E** 的振动方向亦与晶片光轴成 α 角．这样偏振光进入晶片后，由于双折射现象而分解成 o 光和 e 光（其振动方向如图 13-40 所示），两者振动方向相互垂直．由于它们是同一束入射偏振光分解而成的，它们在晶片中经过了不同的光程，所以在射出晶片后能产生恒定的相位差．这两个光振动的合成就是椭圆偏振光．若 $\alpha=\pi/4$，这时 o 光和 e 光的光振动振幅相等，从晶片出射的光为圆偏振光．

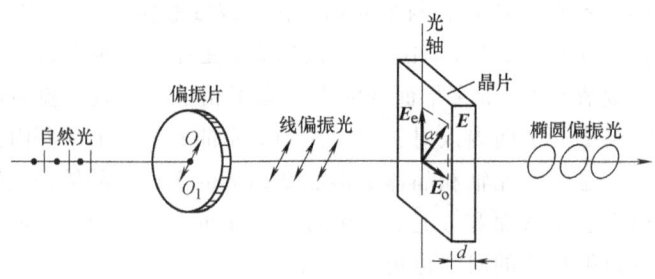

图 13-40 椭圆偏振光或圆偏振光的获得

椭圆偏振光的椭圆形状取决于两个光振动的相位差．设入射光的波长为 λ、晶片的厚度为 d，则 o 光和 e 光从晶片出射后的相位差为

$$\varphi_{oe}=\frac{2\pi}{\lambda}(n_o-n_e)d$$

可见，相位差取决于晶片的厚度．若

$$\varphi_{oe}=\frac{2\pi}{\lambda}(n_o-n_e)d=\frac{\pi}{2}$$

则相应的光程差为

$$\delta=(n_o-n_e)d=\frac{\lambda}{4}$$

这种能使 o 光和 e 光产生 $\lambda/4$ 光程差的晶片称为 **$\lambda/4$ 波片**．

若

$$\varphi_{oe} = \frac{2\pi}{\lambda}(n_o - n_e)d = \pi$$

相应的光程差为

$$\delta = (n_o - n_e)d = \frac{\lambda}{2}$$

这种能使 o 光和 e 光产生 $\lambda/2$ 光程差的晶片称为**半波片**. 当波长为 λ 的单色线偏振光通过这种晶片后，o 光与 e 光的光程差恰等于半波长（$\lambda/2$），射出晶体后，它们的合成光仍是线偏振光，但其偏振方向转过了 2α. 亦即 $\lambda/2$ 波片可以改变入射偏振光的偏振方向.

需要注意，无论是 $\lambda/4$ 波片还是 $\lambda/2$ 波片，它们都是对入射偏振光的波长而言的. 因此，应根据使用的波长和使用的目的去选购波片.

13.3.6 偏振光的干涉

在适当条件下，偏振光和自然光一样也可以产生干涉现象. 今用如图 13-41a 所示的装置来说明. 在 P 与 A 两个偏振化方向正交的偏振片之间，放置一个晶面和光轴平行的晶体 C，并使其晶面垂直于偏振光的入射线，则偏振光的入射线也同时垂直于光轴（假定入射偏振光的振动面与光轴间具有一定的夹角 α，如图 13-41b 所示）. 偏振光进入晶体后，由于晶片的双折射，产生振动面相互垂直的 o 光和 e 光，这两种光在晶体中仍沿同一方向传播，但由于晶体对 o 光和 e 光的折射率 n_o 和 n_e 是不同的，故它们的传播速度不同，因此透过晶体之后，两种光就有一定的光程差，一般而言，它们将形成椭圆偏振光. 设晶体的厚度为 d，则它们的光程差为 $\Delta = (n_o - n_e)d$. 如果使这两种光再通过一个偏振片 A，由于只有和 A 的偏振化方向平行的分振动才可以透过，这就使得透过 A 以后的光成为两束振动面相同、在空间任一点相遇时具有一定光程差的相干光，因而它们在空间相遇时（例如用透镜装置使它们会聚于屏幕上）能够产生干涉现象. 干涉条纹的明暗程度（当单色光照射时）或色彩（当白色光照射时）视双折射晶体 C 的厚度而定. 在图 13-41b 中，E_1 表示入射偏振光的光矢量，E_e 和 E_o 分别为 E_1 在平行和垂直于晶体主截面方向上的分矢量. E_{2e} 和 E_{2o} 表示振动面相互垂直的 o 光和 e 光通过偏振片 A 时、在平行于其偏振化方向的分振动，它们就是透过偏振片 A 的相干光.

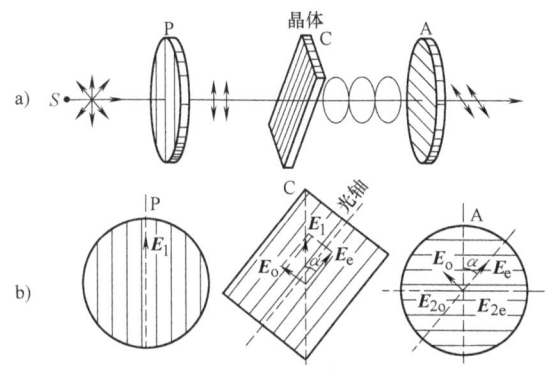

图 13-41 偏振光的干涉

还需指出，如果不用起偏振片 P，而以自然光直接射入晶体 C，则所产生的两束偏振光的振动是互相独立的，即相位差不是恒定的，因而不能产生干涉现象．

工程上使用的偏振光显微镜，就是根据偏振光的干涉现象制成的．

13.3.7 人为双折射

前面讲了光在各向异性晶体中的双折射现象．但是，有些各向同性的非晶体或液体，受外界的人为因素影响，也可以转变为各向异性，呈现出双折射现象．这种现象称为**人为双折射**．

1. 光弹性效应

非晶体物质，例如玻璃、赛璐珞等，在力的作用下发生形变时，使非晶体失去各向同性的特征而具有晶体的性质，也能呈现出双折射现象．现象的观测可按图 13-42 所示的装置来进行，图中 E 是一非晶体，放在两个正交偏振片之间，当它受到外力 F 而被压缩（或拉伸）时，其光学性质就和以 OO' 为光轴的单轴晶体相仿．如前所述，垂直入射的偏振光将分解为 o 光和 e 光，两光线的传播方向一致，但传播速度不同，即折射率不等．实验证明，这时，o 光和 e 光的折射率 n_o 与 n_e 之差与应力 σ 成正比，即

$$n_o - n_e = k\sigma \tag{13-33}$$

式中，k 是一个比例系数，它取决于非晶体的性质，σ 是应力．

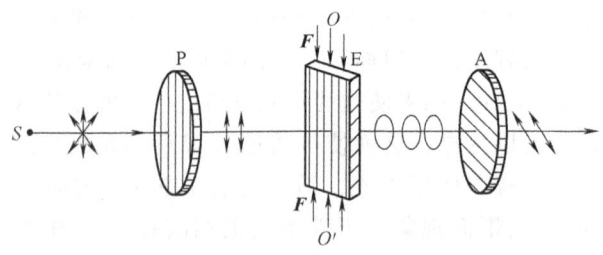

图 13-42 由机械形变而产生的人为双折射现象

不但如此，两束偏振光穿过偏振片 A 之后，借透镜将它们会聚于屏幕上，将发生干涉，出现干涉条纹．在工业上，可以把机械零件、建筑结构物（例如桥梁）或水坝坝体用赛璐珞等制成透明模型，然后在外力的作用下分析这些干涉条纹的形状，就能判断和分析模型内部应力的分布情况．这种方法称为**光测弹性方法**．

2. 电光效应

某些各向同性的非晶体或液体等透明物质，在强电场作用下，也能变为各向异性而显示双折射现象．这种人为双折射现象叫作**电光效应**或**克尔效应**．这是克尔（J. Kerr）于 1875 年发现的．

克尔效应的实验装置如图 13-43 所示．装有平行板电极 C_1、C_2 并盛有硝基苯（$C_6H_5NO_2$）液体的容器，叫作**克尔盒**．P 和 A 为两个正交的偏振片．当极板 C_1、C_2 加上电压时，在克尔盒内的硝基苯液体中会形成沿 OO' 方向的电场，硝基苯液体便变成类似于以 OO' 为光轴的单轴晶体，由起偏振片 P 出射的偏振光通过克尔盒，就显示出 o 光和 e 光．实验指出，o 光与 e 光的折射率之差 $n_o - n_e$ 与电场强度 E 的平方成正比，即

$$n_o - n_e = kE^2 \tag{13-34}$$

式中，k 称为**克尔恒量**，其值取决于液体的性质．

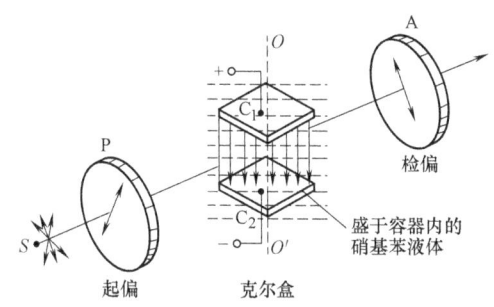

图 13-43 克尔效应

克尔效应的产生和消失的时间极短，约为 10^{-9} s，可用来制成光断续器（即光开关），这种高速开关已在高速摄影、激光通信和电视等装置中获得广泛应用．

此外，像压电晶体等这类晶体，在电场作用下可以改变它的各向异性性质，o 光和 e 光的折射率之差 $n_o - n_e$ 与所加电场强度 E 的值成正比，故称为**线性电光效应**，亦称**泡克耳斯**（F. K. Pockels）**效应**．

某些非晶体在强磁场作用下，也能产生双折射现象，称为**磁双折射效应**．其情况类似于电光效应．

应用拓展

13-5 液晶是介于液体与晶体之间的一种物质状态，同时具有晶体的各向异性和液体的流动性．当液晶分子有序排列时表现出光学各向异性，光通过液晶时，会产生偏振面旋转和双折射等效应．当有外加电场时，液晶的光学性质会发生改变，即液晶的电光效应．利用液晶的这些光学性质，人们制造出了液晶显示器．液晶显示器具有功耗小，体积小、寿命长和无辐射等优点，被广泛应用到各类显示器中．

本章小结

本章以光的电磁理论为基础，研究光的波动性质，如光的干涉、衍射、偏振．具体思路如下：

根据光的电磁理论，光是电磁波，因此光应具有波的共同属性：干涉和衍射；由于电磁波是横波，导致光具有偏振性．

对于光的干涉，首先研究了杨氏双缝干涉条纹的特点：两相干光束在空间相遇时，在相遇区光强要重新分布，影响光强重新分布的因素是两束光的光程差，所以可以通过研究两束光的光程差来了解光的干涉特性；然后，用类似的方法研究了薄膜干涉现象及其特点，以及干涉现象的应用．

对于光的衍射，首先，研究了光通过单缝的衍射现象，并基于物理图像给出了菲涅耳半波带法；然后，研究了圆孔衍射、光栅，以及光学仪器的分辨本领.

对于光的偏振，首先，介绍了偏振光的概念；然后，研究了偏振光的产生和偏振光的应用.

本章主要内容框图：

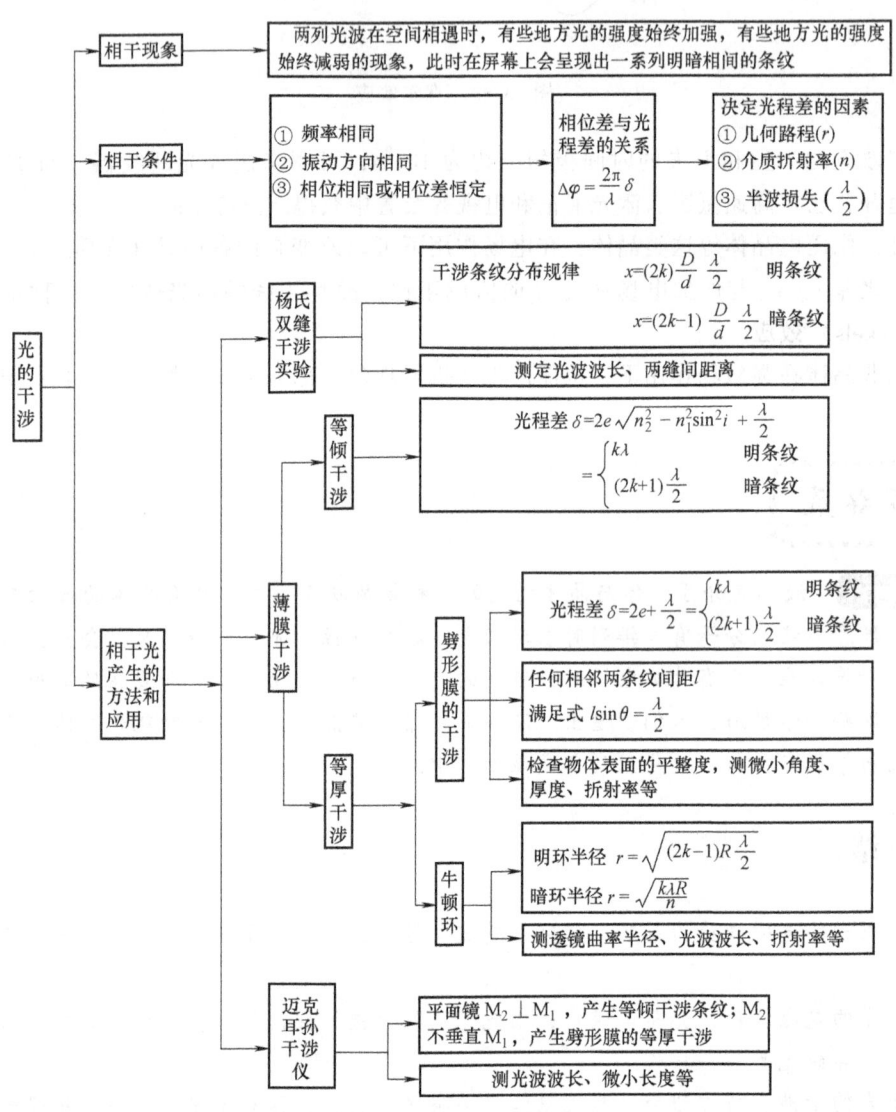

第13章 波动光学

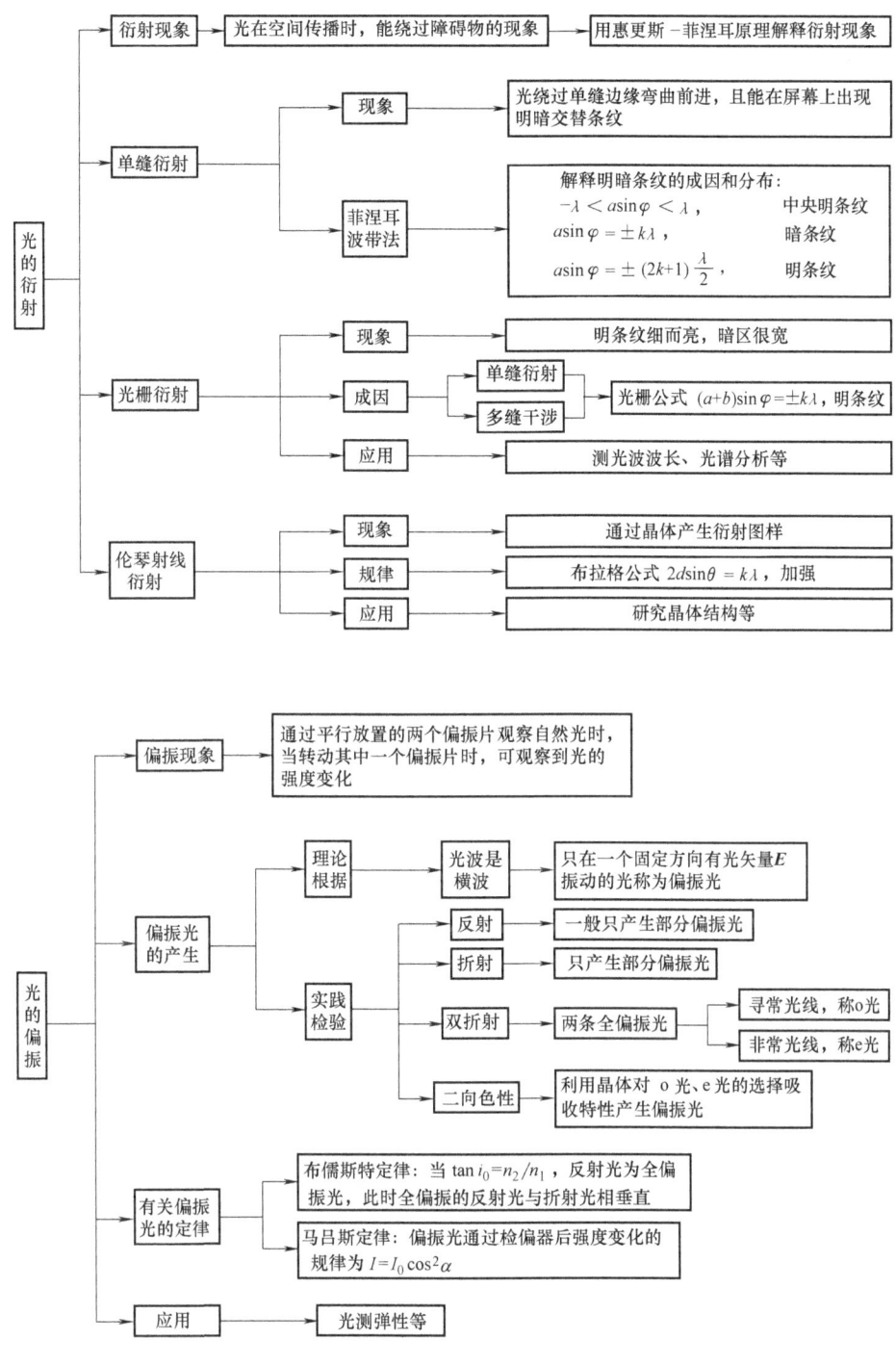

习 题 13

13-1 在杨氏双缝实验中，双缝与屏幕的距离为 120cm，双缝间的距离为 0.45mm，屏幕上相邻明条纹中心之间的距离为 1.5mm. 求：(1) 入射单色光的波长. (2) 若入射光的波长为 550nm，求第 3 条暗条纹

中心到中央明条纹中心的距离.〔答：(1) 562.5nm；(2) 1.83×10^{-3}m〕

13-2 如习题13-2图所示，在杨氏双缝实验的装置中，设入射光的波长为550nm，今用一块薄云母片（$n=1.58$）覆盖在一条缝上，这时屏幕上的零级明条纹移到原来的第7条明条纹位置上，求此云母片的厚度.（答：6.64×10^{-6}m）

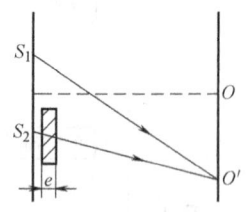

习题13-2图

13-3 在双缝实验中，两缝间距为0.30mm，用单色光垂直照射双缝，在离缝1.20m的屏幕上测得中央明条纹一侧第5条暗条纹与另一侧第5条暗条纹间的距离为22.78mm. 问所用光的波长为多少？它是什么颜色的光？（答：632.8nm，红光）

13-4 如习题13-4图所示，氦-氖激光器发出波长为632.8m的单色光，射在相距2.2×10^{-4}m的双缝上. 求离缝1.80m处屏幕上所形成的20条干涉明条纹之间的距离.（答：9.84×10^{-2}m）

13-5 在杨氏双缝实验中，设两缝间距离$d=0.2$mm，屏与缝之间的距离$D=100$cm，以白色光垂直照射，求第1级与第2级光谱的宽度.（已知$\lambda_{红}=8\times10^{-5}$cm，$\lambda_{紫}=4\times10^{-5}$cm）（答：0.2cm，0.4cm）

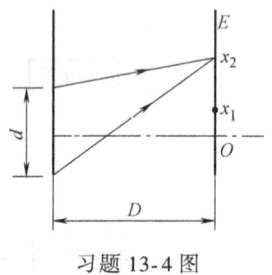

习题13-4图

13-6 波长为500nm的单色光从空气中垂直入射到折射率$n=1.375$、厚度$e=10^{-4}$cm的薄膜上，入射光的一部分反射，另一部分进入薄膜，并从下表面上反射. 试求：(1) 透射光在薄膜内的波程上有几个波长？(2) 透射光在薄膜的下表面反射后，在上表面与反射光相遇时的相位差为多少？〔答：(1) 5.5个波长；(2) 12π〕

13-7 如图习题13-7所示，用白光垂直照射厚度$e=400$nm的薄膜，若薄膜的折射率为$n_2=1.40$，且$n_1>n_2>n_3$，问反射光中哪种波长的可见光将得到加强？（答：560nm）

13-8 一束白光投射到空气中一层肥皂泡薄膜上，在与薄膜法线成30°角的方向上，观察到薄膜的反射光呈绿色（$\lambda=500$nm），求膜的最小厚度. 已知肥皂水的折射率为1.33.（答：1.01×10^{-4}mm）

13-9 氦-氖激光器发出波长为632.8nm的单色光，垂直照射在两块平面玻璃片上，两玻璃片的一边互相接触，另一边夹着一片云母，形成一个劈形空气膜. 测得50条明纹中心间的距离为6.351×10^{-3}m，棱边到云母片的距离为30.313×10^{-3}m，求云母片厚度.（答：7.40×10^{-5}m）

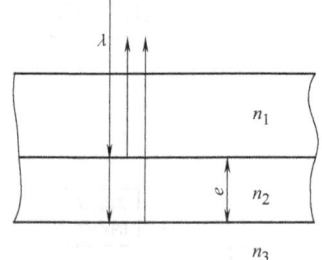

习题13-7图

13-10 如习题13-10图所示，利用空气劈形膜测量细金属丝直径，已知入射光的波长$\lambda=589.3$nm，$L=2.888\times10^{-2}$m，测得30条明纹中心间的距离为4.295×10^{-3}m，求细金属丝直径d.（答：5.75×10^{-5}m）

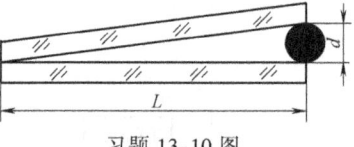

习题13-10图

13-11 在利用牛顿环测未知单色光波长的实验中，当用波长为589.3nm的钠黄光垂直照射时，测得第1和第4暗环的径向距离为$\Delta r=4.0\times10^{-3}$m；当用波长未知的单色光垂直照射时，测得第1和第4暗环的距离为$\Delta r'=3.85\times10^{-3}$m，求该单色光的波长.（答：546nm）

13-12 在牛顿环实验中，透镜的曲率半径$R=40$cm，用单色光垂直照射，在反射光中观察某一级暗环的半径$r=2.5$mm. 现把平板玻璃向下平移$d_0=5.0$μm，上述被观察的暗环半径变为何值？（答：1.50×10^{-3}m）

13-13 在宽度$a=0.6$mm的狭缝后40cm处，有一与狭缝平行的屏幕. 今以平行光自左面垂直照射狭缝，在屏幕上形成衍射条纹，若离零级明条纹的中心P_0处为1.4mm的P处，看到第4级明纹. 求：(1) 入射光的波长；(2) 从P处来看这光波时，在狭缝处的波前可分成几个半波带？〔答：(1) $\lambda=467$nm；

158

（2）9个］

13-14 在白色光形成的单缝衍射条纹中,某波长的光的第 3 级明条纹和红光（波长为 630nm）的第 2 级条明纹相重合. 求该光波的波长. （答：450nm）

13-15 一单色平行光垂直照射于一单缝,若其第 3 级明纹位置正好和波长为 600nm 的单色光垂直入射时的第 2 级明条纹位置重合,求前一种单色光的波长. （答：428.6nm）

13-16 用 1mm 内有 500 条刻痕的平面透射光栅观察钠光谱（$\lambda = 589$nm）,设透镜焦距 $f = 1.00$m. 问：
(1) 光线垂直入射时,最多能看到第几级光谱?
(2) 光线以入射角 30°入射时,最多能看到第几级光谱?
(3) 若用白光垂直照射光栅,求第 1 级光谱线的宽度. ［答：（1）3；（2）一侧 5 级、另一侧 1 级；（3）0.18m］

13-17 用一望远镜观察天空中的两颗星,设这两颗星相对于望远镜所张的角为 $4.84×10^{-6}$rad,由这两颗星发出的光波波长均为 $\lambda = 550$nm. 若要分辨出这两颗星,问所用望远镜的口径至少需要为多大? （答：$D = 13.9$cm）

13-18 用一束平行的钠黄光（$\lambda = 589.3$nm）垂直照射在光栅常量为 $2×10^{-6}$m 的光栅上,求最多能看到几条明条纹（包括中央明条纹在内）. （答：$k = 3$）

13-19 两偏振片偏振化方向成 30°夹角时,透射光的光强为 I_1,若入射光的光强不变,而使两偏振片的偏振化方向之间的夹角变为 45°,则透射光强将如何变化? （答：变为 $2I_1/3$）

13-20 偏振光通过偏振片后,光强减小一半,求偏振光振动方向与偏振片的偏振化方向之间的夹角. （答：45°）

13-21 测得从一池静水的表面反射出来的太阳光是线偏振光,求此时太阳处在地平线的多大仰角处?（水的折射率为 1.33）（答：36.9°）

13-22 一束光是自然光和线偏振光的混合,当它通过一偏振片时,发现透射光的强度取决于偏振片的取向,其光强可以变化 5 倍,求入射光中两种光的强度各占总入射光强的几分之几. （答：1/3, 2/3）

13-23 两偏振片 A 和 B 的偏振化方向互相垂直,使光完全不能透过,今在 A 和 B 之间插入偏振片 C,它与偏振片 A 的偏振化方向的夹角为 α,这时就有光透过偏振片 B. 设透过偏振片 A 的光强为 I_0,求证：透过偏振片 B 的光强为 $I = (I_0/4)\sin^2 2\alpha$.

13-24 当光从水中射向玻璃而反射时,起偏振角为 48°26′,已知水的折射率为 1.33,求玻璃的折射率；若光从玻璃中射向水中,求起偏角. （答：41°34′）

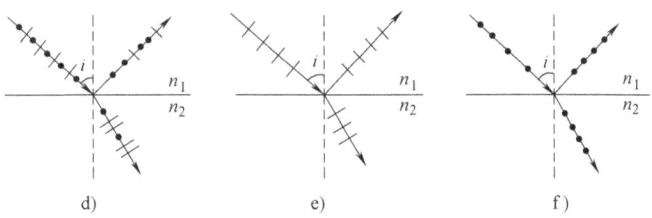

d)　　　　e)　　　　f)

本章"问题"选解

问题 13-3（1）

答 （1）若保持双缝与屏幕的距离 D 不变,对一定波长 λ 的相干光,使两缝间距离 d 逐渐增大,则由下式

$$\Delta x = \frac{D}{d}\lambda \quad \text{ⓐ}$$

可知，干涉明（或）暗条纹的宽度 Δx 逐渐变小.

（2）若保持双缝间距 d 不变，对一定波长 λ 的相干波，使双缝与屏幕距离 D 变大，则由式 ⓐ 可知，干涉明（或暗）条纹的宽度 Δx 将变大.

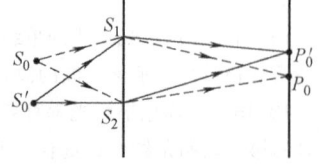

问题 13-3（3）解答图

（3）当缝光源 S_0 在垂直于轴线方向往下移动时，如问题 13-3（3）解答图所示，$S_0'S_1 > S_0'S_2$，这样就会使中央零级明条纹 P_0 的位置向上侧移动，即 $S_1P_0' < S_2P_0'$，以符合波程差 $\delta = (S_0S_1 + S_1P_1) - (S_0'S_2 + S_2P_2') = 0$ 的产生零级明条纹的要求. 这也意味着各级明、暗条纹都随同 P_0' 上移.

问题 13-4

解 按双缝干涉条纹的宽度公式

$$\Delta x = \frac{D}{d}\lambda$$

已知蓝光波长 $\lambda = 440$ nm，条纹宽度 $\Delta x = 0.15$ cm，双缝与屏幕相距为 $D = 2.00$ m，代入上式，得两缝间距为 5.87×10^{-4} m.

问题 13-5（2）

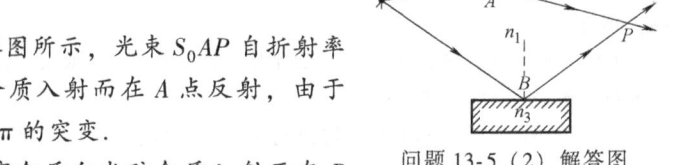

问题 13-5（2）解答图

答 如问题 13-5（2）解答图所示，光束 S_0AP 自折射率为 n_1 的介质中向折射率为 n_2 的介质入射而在 A 点反射，由于 $n_2 > n_1$，故这束光在反射时有相位 π 的突变.

由于 $n_3 < n_1$，光束 S_0BP 由光密介质向光疏介质入射而在 B 点发生反射，故无相位 π 的突变.

问题 13-6

解 （1）由于 $n_2 > n_1$，光束 S_0AP 在 A 点从光疏介质射向光密介质而发生反射，有半波损失 $\lambda/2$；而在光束 S_0BP 中，由于 $n_3 < n_1$，光束在 B 点从光密介质射向光疏介质，没有半波损失. 这样，两束光的光程差为 $\delta = (n_1r_1 + n_1r_1 + \lambda/2) - (n_1r_2 + n_1r_1) = n_1(r_1 - r_2) + \lambda/2$.

（2）同理，由于 $n_2 > n_1$，$n_3 > n_1$，所以两束光在 A、B 点反射时均需计入半波损失，则这两束光的光程差为 $\delta = (n_1r_1 + n_1r_1 + \lambda/2) - (n_1r_2 + n_1r_1 + \lambda/2) = n_1(r_1 - r_2)$.

问题 13-11（2）

答 由题设 $a = b$，则由光栅方程公式得

$$a\sin\varphi = \pm k\frac{\lambda}{2}, k = 1, 2, 3, \cdots \quad ⓐ$$

而单缝衍射的暗条纹公式为

$$a\sin\varphi = \pm k\lambda, k = 1, 2, 3, \cdots \quad ⓑ$$

显然，当式 ⓐ 中 $k = 2, 4, 6, \cdots$ 时，式 ⓐ 与式 ⓑ 一致，亦即明条纹成为暗条纹，所以光栅光谱中的偶数级明条纹将消失，只存在奇数级的明条纹. 这意味着明条纹将减少一半. 因此，两相邻明条纹的间距将加大.

问题 13-13（3）

答 当两汽车相向行驶时，由于彼此的前灯与风窗玻璃上的偏振片的偏振化方向各向右成 45°角，恰使二者的偏振化方向相互垂直，从而使前方汽车射来的灯光未能透过另一方汽车的风窗玻璃.

问题 13-16

答 起偏角 $i_0 = \arctan(n_2/n_1)$. 在入射角 $i = i_0$ 的情况下，反射光线和折射光线的振动方向分别如问题 13-16 解答图 a~c 所示. 对入射角 $i \neq i_0$ 的情况，由读者自行绘图解答.

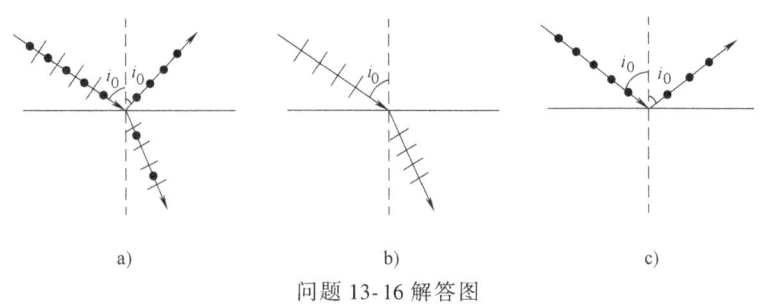

问题 13-16 解答图

"问题拓展" 参考答案

肥皂膜、肥皂泡等的干涉.

根据薄透镜成像的物像之间的等光程原理，加入透镜不会产生附加的光程差. 因此，不考虑透镜对光程差的影响.

"思维拓展" 参考答案

13-1 在杨氏双缝干涉实验中，狭缝 S_0 的作用是：普通光源发射的光入射到狭缝 S_0 后，S_0 便成为一个发射柱面波的线光源，而双缝 S_1 和 S_2 相对于 S_0 呈对称分布，因而两者位于柱面波的同一个波面上. 根据惠更斯原理，S_1 和 S_2 作为两个次波源向前发射次波，所以它们的频率、振动方向和相位都相同，因此 S_1 和 S_2 是两个相干光源，从它们发出的光在相遇区域内便能产生干涉现象. 因此，狭缝 S_0 是为获得相干光源的必要条件.

对于普通光源，撤掉 S_0 缝，将光直接照到双缝上，这时从 S_1 和 S_2 出射的两束光不满足相干条件，因此不会看到相干现象. 但是，若用激光直接照着射到双缝 S_1 和 S_2 上，仍能看到相干现象. 请读者解释原因！

专题选讲Ⅷ 三维激光扫描

1. 概述

自从 1960 年美国的 T. H. 西奥多·梅曼研制出世界上第一台红宝石激光器以来，科学家们就提出了激光扫描测量的设想,并开展了相关的研究工作. 随着激光、计算机技术和电子技术的快速发展,激光扫描技术从最简单的激光测距技术开始,逐步发展出了激光跟踪、激光测速、激光扫描成像、激光多普勒成像等技术,之后人们又陆续开发出不同用途的激光扫描系统,使其成为集多种传感器、多种功能为一体的测量系统.

三维激光扫描技术与激光的相干性、单色性、方向性和高亮度等特性相关,具有测量速度快、操作简便、测量的综合精度高等特点. 三维激光扫描技术又称作"实景复制技术",采用非接触式高速激光测量方式,来获取测量目标的几何图形数据和影像数据. 三维激光扫描技术利用激光测距原理,快速地对被测物体的整体或局部进行完整的从左到右、从上到下的全自动高精度扫描测量,得到的是完整的、全面的、连续的、关联的全景点坐标数据,这些密集而连续的点叫做"点云". 然后通过专业处理软件对采集的点云数据⊖和影像数据进行处理分析,构建被测物体的三维模型及线、面、体等数据,以获得物体的三维空间位置坐标或者建立结构复杂、不规则场景的三维可视化模型. 该技术可以真正做到直接从实物中进行快速的逆向三维数据采集及模型重构,不必进行任何实物表面处理,其激光点云中的每个三维数据都是直接采自目标的真实数据,使得后期处理的数据完全真实可靠.

三维激光扫描系统通常由三维激光扫描仪、数码相机、后处理软件、电源以及附属设备组成. 三维激光扫描仪由一台高速精确的激光测距仪,配上一组可以引导激光并以均匀角速度扫描的扫描器件,如旋转多面棱镜、检流计式扫描振镜等构成. 激光测距仪主动发射激光,使激光器发射的激光束传输到目标区域进行扫描,同时用光电探测器件探测从目标表面反射的信号从而可以进行测距,针对每一个扫描点可测得测站至扫描点的斜距,再配合扫描的水平和垂直方向角,可以得到每一扫描点与测站的空间相对坐标. 如果测站的空间坐标是已知的,则可以求得每一个扫描点的三维坐标. 激光测距作为激光扫描技术的关键组成部分,对于激光扫描的定位、获取空间三维信息具有十分重要的作用. 目前,三维激光扫描系统采用的三维激光扫描测距仪按照其工作原理大致可以分为三类:相位干涉法扫描测距、三角法扫描测距、脉冲法扫描测距.

(1) 相位干涉法扫描测距

利用激光光线的连续波发射,根据光学干涉原理确定干涉相位的测量方法. 通过测量反射信号的相位并与发射信号的相位进行比较或运算实现测距. 这是一种间接测距方式,通过发射信号和接收信号之间的相位差来计算被测目标的距离. 此方法适用于近距离测量,测量范围一般小于 50m,每秒可测量 10000 到 500000 个点. 此方法测距精度较高,主要应用在精密测量和医学研究,精度可达到毫米级.

(2) 三角法扫描测距

三角法扫描测距的基本原理是,激光发射器发出的激光束经过扫描棱镜(三角形的第一个顶点)发射到被测目标上,形成反光点(三角形的第二个顶点),然后通过透镜被电荷耦合器件(三角形的第三个顶点)接收. 最后,基于两个角度及一个三角边基线长计算出目标的距离. 此种方法适用于近距离测量,测量范围在 0~20m,每秒可测量 100 个点.

⊖ 扫描资料以点的形式记录,每一个点包含有三维坐标,有些可能还会含有颜色信息(RGB)或反射强度信息(Intensity).

(3) 脉冲法扫描测距

脉冲法扫描测距是通过记录发射和接收激光脉冲信号的时间,并计算两个时间点之差来间接获得被测目标的距离. 设待测距离为 s, 光速为 c, 测得信号往返的时间差为 Δt, 则 $s = c \cdot \Delta t / 2$. 当激光发射器向目标发射一束脉冲信号后,一般经目标漫反射后会返回并被接收系统接收,该方法可测距离较大,测量距离可大于 100m,每秒可测量 1000 个点以上. 但随着距离的增加,精度呈现降低趋势.

激光扫描成像技术是一种实现空间三维信息的全新技术手段,它克服了传统测量技术的局限性,采用非接触式测量的方式直接获取高精度的三维数据. 此技术受环境限制小,能够对任意物体进行扫描,并且可以准确而快速的将目标的信息转换成可处理的三维数据. 特别是在对目标物体的几何结构重构过程中,要得到精确的三维模型,需要至少测量几万个甚至更多的高密度的三维点坐标.

2. 特点

三维激光扫描技术可在复杂的现场环境及空间中进行扫描操作,作为一种全新的测量技术,它与传统的测量方法相比较,主要有如下优点:

(1) 测量速度快

扫描仪发射激光脉冲到目标物体,并接收返回的激光,获取目标的点云数据,可以快速的测定扫描对象表面的立体信息,在短时间内实现高精确性和完整性的测量. 目前,采用脉冲激光或时间激光的三维激光扫描系统的采样点速率可达到数千点每秒,而采用相位激光方法测量的三维激光扫描仪甚至可以达到数十万点每秒,是传统测量方式难以比拟的.

(2) 高精度与大数据量

三维激光扫描系统通过发射大量激光脉冲快捷地获取目标物体的海量点云数据,对扫描目标进行高密度的三维数据采集,从而达到高分辨率的目的.

(3) 数字化程度高

三维激光扫描系统通过设备驱动程序或外接线路控制扫描仪进行数据采集,采集的数据为数字信号,便于用计算机或仪器实时显示数据采集的过程和结果,利于用户进行操作. 同时可与外接数码相机、GPS 配合使用,既增强了彩色信息的采集,又提高了数据的准确性.

(4) 非接触测量

采用非接触扫描方式进行测量,不需要和目标物体接触,不需要对目标物体进行任何表面处理,所采集的数据完全真实可靠.

(5) 适用范围广

目前常用的激光扫描设备具有体积小、重量轻、结构紧凑等优点,且防水、防潮,对使用条件要求不高,环境适应能力强,即使在昏暗和夜间环境下都不影响作业.

3. 应用

三维激光扫描技术能实现非接触测量,且具有速度快、精度高的优点,而且其测量结果实现了与多种软件兼容,这使它在很多领域得到广泛的应用. 其应用领域包括测绘领域、逆向工程、文物数字化保护、医学整形,等等.

(1) 测绘领域

测绘技术是指利用计算机技术、光电技术、空间科学等技术,对地面的某些特征点和区域通过测量手段得到其三维信息. 三维激光扫描技术为测绘提供了很好的测量手段. 例如,大坝和电站的基础地形测量；公路、铁路、河道测绘；隧道地下工程结构检测及变形监测；矿山体积量测算；以及将激光扫描技术与全球定位技术、摄影技术结合起来，获得大范围的地面地标信息和城市三维模型等．

（2）逆向工程

逆向工程是指从实物样品获取产品数学模型，进而开发出同类的先进产品的技术．其步骤为：先将实物的几何外形数字化，然后重建物体的三维模型，最后，对三维模型进行检验、修正及制造．通过对目标物体进行三维扫描可以获取海量点云数据，得到的点云数据的质量直接影响建模能否成功以及计算机辅助设计模型的质量．

（3）古迹测量和文物修复

如何有效地实现对古迹（古建筑、雕像、遗址等）的测量修复，以及古文物、古人类的器皿、头骨等文物快速地数字化并保存下来，至今都是一个非常重要的研究课题．三维激光扫描技术由于其快速、高精度、非接触测量的特点，被广泛运用于古建筑修复测量，仿制文物等方面．例如利用三维激光扫描技术，通过计算机建立文物的数字化模型，可以得到文物的外形尺寸、纹理和表面色彩，这样不仅可以避免在研究过程中损伤文物原件，同时还能够长期地保存文物信息，还可以方便地生成实物模型的计算机动画和虚拟场景等．

（4）医学领域

运用三维激光扫描技术可以对人体面部、骨关节等关键部位进行数据采集，重建三维数字化模型，能够快速地构建出样体的模型．医生可以将其用于手术或医学研讨等方面的研究，便于进行多种手术方案的判断分析．针对具体患者采集数据并建立相应的三维模型，可提供更加准确的信息，根据其进行替代物的外形设计和制作，使缺损部位与替代物能更好地匹配．通过模拟，医生和患者在手术前即可预见想要达到的术后效果，提高了缺损修复成功率，更符合具体患者的需求．同时，先进的医学断层扫描器能够提供高质量的断层扫描信息，为人体器官的计算机辅助设计建模创造良好的条件．三维激光扫描技术在心血管病变诊断及治疗等众多方面，都具有广泛的应用．

（5）电子商务

目前，互联网对于人们的工作和生活起着至关重要的作用．商家在互联网上介绍它们的产品，同时消费者在互联网上查找他们需要购买的产品．三维激光扫描系统给商家和消费者提供了方便的交流工具．用三维激光扫描系统对产品外形进行扫描，商家能够快速地取得产品的外形信息并介绍给消费者，而消费者也可以在互联网上查找到详细准确的产品介绍．

（6）面部识别和检测

使用三维激光测量技术对人的面部进行扫描，将扫描得到的数据与人脸轮廓对比，可以为面部检测和识别提供技术基础，在国家安全、军事安全、海关、民航、保险以及社会安防等领域发挥重要作用．

随着科学技术的进一步发展，三维激光扫描技术的应用领域也会更加广泛，三维激光扫描技术将朝着以下方向发展：一种是用于大规模场景的三维测量，这种系统的激光发射点离被测物体的间距较远，有的甚至可以达到 1km；另一种是用于文物化石等细小物体的三维测量，这种系统的三维重建，其应用范围非常广泛．国内外学科领域和商业部门都对此产生了高度重视和浓厚兴趣，已投入大量的人力和财力进行相关技术与系统的研究开发，并不断推出自己相应的产品．同时三维激光扫描系统的小型化、方便使用和携带也是今后的发展方向．

热学篇

热学是研究物质热现象及其规律的一门学科. 在自然界中, 凡是与物体冷热有关的物理现象, 都叫作**热现象**. 研究热现象规律的理论分为两类: **热力学**和**统计物理**.

热力学是研究热现象的宏观理论. 从大量的实验事实出发, 采用归纳、概括的方法得出结论, 这种从实验得出的结论具有高度的普遍性和可靠性, 但由于它们不涉及物质的内部微观结构, 所以不能揭示热现象的本质.

统计物理是研究热现象的微观理论, 它认为宏观现象是大量微观粒子运动的集体表现, 宏观量是相应微观量的统计平均值. 并对物质的微观结构、微观粒子间相互作用做出某些假设, 在此基础上去分析微观粒子的力学运动, 从而揭示热现象的微观实质以及热力学定律的本质, 即组成物质的大量分子或原子不停息的无规则(或杂乱无章)运动. **一切热现象都是这种热运动在宏观上的表现**.

热力学和统计物理都是热学的基础, 它们都是以气体作为研究对象. 热力学所研究的物质热运动的宏观规律, 只有经统计物理的阐释, 才能了解其本质; 而统计物理也必须经热力学的研究而获得验证. 因此, 二者相互补充, 使我们对物质热运动的规律及其本质, 获得更深入的了解和掌握.

本篇包括热力学基础和统计物理简介两部分内容.

第14章 热力学基础

章前问题？

问题1：蒸汽机是可以把蒸汽的热能转化为机械能的装置．蒸汽机的出现引起了18世纪的工业革命，推动了机械工业甚至社会的发展，解决了大机器生产中关键的问题，随着它的发展而建立起了热力学．那么，蒸汽机是如何工作的呢？这里用到了什么物理规律呢？

问题2：电风扇不仅不能降低空气的温度，而且实际上它还增加了空气的温度．然而，在炎热的夏天，你用电风扇吹风怎么又会感觉到凉爽呢？

若要弄清上述问题，必须先了解热现象及其所遵循的规律，即热力学基础．

热力学是研究热现象、热运动规律，以及热和功转化的宏观理论．是从大量实验事实中总结、归纳形成的唯象理论．从能量的观点研究热力学系统从一个平衡态到另一个平衡态的转变过程中，有关热、功和内能这三者的变化关系和条件，以及转变过程自动进行的方向和条件．热力学的建立和发展与热机的诞生、应用和改进密切相关．可以说，整个热力学就是从不可能制成"永动机"这个基本事实出发，系统地回答"永动机"违反的自然规律．

14.1 热力学基本概念

14.1.1 问题的提出

长期以来，为了满足生产和生活方面对动力日益增多的需求，人们醉心于设计、制造永远做功的机器——"永动机"．第一类"永动机"是指在不获取能源的前提下，以机械手段使动力系统持续地向外界输出能量．如此美妙之幻想，使人们沉醉、向往，为之奋斗，竭心尽智．但事与愿违，各种各样第一类"永动机"的设计在实践中无不以失败而告终．千万次的失败从本质上揭示了能量守恒的基本思想——热力学第一定律．然而，热力学第一定律并不反对另一种美妙的幻想：制造一部可直接从海洋或大气中吸取热量使之完全变为机械功的热机．由于海洋和大气中的能量是取之不尽的，因而这种热机可永不停息地运转做功——称之为第二类"永动机"．这种热机虽不违反能量守恒定律，但所有设计制造第二类"永动机"的任何尝试也均告失败．这启示我们，能量转化过程是有方向的——热力学第二定律．那么，能量转化过程应向什么方向进行？进行到什么限度为止？以上这些问题正是热力学所要具体讨论的内容.

热力学这门学科就是从能量观点出发,在总结、归纳大量实验事实的基础上建立起来的.它从宏观上研究物质热运动的基本规律,热、功转换的理论,和物质热运动过程及其进行的方向.

14.1.2 热力学系统

热力学研究的对象是由大量微观粒子组成的宏观物质系统,这个宏观物质系统被称为**热力学系统**,简称**系统**;而处于系统以外的物质,称为**外界**或**环境**.例如,若以一个贮气罐内的气体作为所研究的系统(见图14-1),则罐外周围的物质(如空气或水等)就是外界,而罐壁近似地可看作该系统的**边界**.根据系统与外界发生相互作用的情况,我们将热力学系统分为三大类:与外界同时发生能量交换和物质交换的系统称为**开放系统**,例如在加热开口容器中的水时,它不仅与外界有能量交换,而且还有物质交换;与外界只有能量交换而没有物质交换的系统称为**封闭系统**;与外界不交换任何能量和物质的系统,则被称为**孤立系统**.孤立系统是一种理想模型.

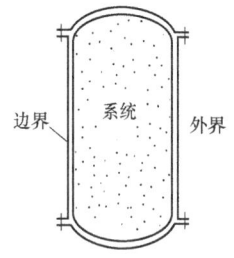

图 14-1 贮气罐

14.1.3 系统的平衡状态 物态参量 热力学第零定律

在力学中,质点的运动状态可以用位矢和速度来描述,但在热力学中,研究的是系统整体的宏观物理性质和宏观物理过程.

经验告诉我们,一个孤立系统,不管它开始的状态如何,经过一段时间后,系统的各种宏观性质将不再随时间变化,并且有确定的状态.我们把系统所处的这种确定的状态,称为**系统的平衡状态**,简称**平衡态**.

例如,若把两个冷热程度不同而又互相接触的物体构成一个孤立系统,则其中热的物体将逐渐变冷,而冷的物体将逐渐变热.这时,系统各部分的温度都不相同,因而系统处于**非平衡态**.但经验表明,由于此孤立系统内的物体间能量传递(热传导)的结果,两个物体终究会处处达到均匀一致的冷热程度;并且,此后只要一直不受外界影响,则系统将始终维持这一状态,而不再发生宏观变化.这时,系统就处于平衡态.

应当指出,当系统处于平衡态时,虽然它的宏观性质不随时间变化,但从微观方面来看,组成系统的大量分子仍在不停地热运动,只是大量分子热运动的平均效果不随时间变化.因此,这里说的平衡态是一种动态平衡,并常称为**热动平衡**.

如上所述,系统的平衡态是系统各种宏观性质不随时间而变化的状态;并且描述这些性质的宏观物理量都具有确定的值,这样,系统的平衡态就可以用系统的宏观物理量来描述.用来描述系统平衡态的几个相互独立的物理量称为**物态参量**.

由于处于平衡态的系统在不受外界影响的情况下,系统的宏观状态一定,各种宏观性质在系统内处处均匀一致,且不随时间而变化.于是,我们就可相应地选择一组物态参量来描述系统的平衡态.对气体而言,当一定质量的同种气体处于平衡态时,通常可用体积、压强、温度这三个宏观物理量来描述其状态,这三个量就是**气体的物态参量**.

体积 V 气体的体积是指气体分子运动时所能够到达的空间.一般用存贮气体的容积来

表示. 其单位为 m³（立方米）；另外，还常用 cm³（立方厘米）或 L（升）作为单位，换算关系为

$$1\text{L} = 1000\text{cm}^3 = 10^{-3}\text{m}^3$$

压强 p 大量气体分子对容器壁的碰撞，在宏观上表现为气体作用在容器壁单位面积上指向器壁的垂直作用力. 其单位为 N·m⁻²（牛·米⁻²），叫作**帕斯卡**，简称**帕**，其符号为 Pa. 有时也用标准大气压（atm）作为单位，$1\text{atm} = 1.013 \times 10^5 \text{Pa}$.

温度 T 温度是表征物体冷热程度的物理量. 要定量地确定温度，需规定一个温度标尺，简称**温标**，以用来表示不同的温度值.

我们日常生活中所使用的摄氏温标是用水银温度计中的液柱高来定温标的，依据是认为具有同一温度值的物体，其冷热程度一样. 而实际上，一个物体因受外界影响，其冷热程度通常随时间而改变. 只有在与外界隔热的情况下，其冷热程度才会维持不变. 若有两个物体冷热程度不同，使之接触，并与外界绝热，则较热的那个物体逐渐变冷，较冷的那个物体逐渐变热，经过足够长的时间，二者就会达到同样的冷热程度而处于**热平衡**.

设物体 A、B 之间处于热平衡，又物体 B、C 之间也处于热平衡，则物体 A、C 之间也必然处于热平衡. 这个规律称为**热力学第零定律**.

根据热力学第零定律，便可以定量地引进温度的概念. 所有处于热平衡的物体皆可用同一温度表示其冷热程度；温度的数值表示方法则取决于所选用的温标. 我们规定用**热力学温标**，以 T 表示，其单位为**开尔文**，简称**开**，符号为 K；在实际生活中，常用到摄氏温标，以 t 表示，单位为摄氏度，符号为 ℃. 两种温标的关系是

$$t = T - 273.15 \approx T - 273$$

> 历史上，人们将热力学第零定律认同为一条定律，是在建立热力学第一、第二定律之后；但它所表述的内容在逻辑上应先于第一、第二定律，故把它称为第零定律.

值得注意，在热力学中，我们常用摩尔来表示物质的量，并且规定若一定量某种物质所含粒子（可以是分子、原子、离子或电子等）数目与 0.012kg 的 $^{12}_{6}\text{C}$（碳-12）中的原子数目相等，则这种物质的量叫作 1 **摩尔**，简称**摩**，符号为 mol.

> 现在用的摄氏温标是在热力学温标建立后重新定义的. 规定 273.15K 为 0℃，并规定摄氏温标 1℃ 的温度间隔和热力学温标 1K 的温度间隔相等.

根据化学上的测算，1mol 的任何物质所包含的分子数为

$$N_A = 6.022136 \times 10^{23} \text{mol}^{-1}$$

N_A 是一个普适常数，称为**阿伏伽德罗常数**，其单位为 mol^{-1}.

14.1.4 准静态过程

处于平衡态的热力学系统，一旦受到外界的作用（例如对系统做功或加热等），原来的平衡态就要受到破坏，直到外界对它停止作用，经过相当时间后，各部分的状态才又逐渐趋于一致，而达到另一个新的平衡态，即系统的状态发生了变化. 系统从一个状态到另一个状

态要经历一系列中间状态,这就构成一个**热力学过程**,简称过程.

严格说来,过程的各个中间状态都不是平衡态,这样的过程称为**非平衡过程**.若在系统所进行的过程中,每一时刻所经历的中间状态都非常接近于平衡态,则此过程称为**准静态过程**.例如,在如图14-2所示的气缸内充有一定量的气体,我们推动活塞,快速压缩气缸内的气体,气体的体积、压强和温度都要发生变化,而且在变化过程中,气体来不及实现新的平衡.在靠近活塞附近,气体的密度、压强要大一些,这样,我们就无法用统一的、确定的状态参量来描述气缸内气体的整体情况.这个过程就是一个非平衡过程.然而,如果过程进行得非常缓慢,如图14-3a所示,我们在气缸活塞上一粒粒地加沙子,来压缩缸内的气体,就可以认为过程中每一时刻气缸内气体都处于平衡状态,整个过程是准静态过程.

准静态过程虽是一种理想模型,但是实际情况表明,许多热力学的具体过程一般都可以近似地视为准静态过程来处理.根据前述,当一定量某种气体处于平衡态时,气体内各处的状态均匀一致,故可用三个状态参量 p、V、T 来描述整个气体的状态.实验指出,这三个物态参量之间存在着一定的关系(见14.2.1节).所以,一般只需任选其中两个参量,就可以表述一定量气体的平衡态.若用 p、V 两个参量作为坐标,这种坐标图称为 p-V 图.p-V 图(有时也用 p-T 图或 T-V 图)中的每一点就代表系统的一个平衡态,而图中的任一曲线就代表系统经历的一个准静态过程,如图14-3b所示.

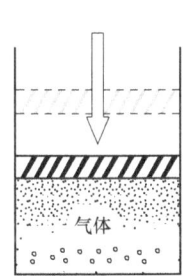

图14-2 非平衡过程

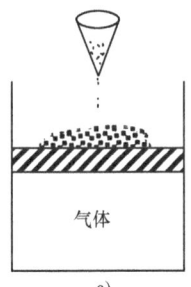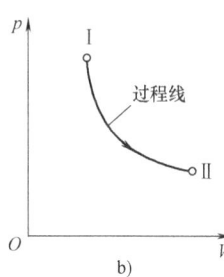

图14-3 准静态过程

问题 14-1 (1)何谓热力学系统?在什么情况下该系统可视为封闭的?

(2)为什么一定量的气体在平衡态时,才能用一组状态参量 (p, V, T) 来描述?平衡态与非平衡态有什么区别?何谓准静态过程?如何实现准静态过程?

(3)将金属杆的一端与沸水接触,另一端与冰水接触,当沸水和冰水的温度维持不变时,杆内各点的温度虽然不同,但却不随时间而变,即杆内温度的分布处于稳定状态.这时杆内是否处于平衡态?为什么?

14.2 气体的物态方程

实验表明,一定质量的某种气体处于平衡态时,它的物态参量 p、V、T 之间存在着一定的关系.凡是表示气体在任一平衡态时这些参量之间的关系式,都称为气体的**物态方程**.即

$$f(p, V, T) = 0$$

14.2.1 理想气体的物态方程

所谓**理想气体，就是在任何情况下都遵守三条气体实验定律——玻意耳（Boyle）定律、盖-吕萨克（Gay-Lussac）定律和查理（Charles）定律的气体**. 实际气体只有在压强不太大、温度不太低，即气体很稀薄或气体不易液化的情况下，才可以近似地当作理想气体. 例如，很多实际气体（如氮、氧、氢、氦等）在平常温度下，当压强较低时，都可以近似看作理想气体.

设有一定质量 m 的理想气体，原始状态为 I（p_1，V_1，T_1），在状态改变后，过渡到新的状态 II（p_2，V_2，T_2）. 从状态 I 过渡到状态 II 可以经过各种不同的变化过程，但这两个状态 I、II 则必须都是平衡态. 我们根据上述三条气体实验定律（参阅中学物理教材），可以归纳出两个状态 I、II 的物态参量之间的关系为

$$\frac{p_1 V_1}{T_1} = \frac{p_2 V_2}{T_2} \tag{14-1}$$

这个关系还可推广到其他任何状态，即

$$\frac{p_1 V_1}{T_1} = \frac{p_2 V_2}{T_2} = \cdots = \frac{p_n V_n}{T_n}$$

或

$$\frac{pV}{T} = 常量 \quad (气体质量 m 一定) \tag{14-2}$$

如果我们选定其中某一个状态为**标准状态**，即气体的压强、体积和温度分别为 p_0、V_0 和 T_0，那么，上式中的常量就可以确定了. 已知在标准状态下，即 $p_0 = 1.013 \times 10^5 \mathrm{Pa}$，$T_0 = 273.15\mathrm{K}$ 时，1mol（摩尔）任何气体的体积是 $V_0 = 22.4\mathrm{L}$，因此由式（14-2）便可求出在标准状态下，对 1mol 的任何理想气体都普遍适用的常数，它与气体的性质无关，故称为**摩尔气体常数**，用 R 表示，其值为

$$R = \frac{p_0 V_0}{T_0} = \frac{1.013 \times 10^5 \mathrm{Pa} \times 22.4 \times 10^{-3} \mathrm{m}^3 \cdot \mathrm{mol}^{-1}}{273.15\mathrm{K}} = 8.31 \mathrm{J} \cdot \mathrm{mol}^{-1} \cdot \mathrm{K}^{-1}$$

这样，对于 1mol 的理想气体来说，式（14-2）可写为

$$\frac{pV_0}{T} = R$$

式中，V_0 是 1mol 气体的体积，对于质量为 m（kg）、摩尔质量为 M（kg·mol^{-1}）的气体，则 $\frac{m}{M} V_0$ 就是质量为 m（kg）的该种气体在同样的 p、T 下的体积 V，即 $V = \frac{m V_0}{M}$. 将 $V_0 = \frac{MV}{m}$ 代入上式，便可给出质量为 m 的**理想气体物态方程**，即

$$pV = \frac{m}{M} RT \tag{14-3}$$

这就是对一定量的理想气体处于任一平衡态时，其状态参量之间的关系式.

设质量为 m、摩尔质量为 M 的某种理想气体，其分子质量为 m_0，该气体的分子总数为 N，即 $m = Nm_0$；并由于 1mol 气体拥有 $N_A = 6.023 \times 10^{23}$ 个分子（即阿伏伽德罗常量），故摩

尔质量为 $M = N_A m_0$，则由式（14-3），有

$$p = \frac{N m_0}{N_A m_0} \frac{RT}{V} = \frac{N}{V} \frac{R}{N_A} T$$

式中，$N/V = n$ 是气体在单位体积内所拥有的分子数，称为**分子数密度**. 两个常量 N_A 与 R 的比值 R/N_A 可用 k 表示，则

$$k = \frac{R}{N_A} = \frac{8.31 \text{J} \cdot \text{mol}^{-1} \cdot \text{K}^{-1}}{6.023 \times 10^{23} \text{mol}^{-1}} = 1.38 \times 10^{-23} \text{J} \cdot \text{K}^{-1}$$

k 称为**玻尔兹曼常数**，它也是一个普适常数. 于是，由前式可得理想气体物态方程的另一种形式，即

$$p = nkT \tag{14-4}$$

思维拓展

14-1 水的沸点会随着气压的降低而降低，在海平面附近水的沸点是 100℃，而为什么在高原地区水的沸点却可能只有 80℃ 左右呢? 这对人体会有影响吗?

例题 14-1 一柴油机的气缸体积为 $0.827 \times 10^{-3} \text{m}^3$. 压缩前，缸内空气的温度为 320K，压强为 $8.4 \times 10^4 \text{Pa}$. 当活塞将空气压缩到原体积的 1/17 时，使压强增大到 $4.2 \times 10^6 \text{Pa}$，求这时空气的温度（假设空气可视为理想气体）.

解 按式（14-1），空气从一个平衡态 I（p_1，V_1，T_1）改变到另一平衡态 II（p_2，V_2，T_2），状态参量间的关系为 $\frac{p_1 V_1}{T_1} = \frac{p_2 V_2}{T_2}$，已知 $p_1 = 8.4 \times 10^4 \text{Pa}$，$p_2 = 4.2 \times 10^6 \text{Pa}$，$T_1 = 320\text{K}$，$\frac{V_2}{V_1} = \frac{1}{17}$，则得

$$T_2 = \frac{p_2 V_2}{p_1 V_1} T_1 = \frac{4.2 \times 10^6 \text{Pa} \times 320 \text{K}}{8.4 \times 10^4 \text{Pa} \times 17} = 941 \text{K}$$

此温度远远超过柴油的燃点（即开始发生燃烧的温度）. 因此，柴油在气缸内将立即燃烧，形成高压气体，推动活塞做功.

例题 14-2 容器中有 0.100kg 氧气，其压强为 10.0atm，温度为 320K. 因容器漏气，稍后，测得压强减到原来的 5/8，温度降到 300K. 求：（1）容器的体积；（2）在两次观测之间漏掉多少氧气?

解（1）因为氧气的压强不太大、温度不太低，所以可视为理想气体，可按理想气体物态方程求容器的体积. 已知 $m = 0.100\text{kg}$，$M = 0.032\text{kg} \cdot \text{mol}^{-1}$（因氧气的相对分子质量为 32），$T = 320\text{K}$，$p = 10.0\text{atm} = 1.013 \times 10^6 \text{N} \cdot \text{m}^{-2}$，$R = 8.31 \text{J} \cdot \text{mol}^{-1} \cdot \text{K}^{-1}$ 代入物态方程，可求得体积为

$$V = \frac{m}{M} \frac{RT}{p} = \frac{0.100 \text{kg}}{0.032 \text{kg} \cdot \text{mol}^{-1}} \times \frac{8.31 \text{J} \cdot \text{mol}^{-1} \cdot \text{K}^{-1} \times 320 \text{K}}{1.013 \times 10^6 \text{N} \cdot \text{m}^{-2}} = 8.20 \times 10^{-3} \text{m}^3$$

(2) 已知漏气一段时间后，容器内空气压强减小到 $p'=5/8\times10\text{atm}=5/8\times1.013\times10^6\text{N}\cdot\text{m}^{-2}$，温度降到 $T'=300\text{K}$，设 m' 为剩余的氧气质量，则由物态方程，可算得

$$m' = \frac{Mp'V}{RT'} = \frac{0.032\text{kg}\cdot\text{mol}^{-1}\times5/8\times1.013\times10^6\text{N}\cdot\text{m}^{-2}\times8.20\times10^{-3}\text{m}^3}{8.31\text{J}\cdot\text{mol}^{-1}\text{K}^{-1}\times300\text{K}} = 6.70\times10^{-2}\text{kg}$$

因而，漏掉的氧气质量为

$$m - m' = 0.100\text{kg} - 0.067\text{kg} = 0.033\text{kg}$$

问题 14-2 (1) 试回忆气体的三条实验定律．

(2) 什么叫作理想气体？如何根据气体的实验定律导出理想气体的物态方程，同时指出此方程的适用范围？

(3) 两个体积相同的密闭钢瓶，装着同一种气体，压强相同，问它们的温度是否一定相同？

*14.2.2 真实气体的物态方程

在研究实际问题中，如果气体压强不太高、温度不太低，一般可近似地采用理想气体物态方程．但是在近代工程技术中，经常要处理高压或低温下的气体问题．例如，气体凝结为液体或固体的过程，一般需要在低温或高压下进行；现代化大型汽轮机中，都采用高温、高压蒸汽作为工作物质．在这些情况中，理想气体物态方程就不再适用了．这是因为在压强较大和温度较低的情况下，气体的分子数密度 n 甚大，那时分子本身的大小和分子间的引力就不能再忽略不计了．

这里，我们介绍范德瓦耳斯（van der Waals, 1837—1923）导出的实际气体物态方程，常称为**范德瓦耳斯方程**．对质量为 m 的实际气体，该方程为

$$\left(p + \frac{m^2 a}{M^2 V^2}\right)\left(V - \frac{m}{M}b\right) = \frac{m}{M}RT \tag{14-5}$$

这个方程是范德瓦耳斯对理想气体物态方程中的体积和压强这两个因素进行修正而导出的．对实际气体而言，其分子本身是有一定大小的，所以气体可被压缩的空间不再是容器的体积 V，而应该减去一个和分子本身体积有关的修正量 b；其次，实际气体的分子之间相互吸引力不能忽略不计，上式中的 a 就是考虑到分子间的引力对压强的影响而引入的一个修正量．a、b 这两个修正量可由实验测定．例如，氮气的 a 和 b 的实验值分别为 $a = 0.137$ $\text{Pa}\cdot\text{m}^6\cdot\text{mol}^{-2}$，$b = 4.0\times10^{-5}\text{m}^3\cdot\text{mol}^{-1}$．

应该指出，范德瓦耳斯方程纵然比理想气体物态方程更为完善，但是在工程应用中，有时还需要对它做进一步的修正．

14.3 热力学第一定律

14.3.1 系统的内能　功与热的等效性

热力学系统是由大量的分子、原子等微观粒子组成的，而微观粒子在做不停息的运动．

处于运动状态中的分子、原子等相应地具有各种动能、势能以及其他形式的能量，**系统内所有分子热运动的动能和分子之间的相互作用势能之总和称为系统的内能**[○]．内能是由物体的状态确定的物理量．例如，一定量的气体处在一定的状态（p, V, T）时，相应于这个状态的内能就只有一个量值．亦即，**系统的内能是状态的单值函数**．因此我们说，**内能是一个状态量**．

在图 14-4a 中，以不导热的固定密闭容器 A 中所盛的水作为研究的系统．C 是可在水中转动的叶轮，G 为测水温用的温度计．当重物 P 下落做功时，通过缠在叶轮上的绳子使叶轮转动，叶片就会对水进行搅拌，并摩擦生热，使水的温度上升，从而改变了系统的状态，也就是改变了系统的内能．可见，内能的改变是因叶轮对水进行搅拌时做功，而使水升温变热所引起的．也就是说，在这种功与热的转换过程中，依靠重物下降时对系统做功，把机械能（即重物下降所减少的重力势能）转化为另一种形式的能量——**系统的内能**．

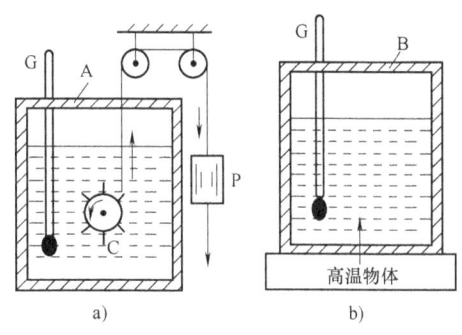

图 14-4 功与热的等效性

若给固定容器加热，如图 14-4b 所示，则系统（指容器中的水）的温度也升高，这表示分子平均动能增加，同时水的体积也会膨胀，分子势能也随着增大，从而水的内能增加了．系统所增加的内能显然是由高温物体（亦称高温热源）传递过来的．这种由于**系统与外界之间存在温差而传递的能量**，称为**热量**．

总之，通过做功或传递热量都可以使系统的内能发生变化，因此，就内能的改变而言，**对系统做功与向系统传递热量是等效的**，它们都是系统内能改变的量度．

既然做功和热传递是等效的，那么，功、热量和能量具有相同的单位就是很自然和很合理的．但是在物理学的发展史上，当初人们并没有认识到热量是能量的一种形式，给热量规定了一个另外的单位——cal（卡）．由于功和热采用了不同的单位，这就得测定 1J 的功相当于多少 cal 的热量，或 1cal 的热量相当于多少 J 的功．焦耳曾于 1843 年首先用实验测定**热功当量**，即 1cal（卡）热量等于做功 4.1840J；并且，做功和热量传递都是与系统状态变化的过程相联系的．当系统的状态发生了改变，其内能也随之而改变，根据做功和传递热量的量值，我们就可以确定系统的内能量值改变了多少．因此，**做功和传递热量都是与系统状态的变化过程相关联的**，它们都是过程量．我们说一个物体"具有多少功"，或者说"具有多少热量"，都是毫无意义的．

章前问题 1 解答

电风扇吹动空气流过你的身边，增加了你皮肤的蒸发率，但你只是整个系统的一个小的组成部分，而整个系统却变热了．

[○] 在国家标准 GB 3100~3102—93 中，将"内能"的正式名称规定为"热力学能"．本书考虑到我国教师使用"内能"一词较多的习惯，故仍采用"内能"．——编辑注

问题 14-3 改变系统内能的方式有哪两种？试对两者进行比较．

问题 14-4 为什么说系统的内能是状态量，而功和热量是过程量？

14.3.2 热力学第一定律

上面讲过，对系统做功或向系统传递热量，都能改变系统的状态，使系统的内能发生变化．对于任何一个热力学系统而言，在状态变化过程中，往往同时进行着做功和传递热量．设系统在初状态时，内能为 E_1，在末状态时，内能为 E_2，从初态到末态的某过程中，系统从外界吸热为 Q，对外界做功为 A，根据能量守恒定律，**系统从外界吸收的热量一部分用于增加系统的内能，其余部分对外做功**，即

$$Q = (E_2 - E_1) + A \tag{14-6}$$

这就是**热力学第一定律**的数学表达式．可见，热力学第一定律是包括热现象在内的能量守恒定律．

式（14-6）中各物理量的符号规定如下：当系统从外界吸取热量时，Q 为正；系统向外界放出热量时，Q 为负．如果系统对外界做功，A 为正；外界对系统做功，A 为负．当系统内能增加时，$E_2 - E_1$ 为正；当系统内能减少时，$E_2 - E_1$ 为负．并且要注意 Q、$E_2 - E_1$ 及 A 三者的单位必须一致，在 SI 中，它们都以 J（焦耳）为单位．

如果系统经历了一个微小的状态变化过程，则热力学第一定律可写为

$$\delta Q = dE + \delta A \tag{14-7}$$

式（14-6）和式（14-7）是热力学第一定律的普遍表达式，它对气体、液体或固体等任何热力学系统来说，不论经历什么过程都是适用的．

历史上，曾经有人企图制造一种机器，它可使系统不断地经历状态变化而仍能回到初始状态，不需要消耗系统的内能，即内能变化 $E_2 - E_1 = 0$，同时也不需要外界供给任何形式的能量，但却可以不断地对外界做功，这种机器在历史上称为**第一类永动机**．不用细说，这种企图经过无数次的尝试都以失败而告终．因为这是违背热力学第一定律的．因此，热力学第一定律又可表述为：**第一类永动机是不能制造成功的**．

问题 14-5 (1) 说明热力学第一定律的意义及其数学表达式（包括微小的和有限的变化过程），并指出式中各量正、负的意义．

(2) 热力学第一定律是否只对气体适用？系统吸热是否直接转变为功？

(3) 将 0℃ 的水冻结为 0℃ 的冰，在此过程中，试指出热力学第一定律 [式（14-6）] 中的各项是正？是负？还是零？（水结冰时体积增大）

(4) 在某一过程中，供应一系统 500J 热量，同时，此系统向外做 100J 的功，问系统的内能增加多少？

(5) 有人设计一部机器，当燃料供给 10.5×10^7 J 的热量时，要求机器对外做 30kW·h 的功，而放出 31.4×10^6 J 的热量．问这部机器能工作吗？

14.3.3 功和热量的计算

这里我们将着重说明气体在准静态过程中做功和热量传递的计算．

1. 功的计算

以图 14-5 所示的气缸内的气体作为热力学系统，并假设系统状态的变化过程是准静态的．图中 F 为气体作用在活塞上的压力，p 为气体的压强，S 为活塞的面积，在活塞发生微小位移 dl 的过程中，气体对活塞所做的元功为

$$\delta A = \boldsymbol{F} \cdot d\boldsymbol{l} = pSdl = pdV \tag{14-8}$$

式中，$dV = Sdl$ 为气体体积的改变量。在气体体积自 V_1 增至 V_2 的过程中，气体对活塞所做的功为

$$A = \int_l \delta A = \int_{V_1}^{V_2} pdV \tag{14-9}$$

由式（14-8）和式（14-9）可知：当气体体积膨胀时，$dV>0$，则 $\delta A>0$，表示气体对外做正功．如果气体被压缩，即 $dV<0$，那么 $\delta A<0$，表示气体对外界做负功，或称外界对气体做正功；若气体体积不变，即 $dV=0$，那么 $A=0$，气体不做功．

我们可以用 $p\text{-}V$ 图来计算气体所做的功．在图 14-6 中，过程线下画有斜线的窄条的面积在数值上等于系统对外界所做的元功 δA，而在气体体积从 V_1 改变为 V_2 的整个过程中，由式（14-9）可知，系统对外界所做的功，在数值上等于过程线下的总面积．由此可知，系统做功的大小与过程有关，**功是一个过程量**．

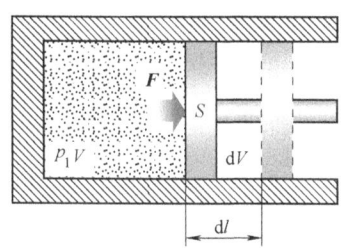

图 14-5 气体的体积功

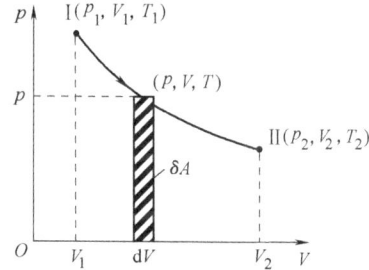

图 14-6 用 $p\text{-}V$ 图来计算气体所做的功

如果系统经历有限量的状态变化的准静态过程，则热力学第一定律也可写为

$$Q = E_2 - E_1 + \int_{V_1}^{V_2} pdV \tag{14-10}$$

由于内能的增量 $E_2 - E_1$ 与过程无关，而功则随过程的不同而异，因而从上式可知，系统吸收或放出的热量也随过程的不同而异，即**传递的热量也是过程量**．

例题 14-3 一系统由例题 14-3 图所示的状态 A 经历 ABC 过程到达状态 C，在此过程中吸收热量 380J，同时对外做功 150J．若沿 AC 过程进行，则系统吸收的热量为 630J，求这时系统对外所做的功．

解 已知系统在 ABC 过程中吸收热量 $Q = 380\text{J}$，对外做功 $A = 150\text{J}$，按热力学第一定律，系统内能的增量为

$$E_C - E_A = Q - A = 380\text{J} - 150\text{J} = 230\text{J}$$

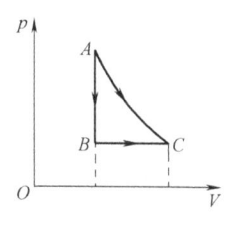

例题 14-3 图

由于系统内能是状态的函数，当系统沿 AC 过程进行时，其始、末状态即为 A、C，故其内能增量仍为 $E_C-E_A=230\text{J}$；已知系统在此过程中吸收的热量为 630J，故由热力学第一定律，可求得系统对外界所做的功为

$$A = Q-(E_C-E_A) = 630\text{J}-230\text{J} = 400\text{J}$$

可见，系统在过程 AC 中所做的功大于过程 ABC 中所做的功．这表明做功与过程有关．

问题 14-6 如何计算准静态过程中系统所做的功？

2. 热量的计算　摩尔热容

实验指出，若外界向系统（可以是气体、液体或固体）传递热量 Q，系统的温度由 T_1 改变到 T_2，则热量 Q 可按下式计算，即

$$Q = \frac{m}{M} C_m (T_2-T_1) \tag{14-11}$$

式中，m/M 为物质的量，单位为 mol；C_m 是 1mol 该种物质的热容，称为**摩尔热容**，它表示 **1mol 该种物质温度升高（或降低）1K 时所吸收（或放出）的热量**．C_m 的单位是 $\text{J}\cdot\text{mol}^{-1}\cdot\text{K}^{-1}$．

前面说过，当系统从给定的始态经历不同的过程改变到某一末态时，外界与系统之间传递的热量是不同的，因而热容的值也与具体过程有关．所以，在谈到系统的热容时，应指明系统所经历的过程．对气体来说，经常要用到两种热容，即摩尔定容热容和摩尔定压热容．

设 1mol 的某种气体，在体积保持不变的准静态过程中吸收热量 $\text{d}Q_V$，温度改变 $\text{d}T$，则按摩尔热容的定义，有

$$C_{V,m} = \frac{\delta Q_V}{\text{d}T} \tag{14-12}$$

$C_{V,m}$ 表示该种气体的**摩尔定容热容**．上式中的下标 V 表示所述过程中系统的体积保持不变．

设 1mol 的某种气体，在压强保持不变的准静态过程中吸收热量 δQ_p，温度改变 $\text{d}T$，则按摩尔热容定义，有

$$C_{p,m} = \frac{\delta Q_p}{\text{d}T} \tag{14-13}$$

$C_{p,m}$ 表示该种气体的**摩尔定压热容**．上式中的下标 p 表示所述过程中系统的压强保持不变．

对各种气体而言，它们的摩尔定容热容 $C_{V,m}$ 和摩尔定压热容 $C_{p,m}$ 可以用实验方法测定．表 14-1 和表 14-2 分别列出了一些气体的两种摩尔热容的理论值（理论值可由下一章 15.5.4 节所述内容给出）和实验值，供读者在解算习题时参考和查用．

表 14-1　气体摩尔热容的理论值（表中，R 是摩尔气体常数）

气　体	i	$C_{V,m}/(\text{J}\cdot\text{mol}^{-1}\cdot\text{K}^{-1})$	$C_{p,m}/(\text{J}\cdot\text{mol}^{-1}\cdot\text{K}^{-1})$	$\gamma = C_{p,m}/C_{V,m}$
单原子分子气体	3	$3R/2 \approx 12.5$	$5R/2 \approx 20.8$	$5/3 = 1.67$
双原子分子气体	5	$5R/2 \approx 20.8$	$7R/2 \approx 29.1$	$7/5 = 1.40$
三原子分子气体	6	$3R \approx 24.9$	$4R \approx 33.3$	$4/3 = 1.33$

表 14-2 常温下气体摩尔热容的实验值

分子内原子数	气体的种类	$C_{p,m}/(\text{J}\cdot\text{mol}^{-1}\cdot\text{K}^{-1})$	$C_{V,m}/(\text{J}\cdot\text{mol}^{-1}\cdot\text{K}^{-1})$	$C_{p,m}-C_{V,m}$	$\gamma=C_{p,m}/C_{V,m}$
单原子	氦(He)	20.9	12.5	8.4	1.67
	氩(Ar)	21.2	12.5	8.7	1.69
双原子	氢(H_2)	28.8	20.4	8.4	1.41
	氮(N_2)	28.6	20.4	8.2	1.41
	一氧化碳(CO)	29.3	21.2	8.1	1.40
	氧(O_2)	28.9	21.0	7.9	1.40
三个以上的原子	水蒸气(H_2O)	36.2	27.8	8.4	1.30
	甲烷(CH_4)	35.6	27.2	8.4	1.30
	氯仿($CHCl_3$)	72.0	63.7	8.3	1.13
	乙醇(C_2H_5OH)	87.4	79.2	8.2	1.11

从上列两表不难发现：

（1）对各种气体来说，两种摩尔热容的理论值之差都等于摩尔气体常数 $R=8.31$ $\text{J}\cdot\text{mol}^{-1}\cdot\text{K}^{-1}$，实验值之差也接近 R 值，可以认为

$$C_{p,m}-C_{V,m}=R \tag{14-14}$$

（2）气体的摩尔定压热容 $C_{p,m}$ 与摩尔定容热容 $C_{V,m}$ 之比，称为**摩尔热容比**，用 γ 表示，即

$$\gamma=\frac{C_{p,m}}{C_{V,m}} \tag{14-15}$$

γ 是热力学中经常引用的一个参数，由于 $C_{p,m}>C_{V,m}$ 故 $\gamma>1$.

（3）对单原子分子和双原子分子的气体来说，各种气体的 $C_{p,m}$、$C_{V,m}$、γ 的实验值与理论值颇为接近．至于多（3个以上）原子分子的气体，$C_{p,m}$、$C_{V,m}$、γ 的实验值与理论值差别较大．

（4）至于多（3个以上）原子分子的气体，$C_{p,m}$、$C_{V,m}$、γ 的实验值与理论值差别较大．

今后，如不做特别说明，$C_{V,m}$、$C_{p,m}$ 和 γ 均按理论值计算．

问题 14-7 （1）试导出 $C_{p,m}$ 与 $C_{V,m}$ 的关系；为什么说 $\gamma>1$？
（2）同一种理想气体在不同的过程中摩尔热容为什么不同？

14.4 热力学第一定律的应用

本节讨论热力学第一定律对理想气体的准静态过程的应用．

14.4.1 等体过程

如图 14-7 所示，设一定量气体存贮在密闭的固定容器中，将容器与一系列有微小温度差的热源相继地接触，对容器内的气体缓慢地加热，气体的温度将逐渐上升，压强增大，但是气体在这一状态变化过程中，其体积始终保持不变，这就是一个准静态的**等体过程**（也称等容过程）．

显然，等体过程的特征是系统的体积 V 为恒量，在 $p\text{-}V$ 图上的过程线是一条平行于 Op 轴的直线段，称为**等体线**（见图 14-7）.

在等体过程中，由于 $\mathrm{d}V=0$，因而系统对外所做的功为
$$A=\int_{V_1}^{V_2}p\mathrm{d}V=0$$

设系统为 $\dfrac{m}{M}$（mol）的理想气体，它的摩尔定容热容为 $C_{V,\mathrm{m}}$，气体的温度由 T_1 变化到 T_2，则外界传给气体的热量为
$$Q_V=\dfrac{m}{M}\int_{T_1}^{T_2}C_{V,\mathrm{m}}\mathrm{d}T=\dfrac{m}{M}C_{V,\mathrm{m}}(T_2-T_1)$$

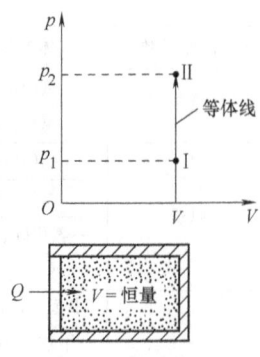

图 14-7 气体的等体过程

式中，下标 V 表示体积不变的意思. 根据上述结果，按热力学第一定律［式（14-6）］，有
$$Q_V=\Delta E+0$$
即
$$E_2-E_1=\dfrac{m}{M}C_{V,\mathrm{m}}(T_2-T_1) \tag{14-16}$$

上式表明，**理想气体在等体过程中吸收的热量 Q_V，全部用来增加自身的内能 E_2-E_1. 若是等体放热过程**，这时 $T_2<T_1$，读者不难自行给出 $E_2-E_1<0$，即**气体借自身内能的降低向外界传递热量**.

从式（14-16）可知，如果理想气体在等体过程中始、末状态的物态参量 T_1 和 T_2 一旦确定，便可计算出一定质量某种气体的内能增量. 我们曾经讲过，系统的内能是状态的单值函数，与具体过程无关. 既然如此，**对一定量的任何一种理想气体**（即 m/M、$C_{V,\mathrm{m}}$ 给定）**而言，无论经过怎样的变化过程，只要已知过程始、末状态的温度 T_1 和 T_2，其内能增量 E_2-E_1 皆可用式（14-16）计算**. 这样，式（14-16）便成为我们今后计算内能增量的一个重要公式.

14.4.2 等压过程

如图 14-8 所示，设气缸内贮有一定量的气体，今向密闭气缸中的气体传递热量，同时使气体的压强保持不变，这一过程就是**等压过程**. 等压过程在 $p\text{-}V$ 图上是一条平行于 OV 轴的直线，这就是**等压线**.

对 $\dfrac{m}{M}$（mol）的理想气体而言，当它由始态 I（p，V_1，T_1）经过等压过程变化到末态 II（p，V_2，T_2）时，气体对外界所做的功为
$$A=\int_{V_1}^{V_2}p\mathrm{d}V=p\int_{V_1}^{V_2}\mathrm{d}V=p(V_2-V_1) \tag{14-17}$$

其值就等于等压线下区间［V_1，V_2］内的面积. 按热力学第一定律［式（14-6）］，有
$$Q_p=(E_2-E_1)+p(V_2-V_1) \tag{14-18}$$

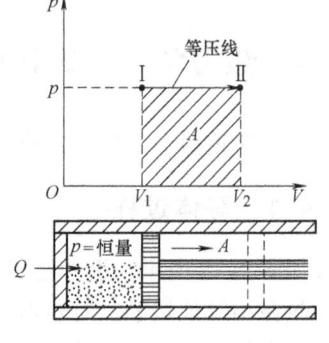

图 14-8 气体的等压过程

式中，下标 p 表示压强不变．由于始、末状态的物态参量分别满足 $pV_1 = \dfrac{mRT_1}{M}$，$pV_2 = \dfrac{mRT_2}{M}$，将它们代入式（14-17）中，可得等压过程中计算功的另一表达式，即

$$A = \dfrac{m}{M} R (T_2 - T_1) \tag{14-19}$$

因在等压过程中，气体温度由 T_1 变到 T_2 时的内能增量，可借用等体过程中使气体温度由 T_1 变到 T_2 时的内能增量公式计算．即气体在等压过程中的内能改变亦为

$$E_2 - E_1 = \dfrac{m}{M} C_{V,m} (T_2 - T_1) \tag{14-20}$$

从而由上两式可把式（14-18）写成另一种形式，即

$$Q_p = \dfrac{m}{M} C_{V,m} (T_2 - T_1) + \dfrac{m}{M} R (T_2 - T_1) \tag{14-21}$$

上式表明，**气体在等压过程中所吸收的热量 Q_p，一部分用来增加气体自身的内能，另一部分用于气体对外界做功**．

上节讲过，气体在等压过程中从外界吸收的热量为

$$Q_p = \dfrac{m}{M} C_{p,m} (T_2 - T_1) \tag{14-22}$$

将上式代入式（14-21）中，化简，得

$$C_{p,m} - C_{V,m} = R$$

这与上节分析 $C_{p,m}$、$C_{V,m}$ 时所得的结论相一致．即理想气体的摩尔定压热容比摩尔定容热容大了一个摩尔气体常数，亦即 $C_{p,m} > C_{V,m}$，也就是说，在等容与等压两种过程中，气体在升高相同温度（即内能增量相同）的条件下所吸收的热量不同，这是因为在等容过程中，气体吸收的热量全部用于增加自身的内能；而在等压过程中，气体除增加相同的内能外，还要膨胀而对外做功，这就必然要比等容过程吸收更多的热量．亦即，1mol 理想气体升高温度 1K 时，在等压过程中要比等容过程中多吸收 $R = 8.31 \mathrm{J \cdot mol^{-1} \cdot K^{-1}}$ 的热量，用来转化为对外所做的功．

例题 14-4 质量为 2.8g、温度为 300K、压强为 $1.013 \times 10^5 \mathrm{Pa}$ 的氮气（N_2），等压膨胀到原来体积的两倍．求氮气所做的功、吸收的热量以及内能的改变．

解 在等压过程中，气体做功为

$$A = \int_{V_1}^{V_2} p \mathrm{d}V = p(V_2 - V_1) = \dfrac{m}{M} R (T_2 - T_1)$$

已知：$m = 0.0028 \mathrm{kg}$；$M = 0.028 \mathrm{kg \cdot mol^{-1}}$；$V_2/V_1 = 2$；$T_1 = 300\mathrm{K}$；$T_2 = T_1 V_2 / V_1 = 2 \times 300\mathrm{K} = 600\mathrm{K}$；$R = 8.31 \mathrm{J \cdot mol^{-1} \cdot K^{-1}}$．代入上式，得

$$A = \dfrac{0.0028 \mathrm{kg}}{0.028 \mathrm{kg \cdot mol^{-1}}} \times 8.31 \mathrm{J \cdot mol^{-1} \cdot K^{-1}} \times (600\mathrm{K} - 300\mathrm{K}) = 249.3 \mathrm{J}$$

内能改变量为

$$\Delta E = \dfrac{m}{M} C_{V,m} (T_2 - T_1)$$

氮气是双原子分子气体，读者可查表 14-1，得 $C_{V,m} = 20.4 \mathrm{J \cdot mol^{-1} \cdot K^{-1}}$，代入上式，得

$$\Delta E = \frac{0.0028 \mathrm{kg}}{0.028 \mathrm{kg \cdot mol^{-1}}} \times 20.4 \mathrm{J \cdot mol^{-1} \cdot K^{-1}} \times (600 \mathrm{K} - 300 \mathrm{K}) = 612 \mathrm{J}$$

吸收的热量为

$$Q_p = A + \Delta E = 249.3 \mathrm{J} + 612 \mathrm{J} = 861.3 \mathrm{J}$$

注意 计算热力学问题时，各量皆宜统一换算成国际制单位.

14.4.3 等温过程

如图 14-9 所示的气缸，其底部是导热的，侧壁则是绝热的. 今由一恒温热源与气缸底部接触，向密闭于缸中的气体传递热量，同时保持气体的温度不变，这一过程就是**等温过程**. 对于理想气体，当温度 T 不变时，pV = 恒量，所以等温过程在 p-V 图上是处于第一象限的一条双曲线，这就是**等温线**（见图 14-9）.

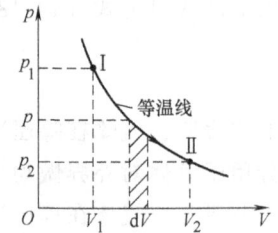

在等温过程中，当 $\frac{m}{M}$（mol）的理想气体自始态 I (p_1, V_1, T) 变化到末态 II (p_2, V_2, T) 时，气体对外界所做的功为

$$A = \int_{V_1}^{V_2} p \mathrm{d}V = \frac{m}{M} \int_{V_1}^{V_2} \frac{RT}{V} \mathrm{d}V$$

$$= \frac{m}{M} RT \int_{V_1}^{V_2} \frac{\mathrm{d}V}{V} = \frac{m}{M} RT \ln \frac{V_2}{V_1}$$

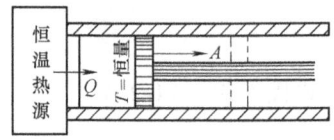

图 14-9 气体的等温过程

在等温过程中，由于温度 T = 恒量，所以 $\mathrm{d}T = 0$，即其内能保持不变，$E_2 - E_1 = 0$. 按热力学第一定律 [式 (14-6)]，有

$$Q_T = A = \frac{m}{M} RT \ln \frac{V_2}{V_1} \tag{14-23}$$

也可由等温过程的过程方程 $p_1 V_1 = p_2 V_2$，将上式改写成

$$Q_T = \frac{m}{M} RT \ln \frac{p_1}{p_2} \tag{14-24}$$

可见，**在等温膨胀过程中，理想气体从外界所吸收的热量全部转换为所做的功**. 如果是等温压缩过程，则外界对气体做功，此功转换为热量，并由气体传递给外界.

例题 14-5 容器内贮有 3.2g 氧气，温度为 300K，若使它等温膨胀到原来体积的两倍，求气体对外所做的功及吸收的热量.

解 在等温膨胀过程中气体做功为

$$A = \frac{m}{M} RT \ln \frac{V_2}{V_1}$$

把 $V_2 / V_1 = 2$，$m = 0.0032 \mathrm{kg}$，$M = 0.032 \mathrm{kg \cdot mol^{-1}}$，$T = 300 \mathrm{K}$，$R = 8.31 \mathrm{J \cdot mol^{-1} \cdot K^{-1}}$，代入上式，得

$$A = \frac{0.0032 \mathrm{kg}}{0.032 \mathrm{kg \cdot mol^{-1}}} \times 8.31 \mathrm{J \cdot mol^{-1} \cdot K^{-1}} \times 300 \mathrm{K} \times \ln 2 = 173 \mathrm{J}$$

根据热力学第一定律,所吸收的热量为

$$Q_T = A = 173 \text{J}$$

14.4.4 绝热过程

如图 14-10 所示,设气缸的器壁和活塞与外界是完全隔热的,则气缸内的气体在缓慢的状态变化过程中,与外界没有热量的交换. 系统这种不与外界交换热量的状态变化过程,称为**绝热过程**. 其特征是 $Q = 0$.

但是,实际上完全不传热的物质是找不到的,所以不可能做成一种完全绝热的器壁,只能实现近似的绝热过程. 例如,气体在常用的保温瓶内,或在一般隔热材料(如毛绒毡子等)包围起来的容器内所经历的状态变化过程,就可近似地看作绝热过程. 在自然界和工程技术中,诸如声波(纵波)在空气中传播时所引起的空气膨胀和压缩、内燃机中的气体爆炸、空气压缩机中气体的压缩、蒸汽机中水蒸气的膨胀,等等,由于这些过程进行甚快,来不及与四周交换热量,皆可近似地认为是绝热过程.

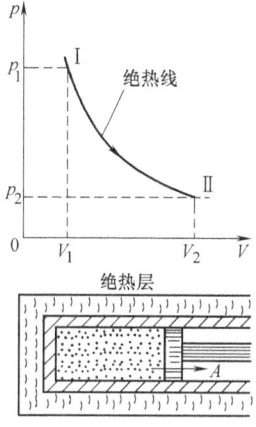

图 14-10 气体的绝热过程

在绝热过程中,$\delta Q = 0$,按热力学第一定律[式 (14-7)],有

$$\delta A = -\mathrm{d}E \tag{14-25}$$

或

$$A = -(E_2 - E_1) = -\frac{m}{M} C_{V,m}(T_2 - T_1) \tag{14-26}$$

上式表明,**在绝热过程中,系统依靠自身内能的减少,全部用来对外界做功**,这就是系统的**绝热膨胀过程**;或者,**外界对系统做功全部转化成系统的内能**,这就是系统的**绝热压缩过程**. 可见,若使气体绝热膨胀而对外做功,即 $A>0$,则 $T_2<T_1$,气体温度将降低. 工程上有时也可让已被压缩的气体进行绝热膨胀来对外做功,使温度降低,以获得低温. 反之,若外界对气体绝热压缩,即 $A<0$,则 $T_2>T_1$,气体温度将升高. 例如,用打气筒给自行车快速打气时,筒内气体不断被压缩而引起温度升高,往往导致打气筒发热.

显然,当气体绝热膨胀而对外做功时,气体的体积 V 在不断增大;同时,内能的减少使温度 T 下降;且压强 p 随体积的增大而变小. 这意味着在绝热过程中,气体的三个状态参量 p、V、T 都在同步地改变. 但对于一个平衡态来说,理想气体的三个参量总是服从物态方程的,即

$$pV = \frac{m}{M} RT \tag{ⓐ}$$

同时在绝热过程中,又应该满足条件 $\Delta Q = 0$,即满足式 (14-25),它的微分形式为

$$p\mathrm{d}V = -\frac{m}{M} C_{V,m} \mathrm{d}T \tag{ⓑ}$$

由于绝热过程中 p、V、T 三者全是变量,则把式ⓐ微分后,得

$$p\mathrm{d}V + V\mathrm{d}p = \frac{m}{M} R \mathrm{d}T$$

从式ⓑ解出 dT，代入上式，并移项，便成为

$$C_{V,m}(pdV+Vdp) = -RpdV \quad ⓒ$$

再把关系式 $R = C_{p,m} - C_{V,m}$ 代入式ⓒ，有

$$C_{V,m}(pdV+Vdp) = -(C_{p,m}-C_{V,m})pdV$$

代简后，得

$$C_{V,m}Vdp + C_{p,m}pdV = 0$$

引入摩尔热容比 $\gamma = C_{p,m}/C_{V,m}$，则上式成为

$$\frac{dp}{p} = -\gamma \frac{dV}{V} \quad ⓓ$$

积分后，可得

$$\ln p + \gamma \ln V = C_1$$

或

$$pV^\gamma = C_1 \quad (14\text{-}27)$$

上式就是理想气体准静态的绝热过程中状态参量 p、V 存在的关系式．式中，γ 为摩尔热容比；C_1 为恒量．应用 $pV = \frac{mRT}{M}$ 也可从上式中消去变量 V 或 p，于是可得与上式等价的两个关系式，即

$$TV^{\gamma-1} = C_2 \quad (14\text{-}28)$$

及

$$p^{\gamma-1}T^{-\gamma} = C_3 \quad (14\text{-}29)$$

式中，C_2、C_3 也是恒量．上述三式均称为**绝热过程方程**．读者可视问题的具体要求和使用的方便，选用其中的任一个方程．顺便指出，上述三式中的恒量 C_1、C_2、C_3，其值与气体的种类、质量和初始状态有关．对于一定的气体而言，C_1、C_2、C_3 的值并不相等．

按绝热过程方程式（14-27），我们可以在 p-V 图上画出绝热过程的过程曲线，称为**绝热线**，如图 14-10 所示．为了与等温过程相比较，我们在图 14-11 中同时画出了绝热线（用实线表示）和等温线（用虚线表示），设两条过程线相交于坐标为 (p_A, V_A) 的点 A，对等温过程方程 $pV = C$ 和绝热过程方程 $pV^\gamma = C_1$ 分别求微分，有

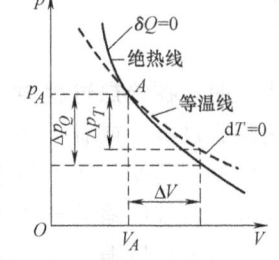

图 14-11 绝热线与等温线

$$pdV + Vdp = 0, \quad \gamma pdV + Vdp = 0$$

相应地可求得等温线和绝热线在交点 A 的斜率，即

$$\left(\frac{dp}{dV}\right)_T = -\frac{p_A}{V_A}, \quad \left(\frac{dp}{dV}\right)_Q = -\gamma \frac{p_A}{V_A}$$

下标 Q 表示绝热过程．由于 $\gamma > 1$，故绝热线斜率的绝对值大于等温线斜率的绝对值，从图 14-11 可看出，绝热线比等温线要向下陡一些．这就表明，对一定的气体而言，若使气体从同一始态分别经历等温和绝热过程而压缩相同的体积 ΔV，则经历等温过程时所需增加的压强 Δp_T 将小于经历绝热过程所需增加的压强 Δp_Q．这一结论可解释如下：就上述情况而言，在等温压缩过程中，其压强的增大仅是由于体积的减小；在绝热压缩过程中，压强的增大不仅由于体积的减小，还因外界对气体做功，使气体的内能增大，温度升高．因此，$\Delta p_Q > \Delta p_T$．

在绝热过程中，还常用绝热过程方程来计算功．设系统由始态 I（p_1，V_1，T_1）绝热地变化到末态 II（p_2，V_2，T_2），则由绝热过程方程 $p_1V_1^\gamma = p_2V_2^\gamma = C_1$，可给出系统做功为

$$A = \int_{V_1}^{V_2} p\,dV = \int_{V_1}^{V_2} \frac{C_1}{V^\gamma}dV = \frac{C_1}{1-\gamma}(V_2^{1-\gamma} - V_1^{1-\gamma})$$

借上述绝热过程方程式（14-27），消去恒量 C_1，便可将上式写成

$$A = \frac{1}{\gamma - 1}(p_1V_1 - p_2V_2) \tag{14-30}$$

问题 14-8 （1）试述等体过程、等压过程、等温过程和绝热过程的特征，并按热力学第一定律分别导出这些过程中各量的关系．

（2）如问题 14-8（2）图所示的两条等温过程线（$T_1 \neq T_2$），问从体积 V_1 膨胀到 V_2 时，哪个过程的温度较高，哪个过程吸热较多？

（3）如问题 14-8（3）图所示，一定量气体的体积从 V_1 膨胀到 V_2，经历：（a）等压过程 $a \to b$；（b）等温过程 $a \to c$；（c）绝热过程 $a \to d$．试分别比较这三种过程中气体做功、吸热的大小和内能的增减．

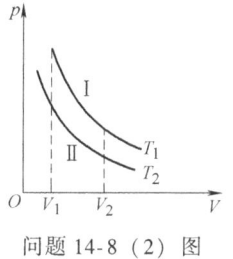

问题 14-8（2）图　　　　　问题 14-8（3）图

例题 14-6 理想气体绝热自由膨胀．如例题 14-6 图所示，绝热容器被隔板分为体积相等的两部分．左面部分充以理想气体，压强为 p_1，右面部分抽成真空．左半部气体原处于平衡态．现在抽去隔板，则气体将冲入右半部，最后可以在整个容器内达到一个新的平衡态．求这时容器内气体的压强．

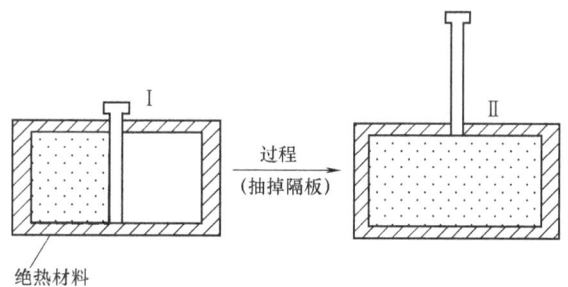

例题 14-6 图

解　由于气体向真空中膨胀是非常迅速的，所以自由膨胀是非准静态过程，绝热方程不适用，但它仍应服从热力学第一定律．由于过程是绝热的，即 $Q = 0$，因而有

$$E_2 - E_1 + A = 0$$

又由于气体是向真空冲入，所以它对外界不做功，即 $A = 0$．因而进一步由上式可得

$$E_2 - E_1 = 0$$

即气体经过自由膨胀，内能保持不变．对于理想气体，由于内能只是温度的函数，所以经过自由膨胀，理想气体再达到平衡态时，它的温度将复原，即

$$T_2 = T_1$$

根据状态方程，对于始、末状态应分别有

$$p_1 V_1 = \frac{m}{M} R T_1, \quad p_2 V_2 = \frac{m}{M} R T_2$$

因为 $T_2 = T_1$，$V_2 = 2V_1$，可得末态压强为

$$p_2 = \frac{1}{2} p_1$$

应该着重指出，上述状态参量的关系都是对气体的始态和末态而言的．虽然自由膨胀的始、末态的温度相等，但不能说自由膨胀是等温过程，因为系统在此过程中每一时刻并不处于平衡态，不可能用一个温度来描述它的状态．

例题 14-7 如例题 14-7 图所示，理想气体由状态 $a\ (p_1, V_1, T_1)$ 绝热地变化到状态 $b\ (p_2, V_2, T_2)$，再由状态 b 等体地变化到状态 $c\ (p_3, V_2, T_3)$．若过程 $b \to c$ 吸收的热量等于过程 $a \to b$ 所做的功．试证：$T_3 = T_1$．

解 在绝热过程 ab 中，$Q = 0$，系统对外所做的功等于其内能的减少，即

$$A = -(E_2 - E_1) = \frac{m}{M} C_{V,m} (T_2 - T_1)$$

在等体过程 bc 中，$A = 0$，系统吸收的热量为

$$Q = E_3 - E_2 = \frac{m}{M} C_{V,m} (T_3 - T_2)$$

按题设，$Q = A$，遂有

$$\frac{m}{M} C_{V,m} (T_3 - T_2) = -\frac{m}{M} C_{V,m} (T_2 - T_1)$$

由上式，可得 $\quad T_3 = T_1$

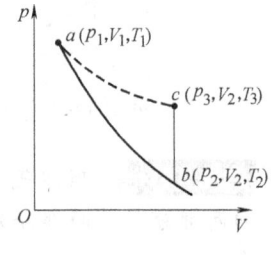

例题 14-7 图

例题 14-8 一定量的氮气，其温度为 300K，压强为 $1.013 \times 10^5 \text{Pa}$，将它绝热压缩，使其体积变为原来体积的 1/5，试求压缩后的压强和温度各为多少？并将此压强和等温压缩时所得的压强比较一下．

解 由绝热过程方程 $p_1 V_1^\gamma = p_2 V_2^\gamma$，得

$$p_2 = p_1 \left(\frac{V_1}{V_2} \right)^\gamma$$

已知 $p_1 = 1.013 \times 10^5 \text{Pa}$，$V_1/V_2 = 5$；又因氮气是双原子分子气体，查表 14-1 知，$\gamma = C_{p,m}/C_{V,m} = 1.4$，代入上式，得

$$p_2 = 1.013 \times 10^5 \text{Pa} \times 5^{1.4} = 9.64 \times 10^5 \text{Pa}$$

等温压缩时，由玻意耳定律 $p_1 V_1 = p_2 V_2$，得

$$p_2 = p_1 \frac{V_1}{V_2} = 1.013 \times 10^5 \text{Pa} \times 5 = 5.07 \times 10^5 \text{Pa}$$

故绝热压缩后的压强几乎是等温压缩后的压强的 2 倍.

绝热压缩后,气体温度可由 $T_1V_1^{\gamma-1}=T_2V_2^{\gamma-1}$ 得出,已知 $T_1=300\text{K}$,故

$$T_2 = T_1\left(\frac{V_1}{V_2}\right)^{\gamma-1} = 300\text{K} \times 5^{1.4-1} = 300\text{K} \times 5^{0.4} = 571\text{K}$$

说明 由本例可见,绝热压缩伴有显著的升温(由 300K 升高到 571K);反之,若气体进行绝热膨胀,将发生显著的降温.可见,借助绝热膨胀过程可用来降低气体的温度,以获得低温.

*14.4.5 多方过程

实际的热力学过程(如汽油机燃气的压缩和膨胀),由于气体不可能与外界进行理想的热交换,也难以保证理想的绝热,而一般在过程进行中系统与外界总存在着部分的热交换.这种实际的热力学过程称为**多方过程**.

理想气体的多方过程常可用下式表示,即

$$pV^n = C \tag{14-31}$$

式中,C 为一恒量,n 称为**多方指数**.由上式可知,当 $n\to\gamma$ 时,多方过程趋近于绝热过程;当 $n\to 1$ 时,多方过程趋近于等温过程;当 $n\to 0$ 时,多方过程趋近于等压过程;当 $n\to\infty$ 时,将上式变形为 $p^{1/n}V = C'$($C' = C^{1/n}$=恒量),则多方过程趋近于等体过程.

仿照绝热过程中关于功的求法,读者可以自行导出多方过程中系统对外所做的功为

$$A = \frac{1}{n-1}(p_1V_1 - p_2V_2) \tag{14-32}$$

> **章前问题 2 解答**

蒸汽机是将蒸汽的能量转化为机械功的往复式动力机械.蒸汽机的锅炉可以使水沸腾产生高压蒸汽,蒸汽在气缸内膨胀推动活塞向外做功,冷却的蒸汽又通过管道被引入冷凝器重新凝结为水,压缩气缸.这个过程在蒸汽机运动时不断重复,从而使蒸汽膨胀推动活塞不断向外做功.

14.5 循环与热机

14.5.1 循环过程

热力学理论最初是在研究热机的工作过程中发展起来的.热机是将热能转换为机械能的机器.各种热机,例如蒸汽机、内燃机、汽轮机等,其共同特点是**工作物质**重复地进行某些过程而不断吸热做功.**工作物质**是指**将热转换为功的物质系统**.例如,在气缸中做等温膨胀的气体,就能把热源的热量转化为功.

要使热机不断地把热转换为功,必须使工作物质做功以后,能回到原来的状态,并且能一次又一次、周而复始地吸热做功,即物质系统凭借循环过程将热转化为对外做功.我们把**一系统从某一状态出发经过若干个不同的变化过程,又回到原来状态的整个过程称为循环过程,简称循环**.

由于内能是状态的单值函数，所以经历一个循环后系统的内能没有变化，即 $\Delta E=0$. 这是循环过程的一个重要特征.

准静态循环过程在 p-V 图中为一条闭合曲线，我们把在 p-V 图中沿顺时针方向进行的循环叫作**正循环**，如图 14-12a 所示，沿逆时针方向进行的循环叫作**逆循环**，如图 14-12b 所示.

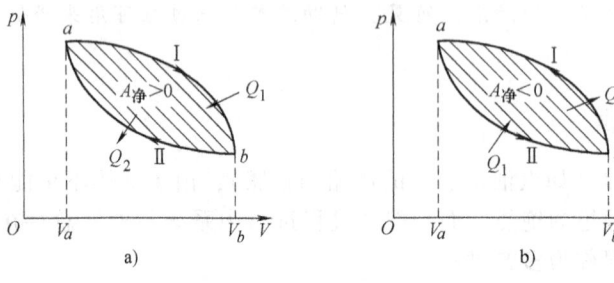

图 14-12 循环过程

由于系统对外界所做的功等于 p-V 图中过程曲线下的面积，因此，循环过程曲线所围的面积在数值上等于系统对外做的净功. 例如，在图 14-12a 所示的正循环中，aⅠb 为膨胀过程，系统对外做正功，其大小等于 aⅠbV_bV_a 所包围的面积，即 $A_1=S_{aIbV_bV_a}$；bⅡa 为压缩过程，外界对系统做功，即系统对外做负功，其大小等于 aⅡbV_bV_a 所包围的面积，即 $A_2=S_{aIIbV_bV_a}$. 由于 $A_1>A_2$，在整个循环过程 aⅠbⅡa 中，系统对外所做净功 $A_{净}>0$. 我们把能够实现正循环的机器称为**热机**.

图 14-12b 所示的逆循环过程与热机的正循环过程恰恰相反，在整个循环过程 aⅡbⅠa 中，系统对外所做净功 $A_{净}<0$. 我们把能够实现逆循环的机器称为**制冷机**.

14.5.2 热机效率

我们以蒸汽机为例，简单介绍工作物质（蒸汽）将热转换为功的循环过程. 如图 14-13 所示，一定量的水从锅炉中吸收热量 Q_1，变成高温高压蒸汽，然后进入气缸推动活塞做功 A_1，做功后的"废气"进入冷凝器，向冷却水放热 Q_2 并成为液体，最后由水泵对冷却水做功 A_2，将它压回锅炉，完成循环过程. 在循环过程中，水由高温热源吸热 Q_1，向低温热源放热 Q_2，并对外界做出净功，即

$$A_{净}=A_1-A_2=Q_1-|Q_2|^{\ominus} \qquad (14\text{-}33)$$

为了表述所吸收的热量 Q_1 中有多少转化为可用的功，以评价热机的工作效益，我们定义

$$\eta=\frac{A_{净}}{Q_1}=\frac{Q_1-|Q_2|}{Q_1}=1-\frac{|Q_2|}{Q_1} \qquad (14\text{-}34)$$

为**热机效率**. 热机效率标志着循环过程吸收的热量有多少转换成有用的功. 由于任何热机从高温热源所吸收的热量 Q_1 中，只有一部分转换为对外做功 A 所需的能量，其余部分 $|Q_2|$ 主

$\ominus$ 按照热力学第一定律中关于热量 Q 的符号规定，系统放出的热量应为负值，即 $Q<0$，但今后在讨论循环过程的效率时，我们只考虑系统吸收或放出热量的大小，所以应取它们的绝对值. 其次外界对系统所做的功按规定也是负的，即 $A<0$，由于上述理由，在考虑其大小时，也写成绝对值 $|A|$. 请读者务必注意.

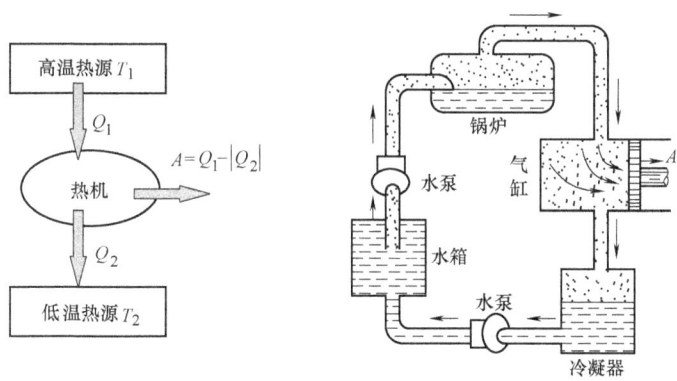

图 14-13 热机

要是为了使工作物质回到原来状态,作为热机实现循环过程以便能继续工作所付出的代价而传给低温热源⊖了,所以,$|Q_2|$实际上不能等于零,亦即热机的效率 η 永远小于 1.

制冷机的工作过程与热机正好相反,它是依靠外界对系统做功 $|A|$,使工作物质从低温热源(如冰箱中的冷库)处吸取热量 Q_2,然后将外界对工作物质所做的功 $|A|$ 和由低温热源处所吸收的热量 Q_2 完全在高温处(例如大气)通过放热 Q_1 传给外界,即 $Q_2+|A|=|Q_1|$. 这样,在完成一个循环时,系统恢复原来状态,如图 14-14a 所示. 为了描述制冷机的制冷效益,我们引入**制冷系数**的概念定义为: 在一次循环中,制冷机从低温热源吸取的热量与外界所做的功之比,即

$$\varepsilon = \frac{Q_2}{|A|} = \frac{Q_2}{|Q_1|-Q_2} \tag{14-35}$$

若外界做功 A 越小,从低温热源吸取的热量 Q_2 越多,则制冷机的制冷系数 ε 越大,标志着工作效益越好.

图 14-14b 是一种制冷机(如冰箱等)的工作流程简图. 这种制冷机中的工质是一种制冷剂,如用 CCl_2F_2 或液氨作为制冷剂. 它在常温高压下为液态,贮存在贮液室中. 液态制冷剂经阀门(大小可以调节的节流阀),缓慢地流入冷库(低温热源)内的蛇形汽化管中,使压强降低,引起液态制冷剂立即汽化,所需的汽化热是通过吸收管外四周冷库中的热量来提供的,从而使冷库内的温度降低. 继而,低压气体从汽化管排入压缩机,被压缩成高压(约 $1.013×10^6 Pa$)气体,并使其温度升高到环境(高温热源)温度以上. 然后进入冷凝器内,将热量传给较冷的环境,使高压气体被冷却到常温而液化,又回到贮液室中,遂完成一个循环. 在制冷机的一个循环中,压缩机压缩气体所做的功,就是把工质从冷库中所吸取的热量传递给环境所需的功.

在夏天,若以室外的空气作为高温热源,而以室内作为低温热源,则上述制冷机工作时,可使室内降温变冷. 在冬天,可将室外的空气作为低温热源,以室内作为高温热源,则制冷机工作时,将从室外吸取热量 Q_2,并向室内传入热量 $|Q_1|$,使室内升温变暖. 这时,

---

⊖ 低温热源总是存在的. 例如,汽车发动机(内燃机)工作时,将带有余热的废气通过排气管从车身后排放到空气中,空气即为低温热源.

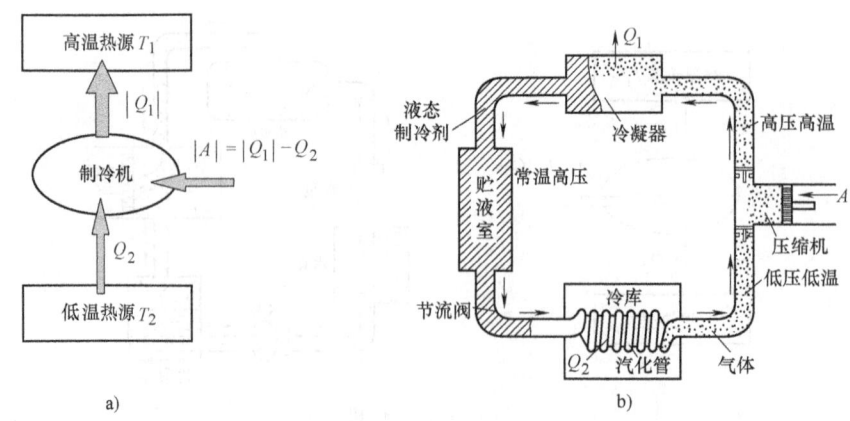

图 14-14 制冷机
a) 制冷机的工作循环的能流图　b) 制冷机的工作流程图

制冷机也被称为**热泵**，其工作效益可用向室内供热 $|Q_1|$ 与外界驱动热泵所提供的功 A 之比 $\dfrac{|Q_1|}{A}$ 来衡量. 利用这种办法取暖较之用电热器等直接取暖效率来得高，故这是一种节能型供暖装置.

问题 14-9　（1）什么叫循环过程？有何特征？为什么说热机是按正循环进行工作的？而制冷机却是按逆循环进行工作的？

（2）热机的效率和制冷机的制冷系数如何规定？

（3）在热机循环过程中工质吸收净热做功（即 $\eta<1$），而等温过程中却吸收全部热量来做功（$\eta=1$），那么，为何不采用单独的等温过程设计热机呢？

例题 14-9　有 25mol 的某种理想气体，按例题 14-9 图所示的循环过程（ca 为等温过程）进行工作. $p_1=4.15\times 10^5\text{Pa}$，$V_1=2.0\times 10^{-2}\text{m}^3$，$V_2=3.0\times 10^{-2}\text{m}^3$. 求：（1）各过程中的热量、内能改变以及所做的功；（2）循环的效率$\left(\text{此气体的 } C_{V,m}=\dfrac{3}{2}R\right)$.

解　（1）$a\rightarrow b$ 为等压膨胀过程，吸热用于增加内能和对外做功. 根据理想气体物状态方程，有

$$T_1=\frac{p_1V_1}{R\dfrac{m}{M}}=\frac{4.15\times 10^5\times 2.0\times 10^{-2}}{8.31\times 25}\text{K}=40\text{K}$$

又由等压过程，得

$$T_2=\frac{T_1V_2}{V_1}=\frac{40\times 3.0\times 10^{-2}}{2.0\times 10^{-2}}\text{K}=60\text{K}$$

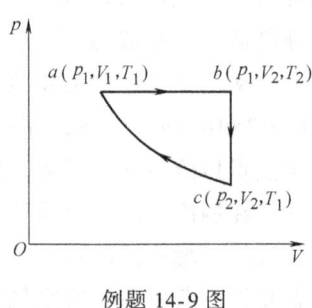

例题 14-9 图

所以

$$Q_p=\frac{m}{M}C_{p,m}\Delta T=\frac{m}{M}\left(\frac{3}{2}R+R\right)(T_2-T_1)=25\times 2.5\times 8.31\times(60-40)\text{J}=1.04\times 10^4\text{J}$$

$$\Delta E=\frac{m}{M}C_{V,m}\Delta T=\frac{m}{M}\times\frac{3}{2}R\Delta T=25\times\frac{3}{2}\times 8.31\times(60-40)\text{J}=6.23\times 10^3\text{J}$$

$$A_p = p_1(V_2 - V_1) = 4.15 \times 10^5 \times (3.0 \times 10^{-2} - 2.0 \times 10^{-2}) \text{J} = 4.15 \times 10^3 \text{J}$$

$b \to c$ 为等体过程，压强减小，对外放热，内能减小，且
$$A = 0$$
$$Q_V = \Delta E = \frac{m}{M} C_{V,m} \Delta T = 25 \times \frac{3}{2} \times 8.31 \times (40 - 60) \text{J} = -6.23 \times 10^3 \text{J}$$

$c \to a$ 为等温压缩过程，有
$$\Delta E = 0$$
$$Q_T = A_T = \frac{m}{M} RT_1 \ln \frac{V_1}{V_2} = 25 \times 8.31 \times 40 \times \ln \frac{2}{3} \text{J} = -3.37 \times 10^3 \text{J}$$

（2）综上所述，各过程为：$a \to b$ 过程　吸热 Q_p，对外界做功 A_p．
$\qquad\qquad\qquad\qquad\quad b \to c$ 过程　放热 Q_V，$A = 0$．
$\qquad\qquad\qquad\qquad\quad c \to a$ 过程　放热 Q_T，外界对系统做功 $A_T = Q_T$．

完成一个正循环过程时，内能没有变化，$\Delta E = 0$，系统对外界所做的净功 $A_{净} = A_p - |A_T|$ 等于系统吸收的全部热量 $Q_{吸}$ 减去系统放出的热量 $|Q_{放}|$，即 $Q_{净} = Q_p - |Q_V + Q_T|$，则循环效率为

$$\eta = \frac{A_{净}}{Q_{吸}} = \frac{Q_{吸} - |Q_{放}|}{Q_{吸}} = \frac{1.04 \times 10^4 - (6.23 \times 10^3 + 3.37 \times 10^3)}{1.04 \times 10^4} = 7.7\%$$

例题 14-10　0.32kg 的氧气进行如例题 14-10 图所示的 $ABCDA$ 循环，设 $V_2 = 2V_1$，$T_1 = 300$K，$T_2 = 200$K，若采用氧气的摩尔定容热容的实验值 $C_{V,m} = 21.1 \text{J} \cdot \text{mol}^{-1} \cdot \text{K}^{-1}$，求循环效率．

解　循环过程中系统所做的净功为
$$A_{净} = A_{AB} - |A_{CD}|$$
$$= \frac{m}{M} RT_1 \ln \frac{V_2}{V_1} - \left|\frac{m}{M} RT_2 \ln \frac{V_1}{V_2}\right|$$
$$= \frac{m}{M} R(T_1 - T_2) \ln \frac{V_2}{V_1}$$

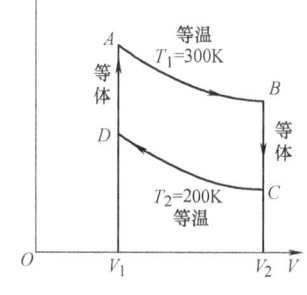

例题 14-10 图

由题设数据，读者不难自行算出
$$A_{净} = 5.76 \times 10^3 \text{J}$$

由于吸热过程仅在等温膨胀（对应于 AB 段）和等体升压（对应于 DA 段）中发生，而等温过程中 $\Delta E = 0$，则 $Q_{AB} = A_{AB}$．等体升压过程中 $A_{DA} = 0$，则 $Q_{DA} = \Delta E_{DA}$，所以循环过程中系统吸收的全部热量为

$$Q = Q_{AB} + Q_{DA} = A_{AB} + \Delta E_{DA}$$
$$= \frac{m}{M} RT_1 \ln \frac{V_2}{V_1} + \frac{m}{M} C_{V,m}(T_1 - T_2) = \frac{0.32}{0.032} \times [8.31 \times 300 \times \ln 2 + 21.1 \times (300 - 200)] \text{J}$$
$$= 3.84 \times 10^4 \text{J}$$

由此得到该循环的效率为
$$\eta = A_{净}/Q = 15\%$$

应用拓展

四冲程汽油发动机的工作循环叫作奥托循环，它是由四个分过程所组成的，如应用拓展14-1图所示. 因这种发动机具有转动平稳、噪声小等优良性能，被广泛用于现代汽车以及工业用途的内燃机中.

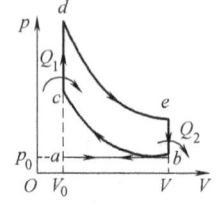

应用拓展14-1图

奥托循环的一个周期是由吸气过程、压缩过程、膨胀做功过程和排气过程这四个冲程构成. ①吸入燃料过程：气缸开始吸入汽油蒸汽及助燃空气，此时压强为 $p_0 = 1.0 \times 10^5 \mathrm{Pa}$，这是个等压过程（图中的 ab 过程）. ②压缩过程：活塞自右向左移动，将已吸入气缸内的混合气体加以压缩，使体积减小，温度升高，压强增大. 由于压缩较快，气缸散热较慢，可看作一绝热过程（图中的 bc 过程）. ③爆炸、做功过程：在上述高温压缩的气体中，用电火花或其他方式引起气体燃烧、爆炸，气体压强随之骤增，由于爆炸时间短促，活塞在这一瞬间移动的距离很小，这近似是一个等体过程（图中的 cd 过程）. 这一巨大的压强把活塞向右推动而做功，同时压强也随着气体的膨胀而降低，爆炸后的做功过程可看成是一绝热过程（图中的 de 过程）. ④排气过程：开放排气口，使气体压强突然降为大气压，这一过程近似于一个等体积过程（图中的 eb 过程），然后再由飞轮的惯性带动活塞，使之从右向左移动，排出废气，这是一个等压过程（图中的 ba 过程）.

严格地说，上述内燃机进行的过程不能看作是个循环的过程，因为过程进行中，最初的工作物质为燃料及助燃空气，后经燃烧，工作物质变为二氧化碳、水蒸气等废气，它们从气缸向外排出不再回到初始状态. 但因内燃机做功主要是在 p-V 图上 $bcdeb$ 这一封闭曲线所代表的过程中，因此仍为循环过程.

14.5.3 卡诺循环

19世纪初，热机的效率很低，约为 $\eta = 3\% \sim 5\%$，即95%以上的热量都未得到利用. 在生产需要的推动下，许多人开始从理论上研究热机的效率. 1824年，法国青年工程师卡诺（Carnot，1796—1832）研究了一种理想热机，**工作物质只是与两个恒定热源**（一个是温度恒定的高温热源、一个是温度恒定的低温热源）**交换热量. 整个循环过程由两个等温过程和两个绝热过程构成**，称为**卡诺循环**. 这种循环确定了热转变为功的最大限度，为热力学第二定律的建立奠定了基础，在热力学中是十分重要的. 如今我们以理想气体作为卡诺循环的工作物质，设其质量为 m，摩尔质量为 M.

如图14-15所示，气体在等温膨胀过程 KL 中，从温度为 T_1 的高温热源吸收热量 Q_1，使体积由 V_1 膨胀到 V_2，由于在等温过程中气体内能不变，则气体吸收的热量 Q_1 等于它对外界所做的功 A_1，即

$$Q_1 = A_1 = \frac{m}{M} R T_1 \ln \frac{V_2}{V_1} \qquad \text{ⓐ}$$

气体在状态 L 时脱离高温热源，使之进行绝热膨胀过程 LM.

当气体绝热膨胀到状态 M 时，与温度为 T_2 的低温热源接触而向它放热，并做等温压缩

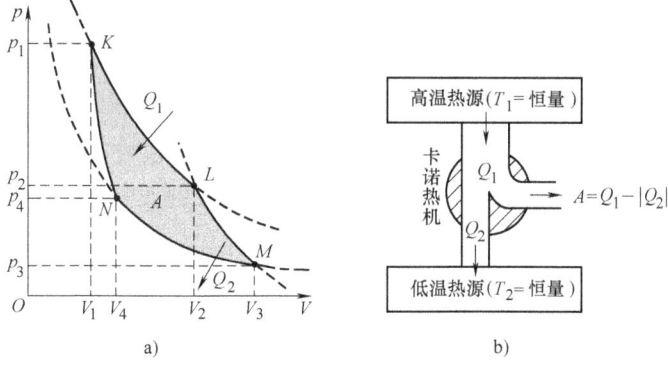

图 14-15 卡诺热机的循环
a) 卡诺循环的 p-V 图　b) 卡诺循环的能流图

过程 MN，让体积由 V_3 缩小到 V_4，恰使状态 N 与原来状态 K 位于同一条绝热线 NK 上．在这个过程中，外界对气体做功 A_3 全部转变为气体向低温热源放出的热量 Q_2 即

$$|Q_2| = |A_3| = \frac{m}{M} R T_2 \ln \frac{V_3}{V_4} \qquad \text{ⓑ}$$

气体压缩到状态 N 后，与低温热源分开，经绝热压缩过程 NK，回到初始状态 K，从而完成一个卡诺循环．

根据热机效率的定义 [式 (14-34)]，由式ⓐ、式ⓑ，可得卡诺循环的效率为

$$\eta = 1 - \frac{|Q_2|}{Q_1} = 1 - \frac{T_2 \ln \dfrac{V_3}{V_4}}{T_1 \ln \dfrac{V_2}{V_1}} \qquad \text{ⓒ}$$

对两条绝热线 LM、NK，分别应用理想气体的绝热过程方程，有

$$T_1 V_2^{\gamma-1} = T_2 V_3^{\gamma-1}, \quad T_1 V_1^{\gamma-1} = T_2 V_4^{\gamma-1}$$

将这两式相比，并化简，得

$$\frac{V_2}{V_1} = \frac{V_3}{V_4}$$

将上式代入式ⓒ，化简后，卡诺循环的效率成为

$$\eta = 1 - \frac{T_2}{T_1} \qquad (14\text{-}36)$$

即**理想气体卡诺循环的效率只与两个热源的温度有关，而与气体的种类无关**．显而易见，高温热源温度 T_1 越高、低温热源温度 T_2 越低，卡诺热机效率越高．但 $T_1 = \infty$ 和 $T_2 = 0\text{K}$ 皆不可能实现，因此，卡诺循环的效率总是小于 1.

若让卡诺循环逆时针方向进行，就成为**卡诺制冷循环**．作为练习，读者试自行推导出卡

诺制冷循环的制冷系数为

$$\varepsilon = \frac{Q_2}{A} = \frac{Q_2}{|Q_1| - Q_2} = \frac{T_2}{T_1 - T_2} \tag{14-37}$$

上式表明，卡诺制冷循环的制冷系数也只取决于高温热源的温度 T_1 和低温热源的温度 T_2. 低温热源的温度 T_2 越低，ε 也越小. 这意味着，要从温度越低的低温热源中吸收热量，就需要外界做更多的功.

卡诺循环是一种理想循环. 可以证明（从略），式（14-36）所给出的卡诺热机效率，是工作于温度分别为 T_1 与 T_2 的两个恒温热源之间的任何热机的最高效率，它是理想热机所能达到的效率的极限. 而实际热机由于存在着散热、摩擦、漏气等原因而造成的能量损耗，其效率远低于这个极限. 因此，如何减少热机运行过程中由于种种原因所造成的能量损耗，也是今后提高热机效率的另一个途径.

问题 14-10 卡诺循环是由哪几个过程组成的，写出其效率公式及其主要推导步骤，并分析卡诺循环效率的意义.

例题 14-11 如例题 14-11 图所示，理想气体卡诺循环过程中两条绝热线下的面积（图中阴影部分）分别为 S_1 和 S_2，试比较它们的大小.

解 面积 S_1 表示在绝热膨胀过程中，系统对外界所做的功，面积 S_2 表示在绝热压缩过程中外界对系统所做的功. 在绝热膨胀过程中，$Q=0$，系统对外界所做的功等于系统内能的减少，则有

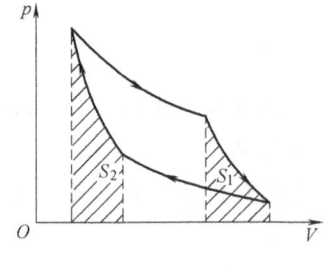

例题 14-11 图

$$A_1 = -\Delta E_1 = -\frac{m}{M} C_{V,m}(T_2 - T_1) < 0$$

在绝热压缩过程中，$Q=0$，外界对系统所做的功等于系统内能的增加，则有

$$-A_2 = \Delta E_2 = \frac{m}{M} C_{V,m}(T_2 - T_1) > 0$$

比较两式可知，膨胀过程对外界做功 A_1 与压缩过程外界对系统所做的功 A_2 在量值上相等，亦即

$$S_1 = S_2$$

14.6 热力学第二定律 卡诺定理

14.6.1 热力学过程的方向性

热力学第一定律解决了热力学过程中能量的转换和守恒问题. 自然界中违背热力学第一定律的过程是不可能发生的，但是在不违背第一定律的条件下，许多热力学过程也并不一定能够发生. 分析下述一些例子：

```
高温物体  ⎯⎯热量自发传给⎯⎯→  低温物体
         ←⎯热量不可能自发传给⎯
```

```
功  ⎯⎯能自发并完全转变为⎯⎯→  热
    ←⎯绝不可能自发地完全转变为⎯
```

```
气体A和B  ⎯⎯能自发混成⎯⎯→  混合气体AB
         ←⎯绝不可能自发分离为⎯
```

在同样条件下，实线箭头指示的过程都能自发发生，而虚线箭头指示的过程则不可能自发发生．这表明上述**热现象的自发过程具有方向性**，即**不可逆性**．

我们定义：若系统从某一状态Ⅰ出发，经过某一过程达到另一状态Ⅱ，如果存在另一过程，能使系统和外界都恢复原来的状态，则原来的过程称为**可逆过程**；反之，无论用什么方法都不能使系统和外界同时复原，则原来的过程叫作**不可逆过程**．

我们可以通过贮有理想气体的气缸活塞系统，深刻理解可逆过程和不可逆过程．设气缸壁为绝热材料，缸底为导热材料，并放置在温度为 T 的恒温热源上，使活塞能无摩擦地、非常缓慢地膨胀或压缩．初始时系统处于平衡态Ⅰ，控制活塞无摩擦缓慢地膨胀，系统的体积有微小的增加，对外做元功，温度有微小的降低，并从恒温热源吸取微小的热量，使系统保持同一温度 T，又达到一个新的平衡态，如此继续下去，系统经历一系列中间状态直到终态Ⅱ，系统实现了准静态的等温过程，如图 14-16 所示．

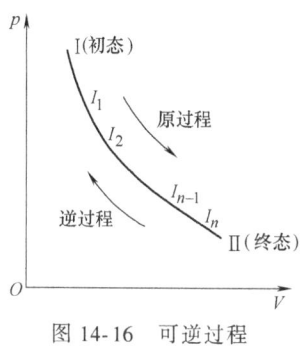

图 14-16 可逆过程

现使活塞无摩擦缓慢地压缩，使系统由终态Ⅱ开始进行逆向等温过程，循着与原过程完全相同的那些中间状态，回复到初态Ⅰ．

对原过程：

初态Ⅰ ⎯⎯系统对外界做功 A，经历 $I_1, I_2, \cdots, I_{n-1}, I_n$，系统从外界热源吸收热 Q⎯⎯→ 终态Ⅱ

对逆过程：

初态Ⅰ ←⎯⎯外界对系统做功 A，经历 $I_n, I_{n-1}, \cdots, I_2, I_1$ 外界（热源）从系统吸热 Q⎯⎯ 终态Ⅱ

由此可知，**逆过程——消除了原过程对外界的一切影响，亦即，对外界不留下丝毫痕迹，使系统和外界都回到原有的状态，则初态Ⅰ→终态Ⅱ的过程就是可逆过程**．

如果将活塞迅速膨胀或压缩，系统不能逆向重复原过程的每一中间状态，或者回到初态而引起的外界变化不能一一消除，则初态Ⅰ→终态Ⅱ的过程就是**不可逆过程**．

可见，可逆过程必须是准静态过程，而且还必须是无耗散效应的过程．而严格的准静态过程是不存在的，无耗散效应的过程也是一种理想状况．所以，可逆过程是从实际过程抽象出来的一种理想过程，研究可逆过程有助于深入研究实际过程的规律．

由可逆过程组成的循环，叫作**可逆循环**．如上节讲过的卡诺循环（见图 14-15），在沿状态 $K \to L \to M \to N \to K$ 做正循环后，若再逆向地沿状态 $K \to N \to M \to L \to K$ 做逆循环．这样，在正循环中，工作物质从高温热源吸取热量 Q_1 的同时，对外做功 A 和向低温热源放出热量 Q_2，即 $Q_1 = |Q_2| + A$；而在逆循环中，工作物质从低温热源吸收热量 Q_2，连同外界对工作物

质所做的功 $|A|$，一起向高温热源放出热量 $|Q_1|$，显然，$|Q_1| = Q_2 + |A|$. 因而将正循环与逆循环合并起来看，不仅工作物质的状态没有变化，高温热源和低温热源也都没有变化，在外界没有留下痕迹，即工作物质和外界都恢复原状．所以，**卡诺循环是一个可逆循环**．我们把能实现可逆循环的热机叫作**可逆热机**，否则就是**不可逆热机**．

需要注意，不可逆过程并不是不能逆向进行的过程．而只是当过程逆向进行，而使系统恢复原状时，不能完全消除原过程对外界产生的一切影响．例如，在热传导过程中，热量只能从高温物体自发地传给低温物体，而不能自动反过来进行．显然，借助于制冷机，使外界对系统做功，当然可将热量从低温物体传给高温物体．不过，这就势必会对外界引起无法消除的影响．

问题 14-11 试述可逆过程和不可逆过程．为什么说自然界中一切自然过程都是不可逆的？为什么说理想的准静态过程是可逆过程？

14.6.2 热力学第二定律

为了表述一切自然过程的不可逆性，人们在大量实验事实的基础上，总结出热力学第二定律，阐明热力学过程的方向性．热力学第二定律有多种表述，常见的、具有代表性的有如下的两种表述：

（1）开尔文（Kelvin，1824—1907）表述：**不可能从单一热源吸取热量，使之完全变为有用的功而不引起其他变化**．

这一叙述肯定了任何热机从高温热源吸取热量对外界做功，总要放出一部分热量到温度较低的低温热源，工作物质才能回到初始状态．

从单一热源吸热、并将热全部变为有用功的热机称为**第二类永动机**，其效率为 $\eta = 100\%$．有人曾计算过，如果能制成第二类永动机，使它从海水吸热而做功，那么海水的温度只要降低 0.01 K，所做的功就可供全世界所有工厂多年之用．但是我们却无法制成这种热机．虽然这样的热机不违反热力学第一定律，但却违背热力学第二定律．所以，热力学第二定律还可表示为：**第二类永动机是不可能制成的**．热力学第二定律的开尔文表述揭示了功、**热转换的不可逆性**：热全部转换为功的过程是不可能实现的．

（2）克劳修斯（Clausius，1822—1888）叙述：**不可能使热量从低温物体传向高温物体而不引起其他变化**．

值得注意，表述中的"其他变化"是指高温物体吸热和低温物体放热两者以外的任何变化．如果允许引起其他变化，热量由低温物体传入高温物体也是可能的．例如，制冷机可以将热量从低温热源传给高温热源，但这不是自动传递的，需有外界对系统做功，并把所做的功转变为热而送入高温热源，外界做了这部分功，自然要引起其他变化．**热力学第二定律的克劳修斯表述揭示了热传导的不可逆性**．

热力学第二定律的开尔文表述与热机的工作有关；克劳修斯表述则与热传导现象有关．两种表述貌似不同，但是它们通过热、功转换和热传导各自表达了过程进行的方向性，所以本质上是一致的．可以证明（从略），两者事实上是等价的．也就是说，如果开尔文表述是正确的，则克劳修斯表述也是正确的；若违反开尔文表述，也必定违反克劳修斯表述．

热力学第一定律说明在任何过程中能量必须守恒，热力学第二定律却说明并非所有能量守恒的过程都能实现．因此，热力学第二定律是反映自然界过程进行的方向的规律，它指出自然界中出现的过程是有方向性的,某些方向的过程可以自动实现,而另一方向的过程则不能自动实现.

问题 14-12 (1) 试述热力学第二定律的两种表述.

(2) 有人想利用雪水作为冷源、用地热作为热源,或者利用热带的海洋中不同深度处温度的差异来设计一种机器,将其内能变为机械功,用来驱动发电机. 这是否违背热力学第二定律?

(3) 用热力学第二定律证明:①绝热线与等温线不可能相交于两点;②两条绝热线不能相交.(提示:设两条绝热线相交于一点,再用一条等温线与它们组成一个循环过程进行分析)

14.6.3 卡诺定理

从热力学第二定律可以证明(从略)热机理论中非常重要的**卡诺定理**:

(1) 所有工作在相同的高温热源与相同的低温热源之间的可逆热机,不论用何种工作物质,它们的效率都相等,即

$$\eta = 1 - \frac{T_2}{T_1} \tag{14-38}$$

(2) 所有工作在相同的高温热源与相同的低温热源之间的不可逆热机,其效率都不可能大于工作在同样热源之间的可逆热机的效率,即

$$\eta' < 1 - \frac{T_2}{T_1} \tag{14-39}$$

卡诺定理指出了提高热机效率的方向:就过程而论,应当使实际的不可逆机尽量地接近可逆机;对高温热源和低温热源的温度来说,应尽量提高高温热源的温度,并降低低温热源的温度.

问题 14-13 (1) 试述卡诺定理及其对提高热机效率的指导意义.

(2) 有一可逆的卡诺机,当作为热机使用时,如果工作的两热源的温差越大,则对做功就越有利;当作为制冷机使用时,如果两热源的温差越大,对制冷是否也越有利?

例题 14-12 一热机每秒从高温热源($T_1=600K$)吸收热量$Q_1=3.34\times10^4$J,做功后向低温热源($T_2=300K$)放出热量$Q_2=2.09\times10^4$J. 问:(1) 它的效率是多少?它是不是可逆机?(2) 如果尽可能地提高热机效率,每秒从高温热源吸热$Q_1=3.34\times10^4$J,则每秒最多能做多少功?

解 (1) 请注意一般循环与卡诺循环的区别,题设的热机为一般循环热机,所以

$$\eta = \frac{Q_1 - |Q_2|}{Q_1} = 1 - \frac{|Q_2|}{Q_1} = 1 - \frac{2.09\times10^4}{3.34\times10^4} = 37\%$$

如果是卡诺热机,即可逆机,则应有

$$\eta = 1 - \frac{T_2}{T_1} = 1 - \frac{300}{600} = 50\%$$

由以上计算可知,它不是可逆机.

(2) 热机的最高效率是对应于两热源之间的卡诺机的效率,所以当 $\eta = 50\%$ 时,有

$$\eta = 1 - \frac{|Q_2'|}{Q_1'} = 1 - \frac{T_2}{T_1}, \text{即} \frac{Q_2'}{Q_1'} = \frac{T_2}{T_1}$$

式中,Q_1' 为从高温热源吸收的热量;Q_2' 为向低温热源放出的热量,所以

$$A = Q_1' - Q_2' = \left(1 - \frac{T_2}{T_1}\right)Q_1' = Q_1'\eta$$

$$= 3.34 \times 10^4 \times 50\% \text{ J} = 1.67 \times 10^4 \text{ J}$$

14.7 熵

对热力学第二定律进行深入研究,人们发现一切与热现象有关的实际过程都是不可逆的,一切自然过程都存在方向性问题,这表明热力学系统所进行的不可逆过程的初态与终态之间存在着重大差异性,这种差异决定了过程的方向,正如水流动的自然过程,其方向是从高向低流,这是因为水在高处的重力势能较大,而在低处的重力势能较小,这种重力势能之差决定了水自然流动的方向. 由此可以预期:根据热力学第二定律,有可能找到一个新的状态量来描述热力学系统,并由此来描述某一过程始、末态之间的差异性,并对过程的方向性做出判断. 克劳修斯首先在热力学范围内提出了一个新的状态量——熵.

14.7.1 熵的概念

根据卡诺定理 [式 (14-38)] ,一切可逆热机的效率都可以表示为

$$\eta = 1 - \frac{|Q_2|}{Q_1} = 1 - \frac{T_2}{T_1}$$

由此得

$$\frac{Q_1}{T_1} - \frac{|Q_2|}{T_2} = 0$$

式中,Q_1 是工作物质从高温热源 T_1 吸收的热量;Q_2 是工作物质向低温热源 T_2 放出的热量. 根据热力学第一定律对热量符号的规定:吸热为正 ($Q_1 > 0$),放热为负 ($Q_2 < 0$),则上式变为

$$\frac{Q_1}{T_1} + \frac{Q_2}{T_2} = 0$$

上式说明,对于可逆卡诺循环来说,$\frac{Q}{T}$ 之和为零. 将上述结果推广到任意可逆的非卡诺循环,则有

$$\sum_{i=1}^{n} \frac{\Delta Q_i}{T_i} = 0 \qquad (14-40)$$

这是因为任意可逆循环,可以看成 n 个微小的卡诺循环的结合,如图 14-17 所示,当 $n \to \infty$ 时,可得

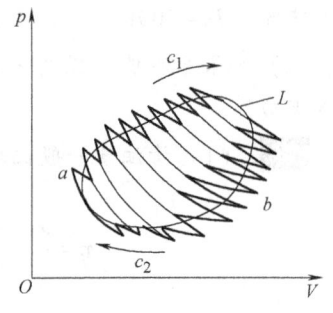

图 14-17 任意可逆循环

$$\oint_L \frac{dQ}{T} = 0 \tag{14-41}$$

上式称为**克劳修斯等式**，式中 $\frac{dQ}{T}$ 称为**热温比**，表示从某一热源吸收的热量与该热源的温度之比．该式表示对于任一系统，沿任意可逆循环一周，$\frac{dQ}{T}$ 的积分（即总和）为零，由图 14-17 所示的该回路线积分可得

$$\oint_L \frac{dQ}{T} = \int_{ac_1b} \frac{dQ}{T} + \int_{bc_2a} \frac{dQ}{T} = \int_{ac_1b} \frac{dQ}{T} - \int_{ac_2b} \frac{dQ}{T} = 0$$

即

$$\int_{ac_1b} \frac{dQ}{T} = \int_{ac_2b} \frac{dQ}{T}$$

上式说明，系统从状态 a 到状态 b 时，$\frac{dQ}{T}$ 的积分与过程无关，只由始、末两状态（即 a 态和 b 态）决定，这在物理意义上说明系统存在一个状态函数，我们把这个状态函数称为**熵**，记作 S，则始、末状态熵的变化可表示为

$$\int_a^b \frac{dQ}{T} = S_b - S_a \tag{14-42}$$

对于无限小的可逆过程，有

$$\frac{dQ}{T} = dS \tag{14-43}$$

熵的单位为 $J \cdot K^{-1}$（焦·开$^{-1}$）．式（14-42）表示，**系统在可逆过程中的热温比之和等于系统的熵的增量**（亦称**熵变**）．由式（14-42）可计算系统始、末两状态的熵变．至于系统在某一状态时的熵值则只有相对意义，需事先选定一个参考状态，把该状态的熵规定为零．通常，取 0K 时系统的熵为零，据此算出来的熵称为**绝对熵**．其次，如果系统从始态 a 至终态 b 所经历的过程是不可逆的，那么，就不能用式（14-42）对这个不可逆过程进行积分．考虑到熵是系统状态的单值函数，与具体过程无关，因此，不妨假想一个从 a 到 b 的可逆过程，利用式（14-43）计算出熵的增量，显然也就是原来所求的不可逆过程熵的增量了．

由式（14-43）定义的熵，最初是由克劳修斯引入的，所以也常称为**克劳修斯熵**．

问题 14-14 （1）何谓熵？熵为什么只具有相对意义？

（2）对于可逆和不可逆过程，如何分别计算其始态和末态间的熵变？

例题 14-13 如例题 14-13 图所示，(m/M) 摩尔的理想气体，自始态 $a(V_1, T_1)$ 经某一过程变为末态 $b(V_2, T_2)$，且在此过程中气体的摩尔定容热容 $C_{V,m}$ 为恒量．求熵变．

解 题中未给出具体过程，但其始、末状态已定，为此，可设计一个可逆过程，如图所示，它由等体升温过程 ac

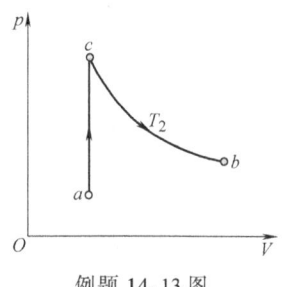

例题 14-13 图

和等温膨胀过程 cb 组成，其熵变分别为

$$\Delta S_1 = \int_a^c \frac{\mathrm{d}Q}{T} = \int_{T_1}^{T_2} \frac{m}{M} \frac{C_{V,m}}{T} \mathrm{d}T = \frac{m}{M} C_{V,m} \ln \frac{T_2}{T_1}$$

$$\Delta S_2 = \int_c^b \frac{\mathrm{d}Q}{T} = \frac{1}{T} \int_{V_1}^{V_2} \mathrm{d}Q = \frac{m}{MT_2} \int_{V_1}^{V_2} RT_2 \frac{\mathrm{d}V}{V} = \frac{m}{M} R \ln \frac{V_2}{V_1}$$

则总的熵变为

$$\Delta S = \Delta S_1 + \Delta S_2 = \frac{m}{M} C_{V,m} \ln \frac{T_2}{T_1} + \frac{m}{M} R \ln \frac{V_2}{V_1}$$

14.7.2 熵增加原理

以上对可逆过程给出了熵的概念，而对任意不可逆过程，根据卡诺定理，有

$$\eta' = 1 - \frac{|Q_2|}{Q_1} < 1 - \frac{T_2}{T_1}$$

于是，对于不可逆过程，克劳修斯等式（14-41）应写为

$$\oint_L \frac{\mathrm{d}Q}{T} < 0 \tag{14-44}$$

式（14-44）称为**克劳修斯不等式**，则熵的变化可表示为

$$\int_a^b \frac{\mathrm{d}Q}{T} < S_b - S_a \tag{14-45}$$

由此可见，系统在不可逆过程中的热温比之和（即上式左端）小于熵的增量．综合式（14-42）和式（14-45），有

$$S_b - S_a \geq \int_a^b \frac{\mathrm{d}Q}{T} \tag{14-46}$$

或

$$\mathrm{d}S \geq \frac{\mathrm{d}Q}{T} \tag{14-47}$$

其中等号对应于可逆过程，大于号对应于不可逆过程．显然，对于一个与外界不发生任何相互作用的系统（即与外界无质量和能量交换的孤立系统）而言，它一定不会从外界吸收热量，则上式变为

$$S_b - S_a \geq 0 \quad \text{或} \quad \Delta S \geq 0 \tag{14-48}$$

这表明孤立系统的熵永远不会减小：**对于可逆过程，熵保持不变；对于不可逆过程，熵总是增加的**．这一结论称为**熵增加原理**，它仅对孤立系统适用．这时，我们也可以把熵增加原理称为热力学第二定律的数学表达式．

式（14-48）更普遍、更深刻地反映了自然界中过程进行的方向性．因为在自然界中实际的自然过程都是不可逆的，所以，根据熵增加原理，**在孤立系统中进行的自然过程（即不可逆过程）总是朝着熵增加的方向进行**．对于一个具体的过程（不限于热传导或热功转换），我们可以通过计算熵的变化来判断过程进行的方向和限度．

如果系统在可逆过程中涉及体积变化的功，则综合热力学第一定律和热力学第二定律，将式（14-47）取等号，并将 $\mathrm{d}S = \mathrm{d}Q/T$ 或 $\mathrm{d}Q = T\mathrm{d}S$ 代入热力学第一定律的微分表达式 $\mathrm{d}Q =$

$\mathrm{d}E+p\mathrm{d}V$ 中，可得

$$TdS = dE + pdV \tag{14-49}$$

这是用熵的增量、内能的增量表示的**热力学基本关系式**，它可以用来定量地研究热力学系统的宏观性质．

问题 14-15 （1）试述熵增加原理．一切过程是否都是朝着熵增加的方向进行的？

（2）试证可逆的绝热过程是熵保持不变的过程，即等熵过程．

例题 14-14 设体积分别为 V_1 和 V_2 的两容器Ⅰ、Ⅱ皆由隔热壁包围，并用管子相连接，如例题 14-14 图所示，容器Ⅱ是完全真空的，当开启管子上的阀门后，容器Ⅰ中将有 (m/M)（mol）的理想气体将绝热地自由膨胀到容器Ⅱ中．求证：这个过程是不可逆的．

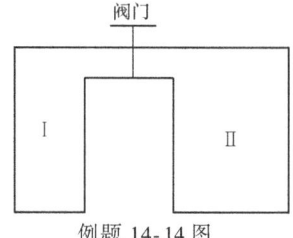

例题 14-14 图

证明 理想气体在绝热自由膨胀过程中，按题意，与外界无相互作用，$Q=0$，$A=0$，则理想气体的内能不变，其始、末状态的温度相等．由于自由膨胀不可能是准静态的，因而不可能是可逆过程，也就不能计算熵的变化．既然始、末状态温度相等，可以设想一个始态为 (T, V_1) 和末态为 (T, V_1+V_2) 的等温过程 l，气体沿此过程的熵变为

$$\Delta S = \int_l \frac{\mathrm{d}Q}{T} = \int_l \frac{\mathrm{d}E+p\mathrm{d}V}{T} = \int_{V_1}^{V_1+V_2} \frac{p\mathrm{d}V}{T} = \frac{m}{M}R\int_{V_1}^{V_1+V_2} \frac{\mathrm{d}V}{V} = \frac{m}{M}R\ln\frac{V_1+V_2}{V_1}$$

由于 $V_1+V_2>V_1$，则 $\Delta S>0$，符合熵增加原理．

如果是相反的过程，即气体自动地由 V_1+V_2 收缩到 V_1，则经过类似计算，不难得到熵变为

$$\Delta S = \frac{m}{M}R\ln\frac{V_1}{V_1+V_2}<0$$

这显然违背熵增加原理．因此，气体自动地收缩是不可能的．

气体在自由膨胀过程中熵增加，当熵增加到最大值时，气体在整个容器内达到平衡态，膨胀过程也就结束．

说明 任何一个过程的进行方向和限度，原则上皆可以由熵增加原理做出判断．熵增加原理是热力学第二定律的普遍表述．

应当注意到，熵增加原理讨论的是孤立系统和绝热系统，对于这两类系统，其中发生的过程将导致熵增加．对于处于其他条件下的系统，熵亦可以减少，例如，当系统向外放热时，它的熵就要减少．

*14.7.3 能量的退化

由上述讨论可知，一个孤立系统，在发生了任何实际过程之后，按照热力学第一定律，其能量的总值保持不变；而按照热力学第二定律，其熵的总值恒增．这意味着什么呢？不妨来考虑一个具体问题．

如图 14-18 所示，在高温热源 T_1 和低温热源 T_0 之间安装两个完全相同的卡诺机 C 和

D，所不同的是热机 C 直接从热源 T_1 吸取热量 Q，对外做功 A_C，而热机 D 则是让热源 T_1 上提供的热量 Q 先经历一个不可逆过程（热传导）传到另一热源 T_2 ($T_0 < T_2 < T_1$)，然后再传到热机 D，对外做功 A_D. 可以计算出热量 Q 从热源 T_1 传到热源 T_2 这一不可逆过程的熵增为

$$\Delta S = Q \left(\frac{1}{T_2} - \frac{1}{T_1} \right) > 0$$

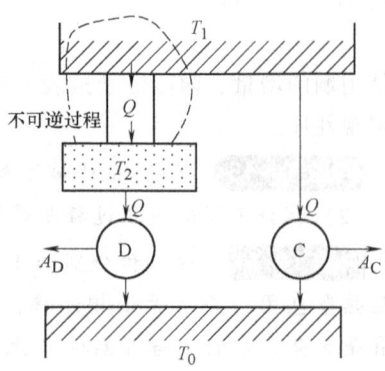

图 14-18 能量的退化

为了考察熵增带来的后果，不妨计算一下热机 C、D 吸收同样的热量 Q 所做的功：

卡诺机 C 的效率为 $\eta_C = 1 - \dfrac{T_0}{T_1}$，输出有用功 $A_C = \eta_C Q = \left(1 - \dfrac{T_0}{T_1}\right) Q$

卡诺机 D 的效率为 $\eta_D = 1 - \dfrac{T_0}{T_2}$，输出有用功 $A_D = \eta_D Q = \left(1 - \dfrac{T_0}{T_2}\right) Q$

卡诺机 C 比卡诺机 D 对外多做的功为

$$A_C - A_D = T_0 \Delta S \tag{14-50}$$

由此可见，两个热机吸收同样的热量，所做的功却不同，热机 D 比热机 C 少做功的数量取决于热传导这一不可逆过程所带来的"熵增"的大小. 由于熵增，使一部分热量 $T_0 \Delta S$ 丧失了转变为功的可能性.

热量也只是部分用来做功. 只要有内能产生，其做功本领就会有所降低. 例如，在空气中的单摆，由于空气阻力，摆的振幅逐渐减小，机械能转变为内能，摆球做功的本领逐渐减小，而系统熵值逐渐增大. 根据热力学第一定律，整个系统（包括摆球、周边空气）的能量守恒，但随着内能的增大，系统的做功本领下降了. 燃烧一块煤，虽然它的能量并未消失，但散失到空气中的能量（内能），却无法再聚集起来做同样的功了.

因此，在熵增加的同时，一切不可逆过程总是使能量丧失做功的本领，从可利用状态转化为不可利用状态. 于是我们说，能量品质退化了，这种现象称为**能量退降**. 由于在自然界中所有的实际过程都是不可逆的，随着这些不可逆过程的不断进行，将使得能量不断地转变为不能做功的形式. 因此，能量虽然守恒，但是越来越多地不能被用来做功了，这是自然过程的不可逆性，也是熵增加的一个直接后果.

自然界的能量在总量上虽然不变，但随着越来越多的能量被转化为内能，自然界能量的品质会退化，可资利用的能量会越来越少. 因此，能源问题是当今以及今后人类长期关注的热点问题.

思维拓展

14-2 至此，我们介绍了熵与能量这两个概念，那么二者在描述热学规律时哪个更重要呢？

本章小结

本章从实验事实出发，依据由实验总结得出的热力学基本定律：热力学第一定律和热力学第二定律，从能量的观点研究热力学系统从一个平衡态到另一个平衡态的转变过程中，有关热、功和内能这三者的变化关系和条件，以及转变过程自动进行的方向和条件．具体思路如下：

首先，给出热力学系统的概念，研究热力学系统在平衡态下的性质，给出理想气体物态方程；通过对热力学系统功能转化关系的研究，给出热力学第一定律；然后，研究热力学第一定律在理想气体进行的等值过程（等体过程、等压过程、等温过程、绝热过程）和循环过程的应用；最后，研究了热机效率，给出了一种理想热机的效率和卡诺定理．

通过对热力学过程进行方向的研究，给出热力学第二定律，同时引入熵的概念和熵增原理。

本章主要内容框图：

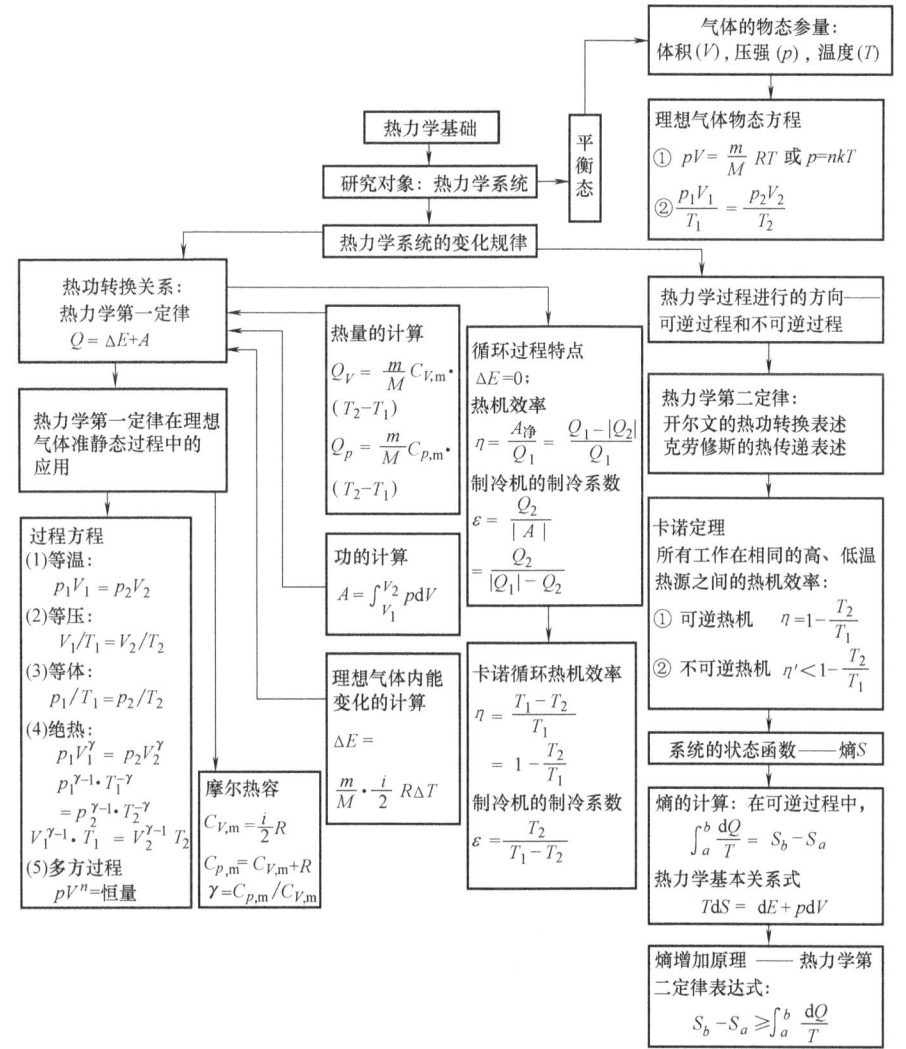

习 题 14

14-1 在体积为 200L 的钢瓶中贮有 CO_2 气体,测得其温度为 15℃,压强为 $2.03×10^5 Pa$,求瓶中气体的质量.（答：0.75kg）

14-2 已知真实气体的状态方程为

$$\left(p+\frac{a}{V^2}\right)(V-b) = RT$$

式中,a、b、R 均为恒量,试求由体积 V_1 等温膨胀到 V_2 所做的功. $\left[\text{答}: RT\ln\frac{V_2-b}{V_1-b}+\left(\frac{a}{V_2}-\frac{a}{V_1}\right)\right]$

14-3 水蒸气的质量为 0.1kg,它的摩尔定容热容为 $C_{V,m} = 7R/2$,当它从 120℃加热到 140℃时,问:经历等体过程和等压过程后,系统各吸收多少热量?（将水蒸气看成理想气体）（答：$3.23×10^3$J,$4.16×10^3$J）

14-4 一定量的空气,吸收了 $1.71×10^3$J 的热量,并在保持压强为 $1.0×10^5$Pa 的情况下膨胀,体积从 $1.0×10^{-2}$m³ 增加到 $1.5×10^{-2}$m³,问空气对外做了多少功?它的内能改变了多少?（答：$5.0×10^2$J；$1.21×10^3$J）

14-5 一气缸内贮有 10mol 的单原子分子理想气体,在压缩过程中,外界做功 59J,气体温度升高 1K.试计算气体内能增量和所吸收的热量,在此过程中气体的摩尔热容是多少? [答：124.7J；65.7J；6.57J/(mol·K)]

14-6 1.0mol 的空气从热源吸收热量 $2.66×10^5$J,其内能增加了 $4.18×10^5$J.问在此过程中气体做了多少功?是它对外界做功,还是外界对它做功?（答：$-1.52×10^5$J；外界对空气做功）

14-7 使一定质量的理想气体的状态按习题 14-7 图中的曲线沿箭头所示的方向发生变化,图线的 BC 段是以 p 轴和 V 轴为渐近线的双曲线的一支.

(1) 已知气体在状态 A 时的温度 $T_A = 300K$,求气体在状态 B、C 和 D 时的温度.

(2) 从 A 到 D 气体对外所做的功总共是多少?

(3) 将上述过程在 V-T 图上画出,并标明过程进行的方向.

[答：(1) 600K, 600K, 300K; (2) $2.81×10^3$J]

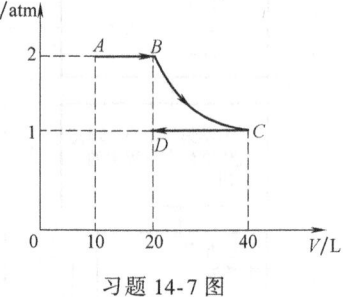

习题 14-7 图

14-8 当一热力学系统由如习题 14-8 图所示的状态 a 沿 acb 过程到达状态 b 时,吸收了 560J 的热量,对外做了 356J 的功.

(1) 如果它沿 adb 过程到达状态 b,对外做了 220J 的功,它吸收了多少热量?

(2) 当它由状态 b 沿曲线 ba 返回状态 a 时,外界对它做了 282J 的功,它将吸收多少热量?是吸热、还是放热? [答：(1) 424J；(2) -486J,放热]

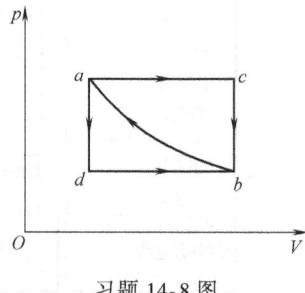

习题 14-8 图

14-9 将 419.6J 的热量供给 5g 在标准状态下的氢（氢作为理想气体看待,其摩尔质量为 0.002kg·mol⁻¹）.(1) 若体积不变,则此热量转化为什么?氢气的温度变为多少? (2) 若温度不变,则此热量转化为什么?氢气体积变为多少? (3) 若压强不变,则此热量转化为什么?氢气的体积又变为多少? [答：(1) 281K；(2) 0.06m³；(3) 0.057m³]

14-10 64g 氧气的温度由 0℃升至 50℃,(1) 保持体积不变；(2) 保持压强不变.在这两个过程中氧气各吸收了多少热量？各增加了多少内能？对外各做了多少功？［答：（1） $2.08×10^3$ J，$2.08×10^3$ J，0；（2） $2.91×10^3$ J，$2.08×10^3$ J，$0.83×10^3$ J］

14-11 压强为 $1.0×10^5$ Pa、体积为 $1.0×10^{-3}$ m^3 的氧气自0℃加热到100℃，问：（1）当压强不变时，需要多少热量？当体积不变时，需要多少热量？（2）在等压或等体过程中各做了多少功？［答：（1） 129.8J，93.1J；（2） 36.7J，0］

14-12 一定量氢气在保持压强为 $4.00×10^5$ Pa 不变的情况下，温度由 0.0℃ 升高到 50.0℃ 时，吸收了 $6.0×10^4$ J 的热量．问：

（1）氢气的物质的量是多少摩尔？

（2）氢气内能变化多少？

（3）氢气对外做了多少功？

（4）如果氢气的体积保持不变而温度发生同样变化，那么它该吸收多少热量？［答：（1） 41.3mol；（2） $4.29×10^4$ J；（3） $1.71×10^4$ J；（4） $4.29×10^4$ J］

14-13 在300K 的温度下，2mol 理想气体的体积从 $4.0×10^{-3}$ m^3 等温压缩到 $1.0×10^{-3}$ m^3，求在此过程中气体做的功和吸收的热量．（答：$-6.91×10^3$ J，负号表示外界对系统做功；$-6.91×10^3$ J，负号表示系统对外界放热）

14-14 2mol 氢气在温度为 300K 时的体积为 $0.05m^3$．经过（1）绝热膨胀；（2）等温膨胀；（3）等压膨胀，最后体积都变为 $0.25m^3$．试分别计算这三种过程中氢气对外所做的功，并说明它们所做的功为什么不同？在同一幅 p-V 图上画出这三个过程的过程曲线．［答：（1） $5.91×10^3$ J；（2） $8.02×10^3$ J；（3） $19.9×10^3$ J］

14-15 温度为 27℃、压强为 $1.01×10^5$ Pa 的一定量氮气，经绝热压缩，使其体积变为原来的 1/5，求压缩后氮气的压强和温度．（答：$9.61×10^5$ Pa；571K）

14-16 一定量的氮气，压强为 1atm，体积为 10L，在温度自 300K 升到 400K 的过程中：（1）保持体积不变；（2）保持压强不变．问各需吸收多少热量？这热量为什么不相同？［答：（1） $8.44×10^2$ J；（2） $1.18×10^3$ J］

14-17 如习题 14-17 图所示，理想的柴油发动机工作的**狄塞尔**（Diesel）循环由两个绝热过程 ab 和 cd、一个等压过程 bc 及一个等体过程 da 组成．已知 V_1、V_2、V_3 和 γ，试证这种循环的效率为

$$\eta = 1 - \frac{1}{\gamma}\left[\left(\frac{V_2}{V_1}\right)^\gamma - \left(\frac{V_3}{V_1}\right)^\gamma\right]\left[\frac{V_2}{V_1} - \frac{V_3}{V_1}\right]^{-1}$$

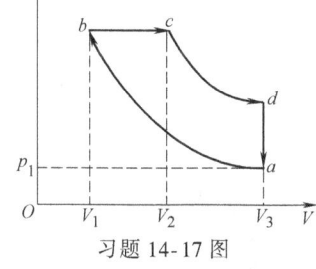

习题 14-17 图

14-18 一卡诺热机的低温热源温度为 7℃，效率为 40%，若要将其效率提高到 50%，问高温热源的温度需提高多少？（答：100K）

14-19 一蒸汽机的功率为 5000kW，高温热源温度为 600K，低温热源温度为 300K，求此热机在理论上所能达到之最高效率．若实际效率仅为理想效率的 20%，问每小时应加煤多少？已知每克煤发热量为 $1.51×10^4$ J．（答：η = 50%；$1.19×10^4$ kg·h^{-1}）

14-20 一循环过程的 T-V 图线如习题 14-20 图所示．该循环的工作物质为 ν（mol）的理想气体，它的 $C_{V,m}$ 和 γ 均已知，且为恒量．已知 a 点的温度为 T_1，体积为 V_1，b 点的体积为 V_2，ca 为绝热过程．求：（1）c 点的温度；（2）循环的效率．［答：（1） $T_1(V_1/V_2)^{\gamma-1}$；

（2） $1 - \dfrac{C_{V,m}[1-(V_1/V_2)^{\gamma-1}]}{R\ln(V_2/V_1)}$］

14-21 一热机工作于 1000K 与 300K 的两热源之间．若将高温热源提高到 1100K 或者将低温热源降到 200K，求理论上热机效率各增加

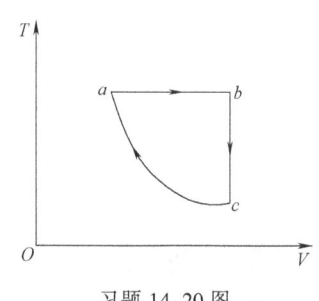

习题 14-20 图

多少？采取哪一种方案对提高热机效率更为有利？（答：2.7%；10%）

14-22 两块金属的温度分别为100℃和0℃，其摩尔定压热容皆为 $C_{p,m}=150\mathrm{J\cdot mol^{-1}\cdot K^{-1}}$. 求它们接触而达到热平衡后熵的变化．（答：$3.65\mathrm{J\cdot K^{-1}}$）

14-23 你一天向周围环境散发约 $8\times10^6\mathrm{J}$ 的热量，试估算你一天产生多少熵？忽略你进食时带进体内的熵，环境的温度按273K计算．（答：$3.4\times10^3\mathrm{J\cdot K^{-1}}$）

14-24 将质量为1kg、温度0℃的水放到100℃的恒温热源上，最后达到平衡，求这一过程引起的水和恒温热源所组成的系统的熵变，是增加还是减少？（答：$184\mathrm{J\cdot K^{-1}}$，增加）

本章"问题"选解

问题 14-1（3）

答 此时杆内各点温度不随时间而变，处于稳定状态；但由于各点温度不同，故杆内处于非平衡态．

问题 14-5

答 （2）热力学第一定律是对气体、液体和固体等任何物质皆适用的一条普遍定律．系统吸热增加系统的内能，再由内能的减少对外界做功．

（3）在0℃的水冻结为0℃的冰的过程中，由于放出凝固热，因而，温度虽不变，但 $E_2-E_1<0$；又因水结冰时，体积增大，系统对外做功，故 $A>0$；而 $|E_2-E_1|>A$，则从热力学第一定律的表达式 $Q=E_2-E_1+A$ 可知，$Q<0$．

（4）按热力学第一定律

$$Q=\Delta E+A$$

已知 $A=100\mathrm{J}$，$Q=500\mathrm{J}$，则得系统内能增量为

$$\Delta E=Q-A=500\mathrm{J}-100\mathrm{J}=400\mathrm{J}$$

（5）机器对外做功 $A=30\mathrm{kW\cdot h}=30\times10^3\mathrm{J\cdot s^{-1}}\times3600\mathrm{s}=1.08\times10^8\mathrm{J}$，可利用的热量为 $10.5\times10^7\mathrm{J}-31.4\times10^6\mathrm{J}=73.6\times10^6\mathrm{J}$，即做功大于供给的热量，这显然违反热力学第一定律，所以该机器不可能工作．

问题 14-8（2）

解 由题设等温过程，有

$$A_T=\frac{m}{M}RT\ln\frac{V_2}{V_1} \qquad ⓐ$$

在 p-V 图上，A_T 可由等温线下的面积表示，显然

$$A_{T_1}>A_{T_2} \qquad ⓑ$$

由式ⓐ，$A_T\propto T$，因而等温线 T_1 的温度比等温线 T_2 的温度高，即 $T_1>T_2$.

在已知等温线的情况下，$\dfrac{m}{M}$，R，V_2/V_1 均为定值，由上述 $A_T\propto T$，按式ⓐ、式ⓑ有

$$Q_T=A_T$$

所以等温过程 T_1 吸热比等温过程 T_2 多，即 $Q_{T_1}>Q_{T_2}$.

问题 14-8（3）

答 (a) 等压膨胀过程 ab 做功最多，绝热膨胀过程 ad 做功较少．(b) 等压膨胀过

程 ab 内能增加，绝热膨胀过程 ad 内能减少．(c) 等压膨胀过程 ab 从外界吸热较多，绝热膨胀 ad 从外界吸热为 0，最小．

问题 14-12（2）

答 并不违背热力学第二定律．因为雪水与地热或者海洋中不同温度的深度处皆可作为具有一定温差的不同的热源，从热力学第二定律来说，是可以利用的．

问题 14-12（3）

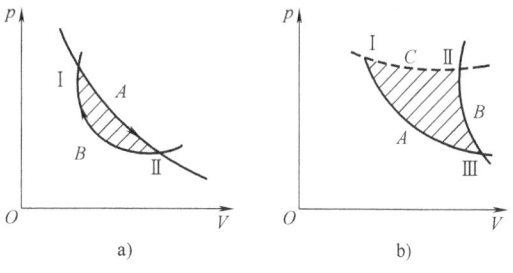

问题 14-12（3）解答图

证明 ①如果等温线 A 与绝热线 B 交于两点Ⅰ、Ⅱ，如问题 14-12（3）解答图 a 所示，则可利用它作一循环ⅠAⅡBⅠ．此循环过程只经过一个等温线的吸热过程而对外做功（斜线面积）A，$A \neq 0$，也没有其他影响，这是违反热力学第二定律的．所以，A、B 两条线不可能交于两点．

②设两条绝热线 A、B 相交于点Ⅲ，如问题 14-12（3）解答图 b 所示，则不妨用一条等温 C 与它们组成一个循环过程ⅠCⅡBⅢAⅠ．此循环过程只从单一热源吸热对外做功（斜线面积），所以，这是违反热力学第二定律的．可见，两条绝热线不能相交．

问题 14-13（2）

答 按卡诺可逆机的热机效率

$$\eta = 1 - T_2/T_1$$

若 T_2 越低，T_1 越高，则 T_2/T_1 越小，η 越大，对做功越有利．

如作为制冷机使用，则制冷机的制冷系数为

$$\varepsilon = \frac{T_2}{T_1 - T_2}$$

若 $T_1 - T_2$ 愈大，ε 愈小，对制冷不利．

问题 14-15

解 （1）例如理想气体向真空做绝热膨胀（参阅正文中的例题 14-14），这是一个不可逆的绝热过程，系统朝着熵增加的方向进行．

（2）对于可逆的绝热过程，由于 $\mathrm{d}Q = 0$，有

$$S_2 - S_1 = \int_1^2 \frac{\mathrm{d}Q}{T} = 0$$

因而 $S_1 = S_2$，即熵值不变．所以可逆的绝热过程是一个等熵过程．

"思维拓展"参考答案

14-1 水的沸点会随着气压的降低而降低，在海平面附近水的沸点是 100℃，而在高原地区水的沸点可能只有 80℃ 左右，这是由于高原地区大气压力比较低造成的．所以，当人体急速进入海拔 3000m 以上高原，暴露在低压低氧环境中时，很多人会产生被称为高原反应的各种不适症状．其原因是人体为了维持机能所需的氧气，在人体温度保持不变的情

况下，人体的肺活量增加得很少，气压降低就会极大减少人体吸入的氧气，因此产生高原反应．

14-2 熵与能量这两个概念有某种相似性，能量的概念从正面量度运动转化的能力，能量越大，运动转化的本领越大；而熵却是从反面即运动不转化的一面，量度运动的转化本领，表示转化已完成的程度，即能量退降的程度，由此可见熵与能量同等重要．

第15章 统计物理简介

章前问题 ?

我们常看到一滴颜料可以染满一盆清水,物理学中把这一现象称为**扩散**;但有谁见过颜料从水盆中重新聚集成一滴呢?还有,热量可以**自发地**由高温物体传给低温物体,或者由物体的高温部分传递给低温部分,但是从未发现与此相反的过程,即热量**自发地**由低温物体传给高温物体,或者由物体的低温部分传给高温部分,这又是为什么呢?这样的例子还有很多,如转动的飞轮在撤除动力后,会因摩擦而逐渐停下来,机械能转化为内能,使轴和飞轮的温度升高,而相反的过程,即轴和飞轮自动地冷却,内能重新转变为机械能而使飞轮转动起来的过程,却不会发生,如何解释这些现象呢?

若要弄清上述问题,必须先了解热现象微观本质,即统计物理.

自然界的一切宏观物体都是由大量微观粒子组成的. 微观粒子总是在永不停息地做无规则的运动,其运动的剧烈程度与温度有关,温度越高,运动越剧烈,我们把大量粒子的无规则运动称为**热运动**,呈现出来的现象称为**热现象**. 所以,热现象是大量微观粒子运动的集体表现,遵从统计规律.

本章以大量的气体分子(或原子)组成的系统作为研究对象,根据物质结构的分子特征,运用统计方法,探讨它们的热运动及其统计规律. 大量的做热运动的气体分子,一方面做无规则的热运动,力图充满可能的空间,另一方面分子间的相互作用力(称分子力)又试图使它们束缚在一起,这样,**无规则热运动**和**分子力**便构成了一对矛盾. 气体中热运动占主导地位,它没有固定的体积和形状,一般情况下,它的体积和形状就是它可以到达的闭合容器的内部空间.

15.1 气体分子的热运动及其统计规律性

15.1.1 气体分子热运动的景象

气体中,分子之间的距离是很大的. 例如,氧分子的体积约为 $10^{-23}\,\text{cm}^3$. 在标准状态下,在 $1\,\text{cm}^3$ 的氧气内有 2.7×10^{19} 个分子,因此,每个分子平均分摊到的空间体积约为 $0.4\times10^{-19}\,\text{cm}^3$. 比较氧分子本身的体积($10^{-23}\,\text{cm}^3$)和一个氧分子所分摊到空间的体积这两个数字的大小,就可知道分子在空间的分布是很疏稀的. 亦即,相对于分子本身大小而言,我们可将气体看作彼此有很大间距的大量分子的聚集体. 在气体中, 由于分子间距相当大, 分子之间的相互作用力, 除了在热运动过程中相互碰撞的那个瞬间以外, 乃是极其微小的. 这样, 分子在相继两次碰撞之间所经历的一段路程上, 由于其他分子对它的作用力甚微, 因而可以认为, 分子几乎是做匀速直线运动的, 或者说, 气体分子乃是在惯性支配下做自由运动.

读者以后通过计算可以了解到, 在连续相继的两次碰撞之间, 分子自由运动所经历的路程平均约为 10^{-5} cm, 而分子热运动的平均速率很大, 通常在数百米·秒$^{-1}$左右. 因此, 平均地说, 大约经过 10^{-10}s 就会碰撞一次, 也就是说, 在 1s 内, 一个分子估计要遭受数十亿次碰撞. 分子相互碰撞的时间约等于 10^{-13}s, 这一时间远比分子自由运动所经历的平均时间 10^{-10}s 小 (约为后者的千分之一).

我们说过, 气体的分子在做永不停息的热运动, 同时, 由于构成气体的分子数目很大, 因此导致分子间的频繁碰撞. 当一个分子与另一个分子碰撞时, 可以认为, 像一对小球的弹性碰撞一样, 它们服从力学中的动量守恒定律和能量守恒定律, 进行动量和能量的交换, 结果就各自改变了速度的大小和方向, 而各向其他方向飞散, 直到下一次碰撞为止. 设想我们去追随气体中某个分子 (见图 15-1 中的黑点) 的运动. 那么, 将会看到, 这个分子忽而左, 忽而右, 忽而前, 忽而后, 有时快, 有时慢. 分子的动能也时大时小. 它所经历的路程, 乃是一条不规则的折线 (如折线路程 $BCD \cdots N$). 在两次连续碰撞之间, 分子做自由运动所经过的直线路程 (如线段 $BC, CD, \cdots$), 称为**自由程**. 自由程也有长有短. 对气体中的其他分子来说, 其运动情况, 也像上面所说的那样杂乱无章. 因此, 气体中的大量分子是在做永不停息的、杂乱无章的热运动. 而造成气体分子这种不规则运动 (即分子的速度、动能、自由程瞬息万变) 的原因, 就是分子与其他分子或器

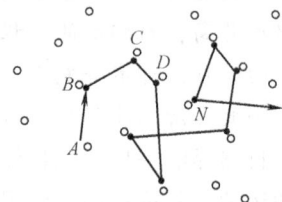

图 15-1 气体分子的碰撞

壁的碰撞. 分子碰撞是气体中产生某些物理现象 (例如, 气体从非平衡态到平衡态的过渡、大量分子对器壁碰撞而形成气体的压强等) 的重要机制.

15.1.2 大量分子热运动服从统计规律性

从上述大量分子热运动的景象中, 我们看到, 每个分子的运动状态和运动状态的变化历程是各不相同的, 带有很大的偶然性, 因而也是不规则的. 可是对大量分子的聚集体 (即总体) 来说, 运动却表现出确定的规律性, 这就是所谓的**统计规律性**. 下面我们对统计规律性做一简介.

读者不难体察, 在自然界和社会生活中所发生的现象, 一种是**确定性**的, 例如, 在标准大气压强下 (1.013×10^5 Pa), 纯水加热到 100℃ 必然会沸腾; 还有一种现象是**偶然性**的, 它的发生可能具有多个结果, 而究竟发生哪一个结果, 事先不能确定, 这就是一种**随机现象**. 随机现象的每一个表现或结果, 叫作**随机事件**. 例如, 在相同的条件和环境下投掷一枚硬币, 就是一个随机现象, 它的正面朝上或正面朝下则是这个现象中的两个随机事件, 它们的出现完全带有偶然性. 倘若把此硬币投掷上万次, 每次把它出现正面朝上或正面朝下的结果记录下来, 并加以统计, 结果表明, 正面朝上和正面朝下的出现次数大致相等, 即两种情况出现的可能性几乎一样, 或者说, **概率**几乎相等. 这就是大量随机事件显示出来的一种所谓

的**统计规律性**.

研究统计规律，需用统计方法，**根据大量随机事件的各种结果求其统计平均值**，是**统计方法中的一个重要方法**.

例如，从大量学生中抽查一个 40 人的毕业班，其中，21 岁的有 2 人，22 岁的有 25 人，23 岁的有 9 人，24 岁的有 3 人，25 岁的有 1 人. 根据这一统计结果，我们便可算出这个班学生的平均年龄为

$$\frac{21 \times 2 + 22 \times 25 + 23 \times 9 + 24 \times 3 + 25 \times 1}{2 + 25 + 9 + 3 + 1} = \frac{896}{40} = 22.4 (岁)$$

这个平均年龄便是全班学生年龄的一种统计平均值，称为**算术平均值**. 并且，可以看到，接近于平均年龄的学生人数最多，而年龄特别小或特别大的学生都较少，这就是所谓的**统计分布规律**.

在气体动理论中，我们可以用上述统计方法，来描述大量气体分子在总体上所显示的统计规律性. 当气体在宏观上处于一定的平衡态时，这种统计规律性表现为气体的宏观量和个别分子的微观量统计平均值之间的相互关系，从而揭示了宏观现象及其规律的微观本质.

当气体处于平衡态时，我们测得容器内气体各部分的密度是相同的. 尽管这时由于分子的热运动，容器内气体各部分的分子会跑进跑出，但是，气体中各部分每单位体积内的分子数是相同的. 由此可以推断，当气体处于平衡态时，分子沿各方向运动的机会是均等的. 没有任何一个方向上气体分子的运动比其他方向更为显著. 就大量分子统计平均来说，**沿着空间各个方向运动的分子数目应该相等，分子速度在各个方向上的分量的各种平均值也应该相等**.

例如，沿各个方向分子速度的平均值是相等的. 设 $\bar{v}_x$、$\bar{v}_y$、$\bar{v}_z$ 分别表示 N 个分子沿 Ox、Oy 和 Oz 各轴方向的速度分量的平均值，则有

$$\bar{v}_x = \bar{v}_y = \bar{v}_z$$

其中

$$\bar{v}_x = \frac{v_{1x} + v_{2x} + \cdots + v_{Nx}}{N}$$

$$\bar{v}_y = \frac{v_{1y} + v_{2y} + \cdots + v_{Ny}}{N}$$

$$\bar{v}_z = \frac{v_{1z} + v_{2z} + \cdots + v_{Nz}}{N}$$

然而，因为各个速度分量有正、有负，所以对大量分子求统计平均，往往有可能表现为

$$\bar{v}_x = \bar{v}_y = \bar{v}_z = 0 \tag{15-1}$$

这时，我们还可求分子速度的平方的平均值，即沿各个方向分子速度平方的平均值亦相等，

$$\overline{v_x^2} = \overline{v_y^2} = \overline{v_z^2} \tag{15-2}$$

其中

$$\overline{v_x^2} = \frac{v_{1x}^2 + v_{2x}^2 + \cdots + v_{Nx}^2}{N}$$

$$\overline{v_y^2} = \frac{v_{1y}^2 + v_{2y}^2 + \cdots + v_{Ny}^2}{N}$$

$$\overline{v_z^2} = \frac{v_{1z}^2 + v_{2z}^2 + \cdots + v_{Nz}^2}{N}$$

必须指出,以上所述都是对杂乱运动的大量分子统计平均的结果;这种大量分子总体所体现出来的统计规律性,与个别分子做无规则运动时所遵循的力学规律在性质上是完全不同的.也就是说,**统计规律性只适合于做无规则运动的大量分子的集体**.

下面我们将从统计意义上,对分子运动中最根本的问题——分子速率和碰撞进行研究.

问题 15-1 （1）简述气体分子热运动的图景,并列举气体分子热运动的自由程、平均速率、每秒钟碰撞次数等的数量级.

（2）何谓统计规律性?它在什么情况下适用?

15.2 气体分子的速率分布

15.2.1 速率分布曲线

前面说过,气体分子总是在不停地运动.而今研究处于平衡态下气体分子的速率分布.实验指出,气体中各个分子运动的速率有大有小.以氧气分子在273K时的情况为例,把速率大小划分为区间,对不同速率的分子进行统计,用 N 表示气体分子总数,用 ΔN 表示在某个速率区间内的分子数,于是,根据实验结果,统计出各个速率区间内的分子数占总分子数的百分比,如表15-1所示.从表中可以看到,速率小的分子数目和速率大的分子数目甚少,例如,速率在100m·s^{-1}以下的分子数只占总分子数的1.4%,速率在900m·s^{-1}以上的分子数只占总分子数的0.9%;而中等大小的速率的分子数目特别多,例如,速率在300～400m·s^{-1}区间内的分子数占总分子数的21.4%.

表 15-1　氧气分子在273K时的速率分布

速率区间/(m·s^{-1})	分子数的百分比 $\left(\frac{\Delta N}{N}\%\right)$	速率区间/(m·s^{-1})	分子数的百分比 $\left(\frac{\Delta N}{N}\%\right)$
100 以下	1.4	500 至 600	15.1
100 至 200	8.1	600 至 700	9.2
200 至 300	16.5	700 至 800	4.8
300 至 400	21.4	800 至 900	2.0
400 至 500	20.6	900 以上	0.9

现在我们要探究分子速率的这种分布情况是否具有普遍的规律性?

表15-1的速率分布可以用统计学中常用的直方图（见图15-2）来表示,以分子速率 v 为横坐标,用分子速率区间 Δv（在表15-1中,$\Delta v = 100$m·s^{-1}）等分横坐标,依次作宽度为 Δv 的矩形,使每块矩形面积在数值上等于 $\frac{\Delta N}{N}$,这样,每块矩形面积的大小表示速率在 v 至 $v+\Delta v$ 区间内的分子数

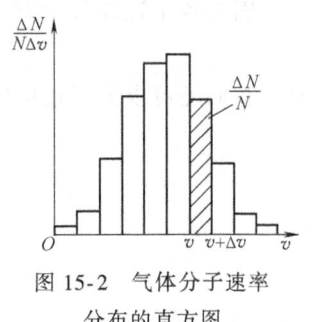

图 15-2　气体分子速率分布的直方图

占总分子数的比例. 又因为各块矩形是等宽的, 所以矩形面积越大, 其高度也越大. 由此, 根据各块矩形的高度分布情况就可以醒目地看出分子数目随分子速率的分布情况. 这就是分子速率分布的统计直方图. 从图中可以看出, 矩形的高度在数值上等于 $\frac{\Delta N}{N\Delta v}$, 它表示单位速率区间内的分子数占总分子数的比例.

如果把速率区间 Δv 取得更小, 则图 15-2 所示的统计图便可以更加精确地反映速率分布情况. 若把速率区间取为微小的 dv, 用 dN 表示速率在 v 至 $v+dv$ 区间内的分子数, 如图 15-3 所示, 以分子速率 v 为横坐标, $\frac{dN}{Ndv}$ 为纵坐标, 则可以得到一条平滑的**分子速率分布曲线**.

从图中可以看到 $\frac{dN}{Ndv}$ 是分子速率 v 的函数, 常用 $f(v)$ 表示, 即

$$f(v)=\frac{dN}{Ndv} \tag{15-3}$$

$f(v)$ 叫作**分子速率分布函数**.

15.2.2 麦克斯韦速率分布律

1859 年, 麦克斯韦 (J. C. Maxwell, 1831—1879) 首先从理论上导出了气体分子速率分布律, 即气体分子速率分布函数:

$$f(v)=4\pi\left(\frac{m_0}{2\pi kT}\right)^{\frac{3}{2}}e^{-\frac{m_0v^2}{2kT}}v^2 \text{ 或写成 } f(v)=4\pi\left(\frac{M}{2\pi RT}\right)^{\frac{3}{2}}e^{-\frac{Mv^2}{2RT}}v^2 \tag{15-4}$$

式中, m_0 是气体一个分子的质量; M 是气体分子的摩尔质量; T 是气体的热力学温度; k 是玻尔兹曼常数. 由上式给出的**麦克斯韦速率分布函数**, 确定了气体分子数目按速率分布的统计规律, 称为**麦克斯韦速率分布律**. 这定律可表述为: **在平衡态下, 分子速率在 v 到 $v+dv$ 间隔内的相对分子数之百分比为**

$$\frac{dN}{N}=f(v)dv=4\pi\left(\frac{m_0}{2\pi kT}\right)^{\frac{3}{2}}e^{-\frac{m_0v^2}{2kT}}v^2dv \text{ 或写成 } f(v)dv=4\pi\left(\frac{M}{2\pi RT}\right)^{\frac{3}{2}}e^{-\frac{Mv^2}{2RT}}v^2dv \tag{15-5}$$

根据麦克斯韦速率分布函数 [式 (15-4)] 画出的曲线, 称为**麦克斯韦速率分布曲线**. 这条曲线基本上与由实验给出的速率分布曲线 (见图 15-3) 相符合.

若在分子速率分布曲线下取一宽度为 dv 的矩形面积元 (图 15-3 中画有斜线的部分), 其面积为 $f(v)dv=\frac{dN}{N}$, 它代表速率在 v 至 $v+dv$ 区间内的分子数 dN 占总分子数 N 的百分比. 据此, 分布曲线下的总面积应为

$$\int_0^\infty f(v)dv=\int_0^N \frac{dN}{N}=1 \tag{15-6}$$

上式表示速率在零至无限大的整个区间内的分子数占总分子数的百分比是 100%, 这是分布曲线必须满足的条件, 叫作分布曲线的**归一化条件**.

理论和实验指出, 无论何种气体, 它的分子速率分布曲线的形状都和图 15-3 所示的相

类似,曲线总是从坐标原点出发,经过一个 $f(v)$ 的极大值后,渐渐趋近于横坐标.这表明,气体分子的速率可以具有从零至相当大的数值,但是速率很小和很大的分子所占的比例都很小,而具有中等速率的分子所占的比例特别大,这就是气体分子速率分布的统计规律.与分布函数 $f(v)$ 极大值相对应的速率叫作**最概然速率**,用 v_p 表示,它的物理意义是:速率在 v_p 附近的单位速率区间内的分子数占总分子数的比例最大.

分子的速率分布与温度有关,图 15-4 画出了氧气在不同温度下的分布曲线.从图中可以看到,温度升高时,曲线的最高点向速率大的方向移动.这是因为温度升高时,气体分子的速率普遍增大.但因曲线下的总面积总是等于1,所以曲线变得平坦而宽广.

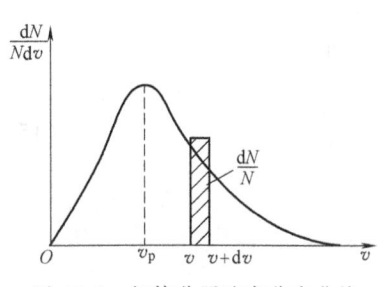

图 15-3 气体分子速率分布曲线

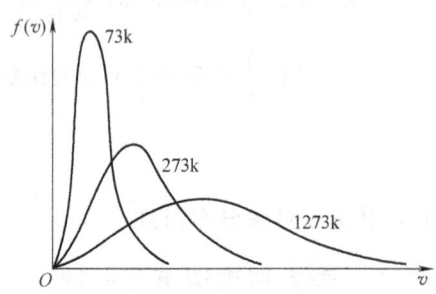

图 15-4 不同温度下的分子速率分布曲线

问题 15-2 (1) 试述气体分子速率分布函数的意义;并分别说出下列各式的含义:① $f(v)\mathrm{d}v$;② $Nf(v)\mathrm{d}v$;③ $\int_{v_1}^{v_2} f(v)\mathrm{d}v$;④ $\int_{v_1}^{v_2} Nf(v)\mathrm{d}v$.

(2) 为什么说速率分布函数 $f(v)$ 必须满足归一化条件?

15.2.3 分子速率的统计平均值

利用分子速率分布函数可以定量地推导出反映气体中大量分子热运动规律的三个速率:最概然速率、平均速率和方均根速率,这三个速率是对大量分子进行统计而得出的,所以是统计值.对一个分子来说,这三个速率是毫无意义的.下面给出这三个速率的计算公式(推导从略).

(1) **最概然速率** v_p 对气体分子速率分布函数[式(15-4)]求极值,并由 $k=R/N_0$ 和 $M=N_0 m_0$,可得

$$v_p = \sqrt{\frac{2kT}{m_0}} \approx 1.41\sqrt{\frac{RT}{M}} \tag{15-7}$$

(2) **平均速率** $\bar{v}$ 在平衡状态下,气体分子速率有大有小,从统计意义上说,总具有一个平均值.设速率为 v_1 的分子有 ΔN_1 个,速率为 v_2 的分子有 ΔN_2 个,…….总分子数 N 是具有各种速率的分子数之和,即 $N=\Delta N_1+\Delta N_2+\cdots$.平均速率定义为大量分子的速率的算术平均值,即

$$\bar{v} = \frac{v_1 \Delta N_1 + v_2 \Delta N_2 + \cdots}{N} = \frac{\sum_i v_i \Delta N_i}{N}$$

将上式右端的求和式 $\sum_i v_i \Delta N_i$ 用积分 $\int_0^\infty v\,dN$ 代替,则

$$\bar{v} = \frac{\int_0^\infty v\,dN}{N} = \frac{\int_0^\infty vNf(v)\,dv}{N} = \int_0^\infty vf(v)\,dv$$

将式（15-4）代入上式,可求出平均速率,即

$$\bar{v} = \sqrt{\frac{8RT}{\pi M}} \approx 1.60\sqrt{\frac{RT}{M}} \tag{15-8}$$

（3）方均根速率 $\sqrt{\overline{v^2}}$　　这也是表达气体分子热运动的一种统计平均值,即将分子速率平方,求出其平均值,然后再取此平均值的平方根,亦即

$$\sqrt{\overline{v^2}} = \sqrt{\frac{v_1^2 \Delta N_1 + v_2^2 \Delta N_2 + \cdots}{N}} = \sqrt{\frac{\sum_i v_i^2 \Delta N_i}{N}}$$

今将上式右端根号中的求和式改用积分表示,则上式成为

$$\sqrt{\overline{v^2}} = \sqrt{\frac{\int_0^\infty v^2\,dN}{N}} = \sqrt{\frac{\int_0^\infty v^2 Nf(v)\,dv}{N}} = \sqrt{\int_0^\infty v^2 f(v)\,dv}$$

将式（15-4）代入上式,可求出方均根速率为

$$\sqrt{\overline{v^2}} = \sqrt{\frac{3RT}{M}} \approx 1.73\sqrt{\frac{RT}{M}} \tag{15-9}$$

气体分子的上述三种速率 v_p、$\bar{v}$ 和 $\sqrt{\overline{v^2}}$ 都与 $\sqrt{T}$ 成正比,与 $\sqrt{M}$ 成反比.即某种气体的热力学温度越高,三者都越大;而在给定的温度下,气体的摩尔质量越大,三者都越小.在室温下,它们的数量级一般为每秒几百米.这三种速率对于不同的问题有着各自的应用.例如,在讨论速率分布时,要了解接近于哪一个速率的分子所占的百分比最高,就需用到最概然速率;在计算分子运动的平均距离时,要用到平均速率;在计算分子的平均平动动能时（参阅 15.4.1 节）,则要用到方均根速率.

应该指出,因为气体中分子之间不断在碰撞,所以每个分子的速率不是固定不变的,而是经常在发生变化.但是,对于大量分子来说,在任一瞬时总是遵循上述的速率分布规律.

问题 15-3　（1）试述气体分子三种统计速率的含义.它们与温度和摩尔质量的关系如何？对同一种气体而言,在同一温度下,试比较这三种统计速率的大小.

（2）设问题 15-3 图所示的两条曲线是氢气和氧气在同一温度下的分子速率分布曲线,试判定哪一条是氧气分子的速率分布曲线.

（3）两种不同种类的理想气体分别处于平衡态,分子的平均速率相等,则它们的最概然速率相等吗？方均根速率相等吗？

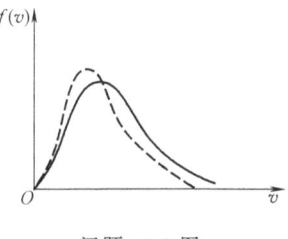

问题 15-3 图

例题 15-1　求 $T = 273$K 时氧气的方均根速率.

解　将氧气的摩尔质量 $M = 0.032$kg·mol^{-1},$R = 8.31$J·mol^{-1}·K^{-1},$T = 273$K 代入式

(15-9)，得

$$\sqrt{\overline{v^2}} = 1.73\sqrt{\frac{RT}{M}} = 1.73 \times \sqrt{\frac{8.31\text{J}\cdot\text{mol}^{-1}\cdot\text{K}^{-1} \times 273\text{K}}{0.032\text{kg}\cdot\text{mol}^{-1}}} = 461\text{m}\cdot\text{s}^{-1}$$

说明 氧分子的这一速率，比现在一般的超声速飞机的速率大得多.

应该注意，不论对哪一种气体来说，并不是所有分子都是以它的方均根速率在运动的. 实际上，气体分子各以不同的速率在运动着，有的比方均根速率大，有的比方均根速率小，而方均根速率不过是速率的某一种统计平均值. 对平均速率等也应做相仿的理解.

15.3 气体分子平均碰撞频率和平均自由程

气体分子的碰撞过程对研究气体的平衡态性质颇为重要.

在气体分子热运动中，如 15.1 节的图 15-1 所示，一个分子（图中以黑点表示）由 A 点移到 N 点的过程中，将遭遇到许多其他分子的频繁碰撞. 在相继的两次碰撞之间，可以认为分子是在惯性支配下做匀速直线运动，它所经过的这段直线路程，就是**自由程**. 对个别分子而言，其自由程时长时短，带有偶然性，但气体在一定状态下，由于大量分子无规则运动的结果，分子的自由程具有确定的统计规律性. 自由程的平均值叫作**平均自由程**，用 $\bar{\lambda}$ 表示.

同时，我们把每个分子与其他分子在单位时间内的碰撞次数，称为**碰撞频率**. 碰撞频率也是时大时小的，带有偶然性. 对大量分子来说，这同样服从一定的统计规律. 碰撞频率的平均值叫作**平均碰撞频率**，用 $\bar{Z}$ 表示.

设 $\bar{v}$ 是气体分子的平均速率，即 1s 内平均走过的路程，它随温度的升高而增大 [见式(15-8)]，而 $\bar{\lambda}$ 是相继两次碰撞之间经过的一段平均路程，则由于每经过一段平均路程，分子平均要与其他分子碰撞一次，因此，1s 内的平均碰撞次数（即平均碰撞频率）应是

$$\bar{Z} = \frac{\bar{v}}{\bar{\lambda}} \tag{15-10}$$

这就是平均自由程 $\bar{\lambda}$ 和平均碰撞频率 $\bar{Z}$ 之间的关系.

下面对分子的平均碰撞频率 $\bar{Z}$ 做一粗略计算. 我们假定每个分子都是直径为 d 的圆球，并假想跟踪其中的一个分子，如图 15-5 所示的分子 A，它以平均速率 $\bar{v}$ 运动，而其他分子姑且看作静止不动；且分子 A 与其他分子做完全弹性碰撞.

分子 A 与其他分子每碰撞一次，其运动方向就要改变一次，因而分子 A 的球心所走过的轨迹

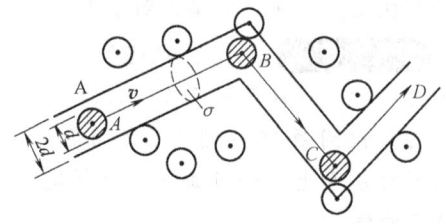

图 15-5 分子的平均碰撞频率计算用图

是一条折线，如图示的折线 $ABCD\cdots$. 设想以分子 A 的球心在 1s 内所经过的折线轨迹为轴（此折线的长度就是 $\bar{v}$）、以 d 为半径作一曲折的圆柱形空间，则圆柱的横截面面积为 πd^2，体积为 $\pi d^2 \bar{v}$. 凡是球心在此曲折的圆柱形空间内（即球心离开折线的距离小于 d）的其他分子，均将在 1s 内和分子 A 相碰撞. 设分子数密度为 n，则此曲折的圆柱形空间内的分子

数为 $\pi d^2 \bar{v} n$，这些分子在 1s 内都将与分子 A 相碰撞，这也就是运动着的分子 A 在 1s 内与其他分子的平均碰撞次数 $\bar{Z}$，即**平均碰撞频率**为

$$\bar{Z} = \pi d^2 \bar{v} n$$

其中，$\sigma = \pi d^2$ 常称为分子的**碰撞截面**.

上式是在假定一个分子运动、其他分子都静止不动的情况下而得出的. 如果考虑所有分子都在运动这一实际情况，则从理论上可以推导出分子的平均碰撞频率为（推导从略）

$$\bar{Z} = \sqrt{2}\,\pi d^2 \bar{v} n \tag{15-11}$$

将上式代入式（15-10），得分子的**平均自由程**为

$$\bar{\lambda} = \frac{\bar{v}}{\bar{Z}} = \frac{1}{\sqrt{2}\,\pi d^2 n} \tag{15-12}$$

上两式表明，分子的直径越大，分子数密度 n 越大，都将导致分子的碰撞愈益频繁，因而平均碰撞频率就越大，平均自由程也就越短.

根据 $p = nkT$，读者还可以从式（15-12）推出

$$\bar{\lambda} = \frac{kT}{\sqrt{2}\,\pi d^2 p} \tag{15-13}$$

这就是平均自由程 $\bar{\lambda}$ 与温度 T 及压强 p 之间的关系. 从上式可知，当温度 T 一定时，平均自由程 $\bar{\lambda}$ 与压强 p 成反比. 这是不难推想的，若温度保持不变，则由 $p = nkT$ 可知，压强越小，气体分子数密度 n 也就越小，即单位体积内分子越稀薄，分子碰撞的机会就减少，因而平均自由程也就越长.

值得指出，以上所引用的分子直径 d 并不能真实反映分子的实际大小. 这是由于分子并不是真正的刚性球体，分子间的碰撞也绝非我们平常所理解的那种接触碰撞，而是分子间相互接近时要受相互作用的斥力，以致改变速度方向而被弹开的这种现象，也可理解为"碰撞". 所以，分子直径 d 只能近似地反映分子的大小，故称 d 为分子的**有效直径**.

问题 15-4 何谓平均自由程 $\bar{\lambda}$ 和平均碰撞频率 $\bar{Z}$？试写出它们的计算公式；并分析其意义.

例题 15-2 已知空气在标准状态下的摩尔质量为 $M = 28.9 \times 10^{-3}\,\text{kg} \cdot \text{mol}^{-1}$，分子的碰撞截面的面积 $\sigma = 5 \times 10^{-15}\,\text{cm}^2$，求空气分子的有效直径 d、平均自由程 $\bar{\lambda}$、平均碰撞频率 $\bar{Z}$，以及分子在相继两次碰撞之间的平均飞行时间 $\bar{\tau}$.

解 空气在标准状态下，其温度 $T = 273.16\,\text{K}$，压强 $p = 1.013 \times 10^5\,\text{Pa}$；并且空气的摩尔质量为 $M = 28.9 \times 10^{-3}\,\text{kg} \cdot \text{mol}^{-1}$，$\sigma = 5 \times 10^{-15}\,\text{cm}^2 = 5 \times 10^{-19}\,\text{m}^2$.

按碰撞截面的定义，$\sigma = \pi d^2$，可求出分子有效直径为

$$d = \sqrt{\frac{\sigma}{\pi}} = \sqrt{\frac{5 \times 10^{-19}\,\text{m}^2}{3.14}} = 3.99 \times 10^{-10}\,\text{m}$$

为了求 $\bar{\lambda}$ 和 $\bar{Z}$，需先求出分子的平均速率 $\bar{v}$ 和分子数密度 n，即

$$\bar{v} = \sqrt{\frac{8RT}{\pi M}} = \sqrt{\frac{8 \times 8.31 \times 273}{3.14 \times 28.9 \times 10^{-3}}}\,\text{m} \cdot \text{s}^{-1} = 447\,\text{m} \cdot \text{s}^{-1}$$

$$n = \frac{p}{kT} = \frac{1.013 \times 10^5}{1.38 \times 10^{-23} \times 273} \text{m}^{-3} = 2.69 \times 10^{25} \text{m}^{-3}$$

于是，就可算出平均自由程 $\bar{\lambda}$ 和平均碰撞频率 $\bar{Z}$ 分别为

$$\bar{\lambda} = \frac{1}{\sqrt{2}\pi d^2 n} = \frac{1}{\sqrt{2}\sigma n} = \frac{1}{\sqrt{2} \times 5 \times 10^{-19} \times 2.69 \times 10^{25}} \text{m} = 5.26 \times 10^{-8} \text{m}$$

$$\bar{Z} = \frac{\bar{v}}{\bar{\lambda}} = \frac{447}{5.26 \times 10^{-8}} \text{s}^{-1} = 8.5 \times 10^9 \text{s}^{-1}$$

因为分子在相继两次碰撞之间飞行的平均路程是 $\bar{\lambda}$，平均飞行速率是 $\bar{v}$，故分子在相继两次碰撞之间的平均飞行时间为

$$\bar{\tau} = \frac{\bar{\lambda}}{\bar{v}} = \frac{1}{\bar{Z}} = \frac{1}{8.5 \times 10^9 \text{s}^{-1}} = 1.18 \times 10^{-10} \text{s}$$

说明　从上述计算结果可以看到，在标准状态下，空气分子的平均自由程 $\bar{\lambda}$ 约为分子有效直径 d 的 100 倍．由此不难体察到，空气分子的分布是较疏稀的．

问题 15-5　有一定量的某种理想气体，试证：

(1) 在体积不变的情况下，$\bar{Z} \propto \sqrt{T}$，$\bar{\lambda}$ 不随温度 T 而改变；

(2) 在压强不变的情况下，$\bar{Z} \propto 1/\sqrt{T}$，且 $\bar{\lambda} \propto T$．

15.4　理想气体的压强公式和温度的统计意义

现在我们来讨论压强和温度这两个宏观量的微观本质．

15.4.1　理想气体的微观模型

在上一章中，我们曾从宏观上把严格遵守气体三条实验定律的气体定义为理想气体．换句话说，处于常温常压下的气体就可视作理想气体．现在按照气体动理论的观点来建立**理想气体的微观模型**，它有如下的三个假设：

1) 分子自身的大小与分子间的距离相比甚小，可将分子视作质点．它们的运动遵从牛顿运动定律．

2) 分子与分子之间或分子与器壁之间的碰撞是完全弹性的．

3) 由于分子之间的平均距离较大，因此，除了任意一个分子与其他分子或器壁碰撞的这一瞬间外，分子之间的相互作用力可以忽略不计；又因为分子速率很大，它的动能远比重力势能大，所以分子的重力也可忽略不计．

根据以上这些假定所给出的虽是一个粗略的气体模型，但是这三个假设是根据理想气体的宏观性态抽象出来的．因此，在通常情况下，按照上述模型所推出的结果与实验事实基本符合．

15.4.2 理想气体的压强公式

从理想气体微观模型的三个假设出发，利用统计方法，我们就可以推导出压强的公式，从而阐明压强的微观本质.

为了便于推导，假设一个边长为 l_1、l_2 及 l_3 的长方形容器，其体积为 $V=l_1l_2l_3$，其中有 N 个同类分子，每一分子的质量是 m_0. 由于在平衡状态时，气体内各处的压强完全相同，因此，我们只要计算与 Ox 轴垂直的器壁 A_1 面所受的压强（见图15-6a）就可以了. 先研究一个分子 α，其速度为 v，速度分量为 v_x、v_y 及 v_z（见图15-6b）. 因为碰撞是弹性的，而且只有在碰撞时，分子 α 与器壁间才有力 F 的作用，所以分子 α 与 A_1 面碰撞时，它沿 Ox 轴方向的分速度从 v_x 改变为 $-v_x$，而和 A_2 面碰撞时，再由 $-v_x$ 改变为 v_x. 在其他面上的碰撞，Ox 轴方向的分速度不受任何影响. 这样，分子 α 每与 A_1 面碰撞一次，其动量的改变为 $F'_x t = (-m_0 v_x) - m_0 v_x = -2m_0 v_x$. 无论分子 α 的速度方向如何，它在与 A_1 面做连续两次碰撞期间，在 Ox 轴方向所经过的距离总是 $2l_1$，因此所需时间为 $2l_1/v_x$，而在单位时间内，要与 A_1 面碰撞 $1 \div (2l_1/v_x) = v_x/(2l_1)$ 次，则每碰撞一次所需的时间为 $t = 2l_1/v_x$. 分子与 A_1 面碰撞时，根据质点的动量定理，它的动量的改变等于器壁对分子的作用力的冲量 $F'_x t$，力 F'_x 的方向是从右到左，即沿 Ox 轴的负方向. 由牛顿第三运动定律，此时分子对 A_1 面必有等值反向的反作用力 $F_x = -F'_x = 2m_0 v_x/t = 2m_0 v_x/(2l_1/v_x)$，其方向从左向右，即沿 Ox 轴正方向. 上面只讨论了一个分子对器壁碰撞时的作用力，这个力显然只是间歇的撞击，而不是连续的. 但是，实际上，容器中有大量的分子对 A_1 面做连续不断的碰撞，这样，在任何时间内，A_1 面受到的力可以看作是**连续的**. 这个力的大小应等于单位时间（即 $t=1s$）内全部分子与 A_1 面碰撞所引起的动量改变的总和，即

$$F = 2m_0 v_{1x} \frac{v_{1x}}{2l_1} + 2m_0 v_{2x} \frac{v_{2x}}{2l_1} + \cdots + 2m_0 v_{Nx} \frac{v_{Nx}}{2l_1}$$

式中，v_{1x}, v_{2x}, $\cdots$, v_{Nx} 是各个分子速度在沿 Ox 轴方向的分量. A_1 面所受到的压强则为

$$p = \frac{F}{l_2 l_3} = \frac{m_0}{l_1 l_2 l_3}(v_{1x}^2 + v_{2x}^2 + \cdots + v_{Nx}^2) = \frac{Nm_0}{l_1 l_2 l_3}\left(\frac{v_{1x}^2 + v_{2x}^2 + \cdots + v_{Nx}^2}{N}\right) \quad \text{ⓐ}$$

式中，括弧内的物理量称为分子沿 Ox 轴方向速度分量的**平方的平均值** $\overline{v_x^2}$，即方均速率. 因为

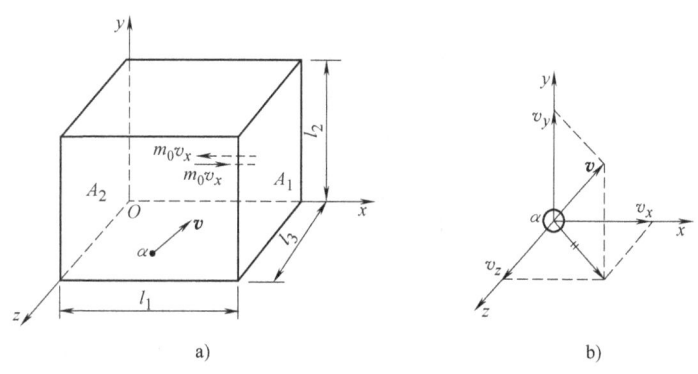

图15-6 气体分子运动论压强公式的推导

$$v_1^2 = v_{1x}^2 + v_{1y}^2 + v_{1z}^2$$
$$v_2^2 = v_{2x}^2 + v_{2y}^2 + v_{2z}^2$$
$$\vdots$$
$$v_N^2 = v_{Nx}^2 + v_{Ny}^2 + v_{Nz}^2$$

把各式两边相加，并同除以 N，得

$$\frac{v_1^2 + v_2^2 + \cdots + v_N^2}{N} = \frac{v_{1x}^2 + v_{2x}^2 + \cdots + v_{Nx}^2}{N} + \frac{v_{1y}^2 + v_{2y}^2 + \cdots + v_{Ny}^2}{N} + \frac{v_{1z}^2 + v_{2z}^2 + \cdots + v_{Nz}^2}{N}$$

上式右边三项各表示沿坐标轴 Ox、Oy、Oz 三个方向速度分量的平方的平均值 $\overline{v_x^2}$、$\overline{v_y^2}$、$\overline{v_z^2}$，左边一项则表示所有分子速度的平方的平均值 $\overline{v^2}$，因此，得

$$\overline{v^2} = \overline{v_x^2} + \overline{v_y^2} + \overline{v_z^2} \tag{b}$$

由于在平衡状态下容器中气体的密度到处都是均匀的，因此，对大量分子来说，我们可以假定分子沿各个方向运动的机会是均等的，没有任何一个方向上的气体分子的运动比其他方向更为显著．这一假定从统计意义上来说，就是在任一时刻沿各个方向运动的分子数目相等，分子速度在各个方向的分量的各种平均值也相等．所以，对大量分子而言，三个速度分量的平方的平均值应该相等，即

$$\overline{v_x^2} = \overline{v_y^2} = \overline{v_z^2} \tag{c}$$

故从式ⓑ、式ⓒ可解得

$$\overline{v_x^2} = \overline{v_y^2} = \overline{v_z^2} = \frac{1}{3}\overline{v^2}$$

代入式ⓐ，并设 $n = \dfrac{N}{l_1 l_2 l_3}$ 为分子数密度，则得压强为

$$p = \frac{nm_0}{3}\overline{v^2}$$

故

$$p = \frac{2}{3}n\left(\frac{1}{2}m_0\overline{v^2}\right) \tag{15-14}$$

上式称为**理想气体的压强公式**，它表明，**压强正比于分子数密度 n 和分子的平均平动动能** $m_0\overline{v^2}/2$．

虽然在推导压强公式的上述过程中，我们取容器的形状为长方体，而且认为分子的质量皆相等，它们之间的碰撞是完全弹性的［假设（2）］，在碰撞时彼此交换速度，等效于分子运动途中未与其他分子碰撞一样．但是，事实上只要满足前述有关理想气体微观模型的三个假定，则式（15-14）就是普遍正确的.

> 当分子 α 与某个分子碰撞时，被碰撞的那个分子将取代分子 α，以分子 α 的速度前进，这样，依次相继地取代过去，宛如分子 α 沿途未与其他分子发生碰撞一样.

式（15-14）是气体动理论的基本公式之一．压强公式建立了压强 p 这个宏观量与分子平均平动动能之间的联系，它描述了大量分子集体的行为，所以压强具有统计意义．亦即，

压强是由大量分子对器壁的碰撞而产生的. 由于大量分子对器壁的碰撞, 使器壁受到一个经常的、连续的、均匀的压强, 正如密集的雨点打到雨伞上, 使我们感受到一个均匀的压力一样. 实际上, 这一均匀性只是相对于我们测量尺度而言的, 因为我们测量一个压强值所花的时间, 比器壁受到分子碰撞的时间间隔要长得多. 如果我们能够分别记录每一个分子的个别碰撞, 那么将看到这个均匀的压强不过是气体分子对器壁非常密集的间歇性撞击罢了!

15.4.3 理想气体的温度公式

将理想气体物态方程式 $p = nkT$ 与压强公式 $p = \frac{2}{3}n\left(\frac{m_0\overline{v^2}}{2}\right)$ 相比较, 可得

$$\frac{1}{2}m_0\overline{v^2} = \frac{3}{2}kT \tag{15-15}$$

或

$$T = \frac{2}{3k}\left(\frac{1}{2}m_0\overline{v^2}\right) \tag{15-16}$$

上两式均称为**理想气体的温度公式**, 它表明, **理想气体的热力学温度 T 正比于气体分子的平均平动动能 $m_0\overline{v^2}/2$, 与气体的其他性质无关**. 这就是说, 温度这个宏观量能够量度气体分子的平均平动动能. 因此, 任何一种理想气体的分子平均平动动能在相同的温度下都是相等的. 如果有一种气体的温度较高, 则表示这种气体的分子平均平动动能较大. 温度越高, 分子平均平动动能越大, 这意味着分子热运动越剧烈. 亦即, **温度反映物体内大量分子做无规则热运动的剧烈程度**, 这就是温度的微观本质. 由于温度是大量分子热运动的一种集体效应, 故与压强一样, 具有统计意义. 对个别或少数几个分子说它们的温度有多少, 是毫无意义的.

在式 (15-15) 中, 令 $T=0$, 则 $m_0\overline{v^2}/2 = 0$, 即 $\overline{v^2} = 0$, 理想气体分子将停止热运动. 实际上, 气体在未达到 $T=0$K 之前, 早已变成液体或固体. 式 (15-15) 也就不适用了. 按照近代理论, 即使在 $T=0$K 时, 物质的分子或原子内部仍保持着某种形式的运动 (如振动等), 因而分子仍具有相应的动能, 称为**零点能**.

式 (15-14) 和式 (15-16) 分别表述了压强、温度这两个宏观物理量与微观量的统计平均值 (即分子平均平动动能) 之间的关系. 压强和温度虽然可以用实验方法直接测量出来, 但是分子的平均平动动能却是无法直接测量的. 因而, 我们无法用实验来验证这两个公式. 然而, 我们按照这两个公式, 可以完满地解释或推证许多由实验总结出来的规律.

问题 15-6 (1) 导出压强公式及能量公式 $m_0\overline{v^2}/2 = 3kT/2$, 并说明它们的意义. 为什么说这些公式不能单纯的由力学定律推导出来?

(2) 乒乓球瘪了, 放入热水中又能鼓起来, 这是否是由于热胀冷缩所致? 为什么? 又如, 热水瓶的瓶塞有时为什么会自动跳出来? 试解释之.

(3) 对一定质量的某种气体来说, 当 T 不变时, 气体的 p 随 V 的减小而反比地增大 (玻意耳定律); 当 V 不变时, p 随 T 的升高而正比地增大 (查理定律); 当 p 不变时, 气体的 V 与 T 成正比 (盖-吕萨克定律). 从宏观来看, 前两种变化同样使 p 增大; 从微观来看, 它们是否有区别? 对后一种情况从微观上又如何解释?

(4) 两瓶气体，种类不同，分子平均平动动能相同，但气体的密度不相同，它们的温度相同吗？压强相同吗？

例题 15-3 一容器贮有温度为27℃、压强为1.33Pa的氧气，求：①分子数密度；②1m³的氧气分子总的平均平动动能有多少电子伏特（eV）（1eV=1.60×10⁻¹⁹J）；③氧气分子的方均根速率．

解 ① 按公式 $p=nkT$，由题设数据可求出分子数密度 n，即

$$n = \frac{p}{kT} = \frac{1.33}{1.38\times10^{-23}\times(27+273)}\text{m}^{-3} = 3.21\times10^{20}\text{m}^{-3}$$

② 按式（15-15），可求得每一个分子的平均平动动能为 $m_0\overline{v^2}/2 = 3kT/2$．因而，1m³氧气中分子的总平均平动动能为

$$\overline{E}_k = \left(\frac{1}{2}m_0\overline{v^2}\right)n = \left(\frac{3}{2}kT\right)n = \left(\frac{3}{2}kT\right)\left(\frac{p}{kT}\right) = \frac{3}{2}p$$

$$= \frac{3}{2}\times1.33\times\frac{1}{1.60\times10^{-19}}\text{eV}\cdot\text{m}^{-3} = 1.25\times10^{19}\text{eV}\cdot\text{m}^{-3}$$

③ 氧气的摩尔质量为 $M=32\times10^{-3}\text{kg}\cdot\text{mol}^{-1}$，则由题设数据，按式（15-9）可求出氧气的方均根速率为

$$\sqrt{\overline{v^2}} = \sqrt{\frac{3RT}{M}} = \sqrt{\frac{3\times8.31\times(27+273)}{32\times10^{-3}}}\text{m}\cdot\text{s}^{-1} = 4.83\times10^2\text{m}\cdot\text{s}^{-1}$$

例题 15-4 试证理想气体的**道尔顿分压定律**：在一定温度下，混合气体的总压强等于相混合的各种气体的分压强之和．

证 设一容器中装有几种气体，第一种气体的分子数密度为 n_1，第二种气体的分子数密度为 n_2，…，则单位体积中的总分子数为

$$n = n_1 + n_2 + \cdots$$

因为在同一温度下，平均平动动能与气体性质无关，所以由式（15-14），可得总压强

$$p = \frac{2}{3}n\left(\frac{1}{2}m_0\overline{v^2}\right) = \frac{2}{3}(n_1+n_2+\cdots)\left(\frac{1}{2}m_0\overline{v^2}\right)$$

$$= \frac{2}{3}n_1\left(\frac{1}{2}m_0\overline{v^2}\right) + \frac{2}{3}n_2\left(\frac{1}{2}m_0\overline{v^2}\right) + \cdots = p_1 + p_2 + \cdots$$

式中，p_1，p_2，…为容器中依次只装着原有数量的第一种气体、第二种气体，…时所产生的压强，称为**分压强**．上式即为理想气体的道尔顿分压定律的表述形式，这与实验归纳得出的结果相一致．

例题 15-5 一容器中，如果气体的压强小于大气压强，以致气体较为稀薄，通常就说这个容器中的气体处于**真空状态**．容器中气体稀薄的程度叫**真空度**．真空度可用气体的压强来表示．压强越小，真空度就越高．真空技术在电子管、显像管的制造及真空冶炼、真空镀膜等方面有广泛应用．

今有一体积为10cm³的电子管，当温度为300K时，用真空泵抽成高真空，使管内压强

为 666.5×10^{-6} Pa，问管内有多少气体分子？这些分子总的平均平动动能是多少？

解 已知气体体积 $V=10\text{cm}^3=10^{-5}\text{m}^3$，温度 $T=300$K，压强 $p=666.5\times10^{-6}$ Pa. 玻尔兹曼常量 $k=1.38\times10^{-23}$ J·K^{-1}. 设管内总分子数为 N，则由 $p=nkT=(N/V)kT$，得

$$N=\frac{pV}{kT}=\frac{666.5\times10^{-6}\times10^{-5}}{1.38\times10^{-23}\times300}=1.61\times10^{12}(\text{个})$$

按压强公式，$p=(2n/3)(m_0\overline{v^2}/2)=[2N/(3V)](m_0\overline{v^2}/2)$，则可得分子总的平均平动动能为

$$\overline{E}_k=N\left(\frac{1}{2}m_0\overline{v^2}\right)=\frac{3}{2}pV$$

说明 在给水、排水工程、建筑工地和工农业生产中所使用的抽水机（即水泵），其工作机理就是"用小于大气压的压强（即真空）从低处吸水，用大于大气压的压强向高处送水".

15.5 能量按自由度均分原理 理想气体的内能

本节讨论气体在平衡态下分子能量所遵循的统计规律，即能量按自由度均分原理. 据此，可用来计算理想气体的内能和热容.

在讨论分子热运动的能量时，应考虑分子各种运动形式的能量. 实际上，由于气体分子本身具有一定的大小和较复杂的内部结构，因此，分子除平动外，还会有转动和分子内原子的振动. 相应地，分子不仅具有平动动能，还可能存在转动动能和振动动能. 为了计算分子各种运动形式的能量，先介绍物体自由度的概念.

15.5.1 自由度

为了完全确定一个物体在空间的位置，所需要的独立坐标的数目，叫作这个物体的自由度.

如果一个质点可以在空间自由运动，需要用 x、y、z 三个独立坐标来确定它的位置，所以，在空间自由运动的质点具有三个自由度. 如果质点的运动被限制在一个平面上，则决定它的位置的三个坐标中只有两个是独立的，此时质点具有两个自由度. 如果质点的运动被限制在一条直线上，那就只有一个坐标是独立的，即质点只有一个自由度. 如果把飞机、轮船、火车头都看作质点，则在空中任意飞行的飞机有三个自由度，在海面上任意行驶的轮船有两个自由度，在铁轨上运行的火车头有一个自由度.

现在按照上述概念来确定气体分子的自由度. 从分子的结构上来说，有单原子、双原子、三原子和多原子分子.

单原子分子（如氦、氖、氩等），可看作自由运动的质点，有三个自由度（见图15-7a）.

双原子分子（如氢、氧、氮、一氧化碳等）中的两个原子是通过**键**连接起来的（见图15-7b）. 所以，若是把键看作是刚性的（即认为两原子间的距离不会改变），则双原子分子就可看作是两端分别连接一个质点（原子）的直线，因此，需用三个独立坐标 (x, y, z) 来决定其质心的所在位置. 为了确定此直线在空间的方位，可用三个方向余弦（$\cos\alpha$，$\cos\beta$，$\cos\gamma$）表示，但由于三者存在着 $\cos^2\alpha+\cos^2\beta+\cos^2\gamma=1$ 的关系，因而，三个量中只有

两个是独立的,于是,确定直线方位的自由度只有两个;其次,两个质点绕其连线为轴的转动是不存在的.这样,双原子分子共有五个自由度.其中,三个为平动自由度,两个为转动自由度.

三个或三个以上的原子所组成的分子(或称多原子分子),如果其中各原子之间保持刚性连接,可将其看作自由运动的刚体(见图15-7c),则它的运动可分解为质心的平动及绕质心轴的转动.其中:①确定质心 O' 在平动过程中、在任一时刻的位置,需要三个独立坐标 (x, y, z),即它有三个平动自由度;②与此同时,为了确定它绕通过质心 O' 的轴的转动状态,需要确定该轴在空间的方位,如上所述,需要两个转动自由度,除此以外,还需要确定整个刚体(分子)绕该轴转动过程中任一时刻的转角 θ,这就又有一个自由度.因而,刚体绕通过质心 O' 的转动时,共有三个自由度.所以,多原子分子共有六个自由度:三个平动自由度和三个转动自由度.

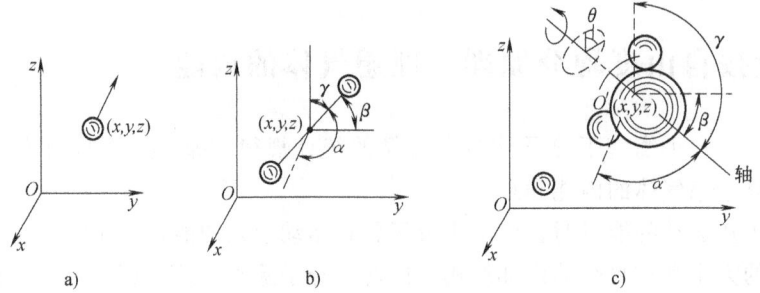

图 15-7 分子运动的自由度
a) 单原子分子　b) 双原子分子　c) 三原子分子

实际上,双原子或多原子的气体分子并不是完全刚性连接的,在原子间相互作用下分子内部尚存在着振动,因此还应具有振动自由度.

15.5.2 能量按自由度均分原理

前面讲过,理想气体分子拥有的平均平动动能是

$$\frac{1}{2}m_0\overline{v^2} = \frac{3}{2}kT$$

式中,$\overline{v^2} = \overline{v_x^2} + \overline{v_y^2} + \overline{v_z^2}$,而 $\overline{v_x^2}$、$\overline{v_y^2}$、$\overline{v_z^2}$ 分别表示沿 Ox、Oy、Oz 轴这三个方向上速度分量的平方的平均值.前已指出,在气体的平衡态下,大量分子做无规则运动,分子沿各个方向的运动机会是相等的,有 $\overline{v_x^2} = \overline{v_y^2} = \overline{v_z^2} = \frac{1}{3}\overline{v^2}$,由此可得

$$\frac{1}{2}m_0\overline{v_x^2} = \frac{1}{2}m_0\overline{v_y^2} = \frac{1}{2}m_0\overline{v_z^2} = \frac{1}{3}\left(\frac{1}{2}m_0\overline{v^2}\right) = \frac{1}{2}kT \tag{15-17}$$

上式表明,气体分子沿 Ox、Oy、Oz 轴这三个方向运动的平均平动动能相等,都等于 $\frac{1}{2}kT$.因为任何气体分子都有三个平动自由度,因此可以认为,气体分子的平均平动动能均匀地分配在每一个平动自由度上,每一个平动自由度具有的平均平动动能是 $\frac{1}{2}kT$.

上述结论可以推广到气体分子的转动和振动等的能量分配上．由于气体分子的无规则运动，任何一种形式的运动都不会比其他形式的运动占优势，各种运动的机会都是均等的．进一步的理论指出，**在平衡状态下，分子的每一个自由度具有相同的平均动能，其大小都等于** $\frac{1}{2}kT$．这就是**能量按自由度均分原理**．因此，如果气体分子有 i 个自由度，则每一个分子的平均总动能为 $\frac{i}{2}kT$．能量按自由度均分原理是分子无规则运动的统计规律，是对大量分子统计平均而言的．对于个别分子来说，它的动能并不是按自由度均分的．

应该指出，能量按自由度均分原理是由经典理论导出的；实际的分子、原子是微观粒子，它们的运动遵从量子力学规律．根据量子理论，分子的平动动能总是满足能量按自由度均分原理；但分子的转动动能和振动动能并不总是满足能量按自由度均分原理的．在常温下，气体分子振动能量一般可忽略不计．因此，通常我们**在计算中只考虑平动和转动的动能，并近似地认为转动能量也满足动能按自由度均分原理**．

15.5.3 理想气体的内能

任何宏观物体，不论是气体、液体或固体，都是大量分子、原子等微观粒子的集合．因此，纵然不考虑物体做整体宏观运动所具有的能量，**物体内部由于分子、原子的运动，仍具有一定的能量**，这就是物体的**内能**．

物体的内能与机械能应明确区别．静止在地球表面上的物体，相对于地球而言，其机械能（动能和重力势能）可以等于零；但物体内部粒子仍在运动着和相互作用着，因此，内能永远不等于零．

对于气体来说，除了分子热运动的动能（如平动动能、转动动能和振动动能等）外，由于气体分子之间尚存在相互作用力，故在一定状态下，分子间也具有一定的相互作用势能．**气体的内能就等于其中所有分子热运动的动能和分子间相互作用势能之总和**．

对于理想气体，分子之间的相互作用忽略不计，因而不存在分子间的相互作用势能．所以，**理想气体的内能只是分子各种运动形式的动能之和**．由于我们不考虑分子内原子的振动动能，这样，对温度为 T 的理想气体，若每个分子自由度（包括平动和转动）的总数为 i，则一个分子的平均总能量为 $\frac{i}{2}kT$．1mol 理想气体（含有 N_A 个分子，N_A 是阿伏伽德罗常数）的内能为 $N_A\left(\frac{ikT}{2}\right)$．质量为 m（kg）、摩尔质量为 M（kg·mol^{-1}）的理想气体的内能为 $E=\frac{m}{M}N_A\frac{ikT}{2}$，其中，$N_Ak=R$，即

$$E=\frac{m}{M}\frac{i}{2}RT \tag{15-18}$$

从式（15-18）可见，理想气体的内能只是温度的单值函数，即 $E=f(T)$．它表明，对于一定质量的某种理想气体，从一个状态改变成另一个状态时，不论经历什么过程，也不论其压强和体积如何改变，只要温度保持恒定，则气体的内能也就不变；在不同的状态变化过程中，只要温度的改变量相等，则相应的气体内能的改变量也相等．

问题 15-7 （1）什么叫自由度？理想气体的单原子分子、双原子分子、多原子分子的自由度各为多少？

（2）什么是能量按自由度均分原理？为什么说它是一条统计规律？

（3）理想气体的内能和真实气体的内能有什么区别？试指出下列各式所表示的物理意义：

① $\dfrac{1}{2}kT$； ② $\dfrac{3}{2}kT$； ③ $\dfrac{i}{2}RT$； ④ $\dfrac{m}{M}\dfrac{5}{2}RT$.

问题 15-8 一定量的理想气体在下列情况下内能有无变化？（1）压强不变，体积膨胀；（2）体积不变，压强增大；（3）温度不变，体积膨胀．

15.5.4 理想气体摩尔热容理论值的计算

在上一章中，我们曾定义气体的摩尔定容热容 $C_{V,m}$ 为

$$C_{V,m} = \frac{dQ_V}{dT}$$

又由热力学第一定律可知，1mol 理想气体在等体过程中吸收的热量等于其内能的增量，即 $dQ_V = dE = (i/2)RdT$，代入上式，便得理想气体的摩尔定容热容公式为

$$C_{V,m} = \frac{i}{2}R \tag{15-19}$$

再按式（14-14）：$C_{p,m} = C_{V,m} + R$，把上式代入，便得理想气体的摩尔定压热容公式为

$$C_{p,m} = \frac{i+2}{2}R \tag{15-20}$$

把上两式代入摩尔热容比 $\gamma = C_{p,m}/C_{V,m}$ 中，得

$$\gamma = \frac{i+2}{i} \tag{15-21}$$

上述结果表明，理想气体的 $C_{V,m}$、$C_{p,m}$ 和 γ 仅与分子的种类（用自由度 i 表征）有关，而与气体的温度无关．由上述公式算出的 $C_{V,m}$、$C_{p,m}$ 和 γ 的理论值已列于上一章的表 14-1 中．对于常温下的单原子分子和双原子分子，理论值与实验值符合得很好；但在温度较高或多原子分子的情形下，理论值与实验值的偏差较大．这就暴露出经典的气体动理论在处理热容问题上的局限性，其原因在于上述热容理论是建立在能量按自由度均分原理基础上的，而该原理又囿于经典的能量观念，认为能量是连续变化的．事实上，包括分子在内的微观粒子，其能量变化是不连续的，乃是量子化的．因此，气体的热容只有按照量子理论求解，才能获得完满的结果．

问题 15-9 试列表算出单原子、双原子和多原子分子理想气体的 $C_{V,m}$、$C_{p,m}$ 和 γ 的理论值．

15.6 气体内的输运现象

前面各节我们讨论了气体在平衡态下的一些基本性质. 当气体处于非平衡状态时, 气体内各气层的流速可以不同, 各处的温度也可以不相等, 或是各处密度不均匀等. 然而, 如果气体不受外界影响, 则由于分子的热运动和相互频繁碰撞, 经过足够长的时间, 将会使气体各部分的状态趋于均匀一致, 而由非平衡态进入平衡态.

处于非平衡态的气体内各部分的流速、温度和密度, 由不均匀而趋向各处均匀一致的现象, 在宏观上分别称为气体的**内摩擦现象**（或称**黏滞现象**）、**热传导现象**和**扩散现象**. 它们统称为气体内的**输运现象**, 亦称气体内的**迁移现象**.

通常, 气体内这三种输运现象往往同时存在. 为便于讨论, 我们仅就单独存在一种输运现象的情况下, 来分别简述这三种输运现象的宏观规律及其微观本质.

15.6.1 内摩擦现象

气体流动时, 如果各气层流速不同, 在相邻两气层之间就会产生阻碍气层间相对运动的摩擦力（因为是在气体内部产生的, 常称为**内摩擦力**）, 这种现象称为**内摩擦现象**, 也称为**黏滞现象**. 例如, 当汽车经过身旁时, 我们感到有一阵风, 这是因为汽车运动时带动周围空气流动, 流动的空气层又和身旁静止的空气层之间产生内摩擦, 带动静止的空气也流动起来.

如图 15-8 所示, 设气体的流速 u 沿 Ox 轴方向, 并随 Oy 轴方向增大, 沿 Oy 轴作平行于 Ox 轴的两相邻薄层气体, 其间的分界面为 ΔS, 两薄层中心之间的距离为 $\mathrm{d}y$. 若两薄层的流速分别为 u_1 和 $u_2 = u_1 + \mathrm{d}u$, 则 $\dfrac{u_2 - u_1}{\mathrm{d}y} = \dfrac{\mathrm{d}u}{\mathrm{d}y}$ 表示**流速沿 Oy 轴方向的变化率**, 叫作**流速梯度**.

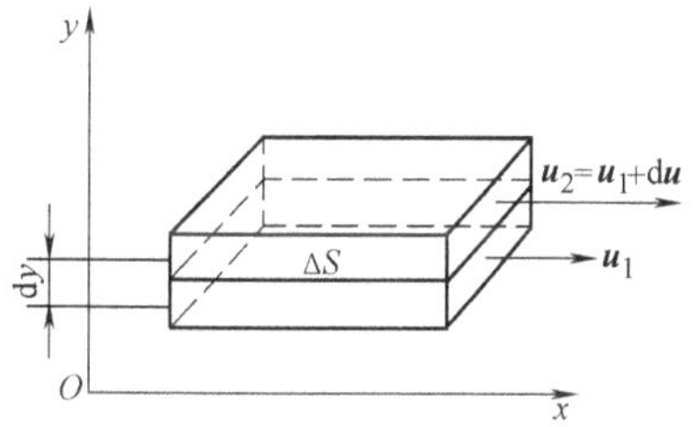

图 15-8 内摩擦现象

实验指出, 在两气层的接触面上作用着一对大小相等、方向相反、分别作用在两气层上的**内摩擦力**, 内摩擦力 F 的大小和流速梯度 $\dfrac{\mathrm{d}u}{\mathrm{d}y}$、接触面的面积 ΔS 的乘积成正比, 即 $F \propto \dfrac{\mathrm{d}u}{\mathrm{d}y} \Delta S$, 写成等式, 有

$$F = \pm \eta \frac{\mathrm{d}u}{\mathrm{d}y} \Delta S \tag{15-22}$$

式中比例恒量 η 称为黏滞恒量, 习惯上也叫做**内摩擦系数**或**黏度**. 如果式中取正号, 表示作用在流速较小的气层上的摩擦力的方向和流速方向相同; 如果式中取负号, 表示作用在流速较大的气层上的摩擦力的方向和流速方向相反.

从气体动理论的观点来看, 内摩擦现象也是气体分子做无规则热运动的结果. 气体没有流动时, 气体分子只是做无规则的热运动, 气体做定向流动时, 气体分子除了具有无规则热运动外, 还附加了一个定向运动速度 u. 如果两层气体的流速不同, 即两层气体中分子的定向运动速度不同,则分子的定向运动动量不同. 由于分子在不断地做无规则的热运动,两层气体中的分子互相交换、碰撞,致使两气层中分子的定向运动动量发生改变,原来流速较小的气层中,分子的定向运动的动量变大;原来流速较大的气层中,分子的定向运动的动量变小. 在宏观上,表现为两层间产生了阻碍相对运动的相互作用——内摩擦力. 所以,**气体的内摩擦现象实质上是分子定向运动动量的迁移**.

15.6.2 热传导现象

气体内各部分温度不相同时,即使气体各部分没有宏观的相对流动,也会有热量自高温部分传向低温部分. 这种现象称为**热传导现象**.

如图 15-9 所示,设气体温度 T 沿 Ox 轴方向升高,沿 Ox 轴作垂直于 Ox 轴的两相邻的薄层气体,两薄层气体之间的分界面的面积为 ΔS,两薄层中心之间的距离为 $\mathrm{d}x$. 若两薄层中的温度分别为 T_1 和 $T_2 = T_1 + \mathrm{d}T$,则 $\dfrac{T_2 - T_1}{\mathrm{d}x} = \dfrac{\mathrm{d}T}{\mathrm{d}x}$ 表示温度沿 Ox 轴方向的变化率,叫作**温度梯度**.

实验指出,通过面积 ΔS 传递的热量 ΔQ 与温度梯度 $\dfrac{\mathrm{d}T}{\mathrm{d}x}$、面积 ΔS 和传递时间 Δt 的乘积成正比,即 $\Delta Q \propto \dfrac{\mathrm{d}T}{\mathrm{d}x} \Delta S \Delta t$,写成等式,有

$$\Delta Q = -K \frac{\mathrm{d}T}{\mathrm{d}x} \Delta S \Delta t \quad (15\text{-}23)$$

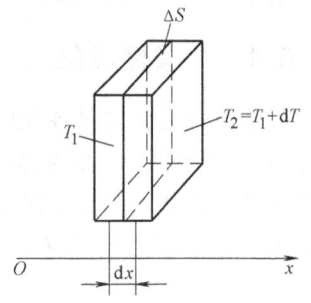

图 15-9 热传导现象

式中,比例恒量 K 称为导热恒量,习惯上也叫作**热传导系数**或**导热系数**. 式中负号表示热量传递的方向是从温度较高处传向温度较低处,与温度增加的方向相反.

从气体动理论的观点来看,热传导现象也是气体分子做无规则热运动的结果. 如果两层气体的温度不同,即两层气体中的分子平均动能不同,由于分子在不断地做无规则的热运动,两层气体中的分子互相交换、碰撞,致使原来温度较低气层的分子平均动能变大,即温度升高. 这样,在宏观上,就表现为热量从高温部分传向了低温部分. 所以,**气体的热传导现象实质上是分子平均动能的迁移**.

应用拓展

气体热传导是由做不规则热运动的气体分子相互碰撞的结果. 温度越高,分子的运动速度和能量也就越高,能量高的分子与能量低的分子相互碰撞的结果是使热量总是从高温物体向低温物体传递. 气体分子数减少可以有效地减弱气体分子碰撞的概率,起到减弱热量散失的效果. 因此大型的低温和高温装置通常都会采用真空隔热的方式来减少热传导.

15.6.3 扩散现象

如图 15-10a 所示,在容器的两边各盛有 CO 和 N_2 两种气体,中间用隔板隔开. 若把隔板抽掉,则一氧化碳向右扩散、氮气向左扩散.

在图 15-10a 所示的实验中，我们考虑其中一种气体（如氮气），当隔板抽掉后，由于该种气体向左扩散，所以沿 Ox 轴气体的密度分布是不均匀的. 而今，如图 15-10b 所示，若沿 Ox 轴取垂直于 Ox 轴的两相邻的薄层气体，两薄层气体之间的分界面的面积为 ΔS，两薄层中心之间的距离为 dx. 若两薄层中的气体密度分别为 ρ_1 和 $\rho_2 = \rho_1 + d\rho$，则 $\dfrac{\rho_2 - \rho_1}{dx} = \dfrac{d\rho}{dx}$ 表示密度沿 Ox 轴方向的变化率，叫作**密度梯度**.

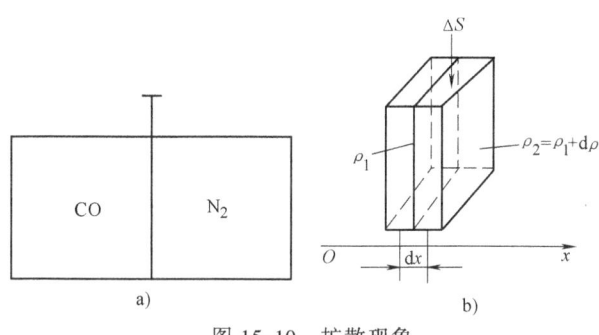

图 15-10 扩散现象

实验指出，通过面积 ΔS 扩散的气体质量 ΔM 与密度梯度 $\dfrac{d\rho}{dx}$、面积 ΔS 和扩散时间 Δt 的乘积成正比，即 $\Delta M \propto (d\rho/dx)\Delta S \Delta t$，写成等式，有

$$\Delta M = -D \frac{d\rho}{dx} \Delta S \Delta t \tag{15-24}$$

式中，比例恒量 D 叫作**扩散恒量**，习惯上也叫作**扩散系数**. 式中负号表示气体的扩散从密度较大处向密度较小处进行，与密度增加的方向相反.

从气体动理论的观点来看，扩散现象是气体分子做无规则热运动的结果. 如果两层气体的密度不同，即两层气体中的分子数不同，由于分子在不断地做无规则的热运动，密度较大处的分子会跑到密度较小处，密度较小处的分子也会跑到密度较大处，但由于两层气体中的分子数不同，从密度较大处跑到密度较小处的分子更多，因为每个分子具有一定的质量，所以，在宏观上，表现为气体的质量从密度较大处移到了密度较小处. 因此，**气体的扩散现象实质上是分子质量的迁移**.

在日常生活和生产实践中经常遇到这三种迁移现象. 例如，在煤气管道中输送的气流，在空气中高速飞行的物体，都会受到一种由内摩擦现象引起的阻力作用；又如，在气体中传播的声波，气体的黏性和热传导均是导致声波衰减的重要因素. 我国北方寒冷地区，房屋的窗户一般都采用双层玻璃窗，在两层玻璃之间充满着空气，由于空气的导热系数甚小，在冬天对室内可起到隔热保温的作用. 扩散现象除了在化学上分离同位素技术中有重要应用外，在获得高真空的技术中也常利用扩散作用.

各种气体的内摩擦系数 η、热传导系数 K、扩散系数 D 的实验值皆可从物理或工程手册中查用.

问题 15-10 试述引起气体内部输运现象的条件和原因. 分子的热运动和分子间的碰撞在输运现象中各起什么作用？

15.7 热力学第二定律的统计诠释

热力学第二定律指出,一切与热现象有关的实际宏观过程都是不可逆的. 我们知道,热现象是大量分子无规则运动的宏观表现,而大量分子无规则运动遵循着统计规律. 据此,我们就可以从微观上用统计方法来解释过程的不可逆性和熵的统计意义,从而对热力学第二定律的本质获得进一步的认识.

15.7.1 热力学过程不可逆性的统计意义

现在先用一个日常生活中的事实来说明这种不可逆性. 假设有 N 个小球,黑、白各半,分开放在一个盘子的两半边. 如果把盘子摇几下,黑、白两种球必然要混合. 再多摇几下,黑、白仍然是混合的,会不会分开来呢? 有可能性,但是机会是很小的. 摇几千次或上万次,不一定会碰上一次. 黑、白球数目愈大,分开的机会就愈小.

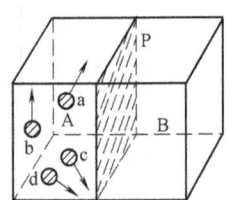

图 15-11 绝热容器中的四个气体分子

我们以前讲过,气体可以自动地膨胀,但不能自动地收缩,这也是一个统计规律. 假想周壁绝热的容器中有四个可识别的气体分子 a、b、c、d(见图 15-11),用一活动的隔板 P 将容器分为体积相等的 A、B 两室. 先假定分子都在 A 室,B 室为真空. 今将隔板抽掉,气体分子就可在整个容器的 A、B 两室中随机地运动,就单个分子而言,它在 A、B 两室的机会是均等的,处于 A 室或 B 室的概率各为 1/2. 从这四个分子在整个容器内的运动来看,它们既可在 A 室,也可在 B 室,在容器中共有 16 种可能的分布,见表 15-2.

表 15-2 四个可识别的分子在容器中的分布情况

相应于分子总体分布的宏观状态	Ⅰ		Ⅱ		Ⅲ		Ⅳ		Ⅴ	
	A室	B室	A室	B室	A室	B室	A室	B室	A室	B室
	4个	0	3个	1个	2个	2个	1个	3个	0	4个
相应于分子各种可能分布的微观状态(共有 Ω = 16 种)	abcd	0	abc bcd cda dab	d a b c	ab ac ad cd bd cb	cd bd bc ab ac ad	a b c d	bcd cda dab abc	0	abcd
每个宏观状态所包含的微观状态数目	1		4		6		4		1	
宏观状态出现的概率[①]	$\dfrac{1}{16}$		$\dfrac{4}{16}$		$\dfrac{6}{16}$		$\dfrac{4}{16}$		$\dfrac{1}{16}$	

[①] 在一定条件下,当某类随机事件的总数 N 趋向无限多时,其中出现某种特定情况的数目 n 与总数目 N 之比 n/N,将趋向于一个极限值 P,我们把

$$P = \lim_{N \to \infty} \frac{n}{N}$$

称为出现该种特定情况的概率,它表征大量随机事件显示出来的一种所谓统计规律性.

从表 15-2 不难看出，a、b、c、d 四个分子同时退回到 A 室（即自动收缩）的概率是 $1/16 = 1/2^4$，这比单个分子退回到 A 室的概率要小。若容器内的分子数很多，例如有 1mol 的气体，其分子数约为 $N_A = 6 \times 10^{23}$ 个，则气体自由膨胀后，所有这些分子全都返回 A 室的概率是 $1/2^{N_A} = 1/2^{6 \times 10^{23}}$。这个概率极为微小，意味着气体很难自动收缩回去。

如果把上述四个分子在 A 室或 B 室的每一种可能分布叫作一个微观状态，则在这 16 种可能的微观状态中，全部分子分别在 A 室或 B 室这样的宏观状态 I 和 V，仅包含一个微观状态；A 室（或 B 室）有三个分子和 B 室（或 A 室）有一个分子这种宏观状态 II、IV，各有四个微观状态；而 A 室和 B 室各有两个分子的这种均匀分布的宏观状态 III，含有六个微观状态，它的概率最大，与这些微观状态对应的宏观状态就是平衡状态，亦即，宏观上的平衡状态是对应微观状态个数最大的那个宏观状态。否则，宏观状态就是非平衡态。

对于容器内分子数 N 很大的情况，也可依此推想。

从宏观上说，气体自由膨胀是一个不可逆过程。从上述微观意义上来看，不可逆过程是这样的过程，与此过程相反的过程，其概率甚小。这相反的过程并非原则上不可能发生，但因概率太小，实际上是观察不到的。上述气体自由膨胀的结果表明，**在一个与外界隔绝的封闭系统内，所发生的过程总是由概率小的宏观状态向概率大的宏观状态进行**，或者说，**由包含微观状态数目较少的宏观状态向包含微观状态数目较多的宏观状态进行的**。

在孤立系统内，对于热传递来说，由于高温物体分子的平均动能比低温物体分子的大，在它们的相互作用中，显然，能量从高温物体传到低温物体的概率也就比反向传递的概率来得大。对热功转换来说，功转变为热的过程是表示宏观物体的有规则的定向运动转变为分子的无规则运动，这种转变的概率大。而热转变为功则表示分子的无规则运动转变为宏观物体有规则的运动，这种转变的概率很小。所以，阐明热传递的不可逆性和热功转换的不可逆性的热力学第二定律，本质上是一种统计性的规律。

如上所述，热力学第二定律反映了系统内大量分子无规则运动的不可逆性。分子运动的无规则性亦称**无序性**，系统的每一种宏观状态，从微观上来说，总是对应着其中大量分子运动的某种无序程度，这种无序程度可用相应的微观状态数来量度。通常，我们把与某一宏观状态相应的微观状态数称为**热力学概率**，记作 W。例如，在表 15-2 中，宏观状态 I、V 各自仅有一个微观状态，其热力学概率最小，而宏观状态 III 的微观状态有 6 个，其热力学概率最大，亦即，这种状态的无序性最大。

正如上一章所说，不可逆过程导致熵增加，熵的增加使一部分热量 $T_0 \Delta S$ 丧失了转变为功的可能性，形成了能量在质上的贬值，即能"质"的衰退，说明热能是低品质的。热力学第二定律揭示了热的这种"劣质性"。研究表明，热的"劣质性"源于微观粒子运动的无序性。

15.7.2 玻尔兹曼熵公式

基于以上所述，玻尔兹曼（Boltzmann，1844—1906），通过热力学概率 W，将熵这个状态函数与对系统的无序性的量度联系起来，从本质上揭示熵 S 的含义；并将熵的概念拓广，应用到其他自然科学和人文社会科学方面去。1877 年，玻尔兹曼提出了一个重要的关系式，即

$$S \propto \ln W$$

1900年，普朗克（Planck，1858—1947）引进了一个比例系数 k，则上式成为

$$S = k \ln W \tag{15-25}$$

式中，k 为玻尔兹曼常数，其单位与熵的单位相同，即 $J \cdot K^{-1}$. 上式称为**玻尔兹曼熵公式**.

由此可见，从统计意义上说，熵实际上是宏观状态的可实现的微观状态数的量度. 系统宏观态的熵越大，这一宏观状态所可实现的微观状态数 W 也就越大，意味着宏观态所对应的微观状态运动越复杂，亦即分子热运动越无序；反之，W 越小，相应的熵 S 越小，对应于宏观状态的分子热运动也越有序. 所以，对应于宏观状态的微观状态数 W 是定量描述宏观态的微观热运动无序程度的量，从而由玻尔兹曼公式所确定的熵 S，也是宏观态所对应的大量分子热运动无序程度的量度.

热力学第二定律指出，孤立系统内实际发生的热运动，都是熵增加的过程，并最终达到熵值最大的平衡态. 从分子热运动的角度来看，这就是孤立系统内发生的实际过程皆从无序程度较小向无序程度较大乃至最大的宏观状态变化的过程，亦即尽可能趋向更混乱、无序（即 W 更大）的状态. 这正是分子热运动的基本特征，也是热力学第二定律的本质.

章前问题解答

一滴颜料滴入一盆清水中，颜料慢慢扩散，最后染满一盆清水. 这是一个自发地从有序向无序进行的过程，这一过程是不可逆的，所以其反过程（颜料从水盆中重新聚集成一滴的过程），即从无序到有序的过程是不能自发实现的.

同样，热量由高温物体自发地传给低温物体、机械能转化为内能的过程，都是从有序向无序进行的过程，这些过程都是不可逆的. 事实上，一切自然过程都是按从有序向无序方向进行的，这就是熵增原理. 即使在社会科学领域，人类社会的发展进步也是按熵增方向进行的，比如信息熵.

思维拓展

如何用统计理论简述宏观热现象？

问题 15-11 写出玻尔兹曼熵公式. 为什么说熵是系统无序程度的量度？

例题 15-6 有一绝热容器，用一隔板把容器分为两部分，其体积分别为 V_1 和 V_2. V_1 内有 N 个理想气体分子，V_2 为真空. 若把隔板抽掉，试求气体重新平衡后熵增加多少？

解 本题在上一章例题 14-4 中已做过论证. 而今我们用玻尔兹曼熵公式来分析，将给出同样结果.

按题设，N 个分子分布在 V_1 体积内时，热力学概率为 $W_1 = V_1^N$，相应的熵为 $S_1 = k \ln W_1$；同理，当气体分子扩散到 $V_1 + V_2$ 时，热力学概率为 $W_2 = (V_1 + V_2)^N$，熵为 $S_2 = k \ln W_2$，则

$$S_2 - S_1 = k \ln W_2 - k \ln W_1 = k \ln \frac{W_2}{W_1} = k \ln \left(\frac{V_1 + V_2}{V_1}\right)^N = Nk \ln \left(\frac{V_1 + V_2}{V_1}\right) > 0$$

所以自由膨胀过程是沿着熵增加的方向进行的.

*15.8 熵与环境保护

由于自然界中所有的实际过程都是不可逆的,根据熵增原理,熵增会使能"质"衰退,使越来越多的能量转化为内能,弥散于环境中,导致自然环境的无序程度增加.

美国经济学家鲍尔丁（K. Boulding）认为,生产是进化的,是以形成高熵"废物"为代价而造出高度有序的低熵产品. 消费意味着向无序退化,是熵增过程. 矿石炼成钢铁,小麦制成面包,显然更趋有序,但是,机器变为废铁,面包变为粪便而排出,无疑是熵增. 经济过程包括：①生产过程；②流通过程；③消费过程. 每个过程都是导致总熵增加的过程. 如图 15-12 所示,在制铁的生产过程中,输入高熵的原料（铁矿石）、低熵的能源（焦炭、水等）,经高温熔化铁矿石,根据还原反应生产出纯铁（低熵产品）,同时向环境排放高熵的废物和废热. 在这一生产过程中,熵的收支情况如下：

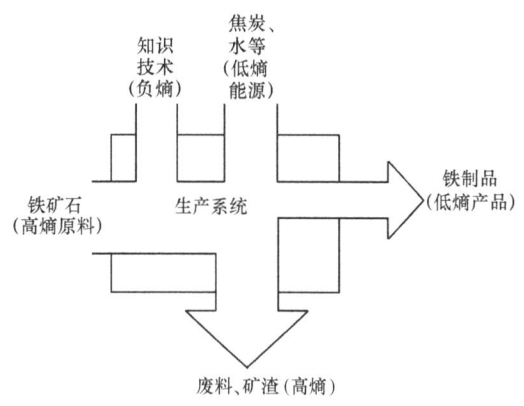

图 15-12 生产中的熵、物、能流

$$S_{生产中残留的熵} + S_{废热、废物的熵} > S_{原料的熵} + S_{能源的熵}$$

如果把原料中的熵作为"污秽",低熵能源作为"抹布",那么生产就是用抹布擦拭原料"污秽"的过程,原料擦干净,变成了产品,可抹布却脏了,从原料到产品,这部分物质熵减了,但环境的熵却因废物而增加了,总熵增加了.

流通过程,需要各种运输工具和机械,各种车辆在大街上扬尘土,吐毒雾,嘈杂扰人心,这是一个熵增过程.

消费过程,食物经消化变成排泄物；各种生活消费品,用旧了,用坏了,最终都进入垃圾箱,消费过程是彻头彻尾的熵增过程,要满足消费就要发展经济,经济腾飞,熵也腾飞！世界经济的高速发展,科技的巨大进步,带来了现代社会的高度文明,各种人类需求的产品,在耗尽巨量资源和能源的条件下,其数量迅猛增加,导致熵也在迅猛增长.

在人们享受现代文明时,可曾想到,有多少工厂将含毒的污水倾泻到江河湖海,污染着水源和大地；有多少工厂的烟囱将毒气、烟尘和二氧化碳飘洒人间,染污了蓝天和大地. 我们在建设的同时又在破坏：耗尽了资源,破坏了环境. 不可避免的污染带来了环境熵值的巨大增长. 在享受之余,难道我们不应想想：熵会惩罚我们吗？难道不应该想想：过分的熵增会给人类带来灭顶之灾吗？

《熵——一种新的世界观》的作者认为,"人类科技的迅速发展正产生比它创造的财富更多有害于人类的垃圾",这种观点相当极端,但也不是没有一点道理. 回顾三百年来物理学的发展,尤其是20世纪以来,人类大规模地以人的意志去改造地球表面的活动,使大批森林消失,使大气层二氧化碳和其他温室气体、有害气体大量增加,造成相当大的危害,也引发了更多的自然灾害,确实值得人类深刻反思. 面向 21 世纪的物理学和一切自然科学技术的发展,应本着"敬畏自然"的心态,以"人与自然的和谐"为目标,形成保护人与自然和谐的力量,促使人类树立正确的自然观,并具有全球意识,才能实现人类的持续发展.

本章小结

本章研究了组成热力学系统的大量微观粒子运动的统计规律,给出了麦克斯韦速率分布律,分子速率的统计平均值,理想气体的内能、压强和温度公式研究了热力学第二定律的统计意义. 具体思路如下:

首先,研究了大量分子热运动服从的统计规律,然后,根据统计规律性给出了气体分子的速率分布规律以及平均值概念,给出了理想气体的压强和温度公式及其统计意义,研究了能量按自由度均分原理、气体内的输运现象,给出了热力学第二定律的统计解释,以及熵增原理的本质:一切自然过程都是按从有序向无序的方向进行的.

本章主要内容框图:

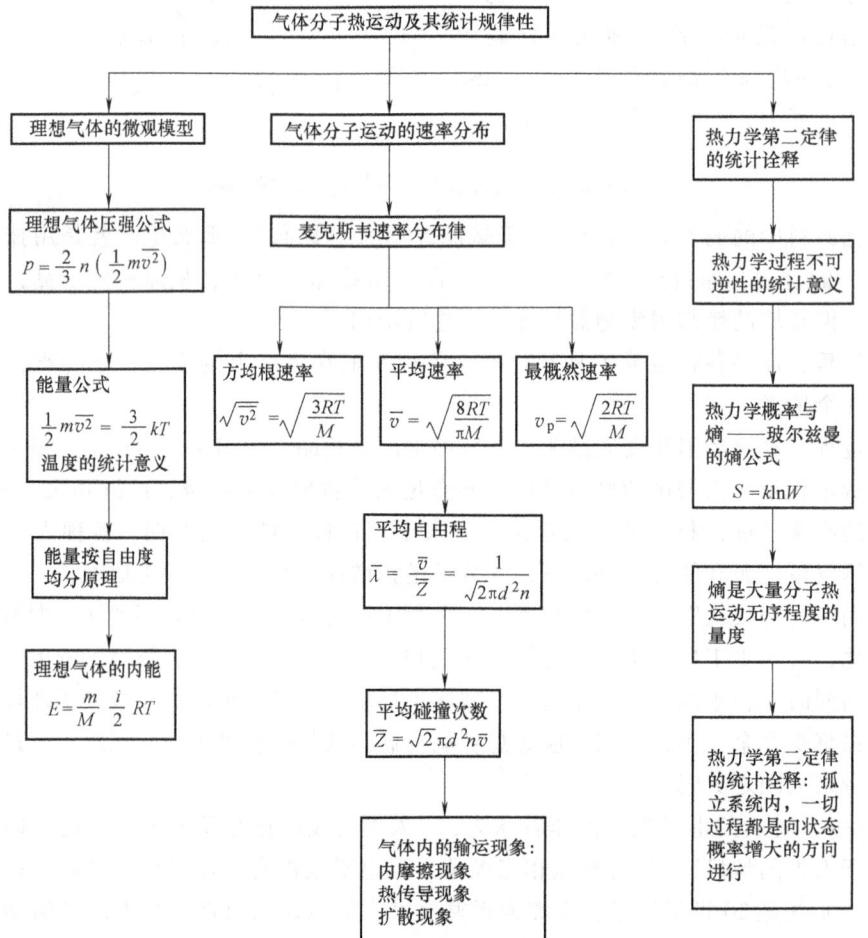

第15章 统计物理简介

习 题 15

15-1 计算300K时氧气的三种速率 v_p、$\bar{v}$ 和 $\sqrt{\overline{v^2}}$.

[答：$v_p = 394\text{m}\cdot\text{s}^{-1}$；$\bar{v} = 447\text{m}\cdot\text{s}^{-1}$；$\sqrt{\overline{v^2}} = 483\text{m}\cdot\text{s}^{-1}$（通过本题计算，我们可以估量到，气体分子的速率一般都在几百米每秒的数量级）]

15-2 某种理想气体分子在温度 T_1 时的方均根速率，等于温度为 T_2 时的平均速率．求 T_2/T_1．（答：1.17）

15-3 某种理想气体在压强为 $0.40\times10^5\text{Pa}$ 时的密度为 $0.3\text{kg}\cdot\text{m}^{-3}$，求此时气体分子的平均速率、方均根速率和最概然速率．（答：$583\text{m}\cdot\text{s}^{-1}$；$632\text{m}\cdot\text{s}^{-1}$；$516\text{m}\cdot\text{s}^{-1}$）

15-4 氢弹爆炸时达 $10^8℃$ 的高温，并拥有大量的氢核（质子）和氚核（其质量为质子的两倍）．求：(1) 质子的方均根速率；(2) 在热平衡时，质子与氚核两者的平均平动动能之比．质子的质量为 $m_p = 1.673\times10^{-27}\text{kg}$．[答：(1) $1.573\times10^6\text{m}\cdot\text{s}^{-1}$；(2) 1]

15-5 容器中有 N 个假想的气体分子，其速率分布如习题15-5图所示，且当 $v>2v_0$ 时，分子数为0 [注意：图中的纵坐标为 $Nf(v)$]．(1) 由 N 和 v_0 求 a；(2) 求速率在 $1.5\sim 2.0v_0$ 之间的分子数；(3) 求分子的平均速率．

[答：(1) $\dfrac{2N}{3v_0}$；(2) $N/3$；(3) $11v_0/9$]

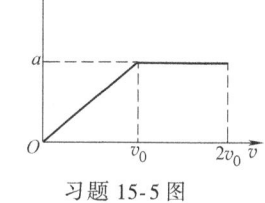

习题15-5图

15-6 在某一压强下，$0℃$ 时氧分子的平均自由程为 $9.5\times10^{-8}\text{m}$，如果气体压强降到原来的0.01，求此时氧分子的平均碰撞频率．设温度保持不变．（答：$4.5\times10^7\text{s}^{-1}$）

15-7 在标准状态下，1cm^3 内有多少个氮分子？氮分子的平均速率为多少？平均碰撞频率和平均自由程各为多少？设氮分子的有效直径 $d = 3.76\times10^{-8}\text{cm}$．（答：$2.69\times10^{19}\text{cm}^{-3}$；$454\text{m}\cdot\text{s}^{-1}$；$7.69\times10^{-9}\text{s}^{-1}$；$5.9\times10^{-8}\text{m}$）

15-8 气体分子质量为 $3\times10^{-23}\text{g}$，设 1s 内有 10^{19} 个分子以 $400\text{m}\cdot\text{s}^{-1}$ 的速度垂直撞击 2cm^2 的器壁，求器壁所受的平均作用力和压强．（答：$1.92\times10^{-5}\text{N}$；$0.096\text{Pa}$）

15-9 在300K时，真空管内的压强是 $133.3\times10^{-6}\text{Pa}$，求 1cm^3 内的分子数．（答：$3.22\times10^{10}\text{cm}^{-3}$）

15-10 在291K时，体积为10L的气体中有 10^{24} 个分子，求气体的压强．（答：$4.02\times10^5\text{Pa}$）

15-11 压强是 $1.103\times10^5\text{Pa}$、质量为 2g、体积为 1.54L 的氧气，其分子的平均平动动能是多少（答：$6.77\times10^{-21}\text{J}$）

15-12 一容器内贮有气体，压强为 1.33Pa，温度为 $7℃$．问在 1cm^3 中有多少个气体分子？（答：3.5×10^{14} 个）

15-13 求氧分子在 $T = 300\text{K}$ 时的平均平动动能和方均根速率．（答：$6.21\times10^{-21}\text{J}$，$644\text{m}\cdot\text{s}^{-1}$）

15-14 把理想气体压缩，使其压强增加 $1.013\times10^4\text{Pa}$，若温度保持为 $27℃$，求单位体积内所增加的分子数．（答：$2.45\times10^{18}\text{cm}^{-3}$）

15-15 容器中储有氧气，其压强为 $p = 1.013\times10^5\text{Pa}$，温度为 $27℃$，求：

(1) 单位体积中的分子数 n；（答：$2.44\times10^{25}\text{m}^{-3}$）

(2) 氧分子质量 m_0；（答：$5.32\times10^{-26}\text{kg}$）

(3) 氧气的密度 ρ；（答：$1.30\text{kg}\cdot\text{m}^{-3}$）

15-16 室温为300K时，1mol 氧气的平动动能和转动动能各为多少？14g 氮气的内能为多少？将 1g 氢气从 $10℃$ 加热到 $30℃$，氢气的内能增加多少？（答：$E_\text{平} = 3.74\times10^3\text{J}$；$E_\text{转} = 2.49\times10^3\text{J}$；$E = 3.11\times10^3\text{J}$；$\Delta E = 2.08\times10^2\text{J}$）

本章"问题"选解

问题 15-2 (1)

答 关于气体分子速率分布函数的意义,由读者自行回答.今阐明下列各式的含义:
按 $f(v) = \dfrac{\Delta N}{N \mathrm{d}v}$,则

① $f(v)\mathrm{d}v = \Delta N/N$ 为速率在 $v \sim v+\mathrm{d}v$ 间隔内的相对分子数.

② $Nf(v)\mathrm{d}v = \Delta N$ 为速率在 $v \sim v+\mathrm{d}v$ 间隔内的分子数.

③ $\displaystyle\int_{v_1}^{v_2} f(v)\mathrm{d}v$ 为速率在 v_1 到 v_2 间隔内的相对分子数.

④ $\displaystyle\int_{v_1}^{v_2} Nf(v)\mathrm{d}v = \int_{v_1}^{v_2}\mathrm{d}N$ 为速率在 v_1 到 v_2 间隔内的分子数.

问题 15-3 (2)

答 如问题 15-3 (2) 解答图所示,设 a、b 分别为氧气和氢气的速率分布曲线.由于 $f(v)$ 的极大值对应于最概然速率 v_p,而 $v_\mathrm{p} = \sqrt{2RT/M}$.设氢气和氧气的最概然速率分别为 v_p1 和 v_p2,且因温度 T 相同,则有

$$v_\mathrm{p1} = \sqrt{2RT/M_{\mathrm{H}_2}},\quad v_\mathrm{p2} = \sqrt{2RT/M_{\mathrm{O}_2}}$$

由于两种气体种类不同,且 $M_{\mathrm{H}_2} < M_{\mathrm{O}_2}$,因而 $v_\mathrm{p1} > v_\mathrm{p2}$,所以曲线 a 是氧气分子的速率分布曲线,曲线 b 是氢气分子的速率分布曲线.

问题 15-3 (2) 解答图

问题 15-5

答 ① 在等体过程中,对一定量气体而言,n 为恒量,则由 $\overline{\lambda} = 1/(\sqrt{2}\times\pi d^2 n)$ 可知,$\overline{\lambda}$ 不随温度而变;但因 $\overline{v} \propto \sqrt{T}$,故由 $\overline{Z} = \sqrt{2}\pi d^2 n\overline{v}$ 可知,$\overline{Z} \propto \sqrt{T}$.

② 在等压过程中,$V \propto T$,而 $n \propto 1/V$,故 $n \propto 1/T$,由 $\overline{\lambda} = 1/(\sqrt{2}\times\pi d^2 n)$ 可知,$\overline{\lambda} \propto 1/n$,故有 $\overline{\lambda} \propto T$;但因 $\overline{v} \propto \sqrt{T}$,则由 $\overline{Z} = \sqrt{2}\pi d^2 n\overline{v}$ 可知,$\overline{Z} \propto \sqrt{T}/T$,即 $\overline{Z} \propto T^{-1/2}$.

问题 15-6

答 (2) 乒乓球放入热水中,球内分子的温度升高,按公式 $\dfrac{1}{2}m_0\overline{v^2} = \dfrac{3}{2}kT$,分子的平均平动动能增大,由 $p = \dfrac{2}{3}n\left(\dfrac{1}{2}m_0\overline{v^2}\right)$,因球内 n 不变,所以球内分子对球壁的压强增大,使乒乓球恢复原状.类似地,可解释热水瓶瓶塞有时因瓶中热水与瓶塞间有空隙,因其间空气温度升高,压强增大而瓶塞就跳出.

(3) 对一定量某种气体而言,当 T 不变时,$p \propto 1/V$,又 $n \propto 1/V$,故 $p \propto n$,即当 V 减小时,n 增大,引起压强 p 增大.在 V 不变时,n 不变,当 T 升高时,分子的 $m_0\overline{v^2}/2$ 增大,由 $p = (2n/3)\left(\dfrac{1}{2}m_0\overline{v^2}\right)$ 可知,p 随 T 而增大.所以,从微观来看,二者是有区别的.

m 与 p 不变，T 越高，$\frac{1}{2}m_0\overline{v^2}$ 越大；而 n 就越小，又因 $n \propto 1/V$，n 小，则 V 就大，即 $V \propto T$，或 $V/T =$ 恒量。这就是盖-吕萨克定律。

（4）由能量公式 $m_0\overline{v^2}/2 = 3kT/2$，因为 $m_0\overline{v^2}/2$ 相同，故两种气体的温度相同；由气体状态方程 $p = \rho RT/M$，因为 T 相同，ρ、M 不同，所以压强 p 不一定相同。

问题 15-7（3）

解 对于真实气体的内能，不仅要考虑分子的平均动能，还要考虑分子之间的相互作用势能；对理想气体只需考虑分子的平动动能。

下面所指的都是理想气体的平均动能，即①$kT/2$ 表示对大量分子平均的分子一个自由度的平均能量；②$\frac{3kT}{2}$ 表示分子平均平动动能；③$ikT/2$ 表示 i 个自由度的分子的平均能量；④$\frac{m}{M}\frac{i}{2}RT$ 表示 m（kg）理想气体所有分子的内能。

"思维拓展" 参考答案

统计理论指出物体是由大量分子组成的，分子永不停息地做无规则热运动，分子之间存在着相互作用力。分子无规则热运动的剧烈程度在宏观上表现为温度，所以温度是大量分子热运动的集体表现。物体的温度高，说明分子做无规则热运动的速度快，分子相互之间的碰撞频率高，机械能转化为热能，即宏观热现象——物体的冷热程度与大量分子的无规则运动相关。统计理论能很好地解释所有的热现象，并把宏观现象和微观本质联系起来。

专题选讲 Ⅸ 物理与能源、环境

物理学是自然科学的基础。物理学上的每一次重大突破都带来了新的分支学科、交叉学科和新技术学科的崛起。以物理学为基础的科学技术作为人类认识世界、改造世界的手段，推动了人类文明的进步，促进了经济的繁荣。但是，科学技术这把双刃剑的负面影响也带来了能源危机、资源枯竭、环境污染等危及人类未来生存的新问题。

能源和环境问题是一个综合性的问题，涉及物理学、化学、地学、生物学等自然科学，以及社会学、人文学、经济学等社会科学，目前已形成专门研究这两个问题的"能源科学"和"环境科学"。这里，我们从物理学的角度出发，以物质和能量这两个基本概念为基础，扼要介绍能源和环境这两个问题的产生、本质、相互联系、现状以及对策，以使读者初步树立"能源意识"和"环境意识"，在日常生活及今后各自的工作岗位上为节约能源、开发能源、治理污染和保护环境做出贡献。

1. 物理学基本规律

能源和环境问题的物理实质是物质和能量的转化问题，而这些转化又受到质量守恒、能量守恒以及熵增加原理的支配。**质量守恒**是指物质可以从一种形式转化为另一种形式，但它既不能产生，也不能消失．在经典物理中，质量守恒体现在一个孤立系统在经历物理或化学变化的前后，其质量总数是相同的．**能量守恒**是指对一个孤立系统，其总能量是一个恒量．即在孤立系统中，不论发生何种变化过程，各种形式的能量都可以互相转换，但能量的总和是恒量．能量守恒定律的发现告诉我们，尽管物质世界千变万化，但这种变化绝不是没有约束的，最基本的约束就是守恒律．也就是说，一切运动变化无论属于什么样的物质形式，反映什么样的物质特性，服从什么样的特定规律，都要满足一定的守恒律．

爱因斯坦在他的相对论中发现的质能关系式 $E=mc^2$，揭示了能量和质量的不可分割性，为原子核能的开发和利用奠定了理论基础．

能源在一定条件下可以转换成人们所需要的各种形式的能量．例如，煤燃烧后放出热量，可以用来取暖；可以用来生产蒸汽，推动蒸汽机转换为机械能，推动汽轮发电机转换为电能．电能又可以通过电动机、电灯或其他用电器转换为机械能、光能或热能等．又如太阳能，可以通过聚热器加热水，也可以产生蒸汽用以发电；还可以通过太阳能电池直接将太阳能转换为电能．当然，这些转换都遵循能量守恒定律．

既然质量和能量不能消失，也不能创造，其总量保持不变，那么为什么还会出现能源危机、资源枯竭这样的问题？这就需要从另一物理学规律——熵增加原理来说明．

熵增加原理是指在孤立系统中，进行的任何不可逆过程，熵总是增加的．即在孤立系统中进行的自发过程总是朝着熵增加的方向进行．就其本质而言，熵增是指一切宏观自发过程都是沿着从低概率到高概率、从有序到无序的方向进行的．用这个原理来考察涉及物质转化和能量转化的各种过程时就可以发现，一切宏观自发过程的结果，必然导致物质密度的均值化（均匀分布）和分子能量的均值化．

熵增的结果是使能"质"衰退，使越来越多的能量转化为内能，弥散于环境中，变为不能做功的形式．因此，能量虽然守恒，但是越来越多地不能被用来做功了．我们以燃煤火力发电为例，分析此过程中物质和能量的转化．煤炭是一种植物化石燃料，它在燃烧过程中释放出来的热能，实际上是贮存在古代植物体中，又在地下保存了千百万年的太阳能．在火力发电过程中，由于受汽轮发电机的效率及燃烧的不完全性等因素的制约，贮存在煤炭中的化学能只有一小部分转变成了有用能——电能，而一大部分热能（存在于废气、冷却剂中的热能以及机械部件摩擦产生的热能等）则被排入周围环境（空气、水和大地）中，成了无用能．可见，人类利用能源的过程，实际上是一种能量转化过程，在此过程中总能量保持不变（能量守恒定律），但集中在能源中的有用能的数量在不断减少，而均匀分布在环境中的无用能的数量却在不断增加（熵增加原理）．所以，所谓"能量消耗""能源危机"，只是能量资源消耗而导致有用能急剧减少，无用能急剧增加的代名词，是熵增加原理的反映，并不违背能量守恒定律．另一方面，煤的燃烧是一种氧化反应，其生成物（CO_2、CO、SO_2、灰尘等）的总质量，等于燃烧前煤和氧的总质量，这些生成物排放到环境中以后，扩散开来而均匀分布，造成环境污染．可见，人类利用能源的过程，实际上又是一种物质转化过程，在此过程中，物质的总量保持不变（物质守恒定律），但集中的能量资源（有用物）的数量在不断减少，而均匀分布在环境中的生成物（无用物、废物、污染物）的数量在不断增加（熵增加原理）．

所以，人类开发和利用能源，实现能量和物质的转化，在取得巨大经济效益的同时，也带来了能源枯竭和环境污染两大问题．

2. 能源问题

"能源"是指能量来源,是人民生活和经济发展的主要基础. 人类使用的能源主要来自太阳辐射到地球表面上的能量. "能源"还指能量资源. 如存在于自然界中的化石燃料(煤、石油、天然气等)、核燃料(铀、钍等)、生物体等,或由这些物质加工出来的焦炭、煤气、液化气、煤油、电、沼气等,都属于能源.

能源分类 能源分类的方法很多. ①按能量来源的不同可分为三类:第一类是来自地球以外的能量,主要有太阳辐射能,包括直接的太阳辐射能和由太阳能转化而来的草木燃料、化石燃料和风、海流等能源;第二类是来自地球内部的能量,有地球热能和原子核能,包括火山、地热、地热蒸汽、热岩层、地下热水和核燃料铀、钍等;第三类是来自地球与其他天体的相互作用,即潮汐能. ②按照能源的形成和使用情况分为:**一次能源(如煤、石油、风、水等天然能源)和二次能源[如电力、各种石油制品(汽油、煤油、柴油)等经加工转换而成的人工能源]**. 而"一次能源"又可分为两类:**非再生能源**(是指如化石燃料、核燃料等经过漫长的地质年代而形成的,开采以后不能在短期内再形成的能源)和**再生性能源**(是指如水力、潮汐、太阳辐射、风力等不会随人类对它的开发利用而日趋减少的能源). ③按能源的使用情况**又可分为燃料能源和非燃料能源**. 一般情况下,燃料能源为非再生能源,而非燃料能源是可再生能源. ④通常还将能源分为**常规能源和新能源**;常规能源是指已被广泛应用的能源(包括煤、石油、天然气、水力等),新能源是指目前尚未被人类大规模利用而有待进一步研究、开发和利用的能源(包括核能、太阳能、风能、地热能、海洋能、氢能等).

能源危机 当今世界人口从1900年的16亿增加到目前的七十多亿,净增加了四倍多,而能源消费据统计却增加了十几倍之多. 当前世界能源消费以化石资源为主,其中中国等少数国家是以煤炭为主,而其他国家大部分是以石油和天然气为主. **随着日益耗竭的能源与人类迅速增加的能耗之间的矛盾加剧,能源危机将日趋严重. 按目前消耗量,专家预测石油、天然气最多只能维持半个世纪,煤炭尚可维持一两百年**. 但是化石燃料污染严重,而石油和煤炭又是非常宝贵的化工原料,所以节约能源、提高能源的利用效率以及开发新能源是解决能源问题、求得全球持久发展的长期战略.

3. 环境问题

人类进行的一切生物活动和工业活动,在创造大量物质财富的同时,又以有害的方式改变着空气、水和大地的成分,造成环境污染. 能源的利用过程直接污染了地球环境. 目前,我国主要利用的能源都是通过燃烧煤、石油等化石燃料获得的. 这些燃料燃烧时产生大量的污染物,如氮氧化物(NO和NO_2)、二氧化硫(SO_2)、各种悬浮颗粒物、一氧化碳(CO)和碳氢化合物[如甲烷(CH_4)、乙烷(C_2H_6)、乙烯(C_2H_4)等]. 使大气和水质产生污染. 据估计燃烧1t普通煤可产生约10kg二氧化硫、8kg氮氧化物和没有燃尽的煤粒、粉尘约11kg. 汽车排出的废气、工业生产(如各种化工厂、炼焦厂等)过程中产生的废气,都是大气污染的主要来源. 大气污染对人体和动植物生长危害很大. 一个成年人每天要呼吸10000L(相当于13.6kg)空气,这些大气污染物将刺激呼吸道黏膜,引起上呼吸道炎症;刺激眼睛,引起眼睛结膜炎;刺激皮肤,引起皮炎;严重的还将影响人体血液中血红蛋白输送氧的机能等.

大气污染所造成的危害有:酸雨问题.温室效应和臭氧层破坏.

为了保护我们的"地球村",保护人类的健康,保持生态平衡,必须改变能源结构.开发和利用新能源,减少化石燃料的使用,以及合理使用能源,减少污染物质的排放.

4. 节约能源 保护环境

"节能"就是在满足相同需要或达到相同目的的前提下,减少能源的消耗量.节能的最有效措施是更新设备、杜绝浪费、加强能源管理,通过开发节能技术等手段来提高能源的利用效率.目前,工业化国家的能源效率为 50%~60%,提高的潜力还很大,节能是其能源政策的核心.对我国来说,能源供应严重不足,而能源效率又很低,节能就具有更重要的意义.可见节能具有重大意义.每个公民,特别是科技工作者、厂矿企业的领导者和管理干部,都应树立强烈的节能意识,自觉制止能源的浪费性需求.

开发新能源,改变能源消费结构,逐步以可再生能源替代非再生能源,实现能源消费的多元化.核电是和平利用核能的主要途径.核电作为一种可持续发展的清洁能源受到世界各国的普遍重视.预计到 2035 年以后,核能将成为我国的重要能源.

当前人类面临的能源与环境问题的形势确实十分严峻,世界各国为摆脱困境而采取的对策主要有两条:一是加强宣传教育,二是发展科学技术.通过宣传教育及立法手段,使全体国民树立"能源意识"和"环境意识",使之在生产和消费活动中自觉地节约能源、保护环境.通过发展科学技术,开发新的清洁的能源,寻找保护和净化环境的有效办法.专家们认为,核聚变能将是世界上唯一的、真正取之不尽、用之不竭而又清洁的能量来源.因此,除天然核聚变能——太阳能的利用正日益受到重视外,人工受控热核聚变就成为各国科学家倾注了巨大热情的研究课题.

地球作为高度有序、生机勃勃的系统,必须不断地排熵,才能保持生机.但地球上的生物活动,尤其是人类的生活离不开生产、流通和消费,而这三个环节都是消耗能源、破坏环境,带来环境熵值巨大增加的过程.若地球的增熵超过其自然的排熵能力,就会使地球失去生气.估计每人平均增熵率为 $0.4W/K$,全人类折算成成年人为 42 亿,产熵率为 1.7×10^9 W/K,人口的增加会提高这个数据.又估算光合作用生产食物的负熵率仅为 -4.0×10^{14} W/K × 0.02% ~ -8×10^{10} W/K,可见人类食物资源的上限已经近在咫尺.据估计地球能养活的极限人口为 10^{10}.

物理学原理告诉我们,人与地球共存共毁,保护地球生态环境,坚持人与自然的和谐相处,应是我们正确自然观的核心内容.物理学应是保护人与自然和谐的力量,而不应是人类在狭隘观点指导下掠夺破坏地球的力量.地球是宇宙中的封闭系统,是人类的唯一家园,它也受制于熵定律.要高度重视地球上的资源(水资源、食物、矿物、燃料)是有限的,以熵定律为基础的、以地球为中心的自然观正是保护地球生态环境的自然观,将有助于人类社会的持续发展.

量子力学篇

经典物理学经历了上百年的发展,到19世纪末,已建立起了非常完善的理论体系. 几乎当时的所有自然现象(力、热、声、光、电)皆能从中提取出理论依据加以解释.

然而,当对物质世界的探索深入到微观领域时,一切都不同了. 例如,涉及物质内部微观过程的黑体辐射、光电效应、原子光谱等实验现象时,发现用经典物理学理论都无法解释. 为了摆脱困境,1900年普朗克提出了能量子假设,解释了黑体辐射实验现象;1905年爱因斯坦提出光子假设,解释了光电效应实验规律;1913年,玻尔提出氢原子理论,解释了氢原子光谱实验现象. 能量子、光量子假设,以及玻尔的氢原子理论相继冲破了经典理论的束缚,形成了早期的量子理论.

早期量子论虽然取得了一定的成就,但由于它还带有半经典的性质,难以完满地解释微观过程. 1924年,德布罗意提出物质波概念;1926年,薛定谔建立了物质波满足的微分方程;1927年海森伯给出实物粒子的不确定关系,同年,玻恩给出了物质波波函数的统计诠释. 至此,量子力学建立.

我们学习该内容,旨在从概念和方法上由经典理论过渡到量子理论,以便更好地领会量子力学的有关论述.

第16章 早期量子论

章前问题？

问题1：太阳能电池又称为"太阳能芯片"或"光电池"，是一种利用太阳光直接发电的光电半导体薄片．只要满足一定的光照条件，瞬间就可输出电压并在有回路的情况下产生电流．太阳能电池实现了光能转化为电能的供电方式，你知道光能是怎么转化为电能的吗？

问题2：在宏观世界中，我们鉴别一个人，直接看到这个人时，可以通过他的外貌等特征进行鉴别．还可以通过指纹去鉴别一个人．对于微观世界我们该如何去鉴别呢？

若要弄清上述问题，必须先了解微观世界物质遵从的规律，即早期量子论．

16.1 热辐射 普朗克量子假说

16.1.1 热辐射及其定量描述

物体在一定温度下以电磁波的形式向周围发射能量的现象，称为**热辐射**．对于给定的物体而言，在单位时间内辐射能量的多少以及辐射能量按波长的分布等，都取决于物体的温度．例如，灯丝通电后当温度低于 800K 时，我们只感觉到灯丝发热，而不见灯丝发光，因为绝大部分的辐射能分布在红外波长．超过 800K 以后，就可看到灯丝微微发红了，继续升高温度，灯丝由暗红变红，再变黄，继而变白．最后，当温度极高时，灯丝呈现青白色，即所谓白炽化，同时我们感到灯丝灼热逼人．这就表明，随着温度的升高，辐射的总能量在增加，且能量也更多地向短波部分分布．

现引入两个定量描写上述热辐射现象的物理量：

1. 辐射出射度（简称辐出度）

表示物体在一定温度下，单位时间内从物体表面单位面积辐射的全部波长的能量，用 $M=M(T)$ 表示，它不随波长而变，仅是温度 T 的函数．其单位为 $W \cdot m^{-2}$（瓦·米$^{-2}$）．

2. 单色辐射辐出度（简称单色辐出度）

表示物体表面在单位时间内每单位表面积上，某波长附近的单位波长区间所发射的能量，记作 $M_\lambda(T)$，单位是 $W \cdot m^{-3}$（瓦·米$^{-3}$）．它反映了物体在不同温度下辐射能按波长分布的情况．

如上所述，在一定温度时，对给定的物体而言，其辐出度与单色辐出度有如下的关

系，即

$$M(T)=\int_0^\infty M_\lambda(T)\mathrm{d}\lambda \tag{16-1}$$

实验表明，物体的单色辐出度 $M_\lambda(T)$ 不仅取决于温度和波长，并且还与物体本身性质及表面粗糙程度有关. 因而由式（16-1）可知，对不同的物体，$M(T)$ 也是不同的.

任何物体在辐射电磁波的同时，也吸收外界照射到它表面的电磁波. 当物体辐射电磁波所消耗的能量等于同一时间内它从外界吸收的电磁波的能量时，该物体及其辐射就达到**热平衡**. 这时，物体的状态可用一个确定的温度 T 描述. 这时的热辐射称为**平衡热辐射**. 下面我们只讨论平衡热辐射.

16.1.2 绝对黑体辐射定律　普朗克公式

实验表明，好的辐射体也是好的吸收体. 假如一个物体能完全吸收任何波长的入射辐射能，就称该物体为**绝对黑体**（简称**黑体**）. 黑体也是一种理想化的模型. 实验时，可用不透明材料制成一空腔，腔壁上开有一小孔（见图 16-1），就可作为黑体模型. 因为当光线从小孔射入后，经过器壁多次吸收和反射后，光线从小孔射出的机会甚小，可以认为它能全部吸收射入的一切波长的辐射. 另一方面，如果把空腔加热，使其保持在一定温度下，空腔将通过小孔向外发出辐射. 正如前述，它辐射的能量仅是温度和波长的函数.

利用黑体模型，可用实验方法测定黑体相应于各波长的单色辐出度 $M_{\lambda 0}$ 随波长 λ 和温度 T 的变化关系，绘出图 16-2 所示的实验曲线. 据此可总结出两条定律：

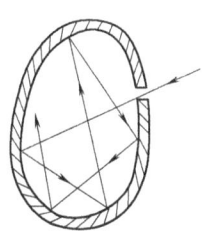

图 16-1　黑体模型

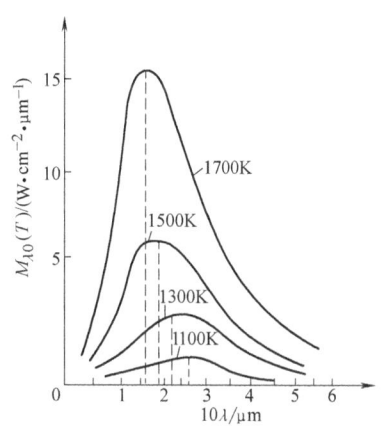

图 16-2　绝对黑体的单色辐出度按波长和温度的分布

1. 斯特藩-玻耳兹曼定律

在图 16-2 中，每条曲线反映了在一定温度下，黑体的单色辐出度随波长分布的情况，每条曲线下的面积等于黑体在一定温度下的辐出度，即

$$M_0(T)=\int_0^\infty M_{\lambda 0}(\lambda,T)\mathrm{d}\lambda \tag{16-2}$$

由图 16-2 可见，温度越高，图中曲线以下的面积越大，表示黑体的辐出度 $M_0(T)$ 随温度升高而增大. 斯特藩（Stefan，1835—1893）根据实验求得**黑体辐出度与热力学温度的四次方成正比**，即

$$M_0(T) = \sigma T^4 \qquad (16\text{-}3)$$

式中，$\sigma = 5.67 \times 10^{-8} \text{W} \cdot \text{m}^{-2} \cdot \text{K}^{-1}$ 称为**斯特藩常量**. 后来，玻耳兹曼（Boltzmann，1844—1906）根据热力学理论，也导出了同样的结果. 因此，式（16-3）又称为**斯特藩-玻耳兹曼定律**. 需要指出，此定律只适用于绝对黑体.

2. 维恩位移定律

从图 16-2 还可看出，每条曲线都有一个最大值，相应的波长可用 λ_m 表示. 显然，在一定温度下对应于 λ_m 的单色辐出度最大，所以，λ_m 又称为**峰值波长**. 从图 16-2 可以看出，随着黑体的热力学温度 T 的增高，相应于单色辐出度的峰值波长 λ_m 向短波方向移动. 实验确定两者关系为

$$T\lambda_m = b \qquad (16\text{-}4)$$

式中，$b = 2.898 \times 10^{-3} \text{m} \cdot \text{K}$，称为维恩位移常量. 式（16-4）就称为**维恩**（Wien，1864—1928）**位移定律**.

1900 年，瑞利（B. Rayleigh，1842—1919）和金斯（Jeans 1877—1946）根据经典物理学中的能量按自由度均分原理，利用经典电磁理论和统计物理学导出了一个公式. 这个公式在长波段与实验结果一致，而在短波段（即紫外区）与实验不符，如图 16-3 所示. 并且由该公式得出，在紫外区 $M_{\lambda 0}$ 将趋向无穷大. 这就是所谓"紫外灾难"，由于瑞利-金斯公式是依据经典物理得到的，因此"紫外灾难"实际上就是经典物理的灾难.

1900 年，普朗克（Plank，1858—1947）总结前

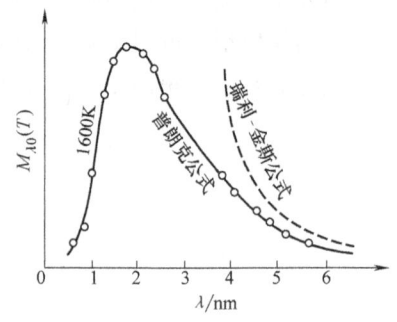

图 16-3　瑞利-金斯公式与普朗克公式

人研究的成果，成功地得出了一个满足黑体辐射实验定律的经验公式，即

$$M_{\lambda 0}(T) = 2\pi h c^2 \lambda^{-5} \frac{1}{e^{\frac{hc}{\lambda k T}} - 1} \qquad (16\text{-}5)$$

式中，c 为光速；k 为玻耳兹曼常数；h 为普朗克常量，现代实验测得 $h = 6.626 \times 10^{-34} \text{J} \cdot \text{s}$（焦·秒）. 式（16-5）称为**普朗克公式**，它与图 16-2 中的曲线符合得很好. 为了从理论上解释这一公式，普朗克抛弃了经典物理关于能量是连续的观念，提出了如下能量子假说：

1) 辐射黑体由无数带电的简谐振子组成，这些简谐振子不断吸收和辐射电磁波，并与周围的电磁场交换能量.

2) 这些简谐振子拥有的能量 E 不是任意的，它们只能取 ε，2ε，$\cdots$，$n\varepsilon$ 等分立的值. 即 $E = n\varepsilon$，是某一最小能量 ε 的整数倍（ε 称为**能量子**，n 称为**量子数**），当简谐振子与周围电磁场交换能量时，只能从这些状态之一跃迁到另一个状态.

3) 能量子 ε 与简谐振子的频率 ν 成正比，即

$$\varepsilon = h\nu \tag{16-6}$$

式中，h 就是普朗克常量.

普朗克利用这种新思想圆满地解释了热辐射现象，得出了能真正反映实验结果的公式(16-5)，并能由这个公式推出斯特藩-玻耳兹曼定律和维恩定律.

普朗克的量子假设对近代物理的发展具有深远的影响，揭开了现代量子理论的序幕.

问题拓展

在日常生活中，我们常看到在一堆燃烧的焦炭中呈现出不同的颜色，这是为什么呢？

问题 16-1 （1）什么是热辐射和平衡热辐射？说出单色辐出度和辐出度的含义.

问题 16-2 （1）有人说："火炉有辐射但冰没有辐射."这句话对吗？为什么？

（2）有一小窗的房间，白天我们从远处向窗内望去，屋内显得特别暗，这是什么原因？

例题 16-1 假定恒星（例如太阳等）表面的行为和黑体表面一样，并测得太阳辐射波谱的 λ_m 为 5100×10^{-10} m，试估计太阳表面温度及每单位表面积上所发射出的功率.

解 根据维恩位移定律 $\lambda_m T = b$，可算得太阳表面温度

$$T = \frac{b}{\lambda_m} = \frac{2.898 \times 10^{-3} \text{ m} \cdot \text{K}}{5100 \times 10^{-10} \text{ m}} = 5700\text{K}$$

再根据斯特藩-玻耳兹曼定律可求出太阳的总辐出度，即单位表面积上的辐射功率为

$$M_0 = \sigma T^4 = 5.67 \times 10^{-8} \text{W} \cdot \text{m}^{-2} \cdot \text{K}^{-4} \times (5700\text{K})^4 = 6000 \times 10^4 \text{W} \cdot \text{m}^{-2}$$

例题 16-2 已知弹簧振子的质量为 $m = 1.0$ kg，弹簧劲度系数 $k = 20$ N·m^{-1}，振幅 $A = 1.0$ cm. 求：（1）如果弹簧振子的能量是量子化的，则量子数 n 有多大？（2）若 n 改变1，能量的相对变化有多大？

解 （1）简谐振子频率为

$$\nu = \frac{1}{2\pi}\sqrt{\frac{k}{m}} = \frac{1}{2\pi}\sqrt{\frac{20}{1.0}} \text{ Hz} = 0.71 \text{ Hz}$$

振子的机械能为

$$E = \frac{1}{2}kA^2 = \frac{1}{2} \times 20 \times (1.0 \times 10^{-2})^2 \text{ J} = 1.0 \times 10^{-3} \text{ J}$$

则量子数 n 有

$$n = \frac{E}{h\nu} = \frac{1.0 \times 10^{-3}}{6.67 \times 10^{-34} \times 0.71} = 2.1 \times 10^{30}$$

（2）能量的相对变化为

$$\frac{\Delta E}{E} = \frac{h\nu}{nh\nu} = \frac{1}{n} \approx 10^{-30}$$

所以，对于宏观系统来说，量子数 n 很大，能量的量子性不能显示出来．并且能量的变化简直微不足道，因而可忽略不计．可以认为，能量在宏观上是连续变化的．

16.2 光电效应

16.2.1 光电效应的实验规律

赫兹研究电磁波时偶然发现，当用紫外光照射到两个电极之一时，两电极之间就更容易产生火花而发生放电现象．此后不久，其他物理学家明确地指出，这是金属表面被光照射后释放出电子（称**光电子**）的缘故，这种现象叫作**光电效应**．

图 16-4 是研究光电效应的实验装置原理图．在一个玻璃管内装上阳极 A 和阴极金属板 K，管上有一石英窗口，可让入射光照射到阴极金属板 K 上而使电子从阴极 K 逸出．在 A、K 间由电压 U_{AK}（称为加速电压）所建立的电场中，由于电场力的作用，驱使电子飞向阳极 A，从而在电路中形成电流，称为光电流．借电流计 G 和电压表 V，可测得光电流 I 随 U_{AK} 变化的关系曲线，即**光电效应的伏安特性曲线**，如图 16-5 所示．从图中看到，加速电压 U_{AK} 为正值时，光电流 I 随 U_{AK} 增加而增大，最后达到饱和值 I_s．电压极性反向后，$|U_{AK}|$ 值增大，I 值减小，最后趋于零，此时所对应的电压称为**遏止电压**或**截止电压**，记作 U_a．

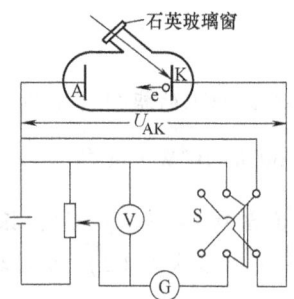

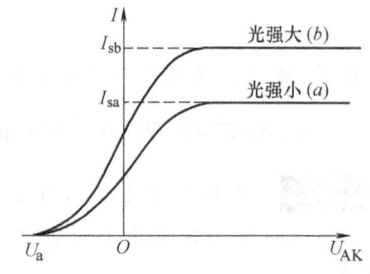

图 16-4 光电效应的实验装置原理图

图 16-5 光电效应的伏安曲线

总结实验结果，可得如下三条规律：

1. 光电流与入射光强度的关系

从图 16-5 所示的伏安特性曲线可看出，在相同的加速电压下，增加光的强度时，饱和电流 I_s 值随之增大，且饱和电流 I_s 与入射光光强成正比．这意味着**在单位时间内，受光照射的阴极上逸出的光子数目与入射光的光强成正比**．

2. 光电子的初动能与入射光频率的关系

倘若加速电压为负值，从阴极逸出的光电子所受的电场力方向由阳极 A 指向阴极 K，此时若有光电流，则向阳极 A 运动的电子做减速运动．当电压达到**遏止电压** U_a 时，光电流为零，表明电子由于减速运动，已不能到达阳极 A．这时电子由阴极逸出时所拥有的初动能全部用于克服电场力做功，有

$$\frac{1}{2}mv^2 = e|U_a| \tag{16-7}$$

实验指出，用不同频率的光照射阴极时，遏止电压 U_a 是不同的，其值和入射光频率存在着线性关系，即

$$|U_a| = K\nu - U_0 \tag{16-8}$$

式中，K、U_0 皆为恒量．K 和阴极的金属性质无关，而 U_0 和阴极的金属性质有关．将式（16-8）代入式（16-7），得

$$\frac{1}{2}mv_0^2 = eK\nu - eU_0 \tag{16-9}$$

式（16-9）指出，光电子的初动能随入射光频率 ν 线性地增加，而与入射光的强度无关．另外，考虑到动能必须为正值，可见要使光所照射的金属释放电子，入射光的频率 ν 必须满足 $\nu \geq U_0/K$ 的条件．令 $\nu_0 = U_0/K$，将 ν_0 称为光电效应的**红限**．不同金属的红限是不同的，每种金属都存在着频率的极限值 ν_0 这一红限，见表 16-1．如果入射光的频率小于 ν_0，不论入射光光强多大，都不会产生光电效应．

表 16-1 几种金属的红限和逸出功

金 属	红限 ν_0/Hz	逸出功 A/eV	金 属	红限 ν_0/Hz	逸出功 A/eV
钠 Na	5.53×10^{14}	2.29	钨 W	10.95×10^{14}	4.54
铯 Cs	4.69×10^{14}	1.94	银 Ag	11.19×10^{14}	4.63
钛 Ti	9.96×10^{14}	4.12			

3. 光电效应与时间的关系

实验表明，从光开始照射直到金属释放出电子，无论光强如何，几乎是瞬时的，所需时间不超过 10^{-9} s．

16.2.2 经典理论对解释光电效应的困难

首先，按照经典电磁理论，光照射在金属上时，光强越大，则光电子获得的能量也应越大，所以光电子的初动能理应与光强有关．但实验结果并非如此，光电子的初动能只与入射光的频率有关，而和入射光光强无关．其次，按照经典电磁理论，无论何种频率的光照射在金属上，只要入射光光强足够大，或者照射时间足够长，使金属中的自由电子获得足够能量，电子就应从金属中逸出，不存在实验中所发现的红限问题．再有，按照经典电磁理论，如果入射光光强很微弱，光射到金属表面后，应经过一段时间的能量积累，才有光电子从金属中逸出．在这段时间内，电子从光波中不断获取能量，直至所积累的能量足以使它从金属表面逸出．这也与光电效应发生几乎是瞬时的这一事实相悖．

可见，用经典电磁理论来解释光电效应实验规律，存在着无法克服的矛盾．

16.2.3 爱因斯坦的光子假设

为了解释光电效应的实验规律，1905 年，爱因斯坦在普朗克"能量子"假设的启发下，提出了"光子"假设．他认为光是一粒一粒以光速 c 运动着的粒子流，这些粒子称为**光子**．对于频率为 ν 的单色光，光子的能量为 $\varepsilon = h\nu$，其中 h 是普朗克常数．

按照光子假设，光电效应的产生是由于金属中的自由电子吸收了光子的能量，而从金属

中逸出. 当频率为 ν 的光照射到金属表面时，电子吸收一个光子，便获得能量 $h\nu$，此能量一部分消耗于电子从金属表面逸出时所需的逸出功 A，另一部分转换为电子的初动能 $mv^2/2$. 按能量守恒定律，便有

$$h\nu = A + \frac{1}{2}mv^2 \qquad (16\text{-}10)$$

式（16-10）称为**爱因斯坦光电效应方程**. 它表述了光电子的初动能和入射光的频率成线性关系，而和入射光光强无关. 这正是实验规律所要求的.

从式（16-10）不难看出，如果入射光子的能量 $h\nu$ 小于电子的逸出功，则电子就不能从金属中逸出. 只有当 $h\nu \geq A$ 时，即 $\nu \geq A/h$ 时，才能产生光电效应；所以产生光电效应具有一定的截止频率 ν_0（红限），且 $\nu_0 = A/h$；当入射光的频率为 ν_0 时，电子吸收光子的能量全部消耗于电子的逸出功.

根据光子假设，入射光光强增加时，单位时间内射到金属表面的光子数增加，相应地吸收光子的电子数也更多，因此，单位时间内从金属中逸出的光电子数和入射光光强成正比. 这也是符合实验规律的.

同样，由光子理论可以说明，当光照射金属时，一个光子的能量立即被一个电子所吸收，不需要积累能量的时间. 这就自然地说明了光电效应瞬时发生的问题.

如此看来，爱因斯坦的光子假设是正确的.

光的波动性可用光波的波长 λ 和频率 ν 描述，光的粒子性可用光子的质量、能量和动量描述. 按照光子理论，光子的能量为

$$E = \varepsilon = h\nu \qquad (16\text{-}11)$$

由于光子速度为光速，故应根据相对论的质能关系 $E = mc^2$，可给出光子的质量为 $m = E/c^2$，由式（16-11），即得

$$m = \frac{h\nu}{c^2} \qquad (16\text{-}12)$$

光子不是经典力学中描述的质点，它是静止质量 $m_0 = 0$ 的一种特殊粒子. 故不存在与光子相对静止的参考系. 光子的动量为 $p = mc$，由式（16-12）及 $\lambda = \dfrac{c}{\nu}$ 有

$$p = \frac{h}{\lambda} \qquad (16\text{-}13)$$

式（16-11）和式（16-13）是描述光的性质的基本关系式，在这两式的左侧，能量 E 和动量 p 描述了光的粒子性；右侧的频率 ν 和波长 λ 描述了光的波动性. 于是，便把光的粒子性和波动性这两种属性在数量上通过普朗克常量联系在一起了. 这就是**光的波粒二象性**.

章前问题 1 解答

光电直接转换方式就是本节所介绍的光电效应，将太阳辐射的光子直接和金属中的电子

作用，从而将光能直接转换成电能，这种装置就是太阳能电池．实际上这里重要的器件就是光电二极管．光电二极管把太阳的光能变成电能，产生电流．当电池串联或并联起来时就可以作为一种有用的供电设备．而且与其他的电池相比，太阳能电池对于环境的污染非常小．

问题 16-3 光电效应有哪些重要规律？这些规律与光的经典电磁理论有什么矛盾？

问题 16-4 设用一束红光照射某金属时不能产生光电效应，如果用透镜把光聚焦到金属上，并经历相当长的时间，能否产生光电效应？

例题 16-3 若波长 $\lambda = 200\text{nm}$ 的单色光照射在钨上，求逸出电子的初动能和钨对此单色光的遏止电压．

解 按爱因斯坦方程，由光电效应的红限 $\nu_0 = A/h$，即 $A = h\nu_0$，则逸出电子的初动能为

$$\frac{1}{2}mv^2 = h\nu - A = h(\nu - \nu_0) = 6.63 \times 10^{-34} \times \left(\frac{3 \times 10^8}{200 \times 10^{-9}} - 10.95 \times 10^{14}\right) \text{J} = 2.69 \times 10^{-19} \text{J}$$

因 $1\text{eV} = 1.602 \times 10^{-19} \text{J}$，上式还可化为

$$\frac{1}{2}mv^2 = \frac{2.69 \times 10^{-19}}{1.602 \times 10^{-19}} \text{eV} = 1.68 \text{eV}$$

由式（16-7），$e|U_a| = mv^2/2$，则得遏止电压为

$$|U_a| = (mv^2/2)\left(\frac{1}{e}\right) = 1.68\text{eV} \times \left(\frac{1}{e}\right) = 1.68\text{V}$$

16.2.4 光电效应的应用

光电效应在近代科学和技术中获得广泛应用．真空光电管就是利用光电效应的原理制成的．图 16-6 是光电管的原理图．光电管是光电转换器件，是光电传感器的核心器件之一．它主要由抽成真空（或充气）的玻璃泡、阴极 K 和阳极 A 组成．阴极 K 是涂在内表面的感光层（可由铯、钾、银等各种材料制成，以适用于不同频率的光），阳极 A 通常制成环形．光电管的灵敏度很高，可用于记录和测量光信号（如曝光表等），也广泛用于自动控制（如光控继电器、自动计数器、自动报警等）和电影、电视装置中．

为了增大光电流，通常在光电管的阴、阳两极间加装若干个倍增电极，制成光电倍增管（见图 16-7），光照到阴极 K 时，通过倍增电极的不断放大，光电流可以增大数百万倍，这种光电管可以测量非常微弱的光，在工程、天文和军事上有重要应用．

上述光电效应都发生在物体的表面层，使光电子逸出体外，所以称为**外光电效应**．光也可以深入到物体的内部，例如半导体在光的照射下，内部的原子要释放出电子，但这些电子仍留在物质内部，可使物质的导电性增加，这种现象称为**内光电效应**．这种内光电效应的应用更为广泛．图 16-8 所示为利用内光电效应制成的光电装置．在铜板制成的电极 A 上，涂有氧化亚铜（Cu_2O）的薄层，在 Cu_2O 层上再涂一层透明的金属（例如金）薄膜 B 作为另一电极．将两极用导线连接于电流计 G 上，当光线透过薄膜 B 而入射到 Cu_2O 层上时，线路中就有电流沿箭头方向流过．Cu_2O 具有半导体的性质，在光的照射下，它的束缚电子一部分被释放出来而成为光电子．由于在铜板及 Cu_2O 的交界处形成阻挡层而具有整流作用．因此光电子就只能从 Cu_2O 到铜的方向通过，形成图 16-18 所示的电流方向．

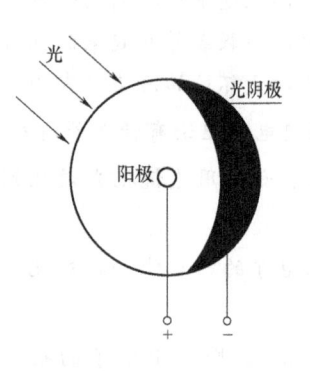 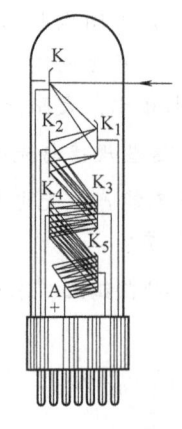 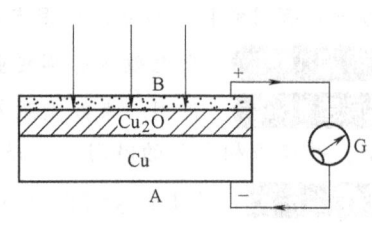

图 16-6 光电管　　　　图 16-7 光电倍增管　　　　图 16-8 氧化亚铜固体光电管

除 Cu_2O 外，利用硒、锡等也可以制成类似的光电装置．这类装置的特点是不需要在线路中接入外加电源，就可在线路中产生电流，它们自身就是把光能转变为电能的媒介，因此一般称为**光电池**．

应用拓展

利用光电管可以制成光控继电器，用于自动控制，如自动计数、自动报警、自动跟踪等．光控继电器的示意图如应用拓展图所示，它的工作原理是：当光照在光电管上时，光电管电路中产生电流，经过放大器放大，使电磁铁 M 磁化，而把衔铁 N 吸住；光断，则 M 放开 N．这样，若使衔铁和控制机构连接，就可以进行自动控制了．

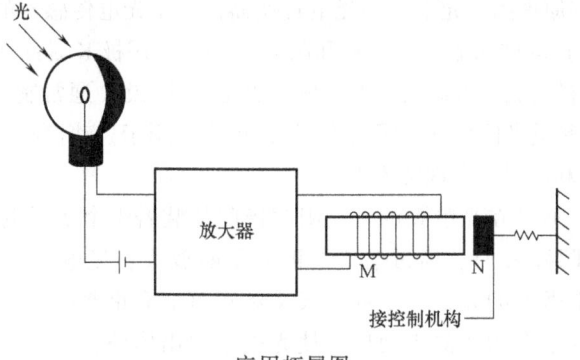

应用拓展图

16.3　康普顿效应　电磁辐射的波粒二象性

16.3.1　康普顿效应

1923 年，康普顿（Compton，1892—1962）用单色的 X 射线通过物质的散射实验，进一步证实了光子的存在．图 16-9 是康普顿实验的示意图．由 X 射线管 R 发出的波长为 λ 的 X

射线，通过光阑 D 后，变成一狭窄的射线束，再入射到一块作为散射物质的石墨 C 上，然后，射线通过石墨向各方向发生散射。散射的方向可用图 16-9 所示的散射角 φ 表示。散射光的波长可借摄谱仪 S 测定。实验发现，在各方向的散射中，除了出现原来波长 λ_0 的散射光外，还出现了 $\lambda > \lambda_0$ 的散射光，即出现向长波方向移动的新射线，新射线的波长与原入射线

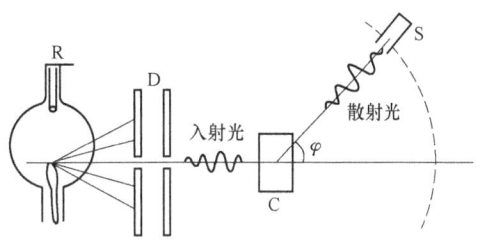

图 16-9 康普顿实验

的波长之差 $\Delta\lambda = \lambda - \lambda_0$ 随散射角 φ 的增大而增大；而且在同一散射角下，波长的改变量与散射物质无关。上述现象称为**康普顿效应**。

康普顿效应无法用经典理论解释。按照经典电磁理论，波长为 λ 的入射光射到物质上，将迫使物质中的带电粒子做受迫振动，这些做受迫振动的带电粒子将发射出与入射光波长相同的电磁波，其波长应等于入射光的波长，不应发生波长的移动。可见，康普顿效应与经典电磁理论相悖。

康普顿认为，只有按照光子论才能解释 X 射线散射中出现的波长移动现象。如图 16-10 所示，当 X 射线入射到散射物质上时，可以近似地认为，入射光子将与物质中的自由电子发生弹性碰撞。碰撞前，设自由电子的速度甚小而可忽略，把它当作静止的。频率为 ν_0 的光子沿 Ox 轴方向入射，碰撞后光子沿 φ 角的方向散射出去，电子则获得速度 v，沿 θ 角的方向运动。可想而知，由于光子的速率为 $c = 3\times10^8\,\mathrm{m\cdot s^{-1}}$，故电子获得的速度也不小，可与光速相比。按狭义相对论

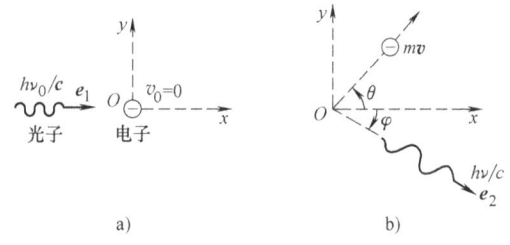

图 16-10 光子与自由电子的碰撞
a) 碰撞前 b) 碰撞后

的质量与能量的关系，电子在碰撞前、后的相应能量分别为 m_0c^2 和 mc^2。其中，m_0 和 m 分别为电子在碰撞前、后的静止质量和运动质量。

在碰撞过程中，根据能量守恒定律，有

$$m_0c^2 + h\nu_0 = h\nu + mc^2$$

设沿光子的入射和散射方向的单位矢量分别为 $\boldsymbol{e}_1$ 和 $\boldsymbol{e}_2$，则光子的入射动量为 $(h\nu_0/c)\boldsymbol{e}_1$，散射的动量为 $(h\nu/c)\boldsymbol{e}_2$，根据动量守恒定律，沿 Ox 轴、Oy 轴方向的分量式分别为

$$\frac{h\nu_0}{c} = \frac{h\nu}{c}\cos\varphi + mv\cos\theta$$

$$0 = \frac{h\nu}{c}\sin\varphi + mv\sin\theta$$

按狭义相对论的质量与速度的关系，碰撞后的电子质量为 $m = m_0(1-v^2/c^2)^{-\frac{1}{2}}$，把它代入并联解以上各式，消去 v 和 θ，可得波长改变量 $\Delta\lambda$ 的公式为

$$\lambda - \lambda_0 = \frac{2h}{m_0c}\sin^2\frac{\varphi}{2} \tag{16-14}$$

式（16-14）表明，散射光波长的改变量与入射光波长无关，仅由散射角 φ 决定，当散射角增大时，$\Delta\lambda$ 也随之增大．这一结论与实验结果完全符合．

此外，在散射物质中，除了自由电子和被原子核束缚很弱的外层电子外，还有被原子核束缚得很紧的内层电子．当 X 射线与内层电子发生弹性碰撞时，光子将与整个原子交换能量和动量．因此式（16-14）中电子的静止质量 m_0 要代之以原子的静止质量 M_0．由于 $M_0 \gg m_0$，根据碰撞理论，光子碰撞后不会显著地失去能量，所以 $\Delta\lambda = (2h\sin^2\varphi/2)/(M_0 c) \approx 0$，这时散射光的波长几乎不变．因此，散射光中除了有波长移动的新射线外，还有波长不变的射线．

康普顿的散射理论与实验完全符合，曾在量子论的发展中起到过举足轻重的作用．它不仅再一次验证了光子假设的正确性，而且还证明了光子在与微观粒子的相互作用过程中也是严格遵守动量守恒定律和能量守恒定律的．

16.3.2 电磁辐射的波粒二象性

迄今为止，我们已经认识到，光和所有电磁辐射在传播过程中所表现出来的干涉、衍射和偏振等现象，说明它们具有波动性；而在光电效应和康普顿效应等现象中，当光或其他电磁辐射（如 X 射线等）和物体相互作用时，表现为具有质量、动量和能量的微粒性．因而它们具有波和粒子的两重性质．这就是**电磁辐射的波粒二象性**．

实际上，光子和电磁波两者并非互不相关，而是以某种方式相互联系着的．对此，我们不做详述，仅从统计角度做一诠释，即**光的波动性应理解为大量光子的统计平均行为**；并且**每个光子也具有波动性质**，但这不是经典意义下的波，而是一种具有统计规律性的波，即**一个光子在某处出现的概率与该处的光强成正比**．但出现时必是整个的光子，而绝非一个光子的一部分．光的干涉现象是这种"概率波"相干的结果：明条纹或暗条纹处相应是光子出现的概率最大或最小的地方．以后我们将看到，像电子这类微观粒子也具有波粒二象性．

问题 16-5 假如采用可见光（如绿光，其波长 $\lambda = 500\text{nm}$），能不能观察到康普顿效应？为什么？

例题 16-4 波长 $\lambda = 0.1\text{nm}$ 的 X 射线与散射物中的自由电子相碰撞．若从与入射线方向成 120° 角的方向去观察它们的散射谱线，求散射谱线的波长和反冲电子的动能．

解 按康普顿散射公式，在与入射线成 120° 角方向上观测到散射谱线的波长为

$$\lambda = \lambda_0 + \frac{2h}{m_0 c}\sin^2\frac{\theta}{2} = \left(1\times 10^{-10} + \frac{2\times 6.63\times 10^{-34}}{9.1\times 10^{-31}\times 3\times 10^8}\sin^2 60°\right)\text{m} = 1.036\times 10^{-10}\text{m} = 0.1036\text{nm}$$

反冲电子的动能为

$$E_k = mc^2 - m_0 c^2 = h\nu_0 - h\nu = hc\left(\frac{1}{\lambda_0} - \frac{1}{\lambda}\right)$$

$$= 6.63\times 10^{-34}\times 3\times 10^8\times \left(\frac{1}{1\times 10^{-10}} - \frac{1}{1.036\times 10^{-10}}\right)\text{J} = 6.91\times 10^{-17}\text{J}$$

16.4 氢原子光谱 玻尔的氢原子理论

16.4.1 氢原子光谱的规律性

在研究原子结构及其规律时，通常采用的实验方法有两种：一种是利用高能粒子对原子进行轰击；另一种则是观察原子在外界激发下辐射的光谱规律．

1. 原子的核型结构

在 1897 年英国物理学家汤姆孙 (Thomson, 1856—1940) 发现并确认电子是原子的组成部分之后，物理学面临的一个新课题就是探索原子内部的奥秘．

1911 年，英国物理学家卢瑟福 (Rutherford, 1871—1937) 通过 α 粒子的散射实验探索了原子的内部结构．在实验中，当高速运动的 α 粒子轰击金属箔时，发生了散射现象．在分析实验结果的基础上，卢瑟福提出**原子的核型结构模型**，即原子是由一个带正电的原子核和若干绕核运动的电子所组成，原子核的质量占原子质量的 99.9% 以上，而其半径仅是原子半径的万分之一．这个有核模型类似于太阳系中行星绕太阳运转，因此也称为**原子的行星模型**．

2. 氢原子光谱的规律性

使炽热的气态元素发光，用摄谱仪观察其生成的光谱，可以根据光谱的特征来分析其化学元素．观察光谱时，通常在黑暗背景下，出现一些颜色不同的线状亮条纹，通常称为**光谱线**，一系列不连续的线状谱线组成的光谱称为**线光谱**．

氢原子是结构最简单的原子，因此其光谱情况也最简单．用氢气放电管可以得到氢原子光谱．通过对氢原子光谱的分析，可以进一步研究原子核外电子的运动规律．19 世纪末，巴耳末、莱曼、帕邢、布拉开、普丰德等人通过观察氢原子光谱在可见光以及紫外光、红外光区域的谱线，分析谱线之间的内在联系，得出如下的统一的公式，即所谓**广义巴耳末公式**：

$$\tilde{\nu} = \frac{1}{\lambda} = R_H \left(\frac{1}{k^2} - \frac{1}{n^2} \right) \quad (16\text{-}15)$$

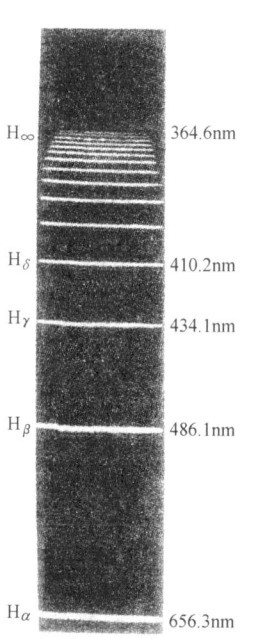

图 16-11 氢原子光谱的巴耳末系

式中，$\tilde{\nu}$ 是波长的倒数，叫作**波数**；R_H 称为**里德伯常量**，它是由瑞典人里德伯 (Rydberg, 1854—1919) 根据大量实验数据总结出来的，其实验值为 $R_H = 1.0967758 \times 10^7 \text{ m}^{-1}$．$k$ 可取整数值，当 $k=1$ 时，光谱处于远紫外线区，称为莱曼谱系；$k=2$ 时，光谱处于可见光区，称为巴耳末谱系；$k=3$ 时，称为帕邢谱系；$k=4$ 时，称为布拉开谱系；$k=5$ 时，称为普丰德谱系．这后三个谱系均在红外线区．对应每一个谱系，n 可取整数值 $k+1, k+2, k+3, \cdots$，分别表示该谱系中的不同谱线．图 16-11 是一组氢原子的巴耳末系谱线图．

从式 (16-15) 得到的可见光以及紫外光、红外光的各组谱线的数值和实验结果十分符合，说明式 (16-15) 反映了氢原子结构的内部规律. 从而为原子结构理论的建立提供了依据.

3. 用经典理论解释原子结构所遇到的困难

用经典的电磁理论难以解释原子的核型结构. 因为绕核运动的电子, 做加速运动, 因而电子将不断向外辐射电磁波, 这样, 它的能量会不断减少, 从而电子运动的半径越来越小, 电子逐渐靠近原子核, 最后落入原子核中. 如此说来, 原子应是一个不稳定的结构, 这和实验结果不相符合. 事实上, 原子结构是相当稳定的. 再者, 电子辐射电磁波的频率应等于电子绕核旋转的频率, 而且由于电子在旋转时能量逐渐减少, 其轨道势必越来越小, 相应地频率便越来越高, 即电子绕核旋转的频率在连续地变化, 电子辐射的电磁波的频率也在连续地变化, 因而所呈现的原子光谱应是连续光谱. 显然这与实际观测到的线状光谱也是完全不符的. 综上所述, 用经典理论来解释原子内电子的运动情形和原子光谱, 遇到了不可克服的困难.

16.4.2 玻尔的氢原子理论

为了解决上述困难, 1913 年, 玻尔 (Bohr, 1885—1962) 以原子有核模型为基础, 结合上述原子光谱的规律, 发展了普朗克的量子概念, 提出了原子结构量子论的两个基本假设.

1. 定态假设

电子只能在一定轨道上绕核做圆周运动, 只有在电子的角动量 L_φ 的值等于 $h/(2\pi)$ 的整数倍的轨道上, 运动才是稳定的, 即

$$L_\varphi = n\frac{h}{2\pi} \tag{16-16}$$

式中, $L_\varphi = mvr$ 称为**轨道角动量**, 其中 m、v、r 分别是电子的质量、运动速度和轨道半径; h 是普朗克常量; n 叫作**量子数**, 可取正整数 1, 2, 3, …. 式 (16-16) 称为**玻尔的角动量量子化条件**.

电子在上述特定轨道上运动时, 不向外辐射电磁波, 这时电子处于稳定状态 (称为**定态**), 对应这些不连续的定态, 氢原子具有一系列不连续的能量 $E_1, E_2, \cdots, E_n$. 这种不连续的能量的量值称为**能级**.

2. 跃迁假设

当原子发射或吸收辐射时, 原子的能量从定态 E_n 跃迁到定态 E_m, 它发射或吸收的单色光的频率由下式决定:

$$h\nu = |E_n - E_m| \tag{16-17}$$

式 (16-17) 称为**玻尔的频率条件**. 当 $E_n > E_m$ 时, 原子发出辐射, 当 $E_n < E_m$ 时, 原子吸收辐射.

玻尔根据以上两个基本假设, 推出了氢原子的能级公式, 成功地解释了氢原子光谱的规律性.

设氢原子中, 质量为 m 的电子在半径为 r_n 的圆形轨道上以速率 v 绕核运动, 电子的电荷为 e, 它受到的库仑力便是向心力. 按牛顿第二定律, 有

$$m\frac{v^2}{r_n} = \frac{1}{4\pi\varepsilon_0}\frac{e^2}{r_n^2} \tag{16-18}$$

将式（16-18）和式（16-16）联立，可解得氢原子中第 n 个稳定轨道的半径为

$$r_n = \frac{\varepsilon_0 h^2}{\pi m e^2} n^2 \quad (n=1,2,3,\cdots) \tag{16-19}$$

当 $n=1$ 时，$r_1 = \varepsilon_0 h^2/(\pi m e^2)$ 为最靠近原子核的轨道的半径．由于 ε_0、h、m、e 皆为已知的常量，由计算可得 $r_1 = 0.529 \times 10^{-10}$ m，r_1 称为**玻尔半径**．因此，式（16-19）也可写作

$$r_n = n^2 r_1 \quad (n=1,2,3,\cdots) \tag{16-20}$$

由式（16-20）可得氢原子中电子绕核运动的轨道半径可能值为 r_1，$4r_1$，$9r_1$，$\cdots$．所以原子中电子的轨道半径只能取某些不连续的值．这就是所谓**轨道半径的量子化**；或者说**电子的轨道是量子化的**．

再说氢原子的能量．电子在第 n 个轨道上运动时，原子的总能量 E_n，应等于电子的动能 $mv_n^2/2$ 与电子在原子核电场中的电势能 $-e^2/(4\pi\varepsilon_0 r_n)$ 之代数和，即

$$E_n = \frac{1}{2}mv_n^2 - \frac{e^2}{4\pi\varepsilon_0 r_n}$$

由式（16-18）得 $mv_n^2/2 = e^2/(8\pi\varepsilon_0 r_n)$，代入上式，再将式（16-19）的 r_n 代入，得

$$E_n = -\frac{me^4}{8\varepsilon_0^2 h^2} \frac{1}{n^2} \quad (n=1,2,3,\cdots) \tag{16-21}$$

当 $n=1$ 时，$E_1 = -me^4/(8\varepsilon_0^2 h^2)$，将已知的物理常量 m、e、ε_0、h 代入，可算出 $E_1 = -13.6$ eV．E_1 是电子处于第一轨道（$n=1$）时，氢原子所拥有的能量，称为氢原子的**基态能量**．氢原子处于基态时，能量最小，最为稳定．我们也可将式（16-21）写作

$$E_n = \frac{E_1}{n^2} \quad (n=1,2,3,\cdots) \tag{16-22}$$

对量子数 $n>1$ 的各个状态，其能量分别 $E_2 = E_1/4$，$E_3 = E_1/9$，$E_4 = E_1/16$，$\cdots$，称为**受激态**．由此可见，由于原子内的电子只能在一些稳定的量子轨道上运动，因此原子所具有的能量 E_n 也是不连续的，即只能具有 E_1，E_2，E_3，$\cdots$ 特定的数值，或者说，**原子的能量也是量子化的**．

由式（16-21）可知，当 $n \to \infty$ 时，$r_n \to \infty$，$E_n = 0$，电子离核无限远，能量最大（即等于零），此时氢原子处于**电离状态**．电子从基态跃迁到电离状态需要的能量为 13.6 eV，亦即氢原子的**电离**能为 13.6 eV．

> 既然原子能量数值的高低像一级一级的阶梯一样，形成分立的序列 [如式（16-21）那样]，通常我们就把这种**不相连续的能量数值**叫作**原子的能级**．

综上所述，由于氢原子中电子轨道是量子化的，则其能量也是量子化的．氢原子所允许拥有的能量值可以用**能级图**来表示，如图 16-12 所示．能级图上的每一根水平线代表 E_n 的一个数值，即为一个能级，所以式（16-21）也称为**氢原子的能级公式**．

根据玻尔假设，当电子从较高能级 E_n 跃迁到某较低能级 E_k 时，辐射出频率为 ν 的光子，光子的能量为

$$h\nu = E_n - E_k$$

将能级公式和 $\nu = c/\lambda$ 代入上式，可得

$$\tilde{\nu} = \frac{1}{\lambda} = \frac{me^4}{8\varepsilon_0^2 h^3 c}\left(\frac{1}{k^2} - \frac{1}{n^2}\right) \qquad (16\text{-}23)$$

式中，c 是真空中的光速，$c = 3 \times 10^8 \, \text{m} \cdot \text{s}^{-1}$. 将式（16-23）和式（16-15）比较，可知它就是广义巴耳末公式，其中里德伯常量 $R_\text{H} = \dfrac{me^4}{8\varepsilon_0^2 h^3 c} = 1.09737 \times 10^7 \, \text{m}^{-1}$，这个结果和实验符合得很好.

令式（16-23）中 $k = 1, 2, 3, 4, \cdots$，可以分别得到莱曼、巴耳末、帕邢、布拉开、普丰德等谱系.

玻尔氢原子理论成功地解释了氢原子光谱的规律性，因而，在一定准确的程度上，它反映了原子内部的运动规律，对现代物理学的发展起了很大的推动作用.

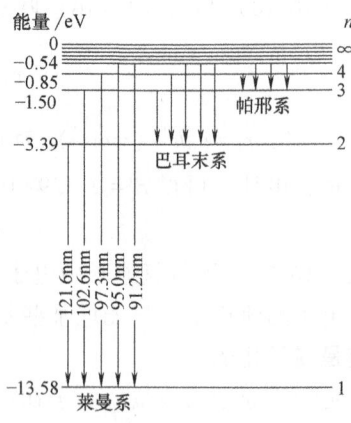

图 16-12 氢原子的能级图

然而，由于这个理论只不过是经典理论和量子理论的混合物，因此带有很大的局限性和缺陷. 我们把玻尔的量子理论称为**旧量子论**. 1926 年，海森伯、薛定谔、玻恩等人在旧量子论和德布罗意物质波的基础上建立了量子力学理论，才全面和正确地揭示了微观世界原子运动的规律.

章前问题 2 解答

本节的研究表明，每种原子辐射的光谱具有确定的频率组分，而且其谱线是分立的. 不同原子辐射的光谱不同，因此可以通过研究原子的光谱来确定是哪一种微观粒子. 例如，氢原子光谱，从对应的能量和辐射出的波长能够反映出原子的内部规律. 光谱研究一直是研究原子结构的一种重要手段.

问题 16-6（1）玻尔对原子的机制提出了哪几点假设？是在什么前提下提出的？根据这些假设可以得到哪些结果？解决了什么问题？

（2）为什么通常把氢原子中反映电子状态的能量作为整个氢原子的状态能量？试求在基态下氢原子的能量.

（3）试述能级的意义. 能级图中最高和最低的两条水平横线各表示电子处于什么状态？

例题 16-5 求氢原子的电离能，即把电子从 $n = 1$ 的轨道移到离原子核无限远处（$n = \infty$）时氢原子变成氢离子所需的功.

分析 由氢原子的能级公式

$$E_n = -\frac{me^4}{8\varepsilon_0^2 n^2 h^2}$$

可以看出，E_n 随 n 而增大，并随 $n \to \infty$ 时趋于零. 但电子在 $E_\infty = 0$ 时就不再受到原子核吸引力的束缚，即被游离出去，脱离原子，而使原子成为带正电的离子. 因此，如用电子来轰击原子，使原子获得能量，而从基态能级 E_1 跃迁到能级 $E_\infty = 0$，就会使原子电离. 给原子提供的这一部分能量 $\Delta E = E_\infty - E_1 = 0 - E_1 = -E_1$ 就是原子的**电离能**.

解 对氢原子来说，电子在轨道 $n = 1$ 时，氢原子的能量为 E_1，电子离原子核无限远

时，$E_\infty = 0$，则得氢原子电离能为

$$\Delta E = E_\infty - E_1 = -E_1 = \frac{me^4}{8\varepsilon_0^2 h^2}$$

将各量的数值代入，得

$$\Delta E = \frac{9.11 \times 10^{-31} \text{kg} \times (1.60 \times 10^{-19} \text{C})^4}{8 \times (8.85 \times 10^{-12} \text{C}^2 \cdot \text{N}^{-1} \cdot \text{m}^{-2})^2 \times (6.63 \times 10^{-34} \text{J} \cdot \text{s})^2}$$
$$= 2.17 \times 10^{-18} \text{J} = 13.6 \text{eV}$$

上述氢原子电离能数值和实验值 13.58eV 很接近（见图 16-12）.

说明 若提供给原子系统的能量大于它的电离能 ΔE，则游离出去的电子还可以有动能，此后，由于游离的电子已不再受原子的束缚，因而它的能量不再服从量子条件，即不取分立值，而是连续变化的.

例题 16-6 在气体放电管中，用携带着能量 12.2eV 的电子去轰击氢原子，试确定此时的氢可能辐射的谱线的波长.

解 氢原子所能吸收的最大能量就等于对它轰击的电子所携带的能量 12.2eV. 氢原子吸收这一能量后，将由基态能级 $E_1 \approx -13.6$eV 激发到更高的能级 E_n，如例题 16-6 图所示. 而

$$E_n = E_1 + 12.2\text{eV} = -13.6\text{eV} + 12.2\text{eV} = -1.4\text{eV}$$

于是由式（16-21）有

$$E_n = \frac{E_1}{n^2}$$

因 $E_1 = -13.6$eV，故由上式有

$$-1.4\text{eV} = \frac{-13.6\text{eV}}{n^2}$$

即与激发态 E_n 相对应的 n 值为

$$n = 3.12$$

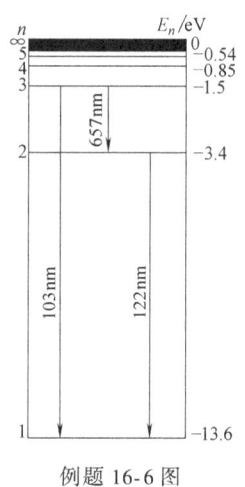

例题 16-6 图

因 n 只能是正整数，所以能够达到的激发态对应于 $n = 3$. 这样，当电子从这个激发态跃迁回到基态时，将可能发出三种不同波长的谱线，它们分别相应于如例题 16-6 图所示的三种跃迁：$n = 3$ 到 $n = 2$，$n = 2$ 到 $n = 1$ 和 $n = 3$ 到 $n = 1$，读者不难求出这三种波长分别为 $\lambda =$ 657nm、122nm 和 103nm.

本章小结

本章从研究热辐射实验规律出发，给出了热辐射的理论根源. 为解释热辐射实验规律，普朗克提出能量量子化假说，在此基础上，给出了绝对黑体的热辐射公式；在普朗克能量假说的启发下，爱因斯坦提出了光量子假设，解释光电效应，而康普顿效应又证实了光量子假设；玻尔发展了普朗克的量子概念，提出了原子结构量子论的两个基本假设：定态假设和跃迁假设，成功地解释的氢原子光谱的规律.

本章主要内容框图：

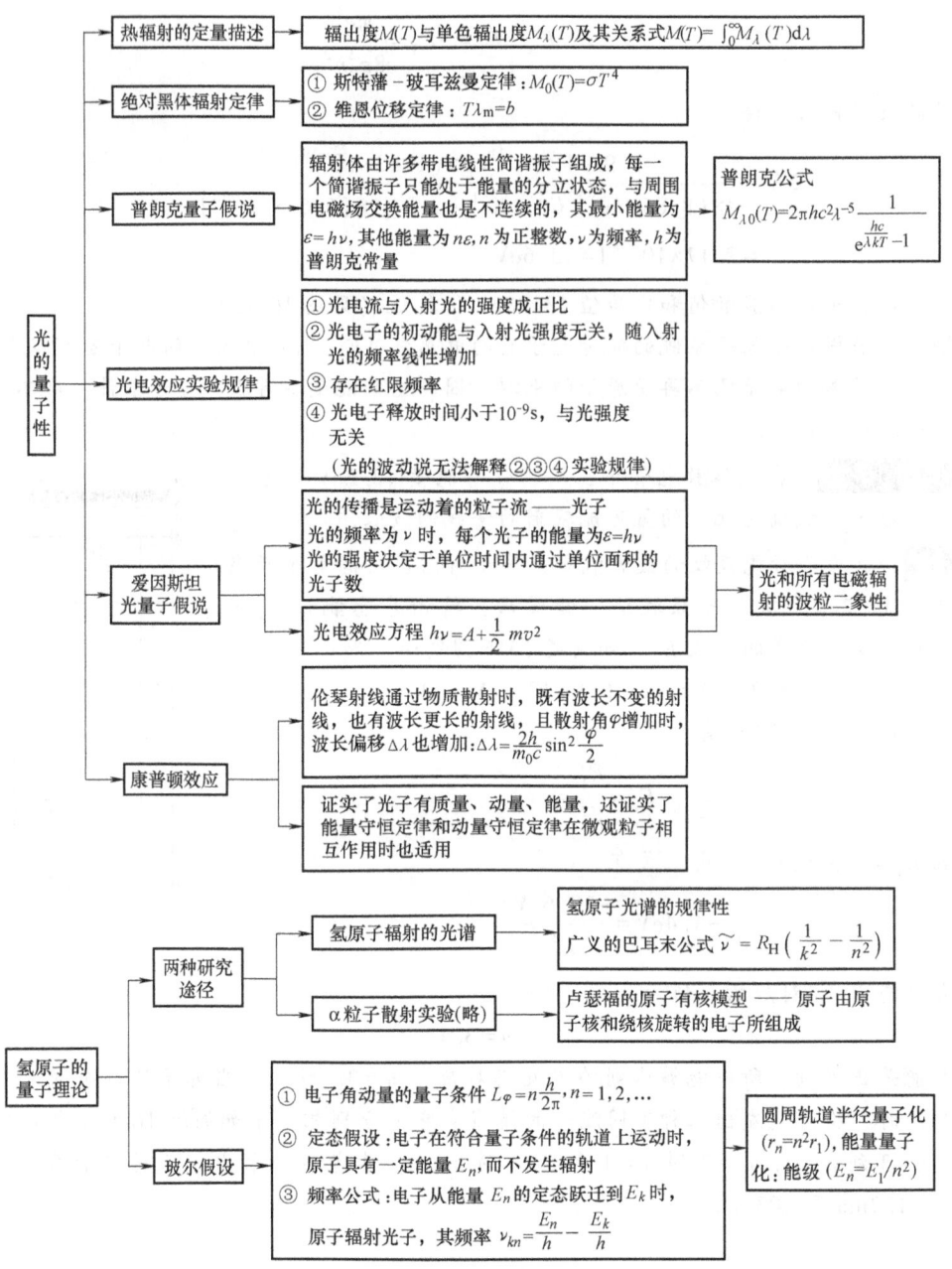

习 题 16

16-1 设有一物体（可视作绝对黑体），其温度自 450K 增加为 900K，问其辐出度增加为原来的多少倍？（答：16 倍）

16-2 从冶炼炉小孔内发出的辐射，对应于单色辐出度峰值的波长为 $\lambda_m = 11.6 \times 10^{-5}$ cm，求炉内温度.（答：2498K）

第16章 早期量子论

16-3 太阳在持续地进行热辐射，对应于单色辐出度峰值的波长为 $\lambda_m = 4.70 \times 10^{-7}$ m，假定把太阳当作绝对黑体，试估算太阳表面的温度.（答：6.17×10^3 K）

16-4 若把太阳看作半径为 7.0×10^8 m 的球形黑体，太阳射到地球表面上每平方米的辐射能量为 $\varepsilon = 1.4 \times 10^3$ W，地球与太阳的距离为 $r = 1.5 \times 10^{11}$ m. 试估算太阳的温度.（答：3.26×10^4 K）

16-5 在灯泡中，用电流加热钨丝，它的温度可达 2000K，把钨丝看成绝对黑体，问辐射出对应于单色辐出度峰值的波长 λ_m 是多少？（答：1.45×10^{-6} m）

16-6 北极星辐射光谱中出现对应于单色辐出度峰值的波长为 $\lambda_m = 0.35 \times 10^{-3}$ mm，求北极星表面的温度（把北极星看作绝对黑体）.（答：8.28×10^3 K）

16-7 用波长为 200nm 的紫外光照射到金属铝的表面上，已知铝的电子逸出功为 4.2eV，试求：（1）光电子的初动能为多少？（2）铝的红限波长为多少？〔答：（1）2.0eV，（2）296nm〕

16-8 求绿色光（$\lambda = 555$ nm）光子的能量.（答：3.58×10^{-9} J）

16-9 使锂产生光电效应的光的最大波长为 $\lambda_0 = 520$ nm. 若用波长为 $\lambda = \lambda_0 / 2$ 的光照射在锂上，锂所放出的光电子的动能为多少电子伏？（答：2.39eV）

16-10 钨的逸出功是 4.52eV，钡的逸出功是 2.50eV. 分别计算恰使钨放射光电子和钡放射光电子的入射光之最大波长；根据计算结果说明哪一种金属可以作为使用于可见光范围内的光电管阴极的材料.（答：$\lambda_{m_W} = 2.75 \times 10^{-7}$ m，$\lambda_{m_{Ba}} = 4.97 \times 10^{-7}$ m，钡可作为可见光范围内的阴极材料）

16-11 用波长分别为 546.1nm 和 312.6nm 的光照射在铯表面上而发生光电效应时，相应的遏止电压分别为 0.374V 和 2.070V. 试求电子的电荷.（答：1.64×10^{-19} C）

16-12 波长为 $\lambda_0 = 0.02$ nm 的 X 射线与自由电子碰撞，若从与入射线成 90°角的方向观察散射线，求：（1）散射的 X 射线的波长；（2）反冲电子的动能和动量.（假定被碰撞的电子可视作静止的）.〔答：（1）0.0224nm；（2）6.7×10^3 eV，4.44×10^{-23} kg·m·s^{-1}，$\theta = 41.8°$〕

16-13 根据玻尔理论，求氢原子在基态时各量的数值：（1）量子数；（2）轨道半径；（3）角动量；（4）线动量；（5）角速度；（6）线速度；（7）势能；（8）动能；（9）总能量.〔答：（1）1；（2）0.531×10^{-10} m；（3）1.055×10^{-34} J·s；（4）1.987×10^{-24} kg·m·s^{-1}；（5）4.107×10^{16} rad·s^{-1}；（6）2.181×10^6 m·s^{-1}；（7）-27.2 eV；（8）13.6eV；（9）-13.6 eV〕

16-14 求氢原子中电子从 $n = 4$ 的轨道跃迁到 $n = 2$ 的轨道时，氢原子发射的光子的波长.（答：486nm）

16-15 氢原子在什么温度下，其平均平动动能等于使氢原子从基态跃迁到激发态 $n = 2$ 所需的能量？（答：7.91×10^4 K）

16-16 已知氢原子莱曼系的最大波长为 121.6nm，求里德伯常量.（答：1.09649×10^7 m^{-1}）

16-17 自由电子与氢原子碰撞时，若能使氢原子激发而辐射，问自由电子的动能最小为多少电子伏？（答：10.2eV）

16-18 对氢原子来说，试证：当量子数 $n \gg 1$ 时，从 n 跃迁到 $n-1$ 态所发射的光子的频率 ν 等于 n 态时电子的旋转频率 $\nu' = me^4 / (4\varepsilon_0^2 h^3 n^3)$.

本章"问题"选解

问题 16-2（2）

答 一个物体能完全吸收任何波长的入射辐射能，则该物体就称为绝对黑体，简称黑体. 人们从远处向墙上一小窗望着，显得窗里面的房间特别暗，这是因为日光入射到窗内，在房间内多次反射而把日光的辐射能吸收殆尽，而从房内墙壁上反射出窗口的光线却极少，宛如绝对黑体一样，因此看上去显得屋内特别暗．

问题 16-4

答 如果入射光是红光，仅当其光子的能量 $h\nu \geqslant A$（A 为该金属的逸出功）或 $\nu \geqslant A/h$ 时，才能产生光电效应．若入射光频率小于红限 ν_0，则无论是把光聚焦在金属上，还是增大入射光的强度，或者使照射时间足够长，都不能产生光电效应．

问题 16-5

答 按康普顿公式 $\lambda - \lambda_0 = \dfrac{h}{m_0 c}(1-\cos\varphi)$，X 射线的偏移量 $\Delta\lambda$ 与散射物质及入射的 X 射线之原来波长 λ_0 无关，而只与散射角 φ 有关．从实际测量来说，有意义的是相对比值 $\Delta\lambda/\lambda_0$，例如，入射波长 $\lambda_0 = 500\text{nm}$，在 $\varphi = \pi$ 的方向，散射波波长的偏移为 $\Delta\lambda = 2h/(m_0 c)$，今可算出 $h/(m_0 c) = 2.43\times 10^{-3}\text{nm}$，则 $\Delta\lambda = 2\times 2.43\times 10^{-3}\text{nm} = 4.86\times 10^{-3}\text{nm}$，$\Delta\lambda/\lambda_0 \approx 10^{-5}$，这样便难以观察到康普顿效应．当 $\lambda_0 = 0.05\text{nm}$ 时，且仍取 $\varphi = \pi$，虽仍有 $\Delta\lambda = 4.86\times 10^{-3}\text{nm}$，但 $\Delta\lambda/\lambda_0 \approx 0.1 = 10\%$，就能较明显地观察到康普顿效应．因此，采用 $\lambda = 500\text{nm}$ 的绿光，康普顿效应不显著．这也是为什么我们选用 X 光射线观察康普顿效应的原因．

"问题拓展" 参考答案

答 由于分子热运动导致物体辐射电磁波．温度不同时，辐射的电磁波的波长分布不同，因而会呈现出不同的颜色．

第17章 量子力学简介

章前问题 ?

通过第16章的学习，我们对物理学有了颠覆性的认识．原来能量可以是不连续的，光与物质相互作用时可以表现出粒子性的一面，因此又称光为光量子．经典物理学的基本概念和语言已不能完备地描述微观粒子的运动规律，当对物质世界的探索深入到微观领域时，一切都不同了，那我们应该如何描述微观世界的物质运动规律呢？

比如，经典物理中一个简谐波的波函数描述了波传播过程中具有空间和时间周期性，对于波线上每一个质元，能够通过波函数求解任意时刻偏离平衡位置的位移，以及运动的速度等物理量．既然微观粒子也具有波动性（称为物质波），那么，物质波是否也会有类似的物理意义呢？

若要弄清上述问题，必须了解物质波以及物质波遵从的规律，即量子力学规律．

17.1 德布罗意假设　海森伯的不确定关系

17.1.1 德布罗意假设　实物粒子的波粒二象性

面对描述微观粒子运动规律所遇到的困难和挑战，1924年法国青年物理学家德布罗意（de Broglie，1892—1987）提出了一个耐人寻味的话题，他认为："整个世纪以来，在光学中，如果说波的研究方法过于忽视粒子，那么在实物粒子的理论上，是不是发生了相反的错误，把粒子的图像想得太多，而过分忽略了波的图像呢？"于是，他就提出了一个大胆的假设：**不仅电磁辐射具有波粒二象性，一切实物粒子也都具有波粒二象性**．

德布罗意认为：一个动量为 p、能量为 E 的自由粒子，对应于一频率为 ν 和波长为 λ 的平面单色波，它们之间的联系如同光子与光波的关系一样，即

$$E = h\nu \tag{17-1}$$

$$p = \frac{h}{\lambda} \tag{17-2}$$

> 自由粒子是指不受任何外力作用的微观粒子，它是做匀速直线运动的．

按照上述假设，若粒子的动量值为 $p = mv$（粒子的质量为 m，速度为 v），则对应于这个粒子

的平面单色波的波长为

$$\lambda = \frac{h}{p} = \frac{h}{mv} \qquad (17\text{-}3)$$

上式称为**德布罗意公式**，这种波称为**德布罗意波**或**物质波**。若粒子的速度 $v \ll c$，则上式中的粒子质量 m 即为静止质量 m_0，即 $m = m_0$；否则，应按相对论的质速关系 $m = m_0/(1-v^2/c^2)^{\frac{1}{2}}$，将上式改写成

$$\lambda = \frac{h}{m_0 v}\sqrt{1-\frac{v^2}{c^2}} \qquad (17\text{-}4)$$

这种德布罗意波不久就被实验所证实。

1927 年，戴维逊（Davisson, 1881—1958）和革末（Germer, 1896—1971）做电子束在晶体表面上的散射实验，观测到了类似于 X 射线衍射的电子衍射现象。首先证明了电子具有波动性。其实验装置如图 17-1 所示，整个装置封闭在真空中，电子从热灯丝 K 上射出，通过电压为 U_{KD} 的电场加速，然后通过阑缝 D 成为窄细的平行电子束，投射到单晶体 A 上，并在晶体表面上反射进入集电器 B，电子流的强度 I 可用与 B

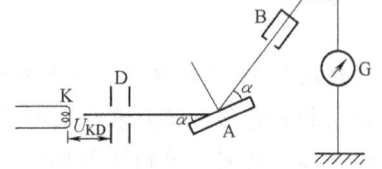

图 17-1 电子在晶体上衍射示意图

相连的电流计 G 来测量。实验时，图示的两角 α 保持相等而且不变。当改变加速电压 U_{KD} 时，量度相应的电子流 I，即可得出 U_{KD} 与 I 的关系。由于电子束和晶体碰撞后，可能沿各个不同方向散射。所以在上述实验的条件下所测定的，是入射电子束中能够按照反射定律所给出的方向运动的电子数目和加速电压 U_{KD} 之间的关系。实验结果指出，单调地增大加速电压 U_{KD} 时，电流 I 并不单调增加，而显现一系列的极大值，这与 X 射线在晶体上的布拉格衍射十分相似。如果认为电子具有波动性，其波长为 λ，则它应满足布拉格方程

$$n\lambda = 2d\sin\theta$$

他们在实验中用 54V 的加速电压，在 $\alpha = 50°$ 处测得电子射线强度有一极大值。已知镍晶体的晶格常量 $d = 0.1075$nm，取 $n = 1$，代入上式，得

$$\lambda = 2 \times 0.1075 \times \sin 50° \text{nm} = 0.165 \text{nm}$$

又由电子动能 $mv^2/2 = eU_{KD}$，有 $v = \sqrt{2eU_{KD}/m}$，又已知 $U_{KD} = 54$V，一并代入德布罗意公式 (17-3)，可算得

$$\lambda = h/\sqrt{2emU_{KD}} = 1.23/\sqrt{U_{KD}} \text{nm} = 1.23/\sqrt{54} \text{nm} = 0.167 \text{nm}$$

这就表明，戴维逊-革末的实验测量值与德布罗意公式的理论计算值相符合，从而证实了德布罗意公式的正确性。

同年，汤姆孙（G. P. Thomson）所做的电子衍射实验如图 17-2a 所示。电子从热灯丝 K 射出，经加速电压 U_{KD} 加速后，通过阑缝 D 形成很细的电子束，电子束穿过一薄晶片（金属箔）M 后，照射到照相底片 P 上，在底片上就显示出有规律的条纹，如图 17-2b 所示。这和 X 射线通过金属箔片时所发生的衍射条纹极为相似。因此可说明电子和 X 射线一样，在通过金属箔片时有衍射现象，即显示出电子具有波动性；并且按照德布罗意公式算出的电子的波长，也与这个实验获得的数据和结果相符合。这就充分证实了德布罗意假设的正确性。而且，实验证明各种粒子（如原子、分子和中子等微观粒子）也都具有同样的波动性；

并确认德布罗意公式是表征所有实物粒子波动性和粒子性关系的基本公式.

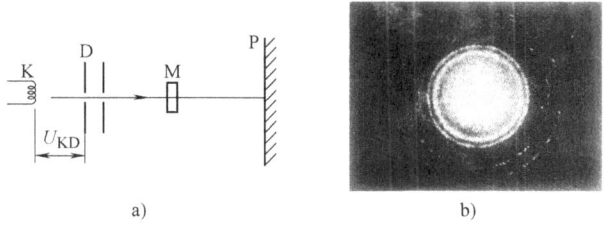

图 17-2　电子通过金箔的衍射实验

问题拓展

电子显微镜是利用电子的波动性来探测样品的结构和性质.若一个电子在加速后,获得的德布罗意波长为 0.2nm,能否用一个波长为 0.2nm 的 X 射线代替电子进行测量呢?

问题 17-1　(1) 试述微观粒子的波粒二象性.为何我们在平时未能觉察到物质的波动性?

(2) 求动能为 $1.00 \times 10^5 \mathrm{eV}$ 的电子的物质波波长.

例题 17-1　设有一质量 $m = 10^{-6} \mathrm{g}$ 的微粒,以速度 $v = 1 \mathrm{cm \cdot s^{-1}}$ 运动,求此微粒的德布罗意波波长.

解　按德布罗意公式 (17-3),所求波长为

$$\lambda = \frac{h}{p} = \frac{h}{mv} = \frac{6.63 \times 10^{-34} \mathrm{J \cdot s}}{10^{-9} \mathrm{kg} \times 10^{-2} \mathrm{m \cdot s^{-1}}} = 6.63 \times 10^{-23} \mathrm{m}$$

说明　对于如此短的波长,目前尚无能够观察出其波动性的精密仪器.我们知道,在宏观领域内,粒子的质量比 $10^{-6}\mathrm{g}$ 大得多,速度也多有比 $1\mathrm{cm \cdot s^{-1}}$ 更高的.因此,从上式可以推想,它们的物质波波长将更短.所以我们通常未能觉察到宏观粒子的波动性,而只能体察到它的粒子性.

例题 17-2　已知电子的质量 $m = 9.11 \times 10^{-31} \mathrm{kg}$,当它以速度 $v = 10^6 \mathrm{m \cdot s^{-1}}$ 运动时,求电子波的波长.

解　所求的电子波波长为

$$\lambda = \frac{h}{mv} = \frac{6.63 \times 10^{-34} \mathrm{J \cdot s}}{9.11 \times 10^{-31} \mathrm{kg} \times 10^6 \mathrm{m \cdot s^{-1}}} = 7.28 \times 10^{-10} \mathrm{m} = 0.728 \mathrm{nm}$$

说明　上述波长和 X 射线波长的数量级相同.所以,我们在电子衍射实验中用薄金箔当作光栅(薄金箔内原子有规则排列着,原子的间距比上述波长更小,好像光栅的狭缝),就可以观察到物质波的衍射现象.说明在微观领域内,粒子突显其波动性.

17.1.2　海森伯的不确定关系

在经典力学中,可以同时用确定的位置坐标和确定的动量来描述宏观物体的运动.对于微观粒子,因为它具有波动性,我们是否能同时用确定的位置坐标和确定的动量来描述它的

运动呢?

下面以电子的单缝衍射为例来进行研究. 设有一束电子沿 Oy 轴射向 AB 屏上的狭缝, 狭缝宽度为 a, 入射电子的动量为 p, 则在照相底片 ED 上可观察到单缝衍射图样.

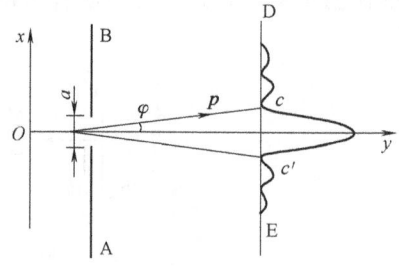

图 17-3 电子的单缝衍射

当一个电子通过狭缝的瞬时, 我们很难确切地回答其位置坐标 x 为多少. 然而, 该电子确实是通过了狭缝, 因此, 我们可以准确地确定电子的位置坐标在

$$\Delta x = a \tag{17-5}$$

的范围内. Δx 称之为电子在 Ox 轴方向位置的不确定量, 即电子通过狭缝的瞬时, 它在 Ox 轴上的位置可以准确到缝的宽度.

现在再来研究电子经狭缝时在 Ox 轴方向的动量是否确定? 由衍射图样分析可知, 电子经狭缝时可能向各个方向运动, 现做保守的估计, 假设电子经狭缝后射向底片 cc' 之间 (c、c' 是衍射条纹第一级极小的位置). 射向 c (或 c') 点的电子在 Ox 轴方向的动量为 $p\sin\varphi$. 因此, 电子在 Ox 轴方向动量的可能值应介于 0 与 $p\sin\varphi$ 之间, 即电子经狭缝时在 Ox 轴方向的动量也是不确定的, 其不确定量为

$$\Delta p_x = p\sin\varphi \tag{17-6}$$

对于衍射条纹的第一级极小, 有

$$a\sin\varphi = \lambda$$

或

$$\sin\varphi = \frac{\lambda}{a} = \frac{\lambda}{\Delta x}$$

代入式 (17-6), 得

$$\Delta p_x = p\frac{\lambda}{\Delta x}$$

由德布罗意公式 $\lambda = h/p$, 上式可写成

$$\Delta p_x = \frac{h}{\Delta x}$$

即

$$\Delta x \cdot \Delta p_x = h \tag{17-7}$$

在以上分析中, 我们只做了保守的估计, 实际上电子也可能射向底片 cc' 区域之外, 则 $\sin\varphi$ 比 λ/a 还要大, 所以 $\Delta p_x \geq h/\Delta x$, 即

$$\Delta x \cdot \Delta p_x \geq h \tag{17-8}$$

这个关系式是德国物理学家海森伯 (Heisenberg, 1901—1976) 于 1927 年提出来的, 称为**海森伯不确定关系**. 它表明, **微观粒子的位置坐标和动量是不可能同时准确测定的**. 亦即, 如果微观粒子位置的不确定量 Δx 越小 (即电子衍射时, 缝愈窄), 则其动量的不确定量 Δp_x 就越大 (即电子衍射条纹就扩展得越宽). 总之, 我们无法摆脱式 (17-8) 的限制, 这种限制与所用仪器的精度和实验者的能力是无关的. 它是微观世界的一条自然定律, 也是微观粒子波动性这一根本属性所导致的必然结果. 由于这个限制, 我们不能再用"位置坐标"和动量来描述微观粒子的运动状态, 因而"轨道"这一概念在微观领域中也失去了意义. 因为轨道的概念是建立在位置坐标和动量同时具有确定值的

基础上的.

> **应用拓展**

电子显微镜（常称电镜）就是基于电子的波动性设计的. 可用电子束代替光束，并利用电磁透镜使电子聚焦而成像. 在电镜中，电子经高压电场加速后，其物质波的波长很短，与X射线的波长在数量级上很接近. 由于光学仪器的分辨率与波长成正比，即波长愈短，分辨率愈高，所以电镜的分辨率远比普通的光学显微镜高. 我国已制成放大率为80万倍的电子显微镜，其分辨率为0.144nm，可观察到晶体结构以及蛋白质、脂肪之类的较大分子. 因此，电子显微镜在物理、化学、冶金、生物等科学技术领域中有着广泛的应用.

问题17-2 （1）什么叫不确定关系？在什么情况下，微观粒子可以近似地认为做轨道运动？

（2）设粒子位置坐标x的不确定量等于它的德布罗意波长，求证：此粒子速率v的不确定量$\Delta v_x \geq v$.

例题17-3 质量为1g的粒子，测量位置的不确定量为$1\mu m$时，其速率的不确定量为多少？

解 由式（17-8）有

$$\Delta v_x \geq \frac{h}{m\Delta x} = \frac{6.63 \times 10^{-34}}{1.0 \times 10^{-3} \times 1 \times 10^{-6}} \mathrm{m \cdot s^{-1}} = 6.63 \times 10^{-25} \mathrm{m \cdot s^{-1}}$$

即速度的不确定量约为$6.63 \times 10^{-25} \mathrm{m \cdot s^{-1}}$，这个不确定量对于宏观运动的物体来说是微不足道的，所以宏观物体的位置和动量可以同时确定.

例题17-4 原子的线度为10^{-10}m，求限制在原子中运动的电子的速度不确定量.

解 因为原子的线度为10^{-10}m数量级，而电子限制在原子中运动，所以原子的大小范围也就是电子位置的不确定量的数量级，即$\Delta x = 10^{-10}$m. 由不确定关系式，电子速度的不确定量为

$$\Delta v_x \geq \frac{h}{m\Delta x} = \frac{6.63 \times 10^{-34}}{9 \times 10^{-31} \times 10^{-10}} \mathrm{m \cdot s^{-1}} = 7.28 \times 10^6 \mathrm{m \cdot s^{-1}}$$

由此可知，原子中电子速度的不确定量的数量级为$10^6 \mathrm{m \cdot s^{-1}}$，但按经典理论计算，原子中的电子沿轨道运动速率的数量级约为$10^6 \mathrm{m \cdot s^{-1}}$，与$\Delta v_x$数量级相同. 由此可见，在这种情形下，由于电子的波动性十分显著，所以关于电子以一定速率沿一定轨道运动的概念必须放弃.

17.2 波函数及其统计解释

17.2.1 自由粒子的波函数

宏观物体的运动状态可用位置坐标和动量来描述；而微观粒子具有波粒二象性，所以它和宏观物体的行为存在质的差别. 那么如何描述微观粒子的运动状态呢？

首先，讨论最简易的情形．一个不受外力作用的自由粒子做匀速直线运动．其能量 E 和动量 p 都保持恒定．由德布罗意公式可知，与该自由粒子相关联的物质波的频率 $\nu = E/h$ 和波长 $\lambda = h/p$ 也都保持不变．而从波动观点看，频率和波长都恒定不变的波是单色平面波．

我们知道，平面波的波动方程为

$$y(x,t) = A\cos 2\pi(\nu t - x/\lambda) \tag{17-9}$$

式中，A 为振幅；ν 为波的频率；λ 为波长．如果是机械波，y 表示位移；如果是电磁波，y 表示电场强度 E 或磁场强度 H．同时，我们也知道，波的强度与振幅的平方成正比．式 (17-9) 也可以用复指数形式来表示，即

$$y(x,t) = Ae^{-i2\pi(\nu t - x/\lambda)} \tag{17-10}$$

对机械波或电磁波来说，由于虚数是没有意义的，因而可取上式的实数部分，这就是式 (17-9)．

设给定动量 p 和能量 E 的自由粒子沿 Ox 轴运动，基于实物粒子的波粒二象性，由德布罗意公式可知，其波长和频率分别为 $\lambda = h/p$，$\nu = E/h$，则其波动表达式可改写为

$$\Psi(x,t) = \psi_0 e^{-i\frac{2\pi}{h}(Et - px)} \tag{17-11}$$

这就是沿 Ox 轴方向运动的自由粒子的**德布罗意波函数**，简称**波函数**，它描述了能量为 E、动量为 p 的具有二象性的实物粒子的运动状态，ψ_0 是波函数的振幅．

由于量子力学中的波函数是复数，它本身的物理意义有待于进一步的解释．

问题 17-3 由式 (17-11)，试求德布罗意波函数 $\Psi(x,t)$ 的共轭函数 $\Psi^*(x,t)$；并求证：$\Psi\Psi^* = \psi\psi^*$（其中，$\psi = \psi(x) = \psi_0 e^{i\frac{2\pi}{h}px}$）．

17.2.2 波函数的统计解释

今以电子衍射为例，说明波函数的物理意义．在图 17-2a 所示的电子衍射实验中，如果我们控制电子束，使它极为微弱，甚至让电子一个一个地通过晶体而落到照相底片上．起初，当落在底片上的电子数目不多时，底片上呈现出一个一个的点，这些点的分布显得杂乱无章，这表明每个电子落在底片上什么地方是不确定的．但是，经过一定时间，就有大量电子落于底片上．这时电子在底片上各处的分布渐渐显示出一定的规律性，形成如图 17-2b 所示的衍射图样．既然底片上记录的是电子，亦即表现为粒子性；而其所显示的衍射图样，却又表现为波动性．那么，我们不禁要问：微观粒子兼有的波动性和粒子性这两种行为之间究竟存在着什么关系呢？

① 按复数理论，式 (17-11) 的波函数 Ψ 的共轭函数为 $\Psi^* = \psi_0 e^{i\frac{2\pi}{h}(Et-px)} = \psi_0 e^{-i\frac{2\pi}{h}px} e^{i\frac{2\pi}{h}Et} = \psi^* \cdot e^{i\frac{2\pi}{h}Et}$，其中 $\psi^* = \psi^*(x) = \psi_0 e^{-i\frac{2\pi}{h}px}$，即 ψ^* 为 $\psi = \psi_0 e^{i\frac{2\pi}{h}px}$ 的共轭函数．于是

$$\Psi\Psi^* = (\psi e^{-i\frac{2\pi}{h}Et})(\psi^* e^{i\frac{2\pi}{h}Et}) = \psi\psi^*$$

② 若设 $\psi = a + ib$，$\Psi^* = a - ib$，$\Psi\Psi^* = a^2 + b^2 = (\sqrt{a^2+b^2})^2$，其中 $|\Psi| = \sqrt{a^2+b^2}$ 称为**复数的模量**．由此可知，复数与其共轭复数的乘积 $\Psi\Psi^*$ 一定是一个实数．

③ 物质波的强度应是实数，否则没有实际意义．这里，$\Psi\Psi^*$ 是实数，正是描述物质波的波函数所要求的．

从波动观点来看，照相底片上的电子衍射极大处（如同光波衍射图样中的明条纹处），衍射电子波（物质波）的强度大，即衍射电子波的波函数模量 $|\Psi|^2 = \Psi\Psi^*$ 也大．再从粒子

的观点来看，尽管我们不能预言电子一定落在照相底片上的某处，但是在衍射图样中，衍射电子波强度大的地方，底片感光强，表明落到该处的电子较密集；强度小的地方，则表明落到该处的电子较疏稀或甚至没有．从统计意义上说，电子波强度大的地方，表明电子落于该处的机会多，或者说概率大，因此意味着落于该处的电子数目应越多，故而反映电子波动性的衍射图样，其强度分布与电子落于照相底片上各处的概率分布相对应．这不仅对电子是这样的，对于其他微观粒子来说，情况也是如此．所以，**微观粒子的物质波是一种概率波**．

如上所述，由于微观粒子同时具有波动性，我们无法准确说出粒子在各个时刻的位置，只能说粒子出现在某一点有一定的概率．设在空间中位于坐标 (x,y,z) 处附近的体积 dV 中出现粒子的概率为 dP，则 dP/dV 即为该处附近单位体积中发现此粒子的概率，称为**概率密度**．德国物理学家玻恩（Born，1882—1970）认为：**如果我们已知微观粒子的波函数，就能给出任一时刻在空间各点出现该粒子的概率密度**．由此，他在1926年提出了关于物质波的统计解释，可综述如下：

设微观粒子的波函数为 $\Psi(x,y,z,t)$，则在给定时刻 t，在空间某点 (x,y,z) 附近找到该粒子的概率密度 dP/dV 与代表该点物质波强度的 $|\Psi(x,y,z,t)|^2$ 成正比，即 $dP/dV \propto |\Psi|^2$，不妨取比例系数为1，则

$$\frac{dP}{dV} = |\Psi|^2 \tag{17-12}$$

于是，可得在该处的体积元 dV 内发现粒子的概率为

$$dP = |\Psi|^2 dV = \Psi\Psi^* dV \tag{17-13}$$

由于粒子总是存在于空间中，它不在空间这一地方出现，就要在其他地方出现．所以，在整个空间内搜索，一定能找到它，亦即，在整个空间内发现粒子的概率应等于100%，即

$$\iiint_V \Psi\Psi^* dV = 1 \tag{17-14}$$

上式称为波函数 Ψ 的**归一化条件**．式中 V 代表整个空间．

┌┈┈┈┈┈┈┈┈┈┈┐
│ **章前问题解答** │
└┈┈┈┈┈┈┈┈┈┈┘

经典物理中的波函数与描述微观粒子的波函数完全不同，微观粒子的波函数是一个复数，其本身没有物理意义，但是其模的平方却可以表示空间粒子在某一时刻、某一个位置出现的概率密度．

17.3 薛定谔方程

在经典力学中，质点运动状态可用位置坐标和速度来描述，我们可以根据初始条件利用牛顿运动方程求出质点在任一时刻的位置坐标和速度．与之相仿，在量子力学中，薛定谔（Schrödinger，1887—1961）于1926年建立了有势场中微观粒子的波函数所满足的微分方程，称为**薛定谔方程**，它可以正确处理低速（与光速相比）情形下各种微观粒子的运动问

题. 薛定谔方程作为量子力学的基本方程,如同经典力学中的牛顿运动方程一样,也不能由其他基本原理推导出来,它的正确性只能凭借它对一些问题的解答以及与实验结果是否相符合来检验. 下面介绍建立薛定谔方程的主要思路,而并不是方程的推导.

设有一质量为 m、动量为 p、能量为 E 的自由粒子沿 Ox 轴运动,由式 (17-11) 可得波函数为

$$\Psi(x,t) = \psi_0 e^{-i\frac{2\pi}{h}(Et-px)} = e^{-i\frac{2\pi}{h}Et}\psi(x) \tag{17-15}$$

其中

$$\psi(x) = \psi_0 e^{i\frac{2\pi}{h}px} \tag{17-16}$$

称为**振幅函数**,它是波函数中只和坐标有关、而与时间无关的部分,因此,如果由薛定谔方程求出振幅函数 ψ,则由式 (17-15) 即可给出 Ψ,所以我们有时也把振幅函数 ψ 称为波函数. 今将振幅函数对 x 取二阶导数,有

$$\frac{d^2\psi(x)}{dx^2} = \left(i\frac{2\pi}{h}p\right)^2 \psi_0 e^{i\frac{2\pi}{h}px} = -\frac{4\pi^2}{h^2}p^2\psi(x)$$

自由粒子的能量等于其动能 E_k,当自由粒子的速度比光速小得很多(即低速)时,它的动量与能量之间的关系为 $E_k = p^2/(2m)$,故上式可写成

$$\frac{d^2\psi(x)}{dx^2} = -\frac{8\pi^2 m}{h^2}E_k\psi(x)$$

或

$$\frac{d^2\psi(x)}{dx^2} + \frac{8\pi^2 m E_k}{h^2}\psi(x) = 0 \tag{17-17}$$

这就是一维空间自由粒子的波函数(即振幅函数)所遵循的规律.

如果粒子不是自由的,而是在有势场中运动,则波函数所满足的方程可用类似的方法建立起来. 若粒子在有势场中的势能 E_p 仅是坐标的函数,与时间无关,即 $E_p = E_p(x)$,而系统的总能量 E 为一与时间无关的恒量,那么,此系统状态称为**定态**,这时粒子的总能量 E 应是势能 E_p 与动能 E_k 的和,因此,式 (17-17) 中的 E_k 要用关系式

$$E_k + E_p(x) = E \quad \text{或} \quad E_k = E - E_p(x)$$

代入,于是得

$$\frac{d^2\psi(x)}{dx^2} + \frac{8\pi^2 m}{h^2}[E - E_p(x)]\psi(x) = 0 \tag{17-18}$$

因为 $\psi(x)$ 只是坐标的函数,而与时间无关,所以 $\psi(x)$ 所描述的是粒子在空间中的一种稳定状态. 上式就是一维空间中粒子运动的**定态薛定谔方程**. 如果粒子在三维空间中运动,则上式可推广为

$$\frac{\partial^2\psi}{\partial x^2} + \frac{\partial^2\psi}{\partial y^2} + \frac{\partial^2\psi}{\partial z^2} + \frac{8\pi^2 m}{h^2}(E - E_p)\psi = 0 \tag{17-19}$$

上式就是一般情况下的定态薛定谔方程.

最后指出,根据选定的初始条件和边界条件,由薛定谔方程所求得的解,即为粒子的波函数 ψ(或 Ψ);由此可计算概率密度 $dP/dV = \psi\psi^* = |\psi|^2$. 考虑到概率密度的意义是单位体积内粒子出现的概率,它必须是位置 (x, y, z) 的单值函数. 不然的话,在同一地点会

有两种概率,显然违背实验事实.概率密度又必须在空间各点是连续的,并且具有有限值,否则便会违背概率为1的条件,因而,$\iiint_V \psi \psi^* \mathrm{d}V = 1$. 总之,在粒子运动的空间内,**波函数 Ψ 本身(及其一阶导数)也必须是单值、连续和有限的**. 这就是对波函数所附加的一个**标准条件**.

其次,薛定谔方程是线性的偏微分方程,所以满足**叠加原理**,即如果一组函数 Ψ_1, Ψ_2, ⋯, Ψ_i, ⋯是薛定谔方程所有可能的解,则它们线性叠加所得的函数 $\Psi = C_1\Psi_1 + C_2\Psi_2 + \cdots + C_i\Psi_i + \cdots = \sum C_i \Psi_i$ 也是同一方程的可能解,其中,C_1, C_2, ⋯, C_i, ⋯为常数.

问题 17-4 (1)列出普遍形式的薛定谔方程.
(2)何谓定态?列出定态薛定谔方程.
(3)据理讨论波函数所应满足的标准条件和叠加原理.

17.4 定态薛定谔方程的应用

本节举例说明薛定谔方程的应用,并简述应用薛定谔方程求解氢原子问题所得的一些结论.

这里主要讨论处于束缚态的微观粒子的运动,即粒子所受的作用迫使它局限在给定的空间范围内运动. 由于微观粒子具有波动性,其定态波函数在给定范围内相当于驻波波形,而稳定驻波往往与波长的整数倍相关联. 这个整数 n 就是**量子数**,它导致能量的量子化,出现了分立的能级. 所以微观粒子的行为无法用经典力学中粒子运动的规律来描述.

17.4.1 一维无限深方形势阱

当金属中的电子在构成金属骨架的晶体点阵之间运动时,要受到点阵上正离子的作用力,这种作用力可用两者相互作用的势能 E_p 表征. 电子在这个有势力场中运动时,通常并不能自发地挣脱出金属表面,这说明在金属内的电子运动到表面上时,其总能量(E_k 和 E_p)远小于表面处的势能,因而受到阻挡. 为此,我们对金属中的电子运动有时可做这样的简化处理,即认为:若无外界影响(如外电场、光照等),电子好似被无限高的势能"壁"禁闭在金属内,并在一维有势力场作用下运动着. 这个形象化的模型被称为**一维无限深的方形势阱**,如图 17-4 所示.

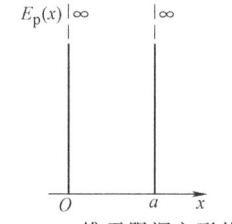

图 17-4 一维无限深方形势阱

现在我们来研究微观粒子(如电子等)在一维方势阱中的运动. 设粒子的质量为 m、总能量为 E,其势能为

$$\left.\begin{aligned} E_p(x) &= 0 \quad (0 < x < a) \\ E_p(x) &= \infty \quad (x \leq 0 \text{ 或 } x \geq a) \end{aligned}\right\} \quad (17\text{-}20)$$

由于势能是相对的,故可适当选取某处为势能零点. 于是,我们就选取粒子在势场 $0 < x < a$ 范围内(例如,电子在金属内)的势能为零. 由于势能不随时间 t 而变化,故粒子在势阱中的运动属于定态问题;又因为在势阱中的 $E_p(x) = 0$,于是按式(17-19),可写出粒子在势阱中($0 < x < a$)运动的定态薛定谔方程为

$$\frac{d^2\psi}{dx^2}+2m\left(\frac{2\pi}{h}\right)^2 E\psi=0 \qquad (17\text{-}21)$$

令
$$\frac{8m\pi^2 E}{h^2}=k^2 \qquad \text{ⓐ}$$

则上式成为
$$\frac{d^2\psi}{dx^2}+k^2\psi=0 \qquad \text{ⓑ}$$

求这个二阶常系数微分方程的通解，得
$$\psi(x)=A\sin kx+B\cos kx \qquad \text{ⓒ}$$

式中，A、B 为积分常数，可由边界条件确定。考虑到在 $x=0$ 和 $x=a$ 处 $E_p(x)=\infty$，即势阱的两"壁"为无限深，故粒子只能在阱内运动，不可能越出"阱壁"。这表明粒子不可能在 $x=0$ 和 $x=a$ 处出现，与粒子相联系的物质波在该两处也不存在。故得边界条件：

$$\psi(0)=0,\ \psi(a)=0 \qquad \text{ⓓ}$$

将 $\psi(0)=0$ 代入式ⓒ，有 $\psi(0)=A\sin 0+B\cos 0=0$，故得 $B=0$，则式ⓒ为
$$\psi(x)=A\sin kx \qquad \text{ⓔ}$$

再利用边界条件 $\psi(a)=0$，将它代入式ⓔ，有
$$\psi(a)=A\sin ka=0$$

由此得 $ka=n\pi$，即 $k=n\pi/a$ ($n=1,2,3,\cdots$)，故 k 值不是任意的，而是某些特定的值，从而由式ⓐ所得出的粒子能量 E 也只能取对应于各个 n 值的一些特定的分立值。据此，将 E 改用 E_n 表示，由式ⓐ即有

$$E_n=\frac{n^2 h^2}{8ma^2} \quad (n=1,2,3,\cdots) \qquad (17\text{-}22)$$

式中，正整数 n 称为**能量的量子数**。可见，当粒子束缚在方势阱中运动时，其能量是量子化的，只能取相应于 $n=1,2,3,\cdots$ 的一系列不连续的分立值 $E_1=h^2/(8ma^2)$，$E_2=4E_1$，$E_3=9E_1$，$\cdots$，其能级图如图 17-5a 所示，其中 E_1 叫作粒子的**基态能级**，E_2，E_3，$\cdots$ 称为**激发态能级**。

对应于每一能级的粒子，有它自己的波函数，这可将上述 $k=n\pi/a$ ($n=1,2,3,\cdots$) 代入式ⓔ，并将 ψ 改用 ψ_n 表示，得

$$\psi_n(x)=A\sin\frac{n\pi x}{a} \quad (0<x<a) \qquad \text{ⓕ}$$

式中的积分常数 A 可以用前述的波函数归一化条件确定。即在一维空间中，有
$$\int_{-\infty}^{\infty}|\psi_n(x)|^2 dx=\int_0^a A^2\sin^2\left(\frac{n\pi x}{a}\right)dx=A^2\frac{a}{2}=1$$

得
$$A=\sqrt{2/a}$$

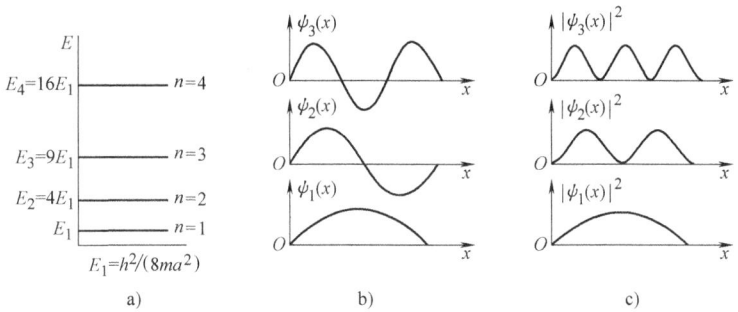

图 17-5 方势阱中粒子的能级、波函数和概率分布

代入式ⓕ, 得能量为 E_n 的粒子的**归一化波函数**为

$$\psi_n(x) = \sqrt{\frac{2}{a}} \sin\frac{n\pi x}{a} \quad (0<x<a) \tag{17-23}$$

这就是薛定谔方程最终的解. 由此, 我们可以进一步给出方势阱中能级为 E_n 的粒子在各个 x 位置处的概率密度, 即

$$|\psi_n|^2 = \frac{2}{a}\sin^2\frac{n\pi x}{a} \quad (0<x<a) \tag{17-24}$$

图 17-5b、c 分别绘出了 $n=1, 2, 3$ 三个量子态的波函数 ψ 和概率密度 $|\psi|^2$ 的分布图.

问题 17-5 如何求出方势阱中的定态微观粒子的能级? 并给出粒子的完整的波函数为

$$\Psi = \sqrt{\frac{2}{a}}\sin\frac{n\pi x}{a}e^{-i\frac{2\pi E}{h}t} \tag{17-25a}$$

及其实数部分为驻波解

$$\Psi_\text{实} = \sqrt{\frac{2}{a}}\sin\frac{n\pi x}{a}\cos\frac{2\pi E}{h}t \tag{17-25b}$$

试由此说明: 与阱中自由粒子相联系的平面物质波向右传播, 在阱壁反射后向左传播, 二者叠加的结果形成了驻波.

17.4.2 势垒贯穿

微观粒子的势垒贯穿问题是研究原子核的 α 衰变、金属电子冷发射等现象的理论基础. 图 17-6a 表示铀自动放射出的 α 粒子 (即带正电的氦原子核) 与铀原子核之间相互作用的势能曲线, 当 α 粒子分别处于半径为 R 的铀原子核内 ($x<R$) 和核外 ($x>r$) 的区域 I、III 时, 其势能小于在铀原子核半径 R 附近的区域 II 中的势能; 区域 II 的势能曲线形如一个具有较高势能的"壁垒", 称之为**势垒**. 当 α 粒子在铀核内时, 可以来回振荡, 类似于图 17-7 的 I 区. 经典物理无法解释 α 粒子为什么能被放射出来. 下面将看到, α 粒子能被放射出来, 乃是一种**隧道效应**.

我们把具有类似于上述势能曲线的一些实际问题进行简化,便可给出一个简单的计算模型,称为**一维方形势垒**,如图17-6b所示. 它表示在宽度为 $0 \leqslant x \leqslant a$ 的区域内,存在一个势能为 V_0 的势场,或者说,具有一个高度为 V_0 的势垒,即

$$E_p(x) = \begin{cases} 0 & (x<0) \quad \text{区域 I} \\ V_0 & (0 \leqslant x \leqslant a) \quad \text{区域 II} \\ 0 & (x>a) \quad \text{区域 III} \end{cases} \quad (17\text{-}26)$$

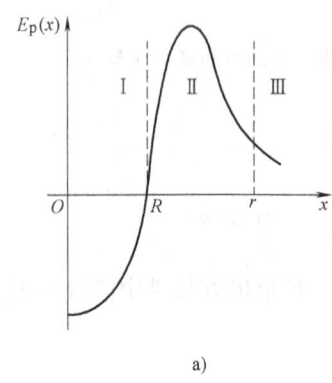
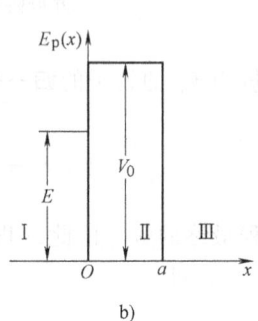

a) b)

图 17-6 α粒子的势能曲线与一维方形势垒

a) α粒子与铀原子核相互作用的势能曲线 b) 一维方形势垒

分别代入一维定态的薛定谔方程式(17-17)和式(17-18)中,有

$$\begin{cases} \dfrac{d^2\psi}{dx^2} + 2m\left(\dfrac{2\pi}{h}\right)^2 E\psi = 0, & \text{区域 I 和 III} \\ \dfrac{d^2\psi}{dx^2} + 2m\left(\dfrac{2\pi}{h}\right)^2 (E-V_0)\psi = 0, & \text{区域 II} \end{cases} \quad (17\text{-}27)$$

由此求出各区域中满足标准条件的波函数(计算从略). 结果表明,在区域 II、III 中,波函数皆不等于零(见图17-7). 这就是说,原来在区域 I 中的粒子有一部分将穿透势垒而到达区域 III. 对于上述情况,我们可以引用粒子的**贯穿系数** D 来描述,它定义为:**在区域 III ($x>a$) 和区域 I ($x<0$) 中,单位时间内通过垂直于 Ox 轴的单位面积的粒子数之比**. 量子力学的计算表明,当粒子的能量 $E<V_0$ 时,贯穿系数为

$$D = e^{-\frac{4\pi}{h}\sqrt{2m(V_0-E)}\,a} \quad (17\text{-}28)$$

图 17-7 一维方形势垒的波函数

上式指出,贯穿系数 D 随着势垒的加高(V_0 增大)、加宽(a 扩大)而迅速减小,以至趋近于零,这时,量子力学的效应近乎消失,其结果趋同于经典力学. 可是,若势垒不高、且较窄,则贯穿系数就较大.

按照经典力学观点,上述隧道效应是不可理解的. 然而,这是微观粒子的行为——波

动性所决定的. 因此，隧道效应是量子力学特有的现象，它已被许多实验事实所证明. 利用隧道效应原理可以制成半导体和超导体中的隧道器件（如隧道二极管等）以及扫描隧道显微镜. 这种显微镜的灵敏度极高，能够在原子尺度上进行无损探测，它把人类视野带进了单个分子和原子的研究范围，提升了人们在原子和分子水平上操纵物质的能力，从而推进了当前纳米技术[⊖]的研究，在材料科学和生物科学等的研究工作中特别有用. 我国在 1987 年已研制成分辨率达到原子级的扫描隧道显微镜，并付诸使用，标志着国内在显微技术方面已取得了突破性的进展.

问题 17-6 （1）试述微观粒子的势垒贯穿现象.

（2）如图 17-6b 所示，设势垒高为 $V_0=20\text{eV}$，入射的电子具有能量 $E=10\text{eV}$，若势垒宽度分别为 $a=10^{-9}\text{cm}$，10^{-8}cm，10^{-7}cm，计算电子的贯穿系数.

17.4.3 一维简谐振子

在微观领域中，分子内的原子在其平衡位置附近的微振动、固体中的晶格离子的微振动等这些周期性运动，都可用一维简谐振子作为计算模型来处理.

按经典力学，一个质量为 m 的粒子沿 Ox 轴仅受弹性力 $F=-kx$ 作用，处于弹性势能为

$$E_p(x)=\frac{1}{2}kx^2=\frac{1}{2}m\omega^2x^2 \qquad \text{ⓐ}$$

的势场中运动. 式中，k 为劲度系数. 势能曲线是一条抛物线（见图 17-8）. 简谐振子的频率为

$$\nu_0=\frac{1}{2\pi}\sqrt{\frac{k}{m}} \qquad \text{ⓑ}$$

在量子力学中，我们将 $E_p(x)=kx^2/2$ 代入一维定态薛定谔方程式（17-18）中，有

$$\frac{d^2\psi}{dt^2}+2m\left(\frac{2\pi}{h}\right)^2\left(E-\frac{1}{2}kx^2\right)\psi=0 \qquad \text{ⓒ}$$

从这个常微分方程求出满足标准条件和归一化条件的所有波函数 ψ_n 的解（求解过程从略），相应的简谐振子能量只能取一系列分立的值，即

$$E_n=\left(n+\frac{1}{2}\right)h\nu_0 \qquad (n=0,1,2,\cdots) \qquad (17\text{-}29)$$

亦即，**简谐振子的能量是量子化的**（见图 17-8），其分立的能级是等间隔的，相邻能级间距皆为 $h\nu_0$. 1900 年，普朗克在解释黑体辐射规律时，曾假定简谐振子能量只能取 $h\nu$ 的整数倍，与这里的计算基本相符，但普朗克的假设是人为地强加的，而这里是自然地给出的. 所

⊖ 纳米技术（nanotechnology）通常是指人们研究尺寸在 100nm 以内的固态超微粒子（约几个原子的大小）的材料性质及其应用. 科学家早就发现，物质的这种超微粒子具有既不同于单个原子，又不同于普通块状固体的所谓 "尺寸效应"，其强度、韧度、热容、电导率、磁化率等物理和化学性质存在着异乎寻常的现象. 这对纳米材料、纳米电子学、纳米医疗及生物学等领域的开发、应用将显示出广阔的前景，乃是当前科技界研究的热点.

不同的是，这里按式（17-29）算出的相应于 $n=0$ 的基态能级 $E_0=h\nu_0/2\neq0$，是由量子力学所决定的简谐振子的最小能量，称为**零点能**. 它的存在已被实验所证实. 例如，即使在热力学温度 $T=0$ 附近，晶体中的原子仍拥有一份零点能[⊖].

从式ⓒ解出对应于各个能级的波函数 ψ_n（从略），即可计算相应的粒子概率分布 $|\psi_n(x)|^2$，如图17-9所示.

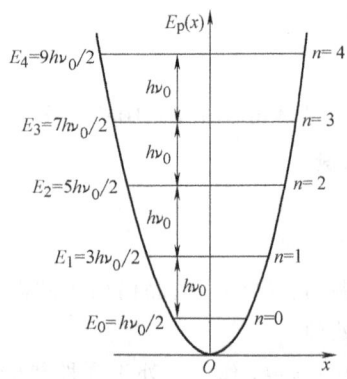

图17-8 简谐振子的势能曲线和能级分布

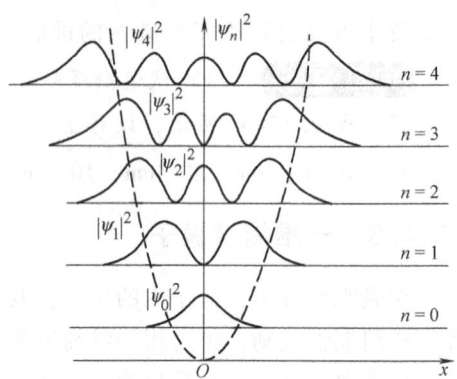

图17-9 简谐振子的概率分布

问题 17-7 （1）以上所讲的一维方势阱和一维简谐振子，描述了处于束缚态的微观粒子的行为，这与经典力学对质点运动的描述有什么根本性的区别？（2）何谓零点能？

17.5 氢原子 电子的自旋

17.5.1 氢原子

在氢原子中，电子处在原子核的有心力场内做三维运动，这个力场就是原子核激发的库仑力场，其势能函数为

$$E_p = -\frac{e^2}{4\pi\varepsilon_0 r}$$

式中，$r=(x^2+y^2+z^2)^{\frac{1}{2}}$ 是电子与原子核的距离，取原子核所在处为坐标原点，将 E_p 代入式（17-19），得电子在原子核周围空间运动的三维定态薛定谔方程为

$$\frac{\partial^2\psi}{\partial x^2}+\frac{\partial^2\psi}{\partial y^2}+\frac{\partial^2\psi}{\partial z^2}+\frac{8\pi^2 m}{h^2}\left(E+\frac{e^2}{4\pi\varepsilon_0 r}\right)\psi=0 \qquad (17\text{-}30)$$

由于 E_p 是 r 的函数，具有球对称性，为便于研究，需通过坐标变换，将上式变换成用空间

⊖ 经典物理认为，当系统处于热力学温度 $T=0$ 时，一切运动将停止，系统的总能量为零. 而量子力学却给出零点能 $E_0\neq0$ 的结果，这从基于粒子波动性的不确定关系来看，乃是必然的. 例如，随着温度的下降，晶体中原子振动趋弱，以其振动范围 Δx 作为不确定量，即有 $\Delta x\to 0$，势能 $E_p\to 0$，则按不确定关系，动量不确定量 Δp 将增大，相应地，动能 E_k 也就增大，故总能量 E 并不趋于零，其值即为零点能 E_0.

球坐标表示的方程：

$$\frac{1}{r^2}\frac{\partial}{\partial r}\left(r^2\frac{\partial \psi}{\partial r}\right)+\frac{1}{r^2\sin\theta}\frac{\partial}{\partial \theta}\left(\sin\theta\frac{\partial \psi}{\partial \theta}\right)+\frac{1}{r^2\sin^2\theta}\frac{\partial^2 \psi}{\partial \varphi^2}+\frac{8\pi^2 m}{h^2}\left(E+\frac{e^2}{4\pi\varepsilon_0 r}\right)\psi=0 \quad (17\text{-}31)$$

根据标准条件和归一化条件，这个复杂微分方程的解一般是 (r,θ,φ) 的函数，即 $\psi=\psi(r,\theta,\varphi)$. 今略去上式的具体求解过程和 ψ 的解析形式，只给出在求解 ψ 时需要满足的三个量子化条件：

（1）氢原子中电子的能量 E 是量子化的，即

$$E_n = -\frac{me^4}{8\varepsilon_0^2 n^2 h^2} \quad (n=1,2,3,\cdots) \quad (17\text{-}32)$$

其中，n 是能量的量子数，叫作**主量子数**. 这与玻尔量子理论中所得的结果［见式（16-21）］是一致的. 根据主量子数 n，便可给出电子的能级.

（2）氢原子中电子的角动量大小 L 是**量子化**的，即

$$L = \sqrt{l(l+1)}\frac{h}{2\pi} \quad [l=0,1,2,\cdots,(n-1)] \quad (17\text{-}33)$$

l 称为**副量子数**或**角量子数**. 当 E 给定（即 n 一定）时，l 的取值范围也就确定. 上式与玻尔量子理论所给出的角动量量子化条件［式（16-16）］不同.

由于氢原子中的电子在有心力场中运动，其角动量是守恒的. 因此，对于电子绕核运动的每一个确定的状态，相应的角动量大小具有一个恒定的值. 式（17-33）指出，对不同的 n 值，若取 $l=0$，则 $L=0$，这是电子角动量的最小值；对同一个 n 值，取不同的 l 值，则电子角动量就有不同的值. 这就表明，氢原子内电子的状态必须同时用 n 和 l 这两个量子数来表征.

在经典力学中，角动量是矢量，质点在一定的运动状态下，有确定的大小和唯一的方向. 可是，电子绕核运动的角动量 L，其方向并不确定在一个方向上. 不过它在空间给定方向（一般是指外磁场 B 的方向）上的分量 L_B 也满足量子化条件.

（3）电子角动量 L 在空间给定方向的分量 L_B 是量子化的，这就是**空间量子化**，L_B 值为

$$L_B = m_l\frac{h}{2\pi} \quad [m_l=-l,-(l-1),\cdots,0,\cdots,(l-1),l] \quad (17\text{-}34)$$

上式即为电子角动量的空间量子化条件. 式中，m_l 称为**磁量子数**. m_l 的上、下限取决于角量子数 l. 当 l 给定时，$m_l=0,\pm1,\pm2,\cdots,\pm l$，共有 $(2l+1)$ 个 m_l 值. 亦即，电子角动量 L 在空间给定方向的分量 L_B 可以有 $(2l+1)$ 个不同的值，或者说，角动量 L_B 在空间内可以有 $(2l+1)$ 个取向. 例如，$l=2$，$L=\sqrt{6}h/(2\pi)$，它有五个取向，相应分量 L_B 值为 $2h/(2\pi)$，$h/(2\pi)$，0，$-h/(2\pi)$，$-2h/(2\pi)$，如图 17-10 所示.

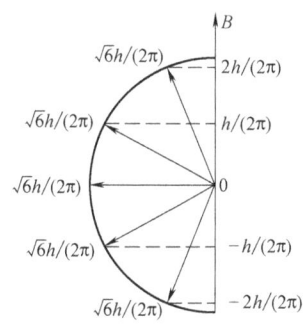

图 17-10 空间量子化——角动量 L_B 的取向（取 $l=2$）

以上三个量子化条件是在求解薛定谔方程的过程中很自然地得出的，其准确性已被实验所证明.

下面我们再来看氢原子中电子的概率分布. 上面说过，从薛定谔方程式（17-31）求得

的解 ψ 都需满足上述三个量子化条件，即对应着一组量子数 n、l、m_l. 因而，每一组量子数 n、l、m_l 确定了氢原子中电子的一个状态，相应地有一个表述该状态的波函数 ψ_{nlm_l}. 可以算出，就氢原子任一能量 E_n 而言，有一个主量子数 n 值，则 n、l、m_l 三个量子数的可能组合总计有 n^2 个⊖，相应地有 n^2 个波函数，它描述了电子处于同一能级 E_n 时 n^2 个不同的量子状态，亦即，其中每一个量子态都具有相同的能量 E_n，这种情况称为**能级的简并**；而对应于主量子数为 n 的简并能级，所有可能的量子态数目则称为**简并度**. 显然，氢原子的能级是 n^2 度简并的.

根据每个状态 (n, l, m_l) 的 ψ_{nlm_l}，就可求得电子的概率密度 $|\psi_{nlm_l}|^2$，从而给出处于该状态的电子在原子中核外各处出现的概率分布. 例如，计算表明，处于基态 ($n=1$) 的氢原子中，电子虽可出现在核外整个空间内任一位置上，但当电子在 $r_1 = 5.29\text{nm}$ 处，其概率为最大，或者说，氢原子中电子在半径为 r_1 的球壳上出现的机会最多（见图 17-11），而这正是玻尔量子理论中对应于 $n=1$ 的容许轨道. 也就是说，玻尔轨道从量子力学观点来看，并不是电子的运动轨道，而只是表示电子出现概率最大的地方.

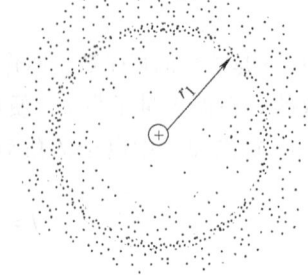

图 17-11 基态氢原子中电子的概率分布

通常，我们把电子在核外空间的概率分布形象地用**电子云**来表示. 如图 17-11 所示，电子云描绘成浓密的地方，表示电子出现的概率大；而在电子云描绘成稀疏的地方，表示电子出现的概率小. 但要注意，电子云并不表示电子的运动状态，不要误以为电子像云雾那样弥漫在核外空间，更不能误认为一个黑点就代表一个电子.

问题 17-8 （1）试述量子力学对氢原子所得的三个量子条件. 什么叫能级的简并？
（2）试述基态氢原子中电子的概率分布，何谓电子云？

17.5.2 电子的自旋　自旋磁量子数

根据氢原子的薛定谔方程，我们给出了标志电子的量子状态的三个量子数 n、l、m_l. 但是许多实验事实表明，为了完整地反映原子中电子的量子状态，还要引入反映电子自旋的量子数，才能解释原子光谱的某些特征.

1921 年，德国物理学家施特恩（Stern, 1888—1969）和盖拉赫（Gerlach, 1889—1979）为观察角动量的空间取向量子化进行实验，实验装置如图 17-12a 所示，它被置于温度较低的高真空容器中，以保证发射的原子处于基态，且不受外界影响，原子射线源 K 发射出的银原子束通过狭缝 B 后变成很细的一束，然后使之通过由电磁铁所形成的非均匀强磁场，最后射到照相底片 P 上. 实验结果表明，无外磁场时，底片上只有一条痕迹；当外磁场不为零时，底片上

⊖ 由于三个量子数 n、l、m_l 是互相联系的，因此对应于一个主量子数 n，这三个量子数 n、l、m_l 可能的组合共有 $\sum_{l=0}^{n-1}(2l+1)$ 个. 这是一个首项为 1、公差为 2、末项为 $(2n-1)$ 的等差数列求 n 项之和的问题，其和为

$$\sum_{l=0}^{n-1}(2l+1) = \frac{1+(2n-1)}{2} \times n = n^2$$

出现了两条分裂的痕迹,如图 17-12b 所示.

这一实验是根据下述原理而设计的.原子由于核外电子绕核旋转而具有磁矩,当具有磁矩的原子通过非均匀磁场时将受到磁场的作用而发生不同程度的偏转.而磁矩在空间的取向取决于核外电子角动量的空间取向.如果核外电子角动量的空间取向是量子化的,则原子磁矩的空间取向也是量子化的,即在外磁场作用下,磁矩的偏转应呈量子化形式,则在底片上能看到分立的痕迹,否则只能得到一片连续分布的痕迹.

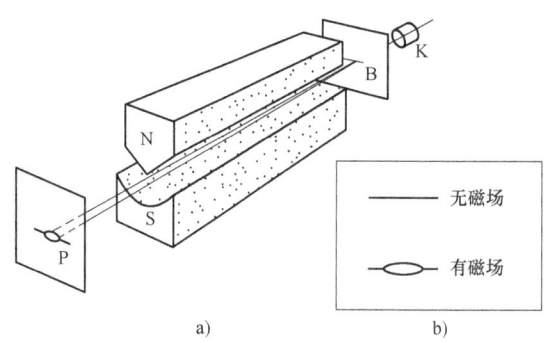

图 17-12 施特恩-盖拉赫实验

实验结果表明,底片上确实有分立的痕迹,似乎说明角动量空间取向的确是量子化的.但是,施特恩-盖拉赫实验用的银原子在正常情况下处于基态,只有一个价电子,相应的角量子数 $l=0$,因而磁量子数 m_l 只能取 0,即价电子绕核旋转的角动量和相应的磁矩均应为 0,因而,不应该发生分裂现象,而实验结果显示出分裂,且分裂为两条.另外,在同样的实验中改用氢原子及类氢原子(Li,Na,…)时,也都出现了同样的现象.这又提出了一个新的问题,如何来解释上述实验现象呢?

1925 年,乌伦贝克(Uhlenbeck,1900—1974)和哥德斯密特(Coudsmit,1902—1979)提出的电子自旋假说圆满地解释了上述现象.电子自旋假说认为:电子自旋角动量 S 的大小是量子化的,即

$$S = \sqrt{s(s+1)}\frac{h}{2\pi} \qquad (17\text{-}35)$$

s 称为**自旋量子数**,它只有一个值,$s=1/2$;因此,由上式可算得 $S=(\sqrt{3}/2)h/(2\pi)$.而且实验证明,自旋角动量 S 也有空间量子化现象.因而乌伦贝克等人提出的电子自旋的另一个假设是:

每个电子都具有自旋角动量 L_s,它在空间任意方向(通常是指外磁场方向)上的分量只可能取两个数值:

$$S_B = m_s \frac{h}{2\pi} \quad \left(m_s = \pm\frac{1}{2}\right) \quad (17\text{-}36)$$

m_s 称为**自旋磁量子数**,与磁量子数 m_l 相仿,它是描述电子自旋角动量在空间取向的量子数.实验证明,由于它的值只能是 $+1/2$ 和 $-1/2$,因此,不管其他三个量子数 n、l、m_l 的值如何,它在外磁场中的取向

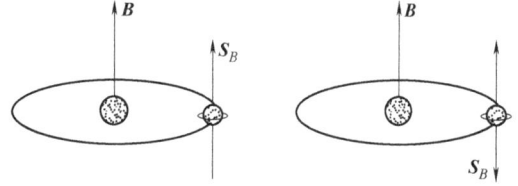

图 17-13 在磁场中电子自旋角动量在磁场方向上的分量

也只能是与磁场方向同向平行或反向平行(见图 17-13).

这样,**表示氢原中电子的状态时可以完整地用四个量子数** n、l、m_l 和 m_s 来描述.

17.6 多电子原子 原子中的电子壳层模型 元素周期表的结构

17.6.1 多电子原子

如上所述，要完整地描述一个电子的量子状态，需用 n、l、m_l、m_s 这四个量子数来表征.

现在我们进一步讨论原子的状态. 对氢原子来说，它只有一个电子，如果在原子内不考虑原子核的运动，则电子的状态就表示原子的状态. 至于其他原子，都有两个或两个以上的电子. 在这种多电子的原子中，每个电子不仅受到原子核的作用，还受到其他电子的作用. 因此，一般而言，一个电子的状态就不能代表多电子原子的状态.

但是，如果对多电子原子中的电子间相互作用采取合理的简化和近似，把其中每个电子看作氢原子中的单电子那样，在由原子核和其余电子所形成的球对称有势场中运动，那么，量子力学理论表明，原子中每个电子的量子状态仍然可用一组量子数 n、l、m_l 并加上自旋量子数 m_s 来表征，相应地仍然可用四个物理量来描述原子中电子的运动状态，即：①能量 E；②电子的角动量大小 L；③电子角动量在外磁场方向上的分量 L_B；④电子自旋角动量 S 在外磁场方向上的分量 S_B，它们都是量子化的. 现在我们把表征原子中电子定态运动的四个量子条件和四个量子数总括如下：

(1) 原子中电子的能量 E 决定于主量子数 n 和角量子数 l：

$$E = E(n,l), \quad \begin{cases} n = 1,2,3,\cdots \\ l = 0,1,2,3,\cdots,(n-1) \end{cases}$$

给定 n，对于不同的 l，能量略有不同. 对某些原子，例如氢原子，E 只与 n 有关.

(2) 电子的角动量大小 L 取决于角量子数 l：

$$L = \sqrt{l(l+1)}\frac{h}{2\pi} \quad [l = 0,1,2,3,\cdots,(n-1)]$$

(3) 电子的角动量在空间某方向的分量 L 取决于磁量子数 m_l：

$$L_B = m_l \frac{h}{2\pi} \quad [m_l = -l, -(l-1), \cdots, 0, \cdots, (l-1), l]$$

(4) 电子自旋角动量的大小是恒定的，它在空间某方向的分量 S_B 取决于自旋磁量子数 m_s：

$$S_B = m_s \frac{h}{2\pi}, \quad m_s = \pm \frac{1}{2}$$

在上述四个量子化条件中，主量子数 n 确定后，角量子数 l 和磁量子数 m_l 的数值范围也就随之确定. 因此，n、l 和 m_l 这三个量子数是互有联系的，再加上自旋磁量子数 m_s，则借原子中所有电子的 n、l、m_l 和 m_s 这四个量子数，就能全面地决定原子的状态. 相应地，原子的能量则是其中各个电子的能量之总和. 根据上面所述，每个电子的能量不仅取决于主量子数 n，而且还取决于角量子数 l，因此，原子的能级应取决于其中每个电子的量子数 n、l 的集合. 我们把原子中电子的量子数 n、l 的集合，称为原子的**电子组态**. 给出了原子的电子组态，也就表示了原子的相应能级.

当原子处于基态时，是不辐射能量的．仅当原子从一个状态跃迁到另一个状态时，才发生辐射的吸收或发射．

问题 17-9　（1）根据量子力学理论以及电子自旋的空间量子化，试列举描述处于强磁场内的多电子原子中电子运动状态的四个量子条件和四个量子数．

（2）如何表述原子的能级？它与哪些量子数有关？

17.6.2　原子中的电子壳层模型　元素周期表的结构

门捷列夫在总结元素的化学和物理性质的基础上，于1869年创制了元素周期表．他指出，**如果把元素按原子量排列起来，则元素的物理性质和化学性质都将出现周期性的变化**．后来发现，周期表中的元素不是按原子量，而是按原子序数 Z 排列的．

从原子结构来看，原子序数 Z 就是原子的核电荷数，也就是原子中电子的数目．经过玻

> 元素的摩尔体积、熔点、线胀系数、原子的电离能和原子光谱等都按原子序数 Z 呈现周期性变化．

尔、泡利等人的研究后发现，元素按原子序数 Z 排列所呈现的周期性，来源于原子中电子组态的周期性；如果借用轨道的说法，乃是电子按特定轨道排列和分布时呈现出某种周期性重复的结果．为此，就需考察在这些特定轨道上所能容纳的电子数目．于是提出了原子的**电子壳层模型**，即按照电子的主量子数 n 和角量子数 l 把电子的量子状态划分成壳层．由于电子的能量主要取决于主量子数 n，我们就把原子中具有相同主量子数 n 的电子划属于同一壳层．对应于 $n=1$，2，3，4，5，…的壳层，依次称为 K 壳层，L 壳层，M 壳层，N 壳层，O 壳层，…；对于给定主量子数 n 的电子，它的角量子数 l 有 n 个可能的值 0，1，2，…，$(n-1)$，相应地，每一壳层又可划分成 n 个**支壳层**．对应于 $l=0$，1，2，…的支壳层，依次用符号 s，p，d，f，g，…标记．

为了知道各壳层中最多能够容纳多少个电子，根据原子光谱规律的研究成果，奥地利物理学家泡利（Pauli，1900—1958）在1925年提出了一个所谓**泡利不相容原理**，可叙述为：**原子中不可能有两个或两个以上的电子处于同一状态**．由于原子中电子的状态是用四个量子数 n、l、m_l、m_s 来描述的，所以不可能有两个或两个以上的电子具有完全相同的四个量子数．这就限制了每一壳层与支壳层中可能容纳的电子数．

按照泡利不相容原理可以算出各壳层中可容纳的最多电子数．当 n 给定时，l 的可能值为 0，1，…，$(n-1)$，共 n 个；对其中任意一个给定的 l，m_l 的可能值为 0，±1，±2，…，±l，共 $2l+1$ 个；当 n、l、m_l 都给定时，m_s 有 +1/2 和 -1/2 两个可能值．所以，在主量子数为 n 的壳层中，可能容纳的最多电子数为

$$N_n = \sum_{l=0}^{n-1} 2(2l+1) = 2[1+3+5+\cdots+(2n-1)] = 2\frac{n[1+(2n-1)]}{2} = 2n^2 \quad (17\text{-}37)$$

由于一组量子数 (n, l, m_l, m_s) 决定电子的一个状态，而根据泡利不相容原理，一个状态只能被一个电子所占有，所以在主量子数为 n 的壳层中，可以有 $N_n = 2n^2$ 个不同的量子状态，其中每一个状态的能量（即能级 E_n）都是相同的．即考虑电子自旋后，能级 E_n 所对应的简并度为 $2n^2$．

由式（17-37）可得，$n=1$ 的 K 壳层最多容纳 2 个电子，由于这两个电子属于 K 壳层（$n=1$）的 s 支壳层（$l=0$），通常就标记为 $1s^2$；$n=2$ 的 L 壳层最多容纳 8 个电子，其中，有 2 个电子对应于 $l=0$，属于 L 壳层（$n=2$）的 s 支壳层（$l=0$），记作 $2s^2$，尚有 6 个电子对应于 $l=1$，属于 L 壳层（$n=2$）的 p 支壳层，记作 $2p^6$，等等. 在表 17-1 中，我们列出了多电子原子的各壳层所能容纳的电子数.

> $1s$、$2p$ 等表示主量子数 n 和角量子数 l，位于上角的数字表示在这个 n 值壳层的 l 支壳层上填充的电子数目.

表 17-1 原子的壳层和支壳层所能容纳的最多电子数

n \ 支壳层 \ l	壳层	0 s	1 p	2 d	3 f	4 g	5 h	6 i	N_n
1	K	$1s^2$							2
2	L	$2s^2$	$2p^6$						8
3	M	$3s^2$	$3p^6$	$3d^{10}$					18
4	N	$4s^2$	$4p^6$	$4d^{10}$	$4f^{14}$				32
5	O	$5s^2$	$5p^6$	$5d^{10}$	$5f^{14}$	$5g^{18}$			50
6	P	$6s^2$	$6p^6$	$6d^{10}$	$6f^{14}$	$6g^{18}$	$6h^{22}$		72
7	Q	$7s^2$	$7p^6$	$7d^{10}$	$7f^{14}$	$7g^{18}$	$7h^{22}$	$7i^{26}$	98

习惯上，我们常用上述电子分布的壳层符号来表示原子的电子组态. 例如，处于基态的氧原子，其电子组态可表示为 $1s^2 2s^2 2p^4$，它是 n、l 这两个量子数 1s、1s、2s、2s、2p、2p、2p、2p 的集合；相应的壳层结构是：K 壳层的 s 支壳层中有 2 个电子，L 壳层的 s 支壳层中有 2 个电子，L 壳层的 p 支壳层中有 4 个电子.

泡利不相容原理只确定了每个壳层所能容纳电子的最多数目，但电子究竟填充哪个壳层，还要符合**能量最小原理：原子中每一个电子都有一个趋势，占据能量最低的能级**. 这跟宏观现象中"水向低处流"的道理相仿. 也就是说，电子总是先占据能量最小的状态，当原子中的电子的能量最小时，整个原子的能量也最低，原子处于最稳定的状态.

在原子序数 Z 不太大的情况下，电子之间的相互作用可以忽略，能级只由主量子数 n 决定. 因而原子中的电子总是按照泡利不相容原理和能量最小原理，由最低能级（$n=1$）的 K 壳层开始填起，一个壳层填满后，再填下一个壳层. 例如，氢原子只有一个电子，填充在 1s 状态. 氦原子有两个电子，由于 1s 状态容许有自旋相反的两个电子，所以同时填充在 1s 状态，这样 K 壳层正好填满，完成了第一个闭合壳层，成为一个稳定结构，于是就完成了元素周期表中的第一个周期. 以后每一新的周期是从电子填充一新的壳层开始的[⊖]. 因而周期地填充新壳层，就导致原子性质的周期性. 元素的物理和化学性质主要决定于其原子最外层未填满壳层的电子（即价电子）的数目和排列. 上述观点已为原子光谱和 X 光谱的分析研究所证实. 所以，我们可以按照上述原子中电子的壳层模型及其有关排布理论来解释元素周期表所显示的规律.

⊖ 当原子序数 Z 较大时，电子不完全按照 K，L，M，…壳层的次序来填充，而是根据光谱实验归纳出来的电子能级的规律，从低能级到高能级在各个支壳层上填充. 这是因为在 Z 较大的情况下，原子中的电子数较多，各电子间的相互作用不能完全忽略. 在此情况下，电子的能级不仅与主量子数 n 有关，还与角量子数 l 有关，以致当 n 较大时，可能出现**能级交错**现象，即 n 大、l 小的状态的能量反而比 n 小、l 大的状态的能量还要小.

问题 17-10 （1）试述原子中电子的壳层是怎样划分的？

（2）试述泡利不相容原理和最小能量原理.

本章小结

本章基于德布罗意提出的物质波概念，研究了微观粒子的波动特性．并在此基础上，研究了电子的单缝衍射规律，给出了海森伯不确定关系，即微观粒子的坐标和动量是不可能同时确定的；给出了物质波的统计解释和物质波所满足的波动方程（即薛定谔方程）．在薛定谔波动方程的基础上，研究了一维无限深势阱、势垒贯穿，以及氢原子等问题，给出了描述微观粒子状态的四个量子数以及它们之间的关系，由此得到的结论与实验规律完全相符．

本章主要内容框图：

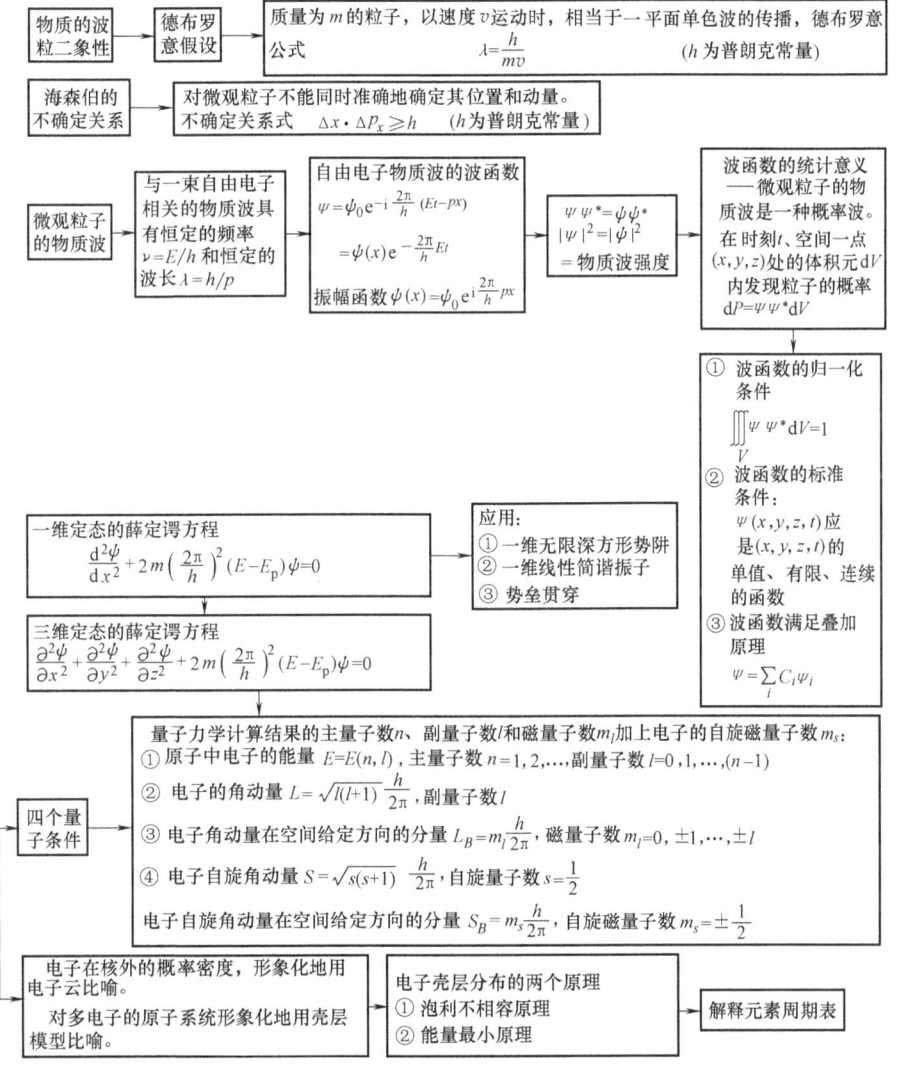

习 题 17

17-1 （1）质量为 10g 的物体以速度 $5\text{m}\cdot\text{s}^{-1}$ 做自由运动，求该物体的德布罗意波长．（2）经过 $U_{KD}=100\text{V}$ 电压加速的电子，其德布罗意波长为多大？[答：（1） $1.33\times10^{-32}\text{m}$，（2） 0.12nm]

17-2 一初速为 $v_0=6\times10^5\text{m}\cdot\text{s}^{-1}$ 的电子进入电场强度为 $E=400\text{N}\cdot\text{C}^{-1}$ 的均匀电场，逆电场方向加速行进．求电子在电场中经历位移 $s=20\text{cm}$ 时的德布罗意波长（不计电子质量随速度的改变）．（答：0.14nm）

17-3 设一光子沿 Ox 轴运动，其波长为 450nm，若测定波长的准确度为 10^{-6}，求此光子位置的不确定量．（答：$\Delta x \geq 0.45\text{m}$）

17-4 电视机显像管中电子的加速电压 $U_{DK}=10^4\text{V}$，求电子从枪口半径 $r=0.1\text{cm}$ 的电子枪射出后的横向速度的不确定量（答：$0.35\text{m}\cdot\text{s}^{-1}$）

17-5 求证：自由粒子的不确定关系为 $\Delta x \cdot \Delta\lambda \geq \lambda^2$，其中 λ 为自由粒子的德布罗意波长．

17-6 一粒子沿 Ox 轴方向运动，相应的波函数为 $\psi(x)=C/(1+ix)$．求：（1）常数 C；（2）概率密度函数；（3）何处出现粒子的概率最大？[答：(1) $1/\sqrt{\pi}$，(2) $[\pi(1+x^2)]^{-1}$，(3) 在 $x=0$ 处粒子出现的概率最大．]

17-7 一微观粒子处于一维无限深势阱中的基态，势阱宽度为 $0\leq x\leq a$．求在 $a/4 \leq x \leq 3a/4$ 区域内发现粒子的概率．（答：81.8%）

17-8 一微观粒子出现在区间 $0 \leq x \leq a$ 内任一点的概率都相等，而在该区间以外的概率处处为零．求此粒子在区域内的概率密度．（答：$1/a$）

17-9 一微观粒子沿 Ox 轴方向运动，其波函数为 $\psi=A/(1+ix)$．(1) 求归一化后的波函数；(2) 求粒子坐标的概率分布函数；(3) 粒子的最大概率？$\left[\text{答：}(1)\psi(x)=\dfrac{1}{\sqrt{\pi}}\dfrac{1-ix}{1+x^2};\ (2)\ P(x)=\dfrac{1}{\pi}\dfrac{1}{1+x^2};\ (3)\ P_{\max}=\dfrac{1}{\pi}\right]$

17-10 一质量为 m 的微观粒子在宽度为 a 的刚体盒子中沿宽度方向做一维运动，求此粒子的动量和能量．[答：$p=nh/(2a)$；$E_k=n^2h^2/(8ma^2)$, $n=1, 2, 3, \cdots$]

17-11 在原子中，与主量子数 $n=3$ 相应的状态数有几个？（答：18）

17-12 有两种原子，在基态时其电子壳层是这样填充的：
（1） $n=1$ 壳层，$n=2$ 壳层和 3s 支壳层都填满，3p 支壳层填满一半；
（2） $n=1$ 壳层，$n=2$ 壳层，$n=3$ 壳层及 4s、4p、4d 支壳层都填满．试问这是哪两种原子？[答：(1) $Z=15$, P（磷原子）；(2) $Z=46$, Pd（钯原子）]

本章"问题"选解

问题 17-1（2）

答 由能动 $E_k=mv^2/2=p^2/(2m)$ 及 $p=h/\lambda$，得电子的德布罗意波波长为

$$\lambda=\sqrt{\dfrac{h^2}{2mE_k}}$$

已知 $E_k=1.00\times10^5\text{eV}$, $h=6.63\times10^{-34}\text{J}\cdot\text{s}$, $m=9.11\times10^{-31}\text{kg}$, 代入上式，可算得

$$\lambda=\sqrt{\dfrac{(6.63\times10^{-34}\text{J}\cdot\text{s})^2}{2\times9.11\times10^{-31}\text{kg}\times(1.00\times10^5\times1.6\times10^{-19}\text{J})}}=0.004\text{nm}$$

第17章 量子力学简介

问题 17-2（2）

证明 按不确定关系式

$$\Delta p_x \cdot \Delta x \geqslant h$$

设 $\Delta x = \lambda$，则

$$\Delta p_x \geqslant \frac{h}{\Delta x} = \frac{h}{\lambda} = p_x$$

即

$$m\Delta v_x \geqslant mv$$

故

$$\Delta v_x \geqslant v$$

问题 17-5

解 因

$$\psi(x) = \sqrt{\frac{2}{a}} \sin \frac{n\pi x}{a} \quad (0 < x < a)$$

而粒子的波函数为

$$\Psi = \psi(x) e^{-i\frac{2\pi}{h}Et}$$

$$\Psi = \sqrt{\frac{2}{a}} \sin \frac{n\pi x}{a} e^{-i\frac{2\pi}{h}Et}$$

或

$$\Psi = \sqrt{\frac{2}{a}} \sin \frac{n\pi x}{a} \left(\cos \frac{2\pi}{h}Et - i\sin \frac{2\pi}{h}Et \right)$$

其实部即为驻波解

$$\Psi_{实} = \sqrt{\frac{2}{a}} \sin \frac{n\pi x}{a} \cos \frac{2\pi E}{h} t$$

问题 17-6（2）

答 按势垒贯穿系数定义

$$D = e^{-\frac{4\pi}{h}\sqrt{2m(V_0-E)}a}$$

由题给数据，上式可简化成

$$D = e^{-\frac{4\pi}{6.63 \times 10^{-34}} \times \sqrt{2 \times 9.11 \times 10^{-31} \times (20-10) \times 1.6 \times 10^{-19}}a} = e^{-32.36 \times 10^9 a}$$

借上式，分别对题设势垒宽度 a 求电子的贯穿系数：

$a = 10^{-9}\,\text{cm} = 10^{-11}\,\text{m}$，$D = e^{-32.36 \times 10^9 \times 10^{-11}} = e^{-0.3236} = 0.7235$

$a = 10^{-8}\,\text{cm} = 10^{-10}\,\text{m}$，$D = e^{-32.36 \times 10^9 \times 10^{-10}} = e^{-3.236} = 0.0393$

$a = 10^{-7}\,\text{cm} = 10^{-9}\,\text{m}$，$D = e^{-32.36 \times 10^9 \times 10^{-9}} = e^{-32.36} = 8.835 \times 10^{-15} \approx 0$

"问题拓展" 参考答案

答 不能. 电子具有波动性，根据德布罗意关系能够获得电子的波长，并且电子的波长与动量有关. 此外，由于电场的存在，电子还与样本中的电荷相互作用，因此，对于不同的电荷分布和样品的结构，其散射也不同，从而可以用来测量物质结构. 如果用波长为 0.2nm 的 X 射线代替电子，由于 X 射线不受电磁场的影响，可以直接穿透样品，所以不能用于对样品的测量.

附　录

附录A　一些物理常量

1. 引力常量　$G = 6.67259 \times 10^{-11} \text{N} \cdot \text{m}^2 \cdot \text{kg}^{-2}$
2. 重力加速度　$g = 9.80665 \text{m} \cdot \text{s}^{-2}$
3. 1mol中的分子数目（阿伏伽德罗常数）　$N_A = 6.0221367 \times 10^{23} \text{mol}^{-1}$
4. 摩尔气体常数　$R = 8.3145 \text{J} \cdot \text{mol}^{-1} \cdot \text{K}^{-1}$
5. 玻尔兹曼常数　$k = 1.380658 \times 10^{-23} \text{J} \cdot \text{K}^{-1}$
6. 空气的平均摩尔质量　$M = 28.9 \times 10^{-3} \text{kg} \cdot \text{mol}^{-1}$
7. 冰的熔点为273.16K（解题时用273K）
8. 电子静质量　$m_e = 9.1093897 \times 10^{-31} \text{kg}$（解题时取$9.1 \times 10^{-31} \text{kg}$）
9. 质子静质量　$m_p = 1.672623 \times 10^{-27} \text{kg}$
10. 中子静质量　$m_n = 1.6749286 \times 10^{-27} \text{kg}$
11. 元电荷　$e = 1.60217733 \times 10^{-19} \text{C}$
12. 普朗克常量　$h = 6.6260755 \times 10^{-34} \text{J} \cdot \text{s}$
13. 里德伯常量　$R_H = 1.0973731534 \times 10^{-7} \text{m}^{-1}$
14. 氢原子质量　$m_H = 1.6734 \times 10^{-27} \text{kg}$
15. 地球的平均半径　　　　　　　　　　　$6.371 \times 10^6 \text{m}$
16. 地球的质量　　　　　　　　　　　　　$5.97742 \times 10^{24} \text{kg}$
17. 太阳的直径　　　　　　　　　　　　　$1.392 \times 10^9 \text{m}$
18. 太阳的质量　　　　　　　　　　　　　$1.9891 \times 10^{30} \text{kg}$
19. 由太阳至地球的平均距离　　　　　　　$1.4959787 \times 10^{11} \text{m}$
20. 月球半径与地球半径的比　　　　　　　3∶11
21. 月球质量　　　　　　　　　　　　　　$7.3483 \times 10^{22} \text{kg}$
22. 地球到月球距离与地球半径的比　　　　60∶1

附录 B 数学公式

B1 级数展开式

1. $\sqrt{1+x^2} = 1 + \dfrac{x}{2} - \dfrac{x^2}{8} + \dfrac{x^3}{16} - \cdots$，$(-1 < x < 1)$

2. $e^x = 1 + x + \dfrac{x^2}{2!} + \dfrac{x^3}{3!} + \cdots + \dfrac{x^m}{m!} + \cdots$，$(-\infty < x < +\infty)$

3. $\sin x = x - \dfrac{x^3}{3!} + \dfrac{x^5}{5!} - \dfrac{x^7}{7!} + \cdots$，$(-\infty < x < +\infty)$

4. $\cos x = 1 - \dfrac{x^2}{2!} + \dfrac{x^4}{4!} - \dfrac{x^6}{6!} + \cdots$，$(-\infty < x < +\infty)$

5. $(x+y)^n = x^n + \dfrac{n}{1!}x^{n-1}y + \dfrac{n(n-1)}{2!}x^{n-2}y^2 + \cdots$，

B2 二次方程式 $ax^2+bx+c=0\,(a \neq 0)$ 的根

$$x = \dfrac{-b \pm \sqrt{b^2 - 4ac}}{2a}$$

B3 勾股定理 $x^2 + y^2 = r^2$

（r 为直角三角形之斜边长，x、y 为两直角边长）.

B4 三角恒等式

1. $\sin^2\theta + \cos^2\theta = 1$，　　$\sec^2\theta = 1 + \tan^2\theta$，　　$\csc^2\theta = 1 + \cot^2\theta$
2. $\sin(\alpha \pm \beta) = \sin\alpha\cos\beta \pm \cos\alpha\sin\beta$
3. $\cos(\alpha \pm \beta) = \cos\alpha\cos\beta \mp \sin\alpha\sin\beta$
4. $\tan(\alpha \pm \beta) = \dfrac{\tan\alpha \pm \tan\beta}{1 \mp \tan\alpha\tan\beta}$
5. $\sin 2\theta = 2\sin\theta\cos\theta$
6. $\cos 2\theta = \cos^2\theta - \sin^2\theta = 1 - 2\sin^2\theta = 2\cos^2\theta - 1$

B5 对数

如果 $a = 10^m$，则 m 为数 a 的常用对数（十进对数）

$$\lg a = m$$

而 10 为常用对数的底. 对数的一般性质如下：

1. $\lg(a \cdot b) = \lg a + \lg b$ 　　3. $\lg a^n = n\lg a$

2. $\lg \dfrac{a}{b} = \lg a - \lg b$ 　　4. $\lg \sqrt[m]{a^n} = \dfrac{n}{m}\lg a$

如果 $a = e^m$，则 m 为数 a 的自然对数，即

$$\ln a = m$$

$e = 2.7182818\cdots$ 为自然对数的底.

常用对数与自然对数间的换算公式　$\lg a = 0.434294\ln a$

B6　导数公式

1. $\dfrac{d}{dx}x^n = nx^{n-1}$ 　　2. $\dfrac{d}{dx}\sin x = \cos x$

3. $\dfrac{d}{dx}\cos x = -\sin x$ 　　4. $\dfrac{d}{dx}e^x = e^x$

5. $\dfrac{d}{dx}\ln x = \dfrac{1}{x}$　$(x \neq 0)$ 　　6. $\dfrac{d}{dx}\tan x = \sec^2 x$

7. $\dfrac{d}{dx}\cot x = -\csc^2 x$ 　　8. $\dfrac{d}{dx}a^x = a^x \ln a$

B7　积分公式

1. $\int x^n dx = \dfrac{x^{n+1}}{n+1}$　$(n \neq -1)$ 　　2. $\int \dfrac{dx}{x} = \ln x$

3. $\int e^x dx = e^x$ 　　4. $\int a^x dx = \dfrac{a^x}{\ln a}$

5. $\int \sin x dx = -\cos x$ 　　6. $\int \cos x dx = \sin x$

注：在引用上述积分公式时，应加上一个积分常数.

参 考 文 献

[1] 程守洙，江之水. 普通物理学 [M]. 6 版. 北京：高等教育出版社，2006.
[2] 杨仲耆. 大学物理学：力学 [M]. 北京：人民教育出版社，1979.
[3] 林润生，彭知难. 大学物理学 [M]. 兰州：甘肃教育出版社，1990.
[4] 古玥，李衡芝. 物理学 [M]. 北京：化学工业出版社，1985.
[5] 江宪庆，邓新模，陶相国. 大学物理学 [M]. 上海：上海科学技术文献出版社，1989.
[6] 张三慧. 大学物理学 [M]. 2 版. 北京：清华大学出版社，1985.
[7] 刘克哲，张承琚. 物理学 [M]. 3 版. 北京：高等教育出版社，2005.
[8] 梁绍荣，池无量，杨敬明. 普通物理学 [M]. 北京：北京师范大学出版社，1999.
[9] 张宇，赵远. 大学物理 [M]. 2 版. 北京：机械工业出版社，2007.
[10] 毛骏健，顾牡. 大学物理学 [M]. 北京：高等教育出版社，2006.
[11] 赵凯华，陈熙谋. 电磁学 [M]. 北京：高等教育出版社，1985.
[12] 梁灿彬，秦光戎，梁竹健. 电磁学 [M]. 北京：人民教育出版社，1980.
[13] 洛兰，科逊. 电磁学原理及应用 [M]. 潘仲麟，胡芬，译. 成都：成都科技大学出版社，1988.
[14] 唐端方. 物理 [M]. 上海：上海科学普及出版社，2001.
[15] 林焕文. 物理阅读与实验制作 [M]. 上海：上海科学普及出版社，1998.
[16] 上海市物理学会，上海市中专物理协作组. 物理阅读与辅导 [M]. 上海：上海科学普及出版社，1996.
[17] 克罗默. 科学和工业中的物理学 [M]. 陆思，译. 北京：科学出版社，1986.
[18] 陈俊勇，党亚民. 全球导航卫星系统的新进展 [J]. 测绘科学，2005，30（2）：9-10.
[19] 李兴海. 基于 GPS 技术的船舶定位导航和航迹预测研究 [J]. 舰船科学技术，2018，40（6A）：178-180.
[20] 李阳，董涛. "北斗"卫星导航系统的概述与应用 [J]. 国防科技，2018，39（3）：74-80.
[21] 曹冲. 全球导航卫星系统发展与中国北斗系统建设 [J]. 科学：2018，70（3）：21-24.
[22] 肖又专，曾荣伟，王林忠，等. 巨磁电阻传感器的应用 [J]. 磁性材料及器件，2001，32（2）：40-44.
[23] 周勖，梁冰清，唐云俊，等. 磁电阻效应的研究进展 [J]. 物理实验，2000，20（9）：13-16.
[24] 温艳玲，钟云波，任忠鸣，等. 巨磁电阻薄膜材料的研究进展 [J]. 上海金属，2005，27（2）：56-60.
[25] DAUGHTON J, BROWN J, CHEN E. Magnetic field sensors using GMR multilayer [J]. IEEE Transactions on Magnetics, 1994, 30 (6): 4608-4610.
[26] 胡佳飞，李裴森，于洋，等. 磁传感器技术的应用与发展 [J]. 国防科技，2015，36（4）：3-7.
[27] 刘庆胜，冯洁，郅晓，等. 基于 GMR 生物传感器的甲胎蛋白检测 [J]. 微纳电子技术，2012，49（4）：254-257.
[28] 王帅. 高分子材料工程中低温等离子技术的应用 [J]. 科技风，2019（1）：47.